T0239416

Die molekulare Basis von Gesundheit

Carsten Carlberg

Die molekulare Basis von Gesundheit

Wie Epigenetik und Ernährung unser Leben beeinflussen

 Springer

Prof. Carsten Carlberg
Institute of Animal Reproduction and Food
Research, Polish Academy of Sciences
Olsztyn, Poland

Insitute of Biomedicine
University of Eastern Finland
Kuopio, Finland

ISBN 978-3-662-67985-2   ISBN 978-3-662-67986-9   (eBook)
https://doi.org/10.1007/978-3-662-67986-9

Die Deutsche Nationalbibliothek verzeichnet diese Publikation in der Deutschen Nationalbibliografie;
detaillierte bibliografische Daten sind im Internet über http://dnb.d-nb.de abrufbar.

Planung/Lektorat: Sarah Koch
Springer ist ein Imprint der eingetragenen Gesellschaft Springer-Verlag GmbH, DE und ist ein Teil von
Springer Nature.
Die Anschrift der Gesellschaft ist: Heidelberger Platz 3, 14197 Berlin, Germany

Das Papier dieses Produkts ist recyclebar.

Vorwort

Um gleich mit der Tür ins Haus zu fallen: in diesem Buch geht es darum, die wissenschaftlichen Grundlagen dafür zu präsentieren, wie **ein jeder von uns Verantwortung übernehmen kann, gesund zu bleiben.** Und selbst wenn wir krank werden sollten, können wir selbst viel zum Heilungsprozess beitragen. Dafür ist es essentiell, ein klares Verständnis der physiologischen[1] Funktionen unseres Körpers zu haben. Diese Einsichten werden erweitert durch die molekularen Grundlagen, wie jede einzelne Zelle funktioniert und Information über ihre Umgebung verarbeitet. Letzteres hat sehr viel mit **Epigenetik** zu tun, die ein zentrales Thema in diesem Buch ist. Der Begriff „Epigenetik" beschreibt die Verpackung und Zugänglichkeit unseres Genoms, d.h. der Gesamtheit der DNA, die wir in jeder der Billionen Zellen tragen, die unseren Körper formen. Die Vorsilbe „epi" bedeutet „auf", „über" oder „jenseits" und weist darauf hin, dass **epigenetische Prozesse über dem Genom liegen. Damit hat die Epigenetik im Gegensatz zur Genetik keinen Einfluss auf die DNA-Sequenz unseres Genoms.**

Unser Genom hat in der Summe aller 23 verschiedenen Chromosomen eine Länge von etwa einem Meter. Um es in einem Zellkern mit einem Durchmesser von weniger als 10 μm^2 unterzubringen, muss die DNA um Komplexe von Histonproteinen gewickelt werden. **Dieser Protein-DNA-Komplex wird als Chromatin bezeichnet und ist das konkrete Gegenstück der Epigenetik.** Die wichtigste Funktion des Chromatins besteht darin, etwa 90 % unseres Genoms Zell- und Gewebe-spezifisch zu verpacken und damit unzugänglich für Transkriptionsfaktoren[3] und Polymerasen[4] zu halten. Mit anderen Worten, **Chromatin fungiert als Wächter für unerwünschte Genaktivierung.** Auf diese Weise verwendet jedes der 400 verschiedenen Gewebe und Zelltypen, aus denen unseren Körper aufgebaut ist, eine andere Teilmenge der 20.000 proteinkodierenden Gene unseres

---

[1] Physiologie beschreibt die biologischen, chemischen und physikalischen Vorgänge, die der Funktionsweise von Zellen, Geweben, Organen und Organsystem zugrunde liegen.

[2] μm = Millionstel Meter.

[3] Ein Transkriptionsfaktor ist ein Protein, das an bestimmte Sequenzmotive im Genom bindet und die Transkription nahegelegener Gene reguliert.

[4] Polymerasen sind Enzyme, die DNA in RNA übersetzen (bei der Transkription), oder DNA in DNA (bei der Replikation).

Genoms. **Das heißt damit auch, dass jeder von uns nur ein Genom hat, aber mindestens 400 verschiedene Epigenome.** Epigenetik verhindert, dass sich z. B. eine Nierenzelle über Nacht in ein Neuron verwandelt oder umgekehrt. Auf diese Weise verschafft Epigenetik differenzierten Zellen eine dauerhafte Erinnerung an ihre Identität.

Die Differenzierung embryonaler Stammzellen in spezialisierte Zelltypen erfolgt während der Embryogenese[5], d.h. in den ersten Lebenswochen eines Fötus. Auch in Erwachsenen gibt es Stammzellen, z. B. im Knochenmark, der Haut und im Darm. Diese Stammzellen teilen sich kontinuierlich und ein Teil dieser Tochterzellen reift zu spezialisierten Zellen aus, um den kontinuierlichen Verlust von Zellen des Immunsystems oder der äußeren und inneren Oberfläche unseres Körpers zu kompensieren. **Der zugrunde liegende Mechanismus all dieser Differenzierungsprozesse ist eine epigenetische Programmierung des Chromatins.** Das bedeutet, dass im Chromatin Information festgeschrieben wird, wie die Zellen funktionieren müssen, um ihren Aufgaben nachzukommen.

Neben ihrer statischen Funktion hat Epigenetik auch einen dynamischen Aspekt, bei dem die Aktivierung intrazellulärer Signalübertragungswege[6] über extrazelluläre Signale, wie Peptidhormone, Zytokine oder Wachstumsfaktoren, zur Aktivierung von Transkriptionsfaktoren und Chromatin-modifizierenden Enzymen[7] führt. Viele dieser Signale stammen direkt oder indirekt von unserer Ernährung. Letztere ist das wichtigste externe Signal, dem wir täglich ausgesetzt sind. Das führt zum zweiten zentralen Thema dieses Buches, der **Nutrigenomik.** Die Nahrung, die wir täglich zu uns nehmen, ist weit mehr als eine Ansammlung von Kohlenhydraten, Proteinen, Lipiden, Vitaminen und Mineralien, die Energie und Bausteine für unseren Körper liefert. **Das faszinierende Fachgebiet der Nutrigenomik beschreibt die Wechselwirkung zwischen Nahrungsmolekülen, ihren Metaboliten und unserem (Epi)genom.** Viele Nahrungsbestandteile, wie beispielsweise ungesättigte Fettsäuren, aktivieren direkt Transkriptionsfaktoren oder verursachen Veränderungen in den Konzentrationen von Metaboliten, die die Aktivität von Chromatin-modifizierenden Enzymen beeinflussen. Auf diese Weise „sprechen" Moleküle unseres Frühstücks, Mittagessen oder Abendessen mit unserem Genom bzw. Epigenom.

Die meisten nichtübertragbaren Krankheiten haben eine genetische, vererbte Komponente sowie eine epigenetische Komponente, die auf Umwelteinflüssen und unserem Lebensstil basiert. Viele Volkskrankheiten, wie Typ 2 Diabetes (T2D), lassen sich nur zu etwa 20 % durch eine genetische Veranlagung erklären. **Wir können die Gene, mit denen wir geboren werden, nicht ändern, aber**

---

[5] Embryogenese ist der biologische Prozess, der zur Bildung des Embryos führt und umfasst etwa die ersten 8 Wochen nach der Befruchtung.

[6] Signalübertragungswege, sind Prozesse, bei denen eine Zelle auf äußere oder innere Signale reagiert und diese in biologische Funktionen überträgt, wie z. B. der Aktivierung eines Gens.

[7] Ein Enzym ist ein Protein, das den Ablauf von chemischen Reaktionen beschleunigt oder gar ermöglicht.

wir können uns um die restlichen 80 % des Erkrankungsrisikos kümmern, die hauptsächlich auf Veränderungen unseres Epigenoms zurückzuführen sind. Dieser Satz ist eine zentral Aussage in diesem Buch und bedeutet, dass eine genetische Veranlagung für eine Erkrankung durch einen angemessenen, gesunden Lebensstil ausgeglichen werden kann, der das Epigenom der betroffenen Gewebe moduliert. Kurz, **es ist nie zu spät etwas für seinen Körper und seine Gesundheit zu tun.**

Diese ersten Beispiele zeigen, dass Epigenetik und Nutrigenomik vielfältige Aspekte von Gesundheit und Krankheit beeinflussen. Ich werde die zentrale Bedeutung der Epigenetik während der **Embryogenese** und Zelldifferenzierung sowie im **Alterungsprozess** und dem Risiko von Fehlernährung für die **Entstehung von Krebs** beschreiben. Darüber hinaus wird die Rolle des Epigenoms als molekularer Speicher zellulärer Ereignisse nicht nur im Gehirn, sondern auch in Stoffwechselorganen und im Immunsystem diskutiert. In diesem Zusammenhang werden Auswirkungen von Epigenetik und Ernährung auf **neurodegenerative Erkrankungen** und Autismus, **Stoffwechselerkrankungen** wie T2D, und ein gestörtes Immunsystem, z. B. bei **Autoimmunerkrankungen,** erklärt.

Dieses Buch wendet sich an den Laien mit einer guten biologischen Grundkenntnis. Ich versuche die zugrunde liegenden Mechanismen der besprochenen Themen vereinfacht darzustellen. Trotzdem möchte ich Verständnis dafür bitten, dass ich trotzdem viele Gene und Proteine benenne. Die ersten 6 Kapitel erläutern die molekularen Grundlagen unseres Genoms, der Epigenetik und der Nutrigenomik, während die folgenden 8 Kapitel Beispiele für die Auswirkungen auf unsere Gesundheit und Erkrankungen liefern. Ein Glossar im Anhang erklärt die wichtigsten Fachbegriffe. Die Abbildungen wurden zu einem großen Teil von meinem Kollegen Prof. Ferdinand Molnár (Astana, Kasachstan) für unsere englischsprachigen Bücher „Human Epigenetics: How Science Works" (ISBN 978-3-030-22906-1) und „Nutrigenomics: How Science Works" (ISBN 978-3-030-36948-4) erstellt. Ich danke ihm dafür, die Abbildungen benutzen zu dürfen. Dr. Eunike Velleuer (Düsseldorf, Deutschland) danke ich für die farbliche Überarbeitung der Abbildungen im Stil unseres gemeinsamen Buches „Molecular Medicine: How Science Works" (ISBN 978-3-031-27132-8).

Ich hoffe, dass die Leser dieses recht visuelle Buch genießen und sich genauso für die molekulare Basis von Gesundheit begeistern lassen wie der Autor.

Olsztyn und Kuopio
Juni 2023

Carsten Carlberg

Inhaltsverzeichnis

Abkürzungsverzeichnis

$1,25(OH)_2D_3$	1,25-Dihydroxyvitamin D_3
$25(OH)D_3$	25-Hydroxyvitamin D_3
3D	dreidimensional
5caC	5-Carboxylcytosin
5fC	5-Formylcytosin
5hmC	5-Hydroxymethylcytosin
5hU	5-Hydroxyuracil
5mC	5-Methylcytosin
5mU	5-Hydroxyuracil
ABC	ATP-Bindekassette
ACACA	„acetyl-CoA carboxylase alpha"
ACAT1	Acetyl-CoA-Acetyltransferase 1
ADAMTS	„ADAM metallopeptidase with thrombospondin"
ADP	Adenosindiphosphat
ADRB3	Adrenozeptor Beta 3
AGRP	Agouti-verwandtes Peptid
AICAR	5-Aminoimidazol-4-Carboxamidribonukleotid
AKT	AKT Serin/Threonin Kinase, wird auch Proteinkinase B (PKB) genannt
AMP	Adenosinmonophosphat
AMPK	Adenosinmonophosphat-aktivierte Proteinkinase
AMY	Amylase
ANGPTL2	Angiopoietin-ähnliches Protein 2
AP1	„activating protein 1", ein Heterodimer der Onkoproteine Jun und Fos
APEH	„acylaminoacyl-peptide hydrolase"
APO	Apolipoprotein
APPL1	„adaptor protein, phosphotyrosine interacting with PH domain and leucine zipper 1"
AR	Androgenrezeptor
ARID1A	„AT-rich interaction domain 1A"
ARL4C	„ADP ribosylation factor like GTPase 4C"
ARNTL	„aryl hydrocarbon receptor nuclear translocator-like", wird auch BMAL1 genannt

ASH1L	ASH1-ähnliche Histonlysinmethyltransferase
ASIP	Agouti-Signalprotein
ATF6	Aktivierender Transkriptionsfaktor 6
ATP	Adenosintriphosphat
BDNF	vom Gehirn stammender neurotropher Faktor
BLK	„BLK proto-oncogene, src family tyrosine kinase"
BMI	Body-Mass-Index
BMI1	BMI1-Protoonkogen, Polycomb-Ringfinger
bp	Basenpaar
BRD	Bromodomäne enthaltend
CAMP	antimikrobielles Cathelicidin-Peptid
CAR	konstitutiver Androstanrezeptor
CBFB	„core-binding factor subunit β"
CBX	Chromobox
CCK	Cholecystokinin
CCL	CC-Chemokin-Ligand
CCR	C-C-Motiv-Chemokinrezeptor
CDKAL1	„CDK5 regulatory subunit associated protein 1 like 1"
CDKN	Cyclin-abhängiger Kinase-Inhibitor
CDX2	„caudal type homeobox 2"
CEBP	CCAAT-bindendes Protein
CEL	Carboxylesterlipase
CETP	Cholesterinester-Transferprotein
CETPD	CETP-Mangel
CHREBP	Kohlenhydrat-responsives Element-Bindeprotein, wird vom MLXIPL-Gen kodiert
CIMP	CpG-Insel-Methylator-Phänotyp
CLOCK	„clock circadian regulator"
CLP	gemeinsame lymphoide Vorläuferzellen
CMP	gemeinsame myeloische Vorläuferzellen
CNV	Kopienzahlvariante
CPT1A	Carnitin-Palmitoyltransferase 1A
CREB3L3	„cAMP responsive element binding protein 3 like 3"
CREBBP	CREB-Bindungsprotein, wird auch KAT3A genannt
CRP	C-reaktives Protein
CRY1	Cryptochrom zirkadiane Uhr 1
CSF2	koloniestimulierender Faktor 2
CTCF	CCCTC-Bindefaktor
CTLA4	zytotoxisches T-Lymphozyten-assoziiertes Protein 4
CTNS	„cystinosin, lysosomal cystine transporter"
CXCL	CXC-Motiv-Chemokin
CXCR	C-X-C-Motif-Chemokinrezeptor
CXXC1	CXXC-Fingerprotein 1
CYP	Cytochrom P450
DAAT1	Diacylglycerol-O-Acyltransferase 1

DACH1	Transkriptionsfaktor 1 der Dackelfamilie
DAG	Diacylglyzerin
DALY	behinderungsbereinigtes Lebensjahr
DAMP	Schaden-assoziiertes molekulares Muster
DCT	Dopachromtautomerase
DEFB4	Defensin Beta 4A
DHA	Docosahexaensäure
DNMT	DNA-Methyltransferase
DOHaD	Entwicklungsursprünge von Gesundheit und Krankheit
DOT1L	„DOT1 like histone lysine methyltransferase"
EDAR	„ectodysplasin A receptor"
EED	embryonale Ektodermentwicklung
EGFR	„epidermal growth factor receptor"
EGIR	European Group for the Study of Insulin Resistance
EHMT2	„euchromatic histone lysine methyltransferase 2"
EIF2AK3	Eukaryotischer Translationsinitiationfaktor 2 Alpha Kinase 3
EMT	Epithelial-mesenchymale Transition
ENCODE	Enzyklopädie der DNA-Elemente
EP300	E1A-Bindungsprotein p300, wird auch KAT3B genannt
EPA	Eicosapentaensäure
ER	endoplasmatisches Retikulum
ERN1	„endoplasmic reticulum to nucleus signaling 1"
eRNA	Enhancer-RNA
ES	embryonale Stamm
ESR	Östrogenrezeptor
EZH	„enhancer of zeste homolog", wird auch genannt KMT6A
FAD	Flavinadenindinukleotid
FANTOM	funktionelle Annotation des Säugetiergenoms
FASN	Fettsäuresynthase
FCH	familiäre kombinierte Hyperlipidämie
FGF	Fibroblastenwachstumsfaktor
FGFR4	FGF-Rezeptor 4
FH	familiäre Hypercholesterinämie
FHC	familiäre Hyperchylomikronämie
FHTG	familiäre Hypertriglyzeridämie
FMR1	„fragile X mental retardation 1"
FOX	Forkhead-Box
FTO	Fettmasse- und Fettleibigkeit-assoziiert
FXN	Frataxin
FXR	Farnesoid-X-Rezeptor
G6P	Glukose-6-Phosphat
G6PC	Glukose-6-Phosphatase
GATA	GATA-Bindeprotein
GCK	Glukokinase
GH1	Wachstumshormon 1

GHR	GH1-Rezeptor
GLP1	Glukagon-ähnliches Peptid 1
GLUT	Glukosetransporter
GMP	Granulozyten-Monozyten-Vorläufer
GPAT	Glyzerinphosphat-Acyl-Transferase
GPR	G-Protein-gekoppelter Rezeptor
GR	Glukokortikoidrezeptor
GSK3	Glykogensynthesekinase 3
GSV	GLUT4-haltige Speichervesikel
GWAS	Genom-weite Assoziationsstudie
GYS	Glykogensynthase
HAT	Histonacetyltransferase
HBL	Hypobetalipoproteinämie
HDAC	Histondeacetylase
HDL	Lipoprotein hoher Dichte
HGPS	Hutchinson-Gilford-Progerie-Syndrom
HHEX	„hematopoietically expressed homeobox"
HIV	humanes Immunschwächevirus
HLD	Leberlipasemangel
HLP	Hyperlipoproteinämie
HMGCR	3-Hydroxy-3-methylglutaryl-CoA-Reduktase
HNF	Leberzellenkernfaktor
HNRNPU	heterogenes nukleares Ribonukleoprotein U
HOTAIR	„HOX transcript antisense RNA"
HP1	Heterochromatinprotein 1, wird vom *CBX5*-Gen kodiert
HSC	Hämatopoetische Stammzelle
HSF1	Hitzeschocktranskriptionsfaktor 1
HSP	Hitzeschockprotein
HTG	Hypertriglyzeridämie
HTT	Huntingtin
IAP	intrazisternales A-Partikel
ICR	Kontrollregion der genetischen Prägung
IDF	Internationale Diabetes-Föderation
IDH	Isocitratdehydrogenase
IGF	Insulin-ähnlicher Wachstumsfaktor
IGF1R	IGF1-Rezeptor
IKBK	„inhibitor of nuclear factor kappa B kinase subunit beta"
IL	Interleukin
IL1RN	IL1-Rezeptor-Antagonist
ILP	insulinartiges Peptid
IMCL	intramyozelluläres Lipid
Indel	Insertion/Deletion
INFγ	Interferon γ
INO80	INO80-Komplexuntereinheit
INSR	Insulinrezeptor

iPOP	integrative persönliche Omik-Profilerstellung
iPS	induzierte pluripotente Stamm
IRF4	„interferon regulatory factor 4"
IRS	Insulinrezeptorsubstrat
IRX	Iroquois Homöobox 3
ISWI	„imitation switch"
K^{ATP}	ATP-sensitiver K$^+$-Kanal
kb	Kilobasenpaare (1000 bp)
KCNQ1	Kaliumspannungs-gesteuerter Kanal, Unterfamilie Q, Mitglied 1
KDM	Lysindemethylase
KLF4	Krüppel-ähnlicher Faktor 4
KMT	Lysinmethyltransferase
LAD	Lamin-assoziierten Domänen
LCAT	Lecithin-Cholesterin-Acyltransferase
LCATD	LCAT-Mangel
LCK	LCK-Proto-Onkogen, Tyrosinkinase der Src-Familie
LCT	Laktase
LDL	Lipoprotein niedriger Dichte
LDLR	LDL-Rezeptor
LEP	Leptin
LEPR	Leptinrezeptor
LINE	langes eingestreutes Element
LIPC	Lipase C
LPCAT3	Lysophosphatidylcholin-Acyltransferase 3
LPL	Lipoproteinlipase
LRH-1	Leberrezeptor-Homolog 1
LRP1	„LDL receptor related protein 1"
LSD1	Lysin-spezifische Demethylase 1, wird auch KDM1A genannt
LTR	„long terminal repeat"
LXR	Leber-X-Rezeptor
M-CFU	koloniebildende Einheiten
MAF	Häufigkeit des selteneren Allels
MAN2A1	„mannosidase alpha class 2A member 1"
MAPK	Mitogen-aktivierte Proteinkinase
Mb	Megabasenpaare (1.000.000 bp)
MBD	Methyl-DNA-Bindedomäne
MC1R	Melanocortin 1 Rezeptor
MC4R	Melanocortin-4-Rezeptor
MCM6	„minichromosome maintenance complex component 6"
mCpH	nicht-CpG-Methylierung
MDP	Makrophagen und Vorläufer von dendritischen Zellen
MECP2	Methyl-CpG-Bindeprotein 2
MEIS1	Meis-Homöobox 1
MEN1	Menin 1
MEP	Megakaryozyten-Erythrozyten Vorläufer

MGMT	O-6-Methylguanin-DNA Methyltransferase
MHC	Haupthistokompatibilitätskomplex
MHL	gemischte Hyperlipidämie
MIC	MHC-Klasse-I-Polypeptid-verwandte Sequenz
miRNA	micro RNA
MLH1	MutL-Homolog 1
MODY	Erwachsenendiabetes, der in der Jugend auftritt
MPO	Myeloperoxidase
MPP	multipotente Vorlauferzellen
MSR1	„macrophage scavenger receptor 1"
MTHFR	Methylentetrahydrofolatreduktase
MTNR1B	Melatoninrezeptor 1B
MTTP	mikrosomales Triglycerid-Transferprotein
MYLIP	„myosin regulatory light chain interacting protein"
MYO5A	Myosin VA
NAD	Nikotinamidadenindinukleotid
NADP	Nicotinamidadenindinukleotidphosphat
NAFLD	nichtalkoholische Fettlebererkrankung (Fettleber)
NAMPT	Nicotinamidphoshoribosyltransferase
NANOG	Nanog-Homöobox
NCEH1	„neutral cholesterol ester hydrolase 1"
NCOA1	Nuklear Rezeptor Koaktivator 1
NCOR	nuklearer Rezeptor Korepressor
ncRNA	nichtkodierende RNA
NEUROD1	„neuronal differentiation 1"
NFAT	„nuclear factor of activated T-cells"
NFE2L2	NFE2-ähnlicher BZIP-Transkriptionsfaktor 2
NFκB	nuklearer Factor κB
NGS	„next generation sequencing"
NK-Zelle	natürliche Killerzelle
NLRP	NLR-Protein
NO	Stickstoffmonoxid
NOX	NADPH-Oxidase
NPC1L1	„NPC1 like intracellular cholesterol transporter 1"
NPY	Neuropeptid Y
NSD	„nuclear receptor binding SET domain protein"
NTS	*Nucleus tractus solitarii*
OCA2	„OCA2 melanosomal transmembrane protein"
OCT4	Oktamer-bindender Transkriptionsfaktor 4, wird auch POU5F1 genannt
OGTT	oraler Glukosetoleranztest
OR	„odds ratio"
ORL1	„opioid related nociceptin receptor 1"
PAMP	Pathogen-assoziiertes molekulares Muster
PAX4	„paired box 4"

PBMC	mononukleäre Zelle des peripheren Bluts
PC	Pyruvatcarboxylase
PCK	Phosphoenolpyruvat-Carboxykinase
PCSK	Proprotein-Convertase
PDCD1	programmierter Zelltod 1, wird auch PD1 genannt
PDE3B	Phosphodiesterase 3B
PDGFRA	Wachstumsfaktor aus Thrombozyten-Rezeptor α
PDH	Pyruvat-Dehydrogenase
PDX1	„pancreatic and duodenal homeobox 1"
PER1	Periode zirkadiane Uhr 1
PFK2	Phosphofruktokinase 2
PFKFB2	6-Phosphofructo-2-Kinase/Fructose-2,6-Biphosphatase 2
PGC	Urkeimzelle
PGR	Progesteronrezeptor
PI3K	Phosphoinositid-3'-Kinase
PIP3	Phosphatidylinositol-3,4,5-trisphosphat
PKA	Proteinkinase A
PLAU	„plasminogen activator, urokinase"
Pol II	RNA-Polymerase II
POMC	Proopiomelanocortin
POU	POU Homöobox
PPAR	Peroxisom-Proliferator aktivierter Rezeptor
PPARGC1α	PPARγ, Koaktivator 1α
PRC	Polycomb-Repressionskomplex
PRKC	Proteinkinase C
PROP1	„PROP paired-like homeobox 1"
PTEN	Phosphatase und Tensin Homolog
PU.1	Purin-reiche Box 1
PUFA	mehrfach ungesättigte Fettsäure
PXR	Pregnan X Rezeptor
RAPTOR	regulatorisches assoziiertes Protein von TOR
RAR	Retinsäurerezeptor
RB1	RB transkriptioneller Korepressor 1
RBP4	Retinolbindungsprotein 4
RCOR	REST Korepressor
RE	„response element"
REL	REL Protoonkogen, NFκB-Untereinheit
REST	RE1 unterdrückender Transkriptionsfaktor, wird auch NRSF genannt
ROS	reaktive Sauerstoffspezies
rRNA	ribosomale RNA
RTK	Rezeptortyrosinkinase
RUNX1	„runt-related transcription factor 1"
RXR	Retinoid X Rezeptor
S6K	S6-Kinase

SAH	S-Adenosylhomocystein
SAM	S-Adenosylmethionin
SCAP	„SREBP cleavage-activating protein"
SCARB1	Scavenger-Rezeptor B1
SCD1	Steroyl-CoA-Desaturase 1
SCN	*Nucleus suprachiasmaticus*
Serpin	Serin-Peptidase-Inhibitor
SETD2	„SET domain containing 2"
SF-1	steroidogener Faktor 1
SFRP5	„secreted frizzled related protein 5"
SHARP	SMRT/HDAC1-assoziiertes Repressorprotein
SIM1	SIM BHLH Transkriptionsfaktor 1
SINE	kurzes eingestreutes Element
SIRT	Sirtuin
SITO	Sitosterolämie
SLE	systemischer Lupus Erythematodes
SMARC	„SWI/SNF-related matrix-associated actin-dependent regulators of chromatin"
SMYD2	„SET and MYND domain containing 2"
SNP	Einzelnukleotidpolymorphismus
SNV	Einzelnukleotidvariante
SOX2	SRY-Box 2
SREBF1	„sterol regulatory element binding transcription factor 1"
STAT	Signaltransduktor und Aktivator der Transkription
SUV39H	„suppressor of variegation 3–9 homolog"
SWI/SNF	„switching/sucrose non-fermenting"
T1D	Typ-1-Diabetes
T2D	Typ-2-Diabetes
TAD	Topologisch-assoziierte Domäne
TAS1R	„taste 1 receptor"
TBC1D	TBC1-Domäne
TCFL2	„transcription factor 7 like 2"
TCGA	Der Krebsgenomatlas
TCR	T Zell Rezeptor
TD	Tangier-Krankheit
TDG	Thymin-DNA-Glykosylase
TERT	Telomerase
TET	„ten-eleven translocation"
TGF	Tumorwachstumsfaktor
T_H	T-Helfer
THF	Tetrahydrofolsäure
THRSP	Schilddrüsenhormon-responsiv
TIFIA	Transkriptionsinitiationsfaktor IA
TLR	Toll-like-Rezeptor
TNF	Tumornekrosefaktor

TNFR	TNF-Rezeptor
TOR	„target of rapamycin"
TP53	Tumorprotein p53
TRAF2	„TNF receptor associated factor 2"
T_{REG}	Regulatorische T-Zelle
TRIM	„tripartite-motif-containing protein"
tRNA	transfer RNA
TSC2	Tuberöse Sklerose 2
TSS	Transkriptionsstartstelle
TYR	Tyrosinase
UBR1	„ubiquitin protein ligase E3 component N-recognin 1"
UCP	Entkopplungsprotein
UDP	Uridindiphosphat
UHRF1	Ubiquitin-ähnliche pflanzliche Homöodomäne und RING-Finger-Domäne 1
UPR	„unfolded protein response"
UTR	nichttranslatierte Region
VDR	Vitamin D Rezeptor
VLDL	Lipoprotein sehr niedriger Dichte
WHO	Weltgesundheitsorganisation
WHR	Quotient aus Taillen- und Hüftumfang
XBP1	X-Box Bindungsprotein 1
Xist	X-inaktives spezifisches Transkript
ZNS	zentrales Nervensystem
α-MSH	α-Melanozyten-stimulierendes Hormon

Das menschliche Genom

1

Zusammenfassung

In diesem Kapitel wird zunächst die genetische Anpassung des anatomisch modernen Menschen *(Homo sapiens)* durch Wanderung von Afrika in neue geografische und klimatische Umgebungen in Asien, Europa und Amerika beschrieben. Dazu gehören auch die Herausforderungen, die der Wandel von Jägern und Sammlern hin zu Bauern mit sich gebracht haben. Genetische Unterschiede zwischen menschlichen Populationen sind am deutlichsten in jenen Organen ausgeprägt, die in direktem Kontakt zur Umwelt stehen, wie der Haut, dem Verdauungstrakt oder dem Immunsystem. **Das hat nicht nur zu Unterschieden in der Hautfarbe, sondern auch zu unterschiedlichen Resistenzen gegenüber Krankheiten und einer Diversität der Nahrungspräferenzen und -verträglichkeiten geführt.** Die genetischen Grundlagen der Variation menschlicher Populationen und Individuen wurde von großen Forschungskonsortien, wie dem 1000-Genom-Projekt, untersucht und katalogisiert. Genom-weite Genotypisierung und Sequenzierung des gesamten Genoms ermöglichen die Untersuchung und Analyse komplexer Krankheiten, wie T2D und Herz-Kreislauf-Erkrankungen, auf der Grundlage von Dutzenden bis Hunderten genetischer Varianten, wie Einzelnukleotidvarianten (SNVs) und Kopienzahlvarianten (CNVs).

1.1 Migration und evolutionäre Herausforderungen des *Homo sapiens*

Vor etwa 300.000 Jahren entwickelte sich in Ostafrika der anatomisch moderne Mensch *(Homo sapiens),* d. h. Menschen wir heute. Vor etwa 50–75.000 Jahren begannen einige dieser modernen Menschen, nach Asien, Europa und Amerika zu

© Der/die Autor(en), exklusiv lizenziert an Springer-Verlag GmbH, DE, ein Teil von Springer Nature 2023
C. Carlberg, *Die molekulare Basis von Gesundheit,*
https://doi.org/10.1007/978-3-662-67986-9_1

wandern und ersetzten durch Durchmischung[1] zuvor vorherrschende archaische[2] Hominiden, wie den Neandertaler *(Homo neanderthalensis)* und den Denisova-Menschen (Abb. 1.1). Beide Arten hatten sich bereits über 400.000 Jahre genetisch an die Umweltbedingungen Eurasiens angepasst. Die Vermischung führte zur Übertragung von Genvarianten und verbesserte die Überlebensfähigkeit außerhalb Afrikas, wie eine Anpassung der Thermoregulation in kälteren Klimazonen, Toleranz gegenüber Sauerstoffmangel (Hypoxie) in großer Höhe und hellerer Haut wegen geringer UV-B-Strahlung in nördlichen Breiten, die zu einem Vitamin D Mangel führen kann (Abschn. 13.1).

Vor etwa 10.000 Jahren begannen unsere Vorfahren, ihre Jäger- und Sammlergewohnheiten aufzugeben und wurden Bauern. Diese signifikante Änderung des Lebensstils basiert zum großen Teil auf neu genutzten Nahrungsmitteln, wie Getreide und Milch (Abschn. 6.1). **Die verbesserte Nahrungsversorgung ermöglichte eine höhere Bevölkerungsdichte, ging jedoch mit einer erhöhten Belastung mit Infektionskrankheiten einher, von denen viele von domestizierten Tieren ausgingen.** Sowohl Ernährungsumstellungen als auch immunologische Herausforderungen verursachten einen dominanten evolutionären Druck und eine verhältnismäßig schnelle genetische Anpassung. Die Folgen dieser genetischen Anpassungen prägten nicht nur die biologische Vielfalt, sondern auch die Gesundheit und das Krankheitsrisiko von uns derzeit 8 Mrd. Menschen.

Weltweit dauerte es mehrere tausend Jahre, also deutlich mehr als 100 Generationen, bis die meisten Menschen von Jägern und Sammlern zu Bauern wurden, aber nur weniger als 50 Jahre, um sie zu Nutzern von Autos und Supermärkten sowie zu Konsumenten von Fastfood zu machen. Der Mensch hatte also ganz einfach keine Zeit, sich genetisch an einen Lebensstil anzupassen, der zu **Fettleibigkeit** (Abschn. 9.1) verleitet und häufig zu weiteren Krankheiten führt, die als **metabolisches Syndrom** (Abschn. 10.3) zusammengefasst werden. Die Kombination aus vorwiegend sitzenden Tätigkeiten und geringer körperlicher Aktivität sowie der leichten Verfügbarkeit energiereicher Nahrung ist eine große Herausforderung für unseren Körper, der von der Evolution auf effiziente Energiespeicherung und große körperliche Mobilität ausgerichtet ist. Deshalb können viele gerade jener genetischen Varianten, die die molekulare Basis eines solchart optimierten Körpers darstellen, heute zu einem erhöhten Risiko für die Entwicklung chronischer nichtübertragbarer Krankheiten, wie **T2D** (Abschn. 9.6) oder **Herz-Kreislauf-Erkrankungen** (Abschn. 10.1), beitragen.

---

[1] Deshalb besteht das Genom von Europäern bis zu 2,1 % aus DNA-Sequenzen, die vom Neandertaler stammen.

[2] Heutzutage ausgestorben.

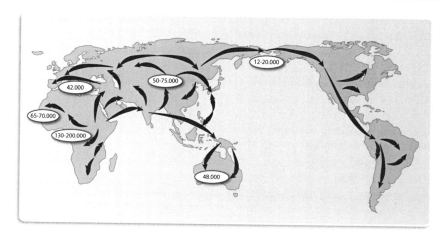

Abb. 1.1 Wanderungen des *Homo sapiens*. Der Ausbreitung des anatomisch modernen Menschen von Ostafrika über den Rest des afrikanischen Kontinents folgte vor etwa 50–75.000 Jahren eine Expansion nach Asien, wahrscheinlich sowohl auf südlichen als auch auf nördlichen Routen. Ozeanien, Europa und Amerika wurden, in dieser Reihenfolge, von Asien aus besiedelt. Die Migrationsmuster basieren hauptsächlich auf Analysen von Veränderungen mitochondrialer DNA

1.2   Vielfalt menschlicher Populationen

Nachdem sich der Mensch auf alle Kontinente verteilt hatte, wurden einige Bevölkerungsgruppen geografisch isoliert, sodass neue Genvarianten nicht mehr auf alle Artgenossen übertragen wurden. Da sich in der Vergangenheit weit voneinander entfernt lebende Bevölkerungsgruppen in der Regel nicht trafen und vermischen konnten, sind Populationen genetisch umso unterschiedlicher, je weiter voneinander entfernt sie sich entwickelt haben. Da der anatomisch moderne Mensch bereits seit rund 300.000 Jahren in Afrika lebt, findet sich auf diesem Kontinent eine größere genetische Vielfalt als im Rest der Welt. **Trotzdem, obwohl es offensichtliche phänotypische Unterschiede von Bevölkerungsgruppen in Bezug auf Hautfarbe, Körpergröße und Gesichtsmerkmale gibt, findet man keine absoluten genetischen Unterschiede zwischen ihnen.** So gibt es, wie es die „Jenaer Erklärung" von 2019 ausdrückt, „im menschlichen Genom unter den gut 3 Mrd. Basenpaaren keinen einzigen fixierten Unterschied, der zum Beispiel Afrikaner von Nichtafrikanern trennt". **Bevölkerungsunterschiede basieren auf Varianten an Tausenden von Stellen im Genom.** Das impliziert, dass sich eine Eigenschaft[3], wie z. B. die Hautfarbe (Abschn. 13.1), in

---

[3] Eine Eigenschaft wird oft als „Merkmal" bezeichnet.

einer Population ziemlich schnell ändern kann, wenn sich die Häufigkeiten eines Allels[4], das zum Merkmal beiträgt, verschiebt (Box 1.1).

Box 1.1: Natürliche Selektion

Die positive natürliche Selektion, d. h. die Kraft, die die Verbreitung vorteilhafter Eigenschaften antreibt, hat in der Vergangenheit während der Evolution des Menschen eine zentrale Rolle gespielt. Individuen mit Vorteilen (sogenannten **adaptiven Merkmalen**) sind tendenziell erfolgreicher in ihrer Fortpflanzung, d. h. sie tragen mit mehr Nachkommen zur nächsten Generation bei als andere. Aufgrund der Vererbung von einer Generation zur anderen, erhöht der Selektionsprozess die Prävalenz[5] des jeweiligen adaptiven Merkmals. Unter anhaltendem Selektionsdruck können solche adaptiven Merkmale Schritt für Schritt in der betroffenen Bevölkerungsgruppe universell werden. Zu den Faktoren, die die Selektion begünstigen, also zum sogenannten **evolutionären Druck** beitragen, gehören z. B. Ressourcenbeschränkungen, wie Nahrungsknappheit, oder Bedrohungen, wie das Auftreten von Krankheitserregern. Eine Veränderung in der Häufigkeit einer Genvariante in einer Population kann auch durch zufällige Veränderungen erfolgen, also durch eine genetische „Drift", die nicht auf Selektion beruht (Abschn. 13.2). Auf diese Weise kann sogar ein schädliches Allel für die Mitglieder einer Population universell werden, z. B. unter dem Einfluss einer schwachen Selektion oder in kleinen Populationen, in denen sich zufällige Änderungen stärker auswirken.

Während der Evolution des Menschen unterlagen bis zu 10 % aller proteinkodierenden Gene, also etwa 2000 Gene, einer positiven natürlichen Selektion. Insbesondere Gene, die für das Immunsystem, den Verdauungstrakt und die Haut (einschließlich Haaren, Schweißdrüsen und Sinnesorganen) wichtig sind, waren von einer positiven Selektion betroffen (Abschn. 13.1). Das liegt daran, dass diese Organsysteme in größerem Maße in Kontakt mit der Umwelt stehen als andere Teile unseres Körpers. Eine solche positive Selektion finden sich beim angeborenen und adaptiven Immunsystems (Box 1.2), etwa in Form von Varianten von Genen, die für Membranimmunrezeptoren kodieren und unter positivem Selektionsdruck durch Wechselwirkung des Körpers mit pathogenen Mikroben und Viren standen. Ein interessantes Beispiel ist das Membranprotein CCR5 (C–C-Motiv-Chemokinrezeptor 5), das als Korezeptor für das humane Immun-

---

[4] Ein Allel ist die exakte Sequenz an einer definierten Stelle im Genom. In unserem diploiden Genom haben wir in der Regel 2 Kopien eines Allels. Ausnahmen sind das X und Y Chromosom bei Männern.

[5] Prävalenz beschreibt Mengen von Personen in einem definierten Zustand (z. B. des Krankseins).

schwächevirus (HIV) fungiert und für den Eintritt des Virus in T-Zellen essenziell ist. Eine vermutlich seit mehreren Tausend Jahren in menschlichen Populationen auftretende Deletion im *CCR5*-Gen (32 Basenpaare (bp) fehlen) führt dazu, dass CCR5 Protein nicht auf T-Zellen exprimiert[6] wird und dass homozygote[7] Träger dieser Mutation vor einer HIV-Infektion geschützt sind. Diese Mutation steht in Populationen, in denen HIV-Infektionen in größerem Umfang auftreten, wie in Südafrika, derzeit unter positivem Selektionsdruck.

Box 1.2: Angeborenes und adaptives Immunsystem
Das Immunsystem besteht aus biologischen Strukturen wie Lymphknoten, Zelltypen wie Monozyten, Makrophagen, T- und B-Zellen und Proteinen, wie Komplementproteinen und Antikörpern, die den Organismus vor Infektionskrankheiten schützen. Das Immunsystem erkennt verschiedenste Moleküle, sogenannte **Antigene,** potenziell pathogenen Ursprungs, beispielsweise auf der Oberfläche von Mikroben, und unterscheidet sie von körpereigenen Strukturen des gesunden Gewebes. Man unterscheidet angeborenes und adaptives Immunsystem (Abschn. 8.1). Das **angeborene Immunsystem** ist evolutionär älter, und neben vor Infektionen schützenden anatomischen Barrieren, wie Haut und Schleimhäuten, basiert es auf Zellen, wie natürlichen Killerzellen (NK-Zellen), Makrophagen und Neutrophilen. Neben dem Mechanismus der Phagozytose[8] dienen im angeborenen Immunsystem auch antimikrobielle Peptide, beispielsweise aus dem Komplementsystem, der Abwehr von Krankheitserregern. Das **adaptive Immunsystem** wendet ausgefeilte Abwehrmechanismen an, bei denen T- und B-Zellen hochspezifische Oberflächenrezeptoren wie T-Zell-Rezeptoren (TCRs) und B-Zell-Rezeptoren gegen Antigene verwenden. Die B-Zell-Rezeptoren verwandeln sich in sezernierte Antikörper, wenn B-Zellen in Plasmazellen differenzieren. Darüber hinaus erzeugt das adaptive Immunsystem im Anschluss an eine spezifische Reaktion auf ein Antigen ein **immunologisches Gedächtnis,** das zu einer verstärkten Reaktion auf nachfolgende Begegnungen mit demselben Antigen führt.

Weitere Beispiele für Gene, die positivem Selektionsdruck unterliegen, sind einige Allele, die durch Kreuzung mit archaischen menschlichen Spezies in das

---

[6] Im Zusammenhang mit Genregulation bedeutet „exprimiert", das die Transkription eines Gens ermöglicht oder verstärkt wird, sodass mehr Protein produziert wird.

[7] Homozygot bedeutet an einer bestimmten Stelle im Genom die identische Sequenz in beiden Kopien zu haben.

[8] Phagozytose ist ein aktiver Transportprozess, bei dem eine Zelle feste Partikel oder andere Zellen aus dem Extrazellulärraum aufnimmt, indem sich die Zellmembran einstülpt.

Genom des modernen Menschen gelangten[9]. So wurde in Populationen aus Mexiko und Lateinamerika eine mit T2D assoziierte Variante des *SLC16A11*[10]-Gens, das für einen Lipidtransporter im endoplasmatischen Retikulum (ER) kodiert, identifiziert. Diese Variante lässt sich auf Beimischung von Neandertaler-Genomabschnitten zurückführen und findet sich häufiger in amerikanischen Ureinwohnern (die ursprünglich aus Sibirien eingewandert sind).

Als vor etwa 500 Jahren das Überqueren der Ozeane möglich wurde, begann eine Migration eines bis dahin nicht gekannten Ausmaßes, die insbesondere in Amerika, aber auch auf anderen Kontinenten, zu erheblichen Bevölkerungsvermischungen führte. Zuvor hatte es in Europa mindestens zwei große Phasen der Vermengung von Populationen gegeben, bei denen sich zuerst vor etwa 9000 Jahren Bauern aus Anatolien mit einheimischen europäischen Jägern und Sammlern vermischten und dann vor etwa 5000 Jahren Yamnaya-Hirten aus der eurasischen Steppe nach Europa einwanderten. Darum ist der Phänotyp heutiger Europäer größtenteils das Produkt der mittel- und jungsteinzeitlichen Kollisionen dieser drei Vorgängerpopulationen.

Hunderte komplexer Merkmale bestimmen den Phänotyp, d. h. wie eine Person aussieht und sich verhält, sowie ihre Risiken, nichtübertragbare Krankheiten zu entwickeln. Darüber hinaus basiert jedes komplexe Merkmal auf Dutzenden bis Hunderten von Genvarianten und Umwelteinflüssen. Die meisten dieser genetischen Varianten sind neutral, d. h. sie tragen nicht zu phänotypischen Unterschieden oder Krankheitsrisiken bei und reichern sich innerhalb der jeweiligen Populationen zufällig an (Box 1.1). Hinsichtlich der Ausprägung eines Phänotyps kann einerseits die Gesamtheit zwar seltener, sich jedoch stark auswirkender Varianten (also Varianten von hoher „Penetranz") einen maßgeblichen Einfluss haben. Das gilt z. B. bei monogenetischen Erkrankungen (Abb. 1.2, links). Andererseits gibt es darüber hinaus eine große Anzahl häufigerer Varianten mit kleiner bis mäßiger Effektstärke („odds ratio" (OR)), die bei gängigen komplexen Merkmalen eine dominante Rolle spielen. Das trifft für das genetische Risiko für die meisten Volkserkrankungen zu (Abb. 1.2, rechts).

Die verschiedenen Typen genetischer Varianten (auch Polymorphismen genannt) werden nach der Häufigkeit des selteneren Allels (MAF) in der Population eingeteilt. Varianten werden als häufig bezeichnet, wenn die MAF mindestens 1 % beträgt, oder als selten, wenn sie eine MAF von weniger als 1 % haben. SNVs stellen die häufigste Klasse genetischer Varianten dar und etwa 7 Mio. bekannte SNVs weisen in der Gesamtheit untersuchter Populationen eine MAF von mehr als 5 % auf[11] und werden als SNPs[12] (Einzelnukleotidpolymorphismen) bezeichnet. Der Einfluss von SNVs auf

---

[9] Bis zu 2,1 % unseres Genoms stammt vom Neandertaler.

[10] SLC = „solute carrier family."

[11] www.ncbi.nlm.nih.gov/snp.

[12] SNP = Einzelnukleotidpolymorphism.

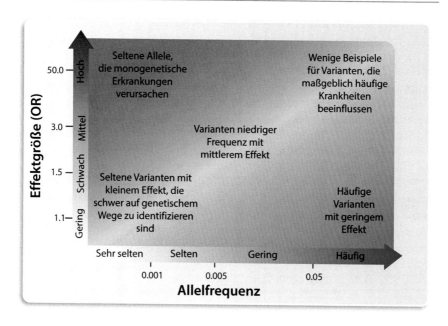

Abb. 1.2 Identifizierung genetischer Varianten nach Häufigkeit des Risikoallels. In der Grafik ist die Effektstärke (OR) über der Häufigkeit einer genetische Variation (Allelfrequenz) aufgetragen

die proteinkodierende Sequenz des menschlichen Genoms ist gut untersucht. **Synonyme Mutationen** verändern das kodierte Protein nicht, während **nichtsynonyme Mutationen** eine Veränderung der Aminosäuresequenz („missense") bewirken oder ein vorzeitiges Stoppcodon („nonsense") für die Proteintranslation erzeugen. Letzteres bedeutet, dass ausgehend von der Position der Variante die gesamte Aminosäuresequenz des kodierten Proteins verändert wird Zusätzlich können Indels als auch CNVs in Exonsequenzen zu einer Verschiebung des Leserasters der Proteintranslation führen. Darüber hinaus können CNVs in Intronsequenzen zu alternativem Spleißen führen.

Das Merkmal „Körpergröße" ist beispielsweise von mindestens 180 Positionen im Genom abhängig, d. h. es ist ein Paradebeispiel für ein komplexes polygenes Merkmal (Abb. 1.2, rechts) (für weitere Beispiele siehe Abschn. 9.6 und Abschn. 10.3). In Europa hat sich die Körpergröße in den letzten Generationen, nicht zuletzt unter dem Einfluss von Umweltfaktoren wie verbesserter Qualität und Quantität der Ernährung, erheblich verändert (im Durchschnitt eine Zunahme um 10 cm).

1.3 Varianten des menschlichen Genoms

Das menschliche Genom kann in sogenannte Haplotypblöcke unterteilt werden. Das sind Abschnitte unseres Genoms von typischerweise 10–100 kb (Kilobasenpaare) Länge, die von Generation zu Generation in der gleichen Form vererbt werden. Das bedeutet, dass diese Abschnitte des Genoms bisher nicht durch Rekombination während der Meiose[13], unterbrochen wurden (Abb. 1.3). Im Gegensatz hierzu stellen die Grenzen der Haplotypblöcke Rekombinationsereignisse dar, die vor vielen Generationen stattgefunden haben. **Die Veränderung eines Gens während der Meiose ist etwa 100-mal häufiger als das Entstehen von Punktmutationen und daher ein effizienter Mechanismus für das Fortschreiten der Evolution.** Das zeigt die wichtige Bedeutung sexueller Fortpflanzung für eine effiziente Evolution.

Da afrikanische Populationen schon viel länger existieren als europäische und asiatische (Abb. 1.1), sind ihre Haplotypblöcke kürzer, d. h. in Afrika hatten die Blöcke aufgrund der Häufung von Rekombinationsereignissen durch die höhere Anzahl von Generationen mehr Zeit, zerteilt zu werden. Zudem durchliefen alle nichtafrikanischen Menschen eine Art demografischen Engpass, da sie von einer kleinen Population ostafrikanischer Herkunft abstammen. **Das impliziert, dass die Genome von Nichtafrikanern eine geringere Vielfalt haben.**

Das haploide[14] Referenzgenom des Menschen (Box 1.3) wurde 2001 von den Mitgliedern des Humangenomprojekts (Box 1.4) veröffentlicht und basiert auf wenigen männlicher DNA-Spender. Das Genom jedes Menschen unterscheidet sich an durchschnittlich 4–5 Mio. Positionen von dieser Referenzsequenz. Ein Großteil davon (3,5–4,3 Mio.) geht auf SNVs zurück, also auf Sequenzvarianten, bei denen genau eine Kernbase (A, C, G oder T)[15] verändert ist (Abb. 1.4). Hinzu kommen Strukturvarianten des Genoms (ca. 0,5–0,6 Mio.), die zwar seltener sind, jedoch insgesamt mehr Basenpaare betreffen. Zu den Strukturvarianten gehören vor allem Insertionen, Deletionen, CNVs und Inversionen.

Box 1.3: Das Genom des Menschen
Die vollständige Sequenz des anatomisch modernen Menschen *(Homo sapiens)* und wurde vom „Human Genome Project" (Box 1.4) entschlüsselt[16]. Dieses Referenzgenom ist über verschiedene Genom-Browser

---

[13] Meiose ist eine spezielle Form der Zellteilung, die nur in Keimzellen vorkommt und die Genome der Elterngeneration durchmischt.

[14] Haploid bezieht sich auf eine einzelne Kopie des Genoms. Mit Ausnahme von Keimzellen haben unsere Zellen jedoch 2 Kopien des Genoms (von Vater und Mutter) in ihrem Kern, sie sind also diploid.

[15] In DNA gibt es die vier Kernbasen Adenin (A), Guanin (G), Cytosin (C) und Thymin (T) sowie in RNA Uracil (U) statt T.

[16] www.genome.gov/10001772.

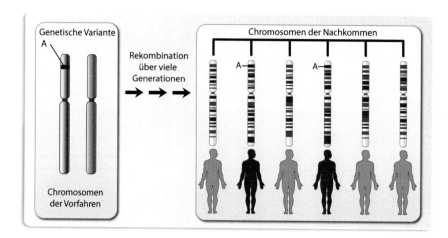

Abb. 1.3 Haplotypen. Zwei vereinfachte Beispielchromosomen von Vorfahren werden durch Rekombination während der Meiose über viele Generationen hinweg vermischt, um die verschiedenen Chromosomen ihrer Nachkommen zu ergeben. Ein typisches Chromosom hat nach 30.000 Jahren mehr als ein Rekombinationsereignis pro 100 kb durchlaufen. Die so entstehenden Blöcke gleichzeitig vererbter genetischer Varianten werden als Haplotypen bezeichnet. Steigt mit einer genetischen Variante (hier gekennzeichnet durch ein A) auf einem angestammten Chromosom das Risiko für eine bestimmte Krankheit, haben die Individuen der aktuellen Generation, die diese Region des Ahnenchromosoms geerbt haben (rot), ein erhöhtes Erkrankungsrisiko. Innerhalb des Haplotypblocks, der die krankheitsverursachende Variante trägt, gibt es viele SNVs, die verwendet werden können, um den genauen Ort der Variante zu identifizieren

im Internet zugänglich und basiert auf 7 jungen männlichen Spendern aus den USA. Mit Ausnahme von Keimzellen, also weiblichen Eizellen und männlichen Spermien, die nur ein haploides Genom haben, und Erythrozyten[17], die keinen Zellkern mehr haben, enthält jede menschliche Zelle ein diploides Genom. Dieses Genom besteht aus $2 \times 3{,}05$ Mrd. bp, also 3050 Mb[18], und ist auf 2×22 autosomalen Chromosomen sowie zwei X Chromosomen (bei Frauen) oder einem XY-Chromosomensatz (bei Männern) verteilt. Darüber hinaus enthält jedes Mitochondrium 16,6 kb mitochondriale DNA. Das haploide Genom enthält etwa 20.000 proteinkodierende Gene und etwa die doppelte Anzahl von ncRNA (nichtkodierenden RNA)-Genen. Die proteinkodierende Sequenz deckt weniger als 2 % unseres Genoms ab, d. h. **der größte Teil des Genoms ist nichtkodierend und scheint hauptsächlich eine regulatorische Funktion zu haben.**

---

[17] Erythrozyten sind rote Blutkörperchen, sie repräsentieren 85 % der Zellen in unserem Körper.
[18] 1 Mb = 1.000.000 bp.

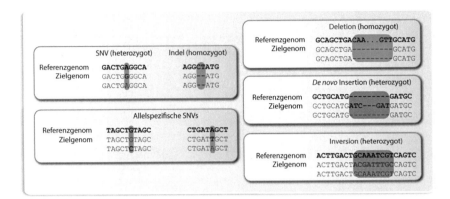

Abb. 1.4 Arten von Varianten in Genomsequenzen. Die jeweils obere Sequenz stellt das haploide Referenzgenom dar, während die beiden darunter stehenden Sequenzen die zwei homologen Sequenzabschnitte (Allele) des diploiden Genoms eines Individuums zeigen. Genetische Varianten können entweder heterozygot oder homozygot sein. Der Begriff der Allelspezifität bezieht sich auf die genaue Zuordnung einer vorliegenden Variante zu einem konkreten Haplotyp, d. h. zu einer der beiden Chromosomen-Kopien im diploiden Genom

Fast 50 % der Sequenz unseres Genoms wird von repetitiver DNA[19] gebildet, die in die folgenden Kategorien eingeteilt wird (in der Reihenfolge ihrer Häufigkeit):

- Lange eingestreute Elemente (LINEs, 500–8000 bp): 20,71 %
- Kurze eingestreute Elemente (SINEs, 100–300 bp): 12,79 %
- Retrotransposons[20], wie „long terminal repeats" (LTRs, 200–5000 bp): 8,85 %
- Minisatelliten und Microsatelliten (2–100 bp): 4,93 %
- Satelliten[21] (200–2000 bp): 2,54 %

LINEs und SINEs sind identische oder nahezu identische DNA-Sequenzen, die durch eine große Anzahl von Nukleotiden getrennt sind, d. h. die Wiederholungen sind über das gesamte Genom verteilt. LTRs sind durch

---

[19] Repetitive DNA besteht aus vielen sich wiederholenden Sequenzmotiven.

[20] Ein Retrotransposon ist ein DNA-Sequenzabschn, der Ähnlichkeit mit dem Genom von Retroviren hat und höchstwahrscheinlich von diesen abstammt.

[21] Der Begriff "Satellit" stammt vom Laufverhalten bestimmter DNA-Regionen in der Gelelektrophorese. Diese nichtk odierende DNA-Regionen sind über das gesamte Genom verstreut und bestehen aus einer variablen Anzahl von Wiederholungen eines bestimmten Sequenzmotivs. Je nach Größe werden sie als "Satelliten", "Minisatelliten" und "Mikrosatelliten" bezeichnet.

Sequenzen gekennzeichnet, die an jedem Ende von Retrotransposonen zu finden sind. DNA-Transposonen sind autonome DNA-Sequenzen, die für eine Transposase kodieren, d. h. für ein Enzym, das DNA von einer an eine andere Position im Genom transponiert. Mikrosatelliten sind oft im Zentrum des Chromosoms (dem Zentromer) zu finden und werden durch Tandem-Wiederholungen von 2–10 bp Länge gebildet. Minisatelliten und große Satelliten sind länger (10–60 bp bzw. bis zu 100 bp).

Box 1.4: Internationale Genombiologie-Konsortien („Big Biology Projects")
Mit rund 20 Jahren Verspätung folgten Molekularbiologen dem Beispiel von Physikern und erkannten, dass einige ihrer Forschungsziele nur durch multi-nationale Kooperationen von Dutzenden bis Hunderten von Forschungs-teams und Institutionen in sogenannten „Big Biology"-Projekten erreicht werden konnten. Das erste Beispiel war das „Humangenomprojekt"[22], das 1990 gestartet und 2003 abgeschlossen wurde. Zusammen mit Folgestudien hatte das Projekt einen enormen Einfluss auf das Verständnis der Architektur und Funktion menschlicher Gene. Das „HapMap"-Projekt[23] war eines dieser Folgeprojekte, das von den technischen Fortschritten in der Genotypisierung profitierten. Parallel dazu ermöglichten verbesserte Sequenzierungs-methoden[24] Bestimmung und Vergleich von Genomen gesunder und (bei-spielsweise an Krebs) erkrankter Personen. Das mündete in groß angelegte Genomsequenzierungsprogramme wie dem „1000-Genom-Projekt"[25] und dem „Der Krebsgenatlas"-Konsortium („*The Cancer Genome Atlas Program*", TCGA)[26]. Darüber hinaus konzentrierten sich das „Enzyklo-pädie der DNA-Elemente" (ENCODE)-Projekt[27] und das Projekt FANTOM5 („*Functional Annotation of the Mammalian Genome*")[28] auf die funktionelle Charakterisierung des menschlichen Genoms. Das ENCODE-Nachfolgeprojekt „*Roadmap Epigenomics*"[29] lieferte Referenzsequenzen zum menschlichen Epigenom von mehr als 100 primären menschlichen Geweben und Zelltypen.

---

[22] www.genome.gov/adipokine1772.

[23] http://hapmap.ncbi.nlm.nih.gov.

[24] NGS = „next-generation sequencing".

[25] www.1000genomes.org.

[26] https://www.cancer.gov/about-nci/organization/ccg/research/structural-genomics/tcga.

[27] www.genome.gov/encode.

[28] http://fantom.gsc.riken.jp/5.

[29] www.roadmapepigenomics.org.

Bei Insertions-/Deletions (kurz: Indel)-Varianten sind in den meisten Fällen nur wenige Basen hinzugefügt bzw. entfernt worden. Es kommen aber auch Indels von bis zu 80.000 bp (80 kb) Länge vor. Indels, die kein Vielfaches von 3 bp umfassen und sich innerhalb von proteinkodierenden Regionen des Genoms befinden, führen zu Leserastermutationen. Indels können auch zur Entstehung von CNVs beitragen, die sich durch Unterschiede in der Häufigkeit des Auftretens ganzer Genomabschnitte im Vergleich zum Referenzgenom auszeichnen. Genvarianten können heterozygot oder homozygot sein (Abb. 1.4). Die meisten Insertionen im menschlichen Genom haben sich in Jahrtausenden angesammelt. Ein Teil geht dabei auf mobile DNA-Elemente, sogenannte **Transposone,** zurück. Diese DNA-Abschnitte kommen nun als kurze ins Genom „eingestreute" und sich wiederholende Elemente (SINEs, z. B. *Alu*-Elemente) und lange eingestreute repetitive Elemente (LINEs) vor (Box 1.3).

In der Vergangenheit wurde die Methode der Kopplungsanalyse[30] verwendet, um Gene zu identifizieren, die für **monogenetische Erkrankungen,** wie die neurodegenerative Erkrankung Huntington, verantwortlich sind (Abschn. 12.3). Aus diesen Analysen ließ sich schließlich Information zur Position der eigentlichen genetischen Variante, die der Erkrankung zugrunde liegt, ermitteln. Diese seltenen Erkrankungen stellen jedoch nur einen kleinen Teil aller Erkrankungen dar. **Dagegen haben Volkskrankheiten einen komplexen Ursprung**, d. h. sie basieren auf Veränderungen in vielen Positionen im Genom (Abb. 1.2). Für solche Fälle erwies sich die Genom-weite Identifizierung von mit Krankheiten assoziierten SNVs über Genom-weite Assoziationsstudien (GWASs) als geeigneter Ansatz. Bei einem durchschnittlichen Vorkommen von häufigen SNVs von 1 in 1000 Nukleotiden, erfordern diese Studien das Testen von Millionen von SNVs pro Individuum und Hunderte bis Tausende Probanden. GWAS-Analysen verfolgen bei der Suche nach unbekannten Genomvarianten, die mit einer Krankheit assoziiert sind, einen explorativen, hypothesenfreien Ansatz, d. h. die Methode befragt eine Vielzahl von SNVs, die das gesamte menschliche Genom repräsentativ abdecken. Heutige GWAS-Analysen umfassen mehr als 100.000 Individuen und können immer größere Anteile der Vererbbarkeit von Merkmalen mit definierten Positionen im Genom assoziieren.

Trotz der bemerkenswerten Erfolge, die mit Einführung von GWAS und durch immer bessere Sequenzierungsmethodik und bioinformatische Möglichkeiten erzielt wurden, ist Vererbung (Heritabilität) komplexer polygener Merkmale, wie dem Risiko für Volkskrankheiten, unter 20 %. Ein großer Teil der Vererbbarkeit von z. B. T2D ist also keiner genetischen Variante oder einem Muster aus Varianten zuzuordnen. Die fehlende bzw. ungelöste Vererbbarkeit ist auch der Grund dafür, dass keine zuverlässige Einschätzung eines individuellen Risikos für eine bestimmte Krankheit ausschließlich auf Basis von SNV-Analysen erfolgen kann (Abschn. 14.2). Zu den seltenen Ausnahmen

---

[30]Hierzu wurden experimentell leicht zugängliche genetische Marker dahingehend untersucht, ob sie gekoppelt mit dem jeweiligen Phänotyp vererbt werden.

gehören die altersbedingte Makuladegeneration[31] und der Typ-1-Diabetes (T1D)[32], für die die Kombinationen häufiger und seltener Varianten ein quantifizierbares Risikoprofil liefern konnten.

Seit etwa 20 Jahren ist es sehr beliebt, einem molekularen Begriff die Nachsilbe „omik" hinzuzufügen, um auszudrücken, dass eine Reihe von Molekülen, wie z. B. DNA, RNA, Proteine oder Metabolite, auf umfassender und/oder globaler Ebene untersucht werden. Nach der Veröffentlichung des Genoms des Menschen im Jahr 2001 (Box 1.3) war „Genomik" die erste Omik-Disziplin, die sich auf die Untersuchung ganzer Genome konzentriert, im Gegensatz zur „Genetik", die einzelne Gene untersucht. Genomik erwies sich als geeigneter Ansatz für die Beschreibung und Untersuchung genetischer Varianten, wie z. B. SNVs, die zu komplexen Erkrankungen wie Krebs, T2D oder Alzheimer beitragen. Technologische Fortschritte, insbesondere bei NGS-Methoden (Abb. 1.5), führten zur Entwicklung weiterer Omik-Disziplinen, wie Epigenomik, Transkriptomik, Proteomik, Metabolomik und Nutrigenomik (Abschn. 5.1). In den letzten Jahren führte die Weiterentwicklung von NGS zu einer exponentiell beschleunigten Entwicklung von Methoden für nahezu alle Aspekte zellulärer Prozesse, d. h. die Sequenzierung ermöglicht deren detaillierte und umfassende Analyse (Abb. 1.5, unten). Epigenom-weite Methoden untersuchen beispielsweise verschiedene Aspekte der Chromatinbiologie, wie DNA-Methylierung, Histonmodifikationszustand und dreidimensionale (3D) Chromatinstruktur (Kap. 2 und Kap. 3). Diese Methoden haben den Vorteil, dass sie unvoreingenommen und umfassend Informationen beispielsweise über das gesamte Epigenom liefern.

Die Sequenzierung[33] eines individuellen Genoms ermöglicht die Identifizierung des vollständigen Satzes genetischer Varianten einer Person. Als natürliche Erweiterung des HapMap-Projekts (Box 1.4) wurde daher das 1000-Genom-Projekt initiiert (Abb. 1.5, oben Mitte). Dabei wurden HapMap-Populationen mit in das Projekt einbezogen und die Genome von insgesamt 2504 Personen aus 26 Populationen auf vier Kontinenten[34] untersucht. Das 1000-Genom-Projekt hat 88 Mio. Genomvarianten, darunter 84,7 Mio. SNVs, 3,6 Mio. Indels und 60.000 Strukturvarianten identifiziert. Personen mit afrikanischen Vorfahren weisen dabei durchschnittlich die meisten Varianten auf, was mit einer Herkunft des Menschen aus Afrika im Einklang ist (Abschn. 1.1). Weitere Projekte, die Tausende von Probanden im Wesentlichen per Sequenzierung des gesamten Genoms untersucht haben, konnten bis zu 463 Mio. Varianten identifizieren (Tab. 1.1).

---

[31] Sehfähigkeit im Bereich des schärfsten Sehens geht allmählich verloren.

[32] T1D ist eine Autoimmunerkrankung, bei der spezifisch die β-Zellen des Pankreas zerstört werden.

[33] Sequenzierung ist eine Methode, um die Abfolge der Basen (A, C, G und T/U) in DNA oder RNA zu bestimmen.

[34] Ozeanien war leider nicht dabei.

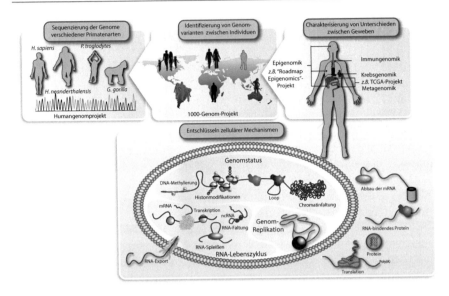

Abb. 1.5 Anwendungsspektrum der Methode des Sequenzierens von DNA. Das Humangenomprojekt (Box 1.3) hat ein Referenzgenom für Menschen erarbeitet. Inzwischen sind zudem
die Genome aller anderen Primatenarten bekannt, darunter auch die einiger ausgestorbener
Menschenarten (**oben links**). Konsortien wie das 1000-Genom-Projekt (**oben Mitte**) haben
die Sequenzierung des gesamten Genoms Tausender Individuen durchgeführt. Darüber hinaus
wurden die genetischen und epigenetischen Unterschiede zwischen Geweben und Zelltypen
desselben Individuums in Krebsgenom- und Epigenomprojekten, wie TCGA und „Roadmap
Epigenomics" (**oben rechts**), gesammelt. Durch die Anwendung verschiedener NGS-Methoden
ist es zudem möglich, zahlreiche unterschiedliche intrazelluläre Prozesse zu analysieren (**unten**)

Tab. 1.1 Anzahl in verschiedenen Gesamtgenomsequenzierungs-Projekten beschriebener Genvarianten

Projekt	Anzahl der Probanden	Population	Anzahl der Varianten
HapMap 3	1011	Multiethnisch	1,4 Mio.
1000-Genom	2504	Multiethnisch	88 Mio.
UK-10K	3781	Europäisch	42 Mio.
Isländische Referenz-gruppe	15.220	Isländisch	31,1 Mio.
Haplotyp Referenz-Konsortium	32.470	Überwiegend europäisch	40,4 Mio.
Trans-Omics für Präzisionsmedizin	62.784	Multiethnisch	463 Mio.

Im Durchschnitt enthält das Genom von jedem von uns etwa:

- 150 Varianten, die zu einer Proteinverkürzung führen
- 10.000 Varianten, die die Primärstruktur von Proteinen (die Aminosäuresequenz) ändern
- 500.000 Varianten, die Transkriptionsfaktor-Bindestellen in Enhancer[35]- und Promotorregionen[36] oder in nichttranslatierte Regionen (UTRs) beeinflussen.

Interessanterweise scheint jeder Mensch für im Schnitt 50–100 genetische Varianten heterozygot zu sein, die bei homozygoten Nachkommen monogenetische Erbkrankheiten verursachen können. Für die Zukunft bedeutet dieses in immer größerem Maße verfügbare Wissen eine große Herausforderung für die Humangenetik. Im Zusammenhang von Nutrigenomik (Abschn. 5.1) besteht eine weitere große Herausforderung darin, Gen-Umwelt-Wechselwirkungen, zu denen auch Gen-Nahrungs-Wechselwirkungen gehören, zu verstehen und in eine Ernährungsberatung zu integrieren (Kap. 14).

Weiterführende Literatur

Fischer, M. S., Hoßfeld, U., Krause, J., & Richter, S. (2019). Jenaer Erklärung – Das Konzept der Rasse ist das Ergebnis von Rassismus und nicht dessen Voraussetzung. *Biol. unserer Zeit, 49,* 399–402.

Nurk, S., Koren, S., Rhie, A., et al. (2022). The complete sequence of a human genome. *Science, 376,* 44–53.

Reich, D. (2018). *Who we are and how we got here: ancient DNA and the new science of the human past.* Oxford University Press (ISBN 978-0-19-882.125-0).

Tam, V., Patel, N., Turcotte, M., Bosse, Y., Pare, G., & Meyre, D. (2019). Benefits and limitations of genome-wide association studies. *Nature Reviews Genetics, 20,* 467–484.

The 1000 Genomes Project Consortium. (2015). A global reference for human genetic variation. *Nature, 526,* 68–74.

Timpson, N. J., Greenwood, C. M. T., Soranzo, N., Lawson, D. J., & Richards, J. B. (2018). Genetic architecture: The shape of the genetic contribution to human traits and disease. *Nature Reviews Genetics, 19,* 110–124.

---

[35] Ein Enhancer ist ein kurzer Abschn im Genom, der Bindungsstellen für einen oder mehrere Transkriptionsfaktoren enthält.

[36] Ein Promoter ist ein Enhancer, der sich sehr nahe dem Start eines Gens befindet.

Epigenetik, Chromatin und expression

2

Zusammenfassung

Ln diesem Kapitel werden die Grundlagen von Epigenetik beschrieben und Chromatin wird als die konkrete Erscheinungsform von Epigenetik vorgestellt. Das Epigenom reagiert auf intra- und extrazelluläre Signale über Änderungen in der DNA-Methylierung und in Histonmodifikationen. Histone sind Proteine, die Nukleosomen formen und posttranslational (Posttranslational bedeutet, dass Änderungen eines Proteins erst nach seiner Fertigstellung an den Ribosomen hinzugefügt werden.) auf mehr als 100 Weisen modifiziert werden können. **Das gibt dem Epigenom ein großes Potenzial Informationen zu speichern.** Die regulatorischen Dimensionen von Chromatin reichen von einzelnen Nukleosomen über DNA-Schleifen bis hin zur großflächigen Faltung ganzer Chromosomen in Territorien innerhalb des Zellkerns. Die Zugänglichkeit des Chromatins an Enhancer- und Promotorregionen bestimmt, ob ein Gen exprimiert wird oder nicht, d. h. welche Funktion eine Zelle hat. Darüber hinaus legt die Chromatinarchitektur fest, welche Enhancer in der Lage sind, die Expression welcher Gene zu regulieren. Die Struktur des Chromatins (und damit des Epigenoms) ist also entscheidend für die koordinierte Regulation unserer Gene.

2.1 Was ist Epigenetik?

Die meisten von uns hatten wahrscheinlich den ersten Kontakt mit Epigenetik, als wir uns durch ein Mikroskop geschaut haben oder in einem Lehrbuch Chromosomen gesehen haben. Chromosomen bestehen aus Chromatin, d. h. aus einem makromolekularen Komplex, der im Zellkern aus DNA und Proteinen geformt wird. Chromatin verpackt unser Genom, also die 16 bis 85 mm langen DNA-Moleküle jedes Chromosoms, in Zellkernen, die nur einen Durchmesser von

6–10 µm haben. Chromosomen sind jedoch nur während einer speziellen Phase des Zellzyklus sichtbar, die als Metaphase der Zellteilung bezeichnet wird. **Für eine erfolgreiche Zellteilung ist es wichtig, dass das Genom zu gleichen Teilen auf beide Tochterzellen aufgeteilt wird.** Darum werden die 46 DNA-Moleküle in die dichteste Form von Chromatin verpackt, die als Chromosomen bekannt sind. In dieser Phase des Zellzyklus sind alle Gene unseres Genoms für etwa eine Stunde abgeschaltet, d. h. **die Metaphase stellt einen extremen Fall epigenetischer Regulation unseres Genoms dar.**

Mehr als 99 % der etwa 30 Billionen (3×10^{13}) Zellen unseres Körpers sind terminal differenziert, d. h. sie teilen sich nicht mehr[1]. Das bedeutet, dass die allermeisten Zellen unseres Körpers sich in der sogenannten Interphase befinden, in der innerhalb des Zellkerns nur hellere und dunklere Bereiche zu unterscheiden sind (Abb. 2.1, oben). Die hellere Färbung von Euchromatin spiegelt eine deutlich weniger kompakte Chromatinstruktur wider. Im „Perlen-auf-einer-Schnur"-Modell des Euchromatins (Abb. 2.1, unten rechts) sind regelmäßig alle 200 bp Nukleosomen angeordnet, zwischen denen 50 bp große Lücken („linker") mit zugänglicher DNA verbleiben. Nukleosomen bestehen aus 147 bp DNA, die um einen Komplex aus acht Histonproteinen (das Histonoktamer) gewickelt ist (Abschn. 2.3). Euchromatin kondensiert nur während der Zellteilung und hat eine deutlich höhere Dichte an Genen als Heterochromatin (Abb. 2.1, unten links). **Gene können nur dann in RNA umgeschrieben, wenn sie sich im Euchromatin befinden.** Während die Euchromatin-Faser einen Durchmesser von 11 nm[2] hat, bildet kompakteres Heterochromatin eine 30 nm-Faser oder sogar Strukturen höherer Ordnung mit 100 nm Durchmesser. Zum Vergleich, der Durchmesser eines Chromosoms beträgt sogar 700 nm.

Gene sind definiert als Segmente eines Chromosoms, d. h. DNA-Abschnitte, die, wenn sie in RNA transkribiert werden, entweder für Proteine kodieren oder als ncRNAs wirken. Die Phänomene der genetischen Prägung („gene imprinting", Abschn. 3.2) und der X Chromosom-Inaktivierung in weiblichen Zellen (Abschn. 3.6) waren die ersten Hinweise darauf, dass identisches genetisches Material (von einzelnen Genen bis hin zu ganzen Chromosomen) sowohl in einem „An"- als auch in einem „Aus"-Zustand vorliegen kann. **Gene können also entweder aktiv exprimiert werden, d. h. ihre Information wird in RNA kopiert, oder sie sind inaktiv, d. h. nicht exprimiert.** In Analogie zum Begriff „Epigenese"[3] schlug Conrad Waddington 1942 das Wort „Epigenetik" vor, um Veränderungen des Phänotyps zu beschreiben, die nicht auf Veränderungen des Genotyps[4] beruhen.

---

[1] Allerdings sind 85 % unserer Zellen Erythrozyten (rote Blutkörperchen), die keinen Zellkern mehr enthalten.

[2] Nm = Nanometer, d. h. ein Milliardstel Meter.

[3] Epigenese ist die Morphogenese und Entwicklung eines Organismus.

[4] Genotyp ist die Gesamtheit der Gene eines Organismus.

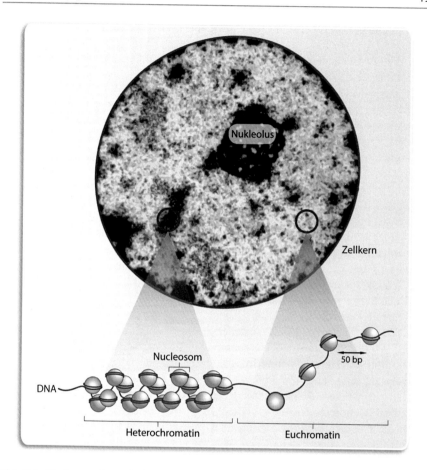

Abb. 2.1 Euchromatin und Heterochromatin. Gezeigt ist ein elektronenmikroskopisches Bild eines Zellkerns während der Interphase (**oben**). Die dunkleren Bereiche, die sich hauptsächlich in der Peripherie des Kerns befinden, stellen konstitutives, inaktives Heterochromatin dar, während die helleren Bereiche in der Mitte aktives Euchromatin sind. Der Nukleolus ist eine Unterstruktur des Zellkerns, in der Gene für ribosomale RNA (rRNA) transkribiert werden. Eine schematische Zeichnung (**unten**) zeigt die dichte Packung der Nukleosomen im Heterochromatin (**links,** wird auch als geschlossenes Chromatin bezeichnet) und die lockere Nukleosomenanordnung im Euchromatin (**rechts,** offenes Chromatin)

Diese Definition wurde später erweitert auf **„Epigenetik ist die Untersuchung von Veränderungen in der Genfunktion, die mitotisch[5] und/oder meiotisch vererbbar sind und keine Veränderung der DNA-Sequenz nach sich ziehen".** Epigenetische Veränderungen erzeugen also keine Mutationen in der DNA, es gibt

---

[5] Durch Zellteilung.

aber Epimutationen, die im Zusammenhang mit Krebs eine Rolle spielen (Abschn. 11.1).

In diesem Buch definiere ich Epigenetik hauptsächlich über ihre molekulare Darstellung, d. h. die verschiedenen Stadien der Zugänglichkeit und Funktion von Chromatin (Abb. 2.1, unten). In der Vergangenheit galt das Verpacken der DNA zu höherer Dichte, wie das extreme Beispiel eines Metaphasen-Chromosoms, als die Hauptfunktion von Chromatin. Heutzutage ist jedoch klar, dass **ein weiterer wichtiger Aspekt der Epigenetik die Regulierung der Chromatinzugänglichkeit ist.** Letztere bestimmt, ob Transkriptionsfaktoren und assoziierte Kernproteine ihre Bindungsstellen innerhalb von Enhancer- und Promotorregionen erkennen (Abschn. 2.5). Die Zugänglichkeit von Chromatin wird im Wesentlichen durch Methylierung der DNA an Cytosinen (Abschn. 3.1) und posttranslationale Modifikationen von Histonproteinen (Abschn. 3.3) reguliert. Darüber hinaus kontrollieren DNA-Schleifen („DNA loops") die Chromatinaktivität innerhalb des Zellkerns (Abschn. 2.4). Dementsprechend spielt die Zugänglichkeit von Chromatin eine wichtige Rolle bei der Regulierung der Genexpression, d. h. **Transkriptionsfaktoren und Histonproteine konkurrieren um kritische Regionen in der DNA.**

Während der zellulären Differenzierung, wie der Embryogenese (Abschn. 7.1), gelangen Bereiche DNA entweder in ein Stadium der permanenten Ruhe, ins sogenannte konstitutive Heterochromatin, das oft stark methyliert ist, oder in **fakultatives Heterochromatin**, das Gene enthält, die nur vorübergehend abgeschaltet sind und ihr Potenzial behalten, durch entsprechende Signale aktiviert zu werden. Konstitutives Heterochromatin findet sich bevorzugt auf repetitiven Genomsequenzen (Box 1.3), wie Zentromeren und Telomeren, in denen die Gendichte gering ist. Darüber hinaus befinden sich im konstitutiven Heterochromatin diejenigen Gene, die in einem bestimmten Zelltyp nicht aktiv sein sollten, wie z. B. in adulten Zellen Gene, die für embryonale pluripotente Transkriptionsfaktoren[6] kodieren (Abschn. 7.2). Im Gegensatz dazu kann sich fakultatives Heterochromatin reversibel in Euchromatin umwandeln. **Fakultatives Heterochromatin ist die dynamische Komponente des Epigenoms, da sein Status von extrazellulären Signalen abhängt.** Das inaktive zweite X Chromosom in weiblichen Zellen ist ein Beispiel für fakultatives Heterochromatin und kann als sogenannter Barr-Körper in Interphasekernen beobachtet werden. Das bedeutet, dass weibliche Zellen die Möglichkeit haben, Gene ihres zweiten X Chromosoms zu reaktivieren, falls das entsprechende Gen des ersten X Chromosoms defekt ist.

Während das Genom in jeder Zelle eines Individuums identisch ist und über das Leben der Person relativ stabil bleibt, verhält sich ein großer Teil des Epigenoms sehr dynamisch. **Das Epigenom unterscheidet sich von einem Zelltyp**

---

[6]Pluripotente Transkriptionsfaktoren spielen in der Embryogenese eine entscheidende Rolle für die Differenzierung in verschiedene Zelltypen. Ihre Gene werden aber für den Rest des Lebens abgeschaltet, um der Transformation von differenzierten Zellen zu Krebszellen vorzubeugen.

zum anderen und kann auf verschiedene Signalübertragungswege reagieren.
Dementsprechend sind auch das Transkriptom (d. h. die Menge aller translatierten
RNAs) und das Proteom (d. h. die Menge aller produzierten Proteine) einer
Zelle dynamisch und Zell-spezifisch. Beispielsweise führt die Methylierung
eines Histons an dem Ort im Genom, in dem es Teil eines Nukleosoms ist, zur
reversiblen Ausbildung von Heterochromatin, während die Methylierung von
DNA meist zu einer ·stabilen Langzeitunterdrückung führt. In Regionen, in denen
Histone durch die Wirkung von HATs (Histonacetyltransferasen) acetyliert
werden, bleibt die DNA nicht-methyliert. Im Gegensatz dazu werden Histone in
nichtexprimierten Regionen durch HDACs (Histondeacetylasen) deacetyliert und
durch KMTs (Lysinmethyltransferase) methyliert. In diesen Regionen wird DNA
von DNMTs (DNA-Methyltransferasen) methyliert. HATs, HDACs, KMTs und
DNMTs sind Chromatin-modifizierende Enzyme, die in Abschn. 3.4 ausführlicher
diskutiert werden.

**Epigenomik ist die globale, umfassende Sicht auf Prozesse, die Gen-
expressionsmuster in einer Zelle unabhängig von der Genomsequenz
modulieren.** Diese Muster sind in erster Linie Genom-weite DNA-Methylierungs-
zustände (Abschn. 3.1) und kovalente Modifikationen von Histonproteinen
(Abschn. 3.3), die:

- die Architektur des Zellkerns organisieren
- den Zugang von Transkriptionsfaktoren zur DNA einschränken oder erleichtern
- eine epigenetische Erinnerung an vergangene genregulatorische Aktivitäten
  bewahren.

Das Epigenom kann als „zweite Dimension" des Genoms betrachtet werden,
das Zelltyp-spezifische Genexpressionsmuster bei normalen Prozessen, wie
der Embryogenese (Abschn. 7.1) und dem Altern (Abschn. 13.4), sowie bei
Erkrankungen, wie Autoimmunität (Abschn. 8.3), T2D (Abschn. 9.6), Krebs
(Kap. 11) oder Autismus und Neurodegeneration (Abschn. 12.3), aufrechterhält.

Als Reaktion auf zelluläre Störungen durch Ernährung, Begegnung mit
Mikroben, Zellstress oder andere Umwelteinflüsse verändern sich die Epigenome
der entsprechenden Zelltypen im Laufe der Zeit stark. Obwohl verschiedene
Personen Übereinstimmungen in den allgemeinen Epigenommustern ihrer Gewebe
zeigen, unterscheiden sich Individuen weit mehr auf der Ebene ihrer Epigenome
als auf der Ebene ihrer Genome (Abb. 2.2). **Das bedeutet, dass äußerliche Unterschiede zwischen Individuen (wie auch ihre Veranlagung für Krankheiten)
eher auf ihren Epigenomen als auf ihrem Genom beruhen** (Abschn. 14.1).

2.2   Die epigenetische Landschaft

Die epigenetische Landschaft ist ein anschauliches Modell zum Verständnis der molekularen Mechanismen der Entscheidungen über das Schicksal einer
Zelle während ihrer Entwicklung. Zelluläre Differenzierung ist normalerweise

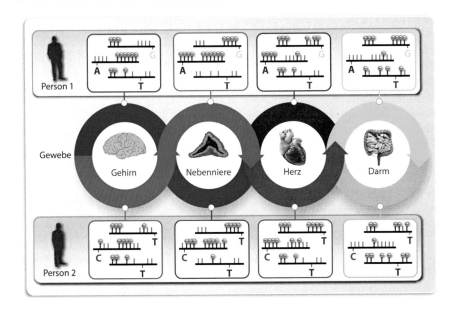

Abb. 2.2 Individuen zeigen epigenetische Heterogenität. Gewebe- und Zelltyp-spezifische DNA-Methylierungen werden durch Cluster von methylierten CpGs (Abschn. 3.1) angezeigt, die von Gewebe zu Gewebe derselben Person variieren. Gefüllte Kreise veranschaulichen methylierte CpGs und das Fehlen eines Kreises nicht-methylierte CpGs. SNVs sind durch veränderte Basen hervorgehoben

ein irreversibler, sich vorwärts bewegender Prozess, der zu hochspezialisierten, sogenannten terminal differenzierten Zelltypen führt. **In dem Modell der epigenetischen Landschaft kann die zelluläre Differenzierung mit einem System von Tälern in einer Hügellandschaft verglichen werden,** in dem eine Zelle (oft dargestellt durch eine Kugel, Abb. 2.3), beispielsweise eine Stammzelle, auf dem Gipfel beginnt und, durch die Schwerkraft angetrieben, vorhandenen Pfaden folgt. Letztere Analogie soll ausdrücken, dass der Weg der Differenzierung eine klare Richtung hat. Dieser Vorgang lenkt die Zelle in eines von mehreren möglichen Schicksalen, die als Täler dargestellt werden (Abb. 2.3, unten). Auf dem Weg bergab müssen an Weggabelungen Entscheidungen über das Zellschicksal getroffen werden. Sobald eine Zelle eine erste Entscheidung getroffen hat, ist sie den nachfolgenden Entscheidungen durch die Route, die sie genommen hat, eingeschränkt.

Das Entwicklungspotenzial von Stammzellen auf dem Gipfel des Hügels korreliert mit einer hohen Entropie[7], die während der Differenzierung zu wohl-

---

[7] Im Allgemeinen ist Entropie ein Maß für Unordnung. Hier ist Potenzial gemeint, eine Vielzahl von Zellstadien einzunehmen.

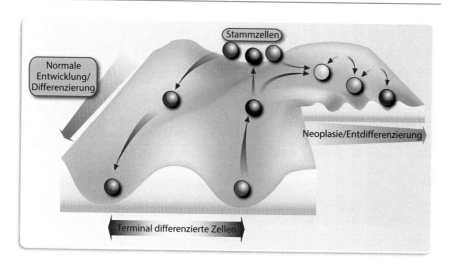

Abb. 2.3 Modell der epigenetischen Landschaft. Waddingtons Modell der epigenetischen Landschaft dient zur Veranschaulichung der Veränderung von Zellen während der normalen Entwicklung (**links**), der Entstehung von iPS-Zellen, d. h. bei der zellulären Umprogrammierung (**Mitte**, Abschn. 7.2), sowie während der Tumorentstehung (**rechts**, Abschn. 11.1)

definierten Zelltypen abnimmt (Abb. 2.3, links). Werden hingegen embryonale Pluripotenz-Transkriptionsfaktoren (Abschn. 7.2), wie OCT4[8] oder NANOG[9], in terminal differenzierten Zellen reaktiviert, kann die Entropie wieder ansteigen und die Zelle kann sich in der Hügellandschaft bergauf bewegen (Abb. 2.3, Mitte). **Das geschieht häufig während der Tumorentstehung, wenn Epimutationen zur Aktivierung von Transkriptionsfaktoren oder Chromatin-modifizierenden Enzymen führt** (Abschn. 8.1). In dieser Situation kann die Zelle ihre Entscheidung über ihre terminale Differenzierung verändern. Die auf diese Weise „transformierten" Zellen erreichen so einen Zustand höherer Entropie, in dem sie sich wieder vermehren und selbsterneuern können, d. h. sie sind im Vergleich zu der Ausgangszelle entdifferenziert (Abb. 2.3, rechts). Das epigenetische Landschaftsmodell wird auch verwendet, um die Entstehung von iPS[10]-Zellen zu veranschaulichen (Box 2.1) (Abschn. 7.2). **Die epigenetische Landschaft ist somit ein attraktives, intuitiv verständliches Modell, wie die statische Information des Genoms dynamisch in den Phänotyp von Geweben und Zelltypen übersetzt wird.**

[8] OCT4 = Oktamer-bindender Transkriptionsfaktor 4.

[9] NANOG = Nanog Homöobox.

[10] iPS-Zellen = induzierte pluripotente Stammzellen.

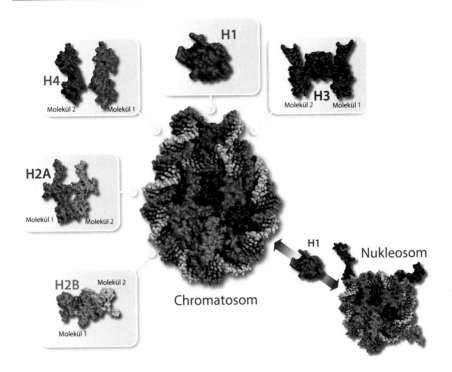

Abb. 2.4 Das Nukleosom. Diese raumfüllende Oberflächendarstellung eines Nukleosoms enthält jeweils zwei Kopien der vier zentralen Histonproteine H2A (grün), H2B (orange), H3 (rot) und H4 (blau) sowie 147 bp DNA (grau), die 1.8-mal um das Histonoktamer herumgewickelt sind. Im Komplex mit Histon H1 (braun) wird das Nukleosom als Chromatosom bezeichnet

Box 2.1: Potenz von Zellen

Die Potenz einer Zelle ist ihre Fähigkeit, sich in andere Zelltypen zu differenzieren. Totipotente Zellen können alle Zelltypen in einem Körper bilden, einschließlich extraembryonaler Plazentazellen (Abschn. 7.1). Nur innerhalb der ersten 6–8 Zellteilungen nach der Befruchtung sind embryonale Zellen totipotent. Aus pluripotenten Zellen, wie ES[11]-Zellen, können alle Zelltypen hervorgehen, die unseren Körper bilden. Multipotente Zellen, wie z. B. adulte Stammzellen, können sich zu mehr als einem Zelltyp entwickeln, sind aber eingeschränkter als pluripotente Zellen. Im Gegensatz dazu sind terminal differenzierte Zellen, d. h. mehr als 99 % der Zellen in unserem Körper, unipotent. Durch die Überexpression pluripotenter Transkriptionsfaktoren können jedoch unipotente Zellen dazu gebracht

---

[11] ES-Zellen = embryonale Stammzellen.

werden, pluripotent zu werden und sich z. B. in iPS-Zellen umzuwandeln (Abschn. 7.2).

2.3 Nukleosomen: zentrale Einheiten des Chromatins

Aufgrund ihres Phosphatrückgrats ist DNA negativ geladen[12]. Die elektrostatische Abstoßung zwischen benachbarten DNA-Bereichen macht es unmöglich, die langen DNA-Moleküle (46 bis 249 Mb) einzelner Chromosomen in den begrenzten Raum des Zellkerns zu falten. Die Natur löste dieses Problem, indem sie DNA mit Histonproteinen kombinierte, die einen überproportional hohen Anteil an den positiv geladenen Aminosäuren Lysin (K) und Arginin (R) enthalten. **Histone sind also die wesentlichen Proteinkomponenten des Chromatins, weil sie effizienter als andere Proteine die negative Ladung der DNA kompensieren.**

In jeder Zelle unseres Körpers ist unser diploides Genom von etwa 30 Mio. Nukleosomen bedeckt. Je zwei Kopien der Histonproteine H2A, H2B, H3 und H4 sowie 147 bp DNA, die das Histonoktamer fast zweimal umwickelt, bilden das Nukleosom (Abb. 2.4). Das Biegen der DNA wird hauptsächlich durch die Anziehung zwischen den positiv geladenen Histonenden und dem negativ geladenen DNA-Rückgrat ermöglicht[13]. Zusammen mit Histon H1 bildet das Nukleosom das sogenannte **Chromatosom**. Jedes Nukleosom ist mit dem folgenden über „linker"-DNA einer Länge von 20–80 bp verbunden. Das bildet etwa alle 200 bp eine sich wiederholende Einheit des Chromatins[14] (Abb. 2.1, unten rechts). Die regelmäßige Positionierung von Nukleosomen hat den Effekt, dass die Position eines bestimmten Nukleosoms die Position seiner Nachbarn bestimmt. Durch den Einsatz von Energie in Form von ATP[15] sind Proteinkomplexes, die als Chromatinremodellierer wirken, in der Lage, die Position und Zusammensetzung von Nukleosomen zu verändern (Abschn. 3.5).

Nukleosomen sind die sich regelmäßig wiederholenden Einheiten des Chromatins, unterscheiden sich jedoch von einer Genomregion zur anderen durch

---

[12] Bei einem physiologischem pH-Wert von 7.

[13] Darüber hinaus wird die Biegung in einigen Regionen im Genom durch die natürliche Krümmung der DNA unterstützt, die durch ApA/TpT-Dinukleotide, die sich alle 10 bp wiederholen, und einen hohen CG-Gehalt erreicht wird.

[14] Das Phosphatrückgrat von einer 200 bp langen DNA trägt 400 negative Ladungen, die teilweise durch die etwa 220 positiv geladenen Lysine und Arginine des Histonoktamers neutralisiert werden. Die Faltung von Chromatin in höherer Ordnung erfordert jedoch die Neutralisierung der verbleibenden 180 negativen Ladungen durch das positiv geladene Histon H1 und andere positiv geladene Kernproteine, die an Chromatin binden.

[15] ATP = Adenosintriphosphat.

unterschiedliche posttranslationale Modifikationen der Aminosäurereste ihrer Histone (Box 2.2) und die Einführung von Histonvarianten (Abschn. 3.3). **Diese Genom-weiten, Orts-spezifischen Histonmodifikationen sind reversibel und ein wichtiger Bestandteil des epigenetischen Gedächtnisses von Zellen.** Das Muster der Histonmodifikationen beeinflusst die Bindung von Transkriptionsfaktoren und damit die Genexpression (Abschn. 2.6). Somit sind Nukleosomen nicht einfach Barrieren, die den Zugang zu DNA blockieren, sondern dienen auch als dynamische Plattformen, die viele biologische Prozesse, wie Transkription und Replikation, verbinden und integrieren.

Box 2.2: Nomenklatur der Histonmodifikationen
Histonmodifikationen werden nach folgender Regel benannt:

- Abkürzung des Histonproteins (z. B. H3)
- die aus einem Buchstaben bestehende Abkürzung der Aminosäure (z. B. K für Lysin) und die Position der Aminosäure im Protein
- die Art der Modifikation (ac: Acetyl, me: Methyl, P: Phosphat, Ub: Ubiquitin etc. see also Abb. 3.4)
- die Anzahl der Modifikationen (es ist nur bekannt, dass Methylierungen in mehr als einer Kopie pro Rest auftreten, daher zeigt 1, 2 oder 3 eine Einfach-, Zweifach- oder Dreifachmethylierung an).

Beispielsweise bezeichnet H3K4me3 die Dreifachmethylierung des 4. Rests (ein Lysin) vom Aminoterminus des Proteins Histon 3. Diese Art der Histonmodifikation markiert aktive Promotorregionen.

2.4   Chromatinarchitektur: Epigenetik in 3D

Die Wahrscheinlichkeit, dass zwei Regionen eines Chromosoms zufällig über DNA-Schleifenbildung miteinander in Kontakt treten, nimmt mit ihrem zunehmendem linearen Abstand rapide ab. Wird der Kontakt zwischen den beiden Regionen jedoch durch assoziierte Proteine stabilisiert, bilden sich **architektonische und regulatorische Schleifen** (Abb. 2.5). Die meisten architektonischen Schleifen sind identisch mit TADs[16] und werden manchmal auch als isolierte Nachbarschaften[17] bezeichnet. TADs werden durch Homodimere[18] des Transkriptionsfaktor CTCF[19] im Komplex mit dem Protein Cohesin verankert

---

[16] TAD = Topologisch-assoziierte Domäne.

[17] Auf Englisch „isolated neighborhoods".

[18] Ein Homodimer ist ein Komplex aus zwei identischen Proteinen.

[19] CTCF = CCCTC-Bindungsfaktor.

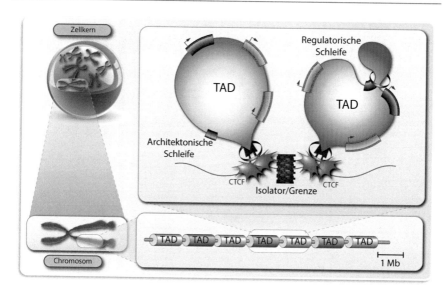

Abb. 2.5 Organisation von Chromosomen in TADs. Unser Genom ist in einige tausend TADs unterteilt, die Regionen im Genom definieren, in denen die meisten Gene ihre spezifischen regulatorischen Elemente, wie Promotoren und Enhancer, haben. TADs sind architektonische Chromatinschleifen, die durch Isolatoren bzw. Grenzen, die Komplexe von CTCF und Cohesin binden, voneinander getrennt sind. Innerhalb von TADs können regulatorische Chromatinschleifen zwischen Enhancern und Promotoren gebildet werden

und tragen mindestens ein Gen. Somit sind TADs die Grundeinheiten der chromosomalen Organisation und unterteilen unser Genom in mindestens 2000 Untereinheiten, die koregulierte Gene enthalten. Oft sind TAD-Grenzen identisch mit **Isolatoren** (Abschn. 3.2), d. h. mit Abschnitten der DNA, die funktionell unterschiedliche Regionen des Genoms voneinander trennen. Dementsprechend können sich benachbarte TADs signifikant in ihrem Histonmodifikationsmuster unterscheiden, wie z. B. ein TAD, das im Heterochromatin liegt und abgeschaltete Gene enthält, und ein anderes, das sich in Euchromatin befindet und aktive Gene trägt.

TADs definieren die Regionen im Genom, in denen Enhancer mit TSS[20]-Regionen ihres/ihrer Zielgene(s)[21] interagieren können (Abschn. 2.6). Die lineare Größe von TADs liegt im Bereich von 100 kb bis 5 Mb (Median: 1 Mb) und enthalten 1–10 Gene (Median: 3). Dementsprechend gibt es in den meisten TADs eine Reihe von Genen, die durch denselben Satz von Enhancern reguliert werden. Das wird oft für Gencluster beobachtet. Regulatorische Schleifen werden zwischen Enhancern und TSS-Regionen gebildet, die innerhalb derselben TAD

---

[20] TSS = Transkriptionsstartstellen.

[21] Gene, die von einem bestimmten Signal spezifisch reguliert werden, werden Zielgene dieses Signals genannt.

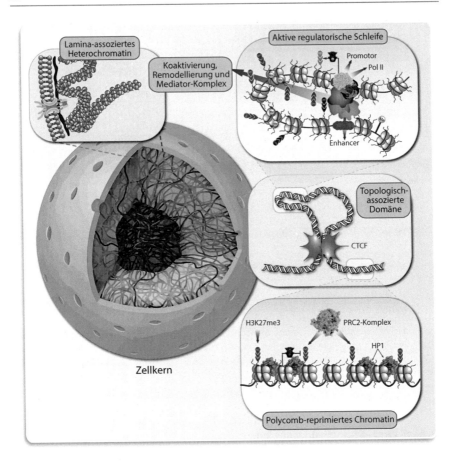

Abb. 2.6 Chromatinarchitektur. Vermittelt durch Strukturproteine bildet Chromatin im Kern eine 3D-Architektur (**Mitte links**). Heterochromatin besteht aus stabil nichtexprimierten, unzugänglichen Elementen im Genom und befindet sich näher an der Kernlamina (**oben links**). Zwei an benachbarten Chromatingrenzen gebundene CTCF-Proteine bilden einen Komplex mit Cohesin eine DNA-Schleife (**Mitte rechts**). Auf diese Weise können regulatorische Regionen im Genom, wie Enhancer und Promotoren, die durch eine lineare Distanz in der DNA-Sequenz getrennt sind, innerhalb von regulatorischen Schleifen in direkten Kontakt treten (**oben rechts,** siehe auch Abb. 2.9). TADs unterscheiden Regionen mit aktiven Enhancern von Chromatin-abschnitten, die durch PRCs zum Schweigen gebracht werden (**unten rechts**)

liegen, d. h. sie sind kleiner als TADs (Abb. 2.5). **Diese regulatorischen Schleifen beruhen auf der Bindung von Transkriptionsfaktoren an Enhancer und ihr funktionelles Ergebnis ist die Stimulierung der Genexpression** (Abschn. 2.6).

Die innere Oberfläche der Kernhülle ist mit einer Lamina überzogen, die ein Komplex aus Laminen und einer Reihe weiterer Proteine ist (Abb. 2.6). Lamine erhalten die Form und die mechanischen Eigenschaften des Zellkerns und dienen als Befestigungspunkte für LADs[22]. LAD-Lamin-Wechselwirkungen bilden ein Nukleoskelett, d. h. sie dienen als strukturelles Rückgrat für die Organisation von Chromosomen in der Interphase. LADs sind eine spezielle Form von TADs, variieren in ihrer Größe von 0,1–10 Mb, decken bis zu 40 % unseres Genoms ab und enthalten hauptsächlich Heterochromatin. Sie haben eine geringe Gendichte, aber insgesamt enthalten sie immer noch Tausende von Genen, von denen die meisten nicht exprimiert werden. Dementsprechend ist die Kernperipherie mit Heterochromatin angereichert, während Euchromatin eher im Zentrum des Zellkerns zu finden ist (Abb. 2.1). **Das deutet darauf hin, dass die Lage eines Gens innerhalb des Zellkerns ein funktionell wichtiger epigenetischer Parameter ist** (Abschn. 2.5).

Die Häufung von Heterochromatin an der Kernperipherie wird maßgeblich durch sogenannte Polycomb-Körper erzeugt. Das sind Komplexe von Mitgliedern der Polycomb-Familie, wie die Komponenten der Polycomb-Repressionskomplexe[23] (PRC) 1 und 2. **PRCs bewirken eine transkriptionelle Unterdrückung, die für die Aufrechterhaltung Gewebe-spezifischer Genexpressionsprogramme essentiell ist,** d. h. sie sorgen für das langfristige Abschalten spezifischer Zielgene.

Die Position des Chromatins und damit die Position von Genen im Zellkern ist nicht festgelegt. Es gibt dynamische Veränderungen in den Kontakten zwischen dem Nukleoskelett und der DNA, die einzelne Gene oder kleine Gencluster betreffen. Diese Veränderungen sind während der Embryogenese am ausgeprägtesten. **ES-Zellen haben von allen Zelltypen das am besten zugängliche Genom,** d. h. das Chromatin dieser Zellen ist weitgehend offen. Während der Differenzierung verändern Zellen die Struktur ihres Chromatins und es kommt in vielen Regionen zu einer größeren Verdichtung (Abschn. 7.1). Im Gegensatz dazu bereitet die Verlagerung eines Gens von der Peripherie in das Zentrum des Kerns es für die Expression in einem zukünftigen Entwicklungsstadium vor.

Eine weitere Ebene in der Chromatinarchitektur während der Interphase ist die Lage ganzer Chromosomen in separaten Chromosomenterritorien. Chromosomen falten sich in ihren Territorien so, dass aktive und inaktive TADs in unterschiedlichen Kernkompartimenten zu liegen kommen. **Aktive Regionen befinden sich bevorzugt im Kerninneren, während sich inaktive TADs bzw. LADs an der Peripherie des Zellkerns anreichern.** Außerdem befinden sich TADs, die Gewebe-spezifische Transkriptionsfaktoren binden, in anderen Regionen als diejenigen, die mit unterdrückenden PRCs interagieren (Abb. 2.6, rechts). Da die Volumina der Chromosomenterritorien von der linearen Dichte aktiver Gene auf dem entsprechenden Chromosom abhängen, **nimmt Chromatin mit höherer Transkriptionsaktivität größere Volumina im Zellkern ein als inaktives Chromatin** (siehe Abb. 2.1).

---

[22] LAD = Lamin-assoziierte Domäne.

[23] Ein Repressor ist ein Protein, dass an der Unterdrückung der Genexpression beteiligt ist, d. h. durch seine Wirkung werden Gene herunter reguliert.

2.5   Chromatinorganisation

Chromatin ist in Strukturen niedrigerer Ordnung organisiert, wie die 11-nm-Faser von Euchromatin (Abb. 2.1, unten) und Strukturen höherer Ordnung, wie die 30-nm-Faser von Heterochromatin oder die 700-nm-Faser von Chromosomen. Dementsprechend findet man die dichteste Chromatinpackung während der Metaphase der Zellteilung, kurz bevor die Chromosomen auf beide Tochterzellen verteilt werden (Abschn. 2.1). Diese Phase muss kurz sein, da bei einer so dichten Chromatinpackung keine Gentranskription möglich ist, d. h. keine Flexibilität, auf Umweltsignale zu reagieren. **Aber auch während der Interphase sind 90 % der DNA terminal differenzierter Zellen für Transkriptionsfaktoren nicht zugänglich. Daher ist Heterochromatin der Standardzustand von Chromatin** und befindet sich bevorzugt in LADs nahe der Kernhülle (Abb. 2.7).

1. methylierte versus nicht-methylierte DNA
2. positionierte Nukleosomen versus Nukleosomen-freie Regionen
3. (exemplarische) Dreifachmethylierung von Histonen an den Positionen H3K9 und H3K27 gegenüber den Positionen H3K4 und H3K36
4. dichte Nukleosomenpackung im Heterochromatin gegenüber lockerer Anordnung mit Transkriptionsfaktoren und Pol II (RNA-Polymerase II)-Bindung im Euchromatin
5. Lokalisierung innerhalb von LADs in der Nähe des Zellkernrandes versus Transkriptionsfaktoransammlungen, die als Transkriptionsfabriken bezeichnet werden, im Zentrum des Zellkerns.

Die Struktur und Organisation von Chromatin kann als eine Reihe überlagerter epigenetischer Schichten interpretiert werden, die entweder zu offenem Euchromatin und aktiver Genexpression („An", Abb. 2.7, rechts) oder zu geschlossenem Heterochromatin und Genunterdrückung („Aus", Abb. 2.7, links) führt:

- Chromatin enthält DNA, die an Cytosinen modifiziert werden kann, insbesondere an CpGs (Abschn. 3.1). Daher ist die erste epigenetische Schicht der DNA-Methylierungsstatus, bei dem Hypermethylierung die Bildung von Heterochromatin stimuliert
- Die Nukleosomenpackung stellt Ebene 2 dar, wobei dichtere Anordnungen auf Heterochromatin hindeuten
- Histonmodifikationen (Abschn. 3.3) an bestimmten Positionen sind Stufe 3 und markieren entweder aktives Chromatin (hauptsächlich acetyliert) oder inaktives Chromatin (hauptsächlich methyliert)
- Die daraus resultierende Zugänglichkeit der DNA für die Bindung von Transkriptionsfaktoren wird als Level 4 angesehen
- Schließlich repräsentieren die Komplexbildung und die relative Position des Chromatins, wie aktive Transkriptionsfabriken im Zentrum des Kerns und inaktives Chromatin in LADs, die an das Nukleoskelett an der Kernperipherie gebunden sind, Ebene 5 (Abschn. 2.4).

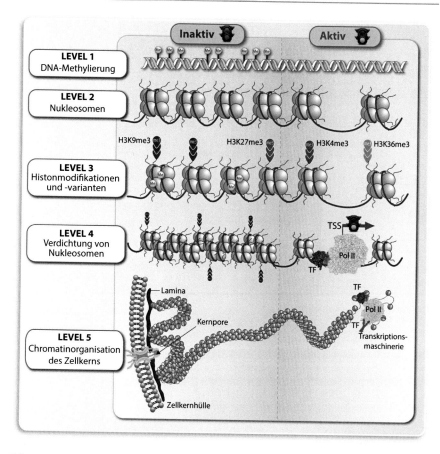

Abb. 2.7 Epigenetische Schichten der Chromatinorganisation. Es gibt mindestens fünf verschiedene Ebenen der Chromatinorganisation, die mit inaktiver („An", **links**) oder aktiver („Aus", **rechts**) Transkription verbunden sind

2.6 Epigenetik und Genexpression

Das zentrale Dogma der Molekularbiologie (Box 2.3) zeigt, dass der erste Schritt der Genexpression die Transkription der DNA des sogenannten Genkörpers[24] in mRNA ist. Der Genkörper umfasst die DNA-Sequenz zwischen der TSS und der Transkriptionsterminationsstelle, d. h. zwischen Anfang und Ende eines Gens. Nach Spleißen und Transport vom Zellkern zum Zytoplasma wird die mRNA in Protein übersetzt (Abb. 2.8).

---

[24] Englisch „gene body".

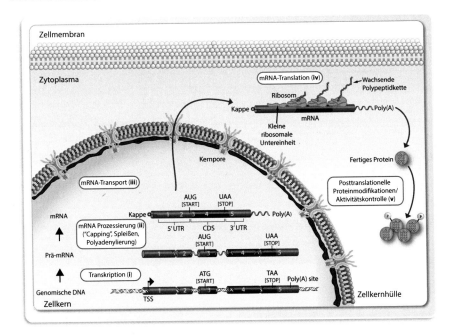

Abb. 2.8 Informationsfluss von DNA zu RNA und Protein. Die TSS eines Gens ist das erste Nukleotid, das in mRNA transkribiert wird, d. h. es definiert den „Start" eines Gens, hat aber keine definierte Sequenz. In Analogie dazu ist das „Ende" eines Gens die Position, an der sich Pol II von der DNA-Matrize trennt. Der Genkörper wird vollständig in einzelsträngige Prä-mRNA transkribiert (**i**), die aus Exons (grüne und braune Zylinder) und dazwischen liegenden Introns besteht. Die Introns werden durch Spleißen entfernt und das 5'-Ende des mRNA-Moleküls wird durch eine Nukleotidkappe geschützt[25]. Das 3'-Ende der RNA wird durch die Zugabe von Hunderten von Adeninen vor dem Verdau durch Exonukleasen bewahrt (Polyadenylierung (Poly(A)) (**ii**). Reife mRNA wird dann durch einen aktiven, d. h. ATP ver-brauchenden, Prozess, aus dem Zellkern durch Kernporen in das Zytoplasma exportiert (**iii**). Kleine Ribosomenuntereinheiten scannen das mRNA-Molekül von seinem 5'-Ende auf das erste verfügbare AUG (das „Startcodon"), verschmelzen dann mit großen Untereinheiten und führen den Proteintranslationsprozess durch, bis sie die Sequenzen UAA, UAG oder UGA (die „Stoppcodons") erreichen (**iv**). Die mRNA-Sequenzen stromaufwärts[26] des Startcodons und stromabwärts[27] des Stoppcodons werden nicht translatiert und als 5'- und 3'-UTRs bezeichnet. Die resultierenden Polypeptidketten falten sich zu Proteinen, von denen die meisten weiter posttranslational modifiziert werden, um ihr volles Funktionsprofil zu erreichen (**v**). Der Einfach-heit halber ist in diesem und in allen folgenden Abbildungen die Kernhülle als einzelne Lipid-doppelschicht und nicht als doppelte Lipiddoppelschicht dargestellt

---

[25] Dieser Prozess wird im Englischen „capping" genannt.

[26] Englisch „upstream."

[27] Englisch „downstream."

Box 2.3: Das zentrale Dogma der Molekularbiologie
Das Dogma gibt eine klare Richtung im Informationsfluss von DNA über RNA zum Protein an (Abb. 2.8). Das impliziert, dass bis auf wenige Ausnahmen, wie etwa der reversen Transkription des RNA-Genoms von Retroviren, die DNA den Bauplan eines Organismus speichert (in diesem Buch werden wir sehen, dass darüber hinaus auch das Epigenom einen großen Beitrag leistet). **Dementsprechend werden Gene als Bereiche der DNA definiert, die in RNA transkribiert werden können.** In der ursprünglichen Formulierung des Dogmas war mit „RNA" nur „mRNA" gemeint, also die RNA-Vorlage, die für die Proteintranslation verwendet wird, aber es gilt auch für ncRNAs, wie rRNA, tRNA (transfer RNA) und miRNA (mikro-RNA). **Dennoch bestimmt die Expression der 20.000 proteinkodierenden Gene unseres Genoms, also ihre Transkription in mRNA und die anschließende Übersetzung in Protein, welche Proteine in einer bestimmten Zelle vorkommen.**

Proteine sind die „Arbeiter" innerhalb der Zelle, denn fast alle Funktionen, wie Signalübertragung, Katalyse und Steuerung von Stoffwechselreaktionen, Molekültransport und vieles mehr, wird von ihnen ausgeführt. Darüber hinaus tragen Proteine zur Struktur und Stabilität von Zellen und intrazellulären Matrices bei. **Daher bestimmt die Genexpression den Phänotyp, die Funktion und den Entwicklungszustand von Zelltypen und Geweben.** Genexpressionsmuster sind Zell-spezifisch, können sich aber auch drastisch ändern, wenn sie intra- und extrazellulären Signalen ausgesetzt wurden oder auf pathologische Zustände, wie eine Infektion mit Mikroben oder Krebs, reagieren.

Chromatin fungiert als Filter für den Zugang von DNA-bindenden Proteinen zu funktionellen Elementen unseres Genoms, wie z. B. TSS-Regionen und Enhancer. Gene können nur dann in mRNA transkribiert werden, wenn ihre TSS-Regionen für die basale Transkriptionsmaschinerie[28] zugänglich sind. Allerdings ist die mRNA-Transkription selbst bei zugänglichen TSS-Regionen oft schwach, wenn stimulierende Transkriptionsfaktoren fehlen (Abb. 2.9, oben). Daher ist die zweite Bedingung für eine effiziente Genexpression, dass Enhancerregionen in relativer Nähe zu TSS-Regionen nicht im Heterochromatin vergraben sind und von Transkriptionsfaktoren erkannt werden können. **Um ein Gen zu aktivieren und zu transkribieren, muss das Chromatin sowohl an seiner TSS-Region als auch an der/den Enhancerregion(en), die die Aktivität des Gens steuern, zugänglich sein.** Daher erfordert die Genaktivierung in den meisten Fällen den Übergang von Heterochromatin zu Euchromatin an beiden Regionen.

---

[28] Die basale Transkriptionsmaschinerie ist ein großer Proteinkomplex, der Pol II und viele assoziierte Proteine hält und enthält und sich auf der TSS-Region eines jeden transkribierten Gens ausbildet. Der Begriff „basal" deutet an, dass der Proteinkomplex nicht Signalabhängige Transkriptionsfaktoren enthält, die an Enhancer binden.

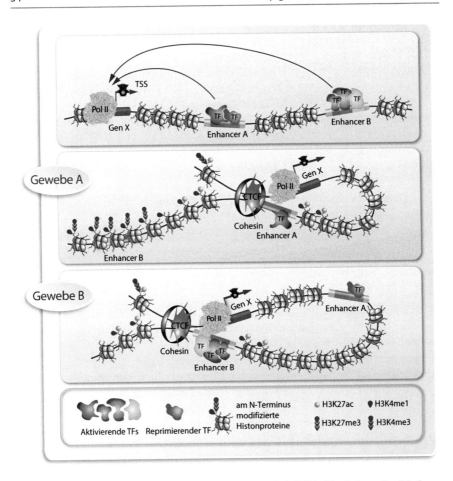

Abb. 2.9 Die Funktion von Enhancern. Enhancer sind DNA-Abschnitte, die Bindungs-stellen für einen oder mehrere Transkriptionsfaktoren (TF) enthalten, die die Aktivität der basalen Transkriptionsmaschinerie stimulieren, die an die TSS-Region eines Zielgens gebunden ist. Enhancer befinden sich sowohl stromaufwärts als auch stromabwärts ihrer Zielgene in linearen Abständen von bis zu 1 Mb (**oben**). Transkriptionsfaktor-gebundene, aktive Enhancer werden durch DNA-Schleifen, die durch Komplexe aus CTCF, Cohesin und anderen Proteinen stabilisiert werden, in die Nähe von TSS-Regionen gebracht. An aktiven TSS-Regionen und Enhancern sind häufig Nukleosomen entfernt. Parallel dazu tragen Nukleosomen, die aktive Enhancer flankieren, spezifische Histonmodifikationen, wie z. B. H3K27ac und H3K4me1 (**Mitte**, Gewebe A). Im Gegensatz dazu werden inaktive Enhancer durch eine Reihe von Mechanismen zum Schweigen gebracht, beispielsweise durch die Unterdrückung der Bindung von Polycomb-Proteinen[29] an H3K27me3-Markierungen oder durch die Bindung unter-drückender Transkriptionsfaktoren (**unten,** Gewebe B)

---

[29] Polycomb-Proteine fördern die Ausbildung von Heterochromatin und die Inhibierung von Transkription.

Enhancer sind Regionen im Genom, die Bindungsstellen für Sequenz-spezifische Transkriptionsfaktoren enthalten, die wiederum Koaktivatoren und Chromatin-modifizierende Proteine (Abschn. 3.4) an diese Orte rekrutieren. Daher wirken Enhancer über die kooperative Bindung mehrerer Proteine. Da dies oft in weniger als einer Nukleosomenlänge (200 bp) geschieht, ist für die Funktion eines Enhancers die Entfernung des dort bindenden Nukleosoms meist nicht essentiell (Abschn. 3.5). Die Aktivität von Enhancern wird durch Histonmarkierungen von zugänglichem Chromatin, wie H3K4me1 und H3K27ac, bestimmt. Wenn Enhancer in der Nähe (± 100 bp) von TSS-Regionen liegen, werden sie oft auch als Promotoren bezeichnet. **Darum gibt es keinen funktionellen Unterschied zwischen Enhancern und Promotoren außer ihrer Entfernung relativ zur TSS-Region des Gens, das sie regulieren.**

Enhancer, die die Aktivität eines gegebenen Gens regulieren, sollten sich innerhalb desselben TAD befinden. Da TADs eine durchschnittliche Größe von 1 Mb haben (Abschn. 2.4), ist dies der maximale lineare Abstand zwischen einem Enhancer und der/den TSS-Regionen sein, die er reguliert (Abb. 2.9, oben). Komplexe der Proteine CTCF und Cohesin stabilisieren diese DNA-Schleifen. Diese regulatorischen DNA-Schleifen bringen Transkriptionsfaktoren, die an Enhancer binden, in die unmittelbare Nähe von TSS-Regionen. Auf diese Weise können Transkriptionsfaktoren über intermediäre Komplexe, wie den Mediator, die basale Transkriptionsmaschinerie kontaktieren und aktivieren. **Der Schleifenmechanismus impliziert auch, dass Enhancer ebenso wahrscheinlich stromaufwärts wie stromabwärts von TSS-Regionen liegen und eine Zelltyp-spezifische Verwendung und Auswirkungen auf die Transkription haben können.** Beispielsweise wird Enhancer A in Gewebe A für Aktivierung benutzt, während es in Gewebe B eine Unterdrückung vermittelt (Abb. 2.9, Mitte und unten). Ergebnisse des ENCODE-Projekts (Abschn. 1.3) zeigen, dass fast alle regulatorischen Proteine ein Gauß-artiges Verteilungsmuster in Bezug auf TSS-Regionen aufweisen. Das bedeutet, dass die Wahrscheinlichkeit, eine aktive Transkriptionsfaktorbindungsstelle zu finden, symmetrisch sowohl stromaufwärts als auch stromabwärts von der TSS-Region abnimmt. **Somit ist die klassische Definition eines Promotors als einer Sequenz, die sich nur stromaufwärts der TSS-Region befindet, überholt.**

Weiterführende Literatur

Andersson, R., & Sandelin, A. (2020). Determinants of enhancer and promoter activities of regulatory elements. *Nature Reviews Genetics, 21*, 71–87.

Buccitelli, C., & Selbach, M. (2020). mRNAs, proteins and the emerging principles of gene expression control. *Nature Reviews Genetics, 21*, 630–644.

Buchwalter, A., Kaneshiro, J. M., & Hetzer, M. W. (2019). Coaching from the sidelines: the nuclear periphery in genome regulation. *Nature Reviews Genetics, 20*, 39–50.

Carlberg, C., & Molnár, F. (2020). Mechanisms of Gene Regulation: How Science Works. Springer Textbook. ISBN: 978-3-030-52.321-3.

Gasperini, M., Tome, J. M., & Shendure, J. (2020). Towards a comprehensive catalogue of validated and target-linked human enhancers. *Nature Reviews Genetics, 21*, 292–310.

Haniffa, M., Taylor, D., Linnarsson, S., Aronow, B. J., Bader, G. D., Barker, R. A., Camara, P. G., Camp, J. G., Chedotal, A., Copp, A., et al. (2021). A roadmap for the Human Developmental Cell Atlas. *Nature, 597*,196–205.

Jerkovic, I., & Cavalli, G. (2021). Understanding 3D genome organization by multidisciplinary methods. *Nature Reviews Molecular Cell Biology, 22*, 511–528.

Klemm, S. L., Shipony, Z., & Greenleaf, W. J. (2019). Chromatin accessibility and the regulatory epigenome. *Nature Reviews Genetics, 20*, 207–220.

Lappalainen, T., Scott, A. J., Brandt, M., & Hall, I.M. (2019). Genomic analysis in the age of human genome sequencing. *Cell, 177*, 70–84.

Michael, A. K., & Thoma, N. H. (2021). Reading the chromatinized genome. *Cell, 184*, 3599–3611.

Minnoye, L., Marinov, G. K., Krausgruber, T., Pan, L., Marand, A. P., Secchia, S., Greenleaf, W. J., Furlong, E. E. M., Zhao, K., Schmitz, R. J., et al. (2021). Chromatin accessibility profiling methods. *Nature Reviews Methods Primers, 1.*

Moshitch-Moshkovitz, S., Dominissini, D., & Rechavi, G. (2022). The epitranscriptome toolbox. *Cell, 185*, 764–776.

Schoenfelder, S., & Fraser, P. (2019). Long-range enhancer-promoter contacts in gene expression control. *Nature Reviews Genetics, 20*, 437–455.

Zhou, K., Gaullier, G., & Luger, K. (2019). Nucleosome structure and dynamics are coming of age. *Nature Reviews Molecular Cell Biology, 26*, 3–13.

Epigenetische Regulation

3

Zusammenfassung

In diesem Kapitel wird dargestellt, wie das Epigenom reguliert wird und welche funktionellen Konsequenzen daraus resultieren. Die DNA-Methylierung an Cytosinen ist der am besten verstandene epigenetische Mechanismus. In den meisten Fällen führt er zur Bildung von Heterochromatin und paralleler Abschaltung von Genen. **Koordinierte DNA-Methylierung und ihre Erkennung durch methylierungssensitive DNA-bindende Proteine haben einen großen Einfluss auf unsere Gesundheit,** wie z. B. die genetische Prägung, d. h. die Expression von Genen in einer Eltern-spezifischen Weise. Posttranslationale Modifikationen sind ein allgemeiner Mechanismus, um Proteine in ihrer Funktion zu steuern. Darüber hinaus ermöglichen sie es Proteinen, sich Vorgänge zu „merken", wie Kontakte mit anderen Proteinen. Histonproteine sind die wichtigsten Beispiele für dieses Proteinkommunikationssystem. Insbesondere Acetylierungen und Methylierungen von Lysinen an Histonenden haben einen großen Einfluss auf die Funktion von Chromatin. Genom-weite Profile posttranskriptioneller Histonmodifikationen sind die Grundlage des Histoncodes. Dieser Code führt zum Verständnis, wie das Epigenom das Transkriptom steuert und Informationen speichert. Chromatin-modifizierende Enzyme fügen Methyl-, Acetyl- und andere Gruppen an Histonproteine und Methylgruppen an DNA oder entfernen diese wieder. Auf diese Weise verändern sie das funktionelle Profil des Epigenoms. Komplexe von Chromatinremodellierern verändern die Chromatinstruktur, indem sie Nukleosomen verschieben, entfernen oder ersetzen. Zusätzlich können auch lange ncRNAs wie *Xist* (*Xist* = X-inaktives spezifisches Transkript.) die Struktur und Funktion von Chromatin beeinflussen.

© Der/die Autor(en), exklusiv lizenziert an Springer-Verlag GmbH, DE, ein Teil von Springer Nature 2023
C. Carlberg, *Die molekulare Basis von Gesundheit,*
https://doi.org/10.1007/978-3-662-67986-9_3

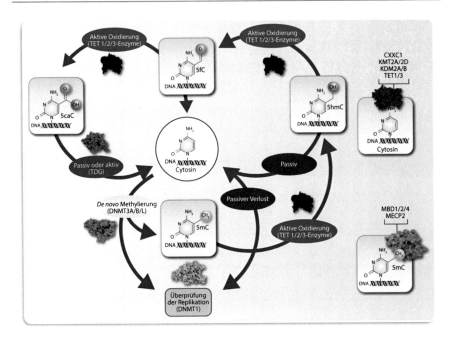

Abb. 3.1 Cytosin-Methylierung. Die Enzyme DNMT1, DNMT3A und DNMT3B kata-lysieren die Methylierung von Cytosinen an Position 5, d. h. sie wirken als Chromatin-modi-fizierende Enzyme vom „Schreiber"-Typ[1] (**links**). Die Dioxygenase-Enzyme TET1, TET2 und TET3 oxidieren 5mC zu 5hmC und weiter zu 5fC und 5caC, was über die Wirkung der DNA-Glykosylase TDG zum Verlust der DNA-Methylierung führt, d. h. beide Arten von Enzymen fungieren als „Radierer"[2] (**Mitte**). Verschiedene Proteingruppen erkennen entweder spezi-fisch nicht-methylierte Cytosine oder 5mC, d. h. sie sind „Leser"[3] (**rechts**). CXXC1 = CXXC-Fingerprotein 1

3.1   DNA-Methylierung

Die Identität jedes der 400 Gewebe und Zelltypen des Menschen basiert auf jeweilig einzigartigen Genexpressionsmustern, die wiederum durch Unter-schiede in ihren Epigenomen bestimmt werden. Für die ordnungsgemäße Funktion unserer Gewebe ist es unerlässlich, dass sich Zellen ihren jeweiligen epi-genetischen Status merken und diesen bei ihrer Teilung an Tochterzellen weiter-geben. Der Hauptmechanismus für dieses **epigenetische Langzeitgedächtnis** ist die Methylierung der DNA an der 5. Position von Cytosin (5mC) (Abb. 3.1, unten links).

---

[1] Diese Enzyme schreiben Information auf Chromatin, indem sie eine chemische Gruppe anfügen.

[2] Diese Enzyme löschen Information an Chromatin, indem sie eine chemische Gruppe entfernen.

[3] Diese Proteine lesen Information auf Chromatin, indem sie spezifische chemische Gruppen erkennen.

DNA-Methylierung ist wichtig für die transkriptionelle Abschaltung repetitiver DNA (Box 1.3) und von Genen, die in einem bestimmten Zelltyp nicht benötigt werden. CpGs[4] sind die einzigen Dinukleotide, die sowohl am oberen als auch am unteren DNA-Strang symmetrisch methyliert werden können. **Deshalb kann nur das Methylierungsmuster von CpGs während der DNA-Replikation bestehen bleiben und an beide Tochterzellen vererbt werden.** Dennoch trägt auch die Methylierung von CpH-Dinukleotiden (H = A, C oder T) zum epigenetischen Gedächtnis somatischer Zellen[5] bei, wird aber nicht vererbt (Abschn. 12.2). Nicht-CpG-Methylierung (mCpH) tritt in allen Geweben auf, am häufigsten jedoch in langlebigen Zelltypen, wie Stammzellen und Neuronen. Proteine, die spezifisch methylierte DNA binden, wie MECP2[6] (Abschn. 12.3), interagieren nicht nur mit methylierten CpGs, sondern auch mit methylierten CpHs.

CpG-Inseln sind Regionen im Genom mit einer Länge von mindestens 200 bp, die einen CG-Anteil von mehr als 55 % aufweisen. Aufgrund dieser Bedingungen gehört nur eine Minderheit (10 %) aller CpGs zu CpG-Inseln. Unser Genom enthält ungefähr 28.000 dieser CpG-Inseln. Viele der 20.000 protein-kodierenden Gene haben eine solche Region in der Nähe ihrer TSS-Region, d. h. sie haben CpG-reiche Promotoren. Diese Gene reagieren sehr empfindlich auf Änderungen des DNA-Methylierungsmuster, wie es bei der Entstehung von Krebs (Abschn. 11.1) und dem Alterungsprozess (Abschn. 13.4) vorkommt. Interessanterweise tragen aktiv transkribierte Genkörper sowohl 5mC- als auch 5-Hydroxymethylcytosin (5hmC)-Markierungen, während aktive Promotoren nicht methyliert sind.

DNMTs sind Chromatin-modifizierende Enzyme, die in einer einstufigen Reaktion die Übertragung einer Methylgruppe vom Metaboliten SAM[7] auf Cytosine der DNA katalysieren (Abb. 3.1). Das DNA-Methylom ist eine Genom-weite Karte von 5mC-Mustern und seinen oxidierten Modifikationen und ein wesentlicher Bestandteil des Epigenoms. **DNA-Methylierungsmuster sind epigenetische Programme für die globale Unterdrückung des Genoms und haben spezifische Einstellungen für geprägte Gene** (Abschn. 3.2). Darum ist es wichtig, das DNA-Methylom während der Replikation zu erhalten, um die darin enthaltende Information auf die nächste Generation der Zellen zu übertragen. Das ist die Hauptaufgabe von DNMT1 in Zusammenarbeit mit seinem Partner UHRF1[8], der bevorzugt halbmethylierte CpGs erkennt. Im Gegensatz dazu führen in Abwesenheit eines funktionellen DNMT1/UHRF1-Komplexes

---

[4] Das „p" ist eingefügt, um zu betonen, dass sich C und G auf dem gleichen DNA-Strang befinden, d. h. man kein Basenpaar meint.

[5] Somatische Zellen sind alle Zellen eines Körpers, die keine Keimzellen sind, und nicht an die nächste Generation weitergegeben werden.

[6] MECP2 = Methyl-CpG-bindendes Protein 2.

[7] SAM = S-Adenosyl-L-Methionin.

[8] UHRF1 = Ubiquitin-ähnliche pflanzliche Homöodomäne und RING-Finger-Domäne 1.

aufeinanderfolgende Replikations-Zyklen zu einem passiven Verlust von 5mC, wie
z. B. der globalen Löschung von 5mC im mütterlichen Genom während der Präimplantationsphase[9] der Embryogenese (Abschn. 7.1). **Insbesondere während
der Entwicklung von Urkeimzellen[10] (PGCs) wird die DNA weitgehend
demethyliert. Das schafft pluripotente Zustände in frühen Embryonen und
löscht die meisten der elterlichen Prägungen in den PGCs.** Mit Ausnahme
von geprägten Genomregionen (Abschn. 3.2) führen DNMT3A und DNMT3B
während der frühen Embryogenese eine *de novo*[11] DNA-Methylierung durch,
d. h. zusammen mit DNMT1 agieren sie als „Schreiber" der DNA-Methylierung
(Abb. 3.1, links). Interessanterweise blockiert das erste, schon vor Jahrzehnten
zugelassene epigenetische Medikament, Decitabin[12], die DNA-Methylierung
über die Inhibition von DNMTs (Abschn. 14.4). Decitabin wird zur Therapie von
Leukämien und anderen Formen von Blutkrebs eingesetzt, bei denen hämatopoetische Vorläuferzellen (Abschn. 8.1) nicht ausreifen.

Die aktive Demethylierung genomischer DNA ist ein mehrstufiger Prozess,
an dem die Dioxygenasen[13] TET 1, 2 und 3[14] beteiligt sind und 5mC in 5hmC
umwandeln (Abb. 3.1). 5hmC wird in den meisten Zelltypen gefunden, aber nur in
Anteilen von 1–5 % im Vergleich zu 5mC-Raten. Neuronen von Erwachsenen sind
jedoch eine Ausnahme, da ihr 5hmC-Level 15–40 % von dem von 5mC beträgt
(Abschn. 12.2). In zwei weiteren Oxidationsschritten wandeln TETs 5hmC in
5-Formylcytosin (5fC) und in 5-Carboxycytosin (5caC) um[15]. Oxidierte Cytosine
werden zu 5-Hydroxyuracil (5hU) desaminiert[16], sodass sie eine 5hU:G-Fehlpaarung
erzeugen, die vom Enzym TDG[17] erkannt und entfernt wird (Abb. 3.1, oben). Die
Position wird dann durch den Prozess der Basenexzisions-DNA-Reparatur, d. h.
durch reguläre DNA-Reparatur, ersetzt und führt zur Demethylierung des entsprechenden Cytosins. Das Cytosin wird also in seinen Ausgangszustand zurück ver-
setzt. **Die oxidative Modifikation von 5mC über den TET/TDG-Weg ermöglicht
eine dynamische Regulation von DNA-Methylierungsmustern.** DNA-bindende
Proteine, die entweder nicht-methylierte oder methylierte DNA spezifisch erkennen
(Abb. 3.1, rechts), lesen dann die in den DNA-Methylierungsmustern gespeicherten
Informationen und übersetzen sie in biologische Aktionen.

---

[9] Die erste Woche nach der Befruchtung bevor der Embryo an der Uteruswand anheftet.

[10] Die Zellen des Embryos, aus denen sich die Keimzellen (Oozyten bzw. Spermatozyten) entwickeln.

[11] *De novo* = erneut initiiert.

[12] Decitabin = 5-Aza,2′-Desoxycytidin.

[13] Dioxygenasen sind Enzyme, die beide Atome eines Sauerstoffmoleküls auf ein Substrat übertragen.

[14] TET = „ten-eleven-translocation"

[15] 5fC und 5caC sind deutlich weniger verbreitet (0,06–0,6 % bzw. 0,01 % der 5mC-Raten) als
5hmC, d. h. TETs neigen dazu, bevorzugt im 5hmC-Stadium anzuhalten.

[16] Eine Amino-Gruppe wird entfernt.

[17] TDG = Thymin-DNA-Glykosylase.

Der durchschnittliche Prozentsatz an CG-Basenpaaren in unserem Genom beträgt 42 %. Das heißt, die haploide Genomsequenz besteht aus etwa 640 Mio. Cytosinen. Im Prinzip kann jedes von ihnen methyliert werden, aber die Methylierung von CpGs ist funktionell am wichtigsten. Unser Genom enthält etwa 28 Mio. CpGs, von denen die meisten (70–80 %) in allen Geweben und Zelltypen methyliert sind. Sehr viele CpGs befinden sich in Regionen repetitiver DNA, wie SINEs, LINEs und LTRs (Box 1.3). LINEs und LTRs tragen starke Promotoren, die dauerhaft abgeschaltet werden, indem sie in konstitutives Heterochromatin überführt werden (Abb. 3.2A). Daher sind diese Regionen im Allgemeinen hypermethyliert. Das Stummschalten repetitiver DNA erfolgt hauptsächlich während der frühen Embryogenese (Abschn. 7.1). Später in der Entwicklung und in Erwachsenen wird das *de novo* Abschalten durch die Proteine MECP2, MBD1, MBD3 und MBD4 initiiert wird, die alle eine methylbindenden Domäne (MBD) tragen. Diese Proteine binden symmetrisch an methylierte CpGs, haben aber keine Sequenzspezifität, d. h. MBD-Proteine sind keine klassischen Transkriptionsfaktoren, sondern fungieren als „Leser" (Abb. 3.1, rechts) und Adapter für die Rekrutierung von Chromatin-modifizierende Enzyme, wie HDACs und KMTs, an methylierte DNA.

Das DNA-Methylom hat einen niedrigen Methylierungsgrad an CpG-reichen Promotoren und Bindungsstellen für methylierungssensitive Transkriptionsfaktoren wie CTCF, während die verbleibenden CpGs meist methyliert sind. Methylierte genomische DNA wird nicht exprimiert, d. h. in den meisten Fällen gibt es eine umgekehrte Korrelation zwischen der DNA-Methylierung von Promotoren und Enhancern und der Expression der Gene, die sie kontrollieren. An ihren Genkörpern zeigen stark exprimierte Gene jedoch ein hohes Maß an DNA-Methylierung, d. h. methylierte CpGs stromabwärts von TSS-Regionen stimulieren die Genexpression (Abb. 3.2B). Gene, die von CpG-reichen Promotoren reguliert werden, werden durch Methylierung zum Schweigen gebracht (Abb. 3.2C), während Gene ohne CpG-Inseln in der Nähe ihrer TSS-Regionen durch andere Mechanismen reguliert werden, wie z. B. die Bindung von Transkriptionsfaktoren an Enhancer (Abschn. 2.6).

Im Allgemeinen spielen DNA-Methylierung und Histonmodifikationen (Abschn. 3.3) **unterschiedliche Rollen beim Abschalten von Genen.** Während die meisten Regionen im Genom, die eine intensive DNA-Methylierung aufweisen, dadurch sehr stabile Markierungen für ihre Stummschaltung enthalten, die selten rückgängig gemacht werden, führen Histonmodifikationen meist nur zu einer labilen und reversiblen Transkriptionsunterdrückung. Beispielsweise müssen Gene für pluripotente Transkriptionsfaktoren, wie *OCT4* und *NANOG,* die während der Embryogenese essentiell sind (Abschn. 7.2), in späteren Entwicklungsstadien dauerhaft inaktiviert werden, um eine mögliche Tumorentstehung zu verhindern[18].

---

[18] Eine Translokation eine Form der Mutation, bei der sich Abschnitte eines Chromosoms innerhalb des Genome umlagern. Im Extremfall kann sich ein ganzes Chromosom an ein anderes anlagern.

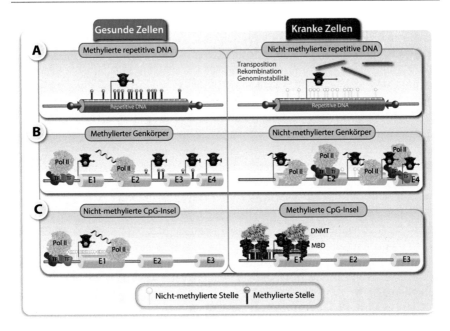

Abb. 3.2 DNA-Methylierung in verschiedenen Regionen des Genoms. Dargestellt sind Szenarien der DNA-Methylierung gesunder Zellen (**links**) bzw. erkrankter Zellen (**rechts**). (**A**) Repetitive Sequenzen innerhalb des Genoms sind normalerweise hypermethyliert, um Translokationen[19], Genunterbrechungen und allgemeine chromosomale Instabilität durch die Reaktivierung von Retrotransposonen zu verhindern. Dieses Muster ist bei Krankheiten verändert. (**B**) Die Methylierung der transkribierten Region eines Gens (des Genkörpers) erleichtert die Transkription durch Verhinderung von falschen Transkriptionsinitiationen. Der Genkörper neigt dazu, bei Krankheiten wie Krebs demethyliert zu werden, sodass die Transkription an mehreren falschen Stellen begonnen wird. (**C**) CpG-Inseln in der Nähe von TSS-Regionen sind normalerweise nicht methyliert. Das ermöglicht die Transkription, während Hypermethylierung eine Inaktivierung der Transkription verursacht, das entsprechende Gen wird also abgeschaltet

Der Methylierungsstatus von etwa 20 Q aller CpGs in unserem Genom kann dynamisch verändert werden. Differentielle DNA-Methylierung wird durch *de novo* Methylierung in Kombination mit aktiver Demethylierung von CpG-Inseln etabliert. In der Präimplantationsphase der frühen Embryogenese, sind die meisten CpGs nicht methyliert (Abschn. 7.1). Nach der Implantation methylieren DNMT3A und DNMT3B *de novo* diejenigen CpGs, die nicht in H3K4me3-markierten Nukleosomen verpackt wurden. Im Gegensatz dazu bleiben H3K4me3-markierte CpGs auf TSS-Regionen von CpG-reichen Promotoren nicht methyliert.

---

[19] Das geschieht über i) die H3K9-Methylierung von nicht-methyliertenError! Index not allowed in footnote, endnote, header, footer or comment. CpGs an TSS-Regionen dieser Gene, ii) der Bindung von HP1, iii) *de novo* DNA-Methylierung über DNMT3A und DNMT3B und iv) der transkriptionellen Abschaltung dieser Region für den Rest des Lebens des Individuums.

Methylierung und Demethylierung von CpGs modulieren die DNA-Bindungsaffinität von Transkriptionsfaktoren, d. h. DNA-Methylierung ist ein Signal, das von spezifischen Proteindomänen unterschiedlich erkannt wird. Interessanterweise wird ein Drittel aller etwa 1600 Transkriptionsfaktoren, die vom unserem Genom kodiert werden, durch die Methylierung ihrer DNA-Bindungsstellen positiv beeinflusst, die Hälfte von ihnen bindet DNA nicht, wenn sie nicht methyliert ist, und nur ein Viertel von ihnen wird durch DNA-Methylierung negativ beeinflusst. Ein bekanntes Beispiel für letzteres Szenario ist CTCF im Kontext der genetischen Prägung (Abschn. 3.2).

Zusammengenommen gibt es verschiedene Formen der epigenetischen Genabschaltung, die von flexiblen Unterdrückungsmechanismen bis hin zu einem hochgradig stabilen inaktiven Zustand reichen, der durch DNA-Methylierung aufrechterhalten wird.

3.2 Genetische Prägung

Isolatoren sind Regionen im Genom, die Gene, die sich in einem TAD befinden, von der promiskuitiven Regulation durch Transkriptionsfaktoren trennen, die an Enhancer eines benachbarten TADs binden (Abschn. 2.4). Der methylierungssensitive Transkriptionsfaktor CTCF ist das Hauptprotein, das an Isolatorregionen bindet. Im Komplex mit anderen Proteinen wie Cohesin vermittelt CTCF die Ausbildung architektonischer sowie regulatorischer Schleifen (Abb. 2.5). Zusätzlich zur Verhinderung der grenzüberschreitenden Enhanceraktivität können Isolatoren als Begrenzungen wirken, die die Ausbreitung von Heterochromatin aus abgeschalteten Regionen zu transkriptionell aktiven Teilen des Genoms verhindern. Das bedeutet, dass diese Grenzen geschlossenes von offenem Chromatin „isolieren", also inaktive von aktiven Genen trennen. **Somit sind CTCF-gebundene Isolatoren epigenetische Strukturen, die sowohl für die spezifische Genregulation als auch für die Chromatinarchitektur wichtig sind.**

CTCF ist sowohl in seiner Proteinstruktur als auch in seinem DNA-Bindungsmuster evolutionär sehr konserviert. Genom-weit gibt es etwa 30.000 CTCF-Bindungsstellen, von denen 15 % an der Ausbildung von TADs beteiligt sind, aber nur wenige hundert Regionen, die mit genetischer Prägung befasst sind. Alle CTCF-Bindungsstellen sind empfindlich gegenüber Methylierung, d. h. CTCF-Bindung an methylierte DNA ist drastisch reduziert. Interessanterweise wird nur eine kleine Untergruppe von nicht-methylierten Bindungsstellen während des gesamten Zellzyklus von CTCF-Proteinen gebunden, um diese Stellen vor einer *de novo* Methylierung zu schützen. Somit können nur jene Chromatinstrukturen höherer Ordnung, die durch nicht-methylierte CTCF-Stellen vermittelt werden, während der Zellteilung vererbt werden. **Das bedeutet, dass CTCF-vermittelte Chromatinstrukturen eine vererbbare Komponente des Epigenoms darstellen.**

Von den 20.000 proteinkodierten Genen unseres Genoms werden mindestens 100 in einer Eltern-spezifischen Weise reguliert[20]. Das bedeutet, das die Expression dieser sogenannten geprägten Gene entweder von der Genomkopie des Vaters oder der Mutter reguliert werden. Die DNA-Methylierungs-sensitive Bindung von CTCF an ICRs[21] liefert eine mechanistische Erklärung des epigenetischen Prozesses der genetischen Prägung. **ICRs stellen eine spezielle Untergruppe von Isolatoren dar, die die Expression unserer mehr als 100 mütterlich und väterlich geprägten Gene kontrollieren.** Die meisten geprägten Gene treten in Clustern auf, d. h. sie zueinander benachbart. Ein Paradebeispiel ist die Region in Chromosom 11p15, die die proteinkodierenden Gene *IGF2*[22], *KCNQ1*[23] und *CDKN1C*[24] sowie die ncRNA-Gene *H19* und *KCNQ1OT1* enthält (Abb. 3.3, oben). Dieser geprägte Genort enthält zwei ICRs und wird durch Enhancer stromabwärts des *H19*-Gens reguliert. In mütterlich kontrollierten Allelen ist ICR1 nicht methyliert und bindet CTCF, während ICR2 methyliert und nicht von CTCF gebunden ist (Abb. 3.3, Mitte). Während der Embryonalentwicklung ist die Bindung von CTCF essentiell, um den hypomethylierten Zustand von ICR1 aufrechtzuerhalten und die Bindungsstelle vor einer *de novo* Methylierung in Oozyten zu schützen. CTCF blockiert die Fernkommunikation der Enhancer mit der TSS-Region des *IGF2*-Gens, ermöglicht aber die Initiierung der Transkription von *H19*. Das führt zur Expression von *H19*, *KCNQ1* und *CDKN1C* sowie zur Unterdrückung der Transkription von *IGF2* und *KCNQOT1*. Im Gegensatz dazu ist in väterlich kontrollierten Allelen ICR1 methyliert und bindet nicht CTCF, während ICR2 nicht methyliert ist (Abb. 3.3, unten). Das kehrt das Expressionsmuster um, sodass *IGF2* und *KCNQOT1* transkribiert werden, aber nicht *H19*, *KCNQ1* und *CDKN1C*. **Die physiologische Folge dieser genetischen Prägung ist, dass in mütterlich kontrollierten Zellen Wachstum und Zellzyklus begrenzt sind, während väterlich kontrollierte Zellen auf maximales Wachstum vorbereitet sind.**

Ein weiteres gut untersuchtes Beispiel für genetische Prägung ist die Inaktivierung eines der beiden X Chromosomen in weiblichen Zellen. Das inaktive X Chromosom liegt in weiblichen Interphasezellen als Barr-Körper vor. Der epigenetische Prozess hinter der X Chromosom-Inaktivierung ist die lange ncRNA *Xist* (Abschn. 3.6), die ausschließlich vom X Inaktivierungszentrum des inaktiven X Chromosoms exprimiert wird. Die Wirkung von *Xist* stellt eine besondere Form der genetischen Prägung dar, die ein ganzes Chromosom betrifft. **Die etwa 100 geprägten Gene des Menschen spielen eine wichtige Rolle während der Entwicklung, sodass Veränderungen in ihrer Expression und**

---

[20] www.geneimprint.com/site/genes-by-species.Homo+sapiens.

[21] ICR = Kontrollregionen der genetischen Prägung.

[22] *IGF2* = Insulin-ähnlicher Wachstumsfaktor 2.

[23] *KCNQ1* = Kaliumspannungs-gesteuerter Kanal, Unterfamilie Q, Mitglied 1.

[24] CDKN1C = Cyclin-abhängiger Kinase-Inhibitor 1 C).

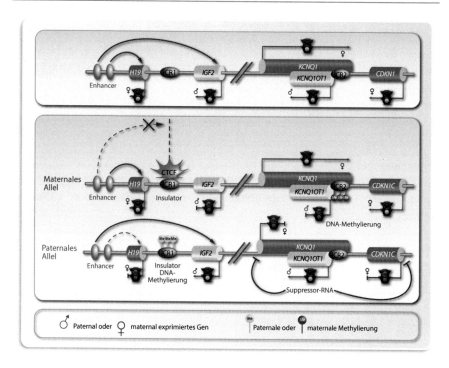

Abb. 3.3 Kontrollmechanismen des geprägten Clusters auf Chromosom 11p15. Allgemeine Struktur des 11p15-Clusters (**oben**) und von Szenarien mütterlicher (**Mitte**) und väterlicher (**unten**) kontrollierter Allele. Das Silver-Russell-Syndrom und das Beckwith-Wiedemann-Syndrom sind Störungen der genetischen Prägung an diesen Genort. *IGF2* kodiert für einen Wachstumsfaktor, *H19* für eine lange ncRNA, die das Körpergewicht begrenzt, *KCNQ1* für einen Kaliumkanal, *KCNQ1OT1* für ein Antisense-Transkript von *KCNQ1*, das mit verschiedenen Chromatinkomponenten interagiert, und schließlich *CDKN1C* für einen Zellzyklusinhibitor

Funktion zu Störungen der genetischen Prägung führen können. Beispielsweise beruhen das Silver-Russell-Syndrom, das zu Niederwuchs und Asymmetrie führt, und das Beckwith-Wiedemann-Syndrom, welche zu Überwuchs führt, auf epigenetischen Fehlern in der Chromosom 11p15 Region (Abb. 3.3). Kinder mit dem Beckwith-Wiedemann-Syndrom haben ein 1000-fach erhöhtes Risiko, an Nierentumoren (meistens Wilms-Tumoren) und anderen embryonalen Tumoren zu erkranken, die aus fötalen Zellen entstehen und nach der Geburt bestehen bleiben. **Das bedeutet, das epigenetische Veränderungen dem Krebsrisiko vorausgehen und es erhöhen, anstatt sich nach der Tumorentstehung auszubilden** (Abschn. 11.3). Die meisten Patienten mit Beckwith-Wiedemann-Syndrom haben die Methylierung an ICR2 verloren, was zur Expression von *CDKN1C* und zum Anhalten des Zellzyklus führt. Andere Patienten mit Beckwith-Wiedemann-Syndrom zeigen eine Überexpression von *IGF2*, die durch Deletionen in ICR1 auf dem mütterlichen Allel und eine gestörte CTCF-Bindung verursacht wird, was zu einer *IGF2*-Expression auf beiden Allelen und einem Verlust der *H19*-Expression führt. Viele Personen mit Silver-Russell-Syndrom haben einen entgegengesetzten epigenetischen Phänotyp, bei dem ICR1 nicht methyliert ist, was zu einer *H19*-Expression auf beiden Allelen und einem Verlust der *IGF2*-Expression führt.

3.3   Histone und ihre Modifikationen: der Histoncode

Reversible posttranslationale Modifikationen wie Phosphorylierung, Acetylierung und Methylierung von Aminosäuren in Proteinen sind wichtige Mechanismen der Kommunikation und Informationsspeicherung bei der Steuerung von Signalnetzwerken in Zellen. **Das bedeutet, dass sich viele Proteine über ihr spezifisches Muster posttranslationaler Modifikationen an ihre funktionellen Aufgaben „erinnern" können.**

Paradebeispiele für solche informationsverarbeitenden Schaltkreise über posttranslationale Modifikationen sind die Histonproteine H2A, H2B, H3 und H4 sowie H1 (Abb. 3.4). Die Enden und globulären Domänen dieser Histonproteine

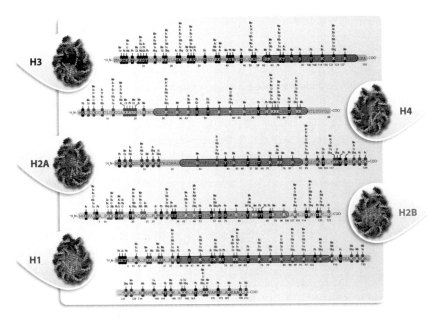

Abb. 3.4 Posttranslationale Modifikationen von Histonproteinen. Alle derzeit bekannten posttranslationalen Modifikationen der Nukleosom-bildenden Histone H2A, H2B, H3 und H4 sowie H1 sind angegeben. Aminosäuren, die modifiziert werden können (K, Lysin; R, Arginin; S, Serin; T, Threonin; Y, Tyrosin; H, Histidin; E, Glutamat) sind hervorgehoben. Die meisten von ihnen können verschiedene Modifikationen tragen, aber nicht parallel. Me, Methylierung (K, R); Ac, Acetylierung (K, S, T); Pr, Propionylierung (K); Bu, Butyrylierung (K); Cr, Crotonylierung (K); Hib, 2-Hydroxyisobutyrylierung (K); Ma, Malonylierung (K); Su, Succinylierung (K); Fo, Formylierung (K); Ub, Ubiquitinierung (K); Cit, Citrullinierung (R); Ph, Phosphorylierung (S, T, Y, H); OH, Hydroxylierung (Y); Glc, Glykation (S, T); Ar, ADP-Ribosylierung (K, E)

stellen über 130 Positionen für posttranslationale Modifikationen bereit, deren Informationsgehalt als Histoncode zusammengefasst wird. Histonproteine sind klein (11–15 kD[25]) und haben einen überproportional hohen Gehalt an den positiv geladenen Aminosäuren Lysin und Arginin. Die Histone H2A, H2B und H3 existieren in mehreren Varianten (Box 3.1). Insgesamt kodieren mehr als 100 Gene für Histonproteine. Damit ist die Histon-Genfamilie eine der größten innerhalb unseres Genoms. **Jedoch ist im Gegensatz zu Transkriptionsfaktoren die DNA-Bindung von Histonen nicht Sequenz-spezifisch.**

Box 3.1: Histonvarianten

Die Histone H2A, H2B, H3 und H4 repräsentieren die Mehrheit der Histonproteine, die in Nukleosomen gefunden werden. Darüber hinaus gibt es acht Varianten von H2A, zwei Varianten von H2B und sechs Varianten von H3, aber beim Menschen keine Varianten von H4. Während der Replikation werden die regulären Histone hinter der Replikationsgabel zu Nukleosomen zusammengesetzt, um die neu synthetisierte DNA zu verpacken. Im Gegensatz dazu ist der Einbau von Histonvarianten in Chromatin unabhängig von der DNA-Synthese und findet während des gesamten Zellzyklus statt. Histonvarianten haben oft dieselben Modifikationen wie reguläre Histone, aber es gibt auch Varianten-spezifische Modifikationen. Dementsprechend beeinflussen Histonvarianten auch direkt die Struktur von Nukleosomen. Dasselbe Nukleosom kann mehrere Histonvarianten enthalten. Es gibt homotypische Nukleosomen, die zwei Kopien desselben Histons tragen, und heterotypische Nukleosomen, die ein reguläres Histon und eine Histonvariante oder zwei verschiedene Histonvarianten enthalten. Das ermöglicht eine größere Variabilität in der Ausbildung, Stabilität und Struktur von Nukleosomen. Zum Beispiel sind Nukleosomen, die die Varianten H2A.Z oder H3.3 enthalten, weniger stabil als reguläre Nukleosomen und werden oft in Nukleosomen-freien Regionen aktiver Promotoren, Enhancer und Isolatoren gefunden. Diese labilen H2A.Z/H3.3-haltigen Nukleosomen dienen als „Platzhalter" und verhindern die Bildung stabiler Nukleosomen an regulatorischen Regionen des Genoms. Sie können leicht durch Transkriptionsfaktoren und andere Kernproteine verdrängt werden, die nicht in der Lage sind, DNA in Gegenwart eines aus regulären Histonen bestehenden Nukleosoms zu binden. Somit kann eine variable Zusammensetzung von Nukleosomen die Genexpression direkt beeinflussen.

Posttranslationale Modifikationen von Histonen sind häufige und wichtige epigenetische Signale, die viele biologische Prozesse steuern, wie z. B. die zelluläre Differenzierung im Rahmen der Embryogenese (Abschn. 7.1). Acetylierungen

---

[25] kD = kilo Dalton. Ein Dalton entspricht der Masse eines Wasserstoffatoms.

und Methylierungen von Lysinen in Histonenden sind am besten verstanden und sind die wichtigsten epigenetischen Mechanismen, die die Aktivität von Histonen beeinflussen[26] (Abb. 3.4). Hinzu kommen Phosphorylierungen an Tyrosinen, Serinen, Histidinen und Threoninen, ADP-Ribosylierungen an Lysinen und Glutamaten, Citrullinierungen von Argininen, Hydroxylierungen von Tyrosinen, Glykation von Serinen und Threoninen sowie Sumoylierungen und Ubiquitinierungen von Lysinen. Diese Liste von Modifikationen ist längst nicht abgeschlossen. Beispielsweise kam vor kurzem die Serotonylierung in Astrozyten des Gehirns dazu, d. h. die kovalente Verbindung des Neurotransmitters Serotonin mit Histonen. Das zeigt, dass **es eine sehr große Zahl von Signalen gibt, mithilfe derer die Proteinkomponente des Chromatin Information speichern kann.**

Die für Histonmodifikationen verantwortlichen Enzyme („Schreiber") sind oft sehr spezifisch für eine bestimmte Aminosäureposition (Abschn. 3.4). **Kovalente Modifikationen von Histonproteinen verändern die physikochemischen Eigenschaften des Nukleosoms und werden von spezifischen Proteinen („Lesern") erkannt.** Ebenso sind grundsätzlich alle kovalenten Histonmodifikationen durch die Wirkung spezifischer Enzyme („Radierer") reversibel. Im Allgemeinen bedeutet die Chromatinacetylierung die Aktivierung von Transkription und wird durch zwei Klassen antagonisierender Chromatin-modifizierenden Enzyme, HATs und HDACs, kontrolliert. Wenn ein HAT an die Aminogruppe in der Seitenkette eines Lysins eine Acetylgruppe anfügt, wird die positive Ladung dieser Aminosäure neutralisiert (Abb. 3.5). Umgekehrt kann ein HDAC die Acetylgruppe entfernen und die positive Ladung des Lysins wiederherstellen. **Somit bestimmen Chromatin-modifizierende Enzyme durch Hinzufügen oder Entfernen einer ziemlich kleinen Acetylgruppe die Ladung des Nukleosomenkerns, was einen großen Einfluss auf die Anziehung zwischen Nukleosomen und die Dichte der Chromatinpackung hat.**

Analog gibt es für die Histonmethylierung zwei Klassen von Enzymen mit gegensätzlichen Funktionen, KMTs und KDMs (Lysindemethylasen) (Abschn. 3.4). Da die Histonmethylierung sowohl eine unterdrückende als auch eine aktive Markierung sein kann, ist die genaue Position im Histon und dessen Methylierungsgrad (Einfach-, Zweifach- and Dreifachmethylierung) entscheidend.

Lysin ist die am häufigsten modifizierte Aminosäure in Proteinen, da sie eine Reihe verschiedener Modifikationen aufnehmen kann, wie z. B. verschiedene Arten von Acylierungen und Methylierungen sowie Reaktionen mit Ubiquitin. Diese Modifikationen schließen sich gegenseitig aus, d. h. sie können nicht gleichzeitig an derselben Position passieren. **Das gibt bestimmten Lysinen, wie H3K27, eine herausragende Rolle für die Integration verschiedener Signalübertragungswege** (Abb. 3.6). Methylierung ist eine spezielle Art der

---

[26]Es gibt jedoch auch eine Reihe anderer Modifikationen, d. h. das Anhängen anderer chemischer Gruppen, wie Formylierung, Propionylierung, Malonylierung, Crotonylierung, Butyrylierung, Succinylierung, Glutarylierung und Myristoylierung, deren funktionelle Auswirkungen weit weniger verstanden sind.

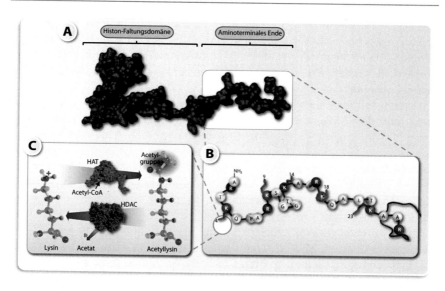

Abb. 3.5 Histonacetylierung. Als Beispiel für eine posttranslationale Modifikation von Histonproteinen wird die Acetylierung gezeigt. Ein Kalotten-füllendes Oberflächenmodell mit Sekundärstrukturen des Histons H3 (**oben**) wird in Kombination mit einem Zoom in sein aminoterminales Ende gezeigt. Die positiv geladenen Aminosäuren Lysin (K) und Arginin (R) sind blau markiert. Die Aktivität von HATs entfernt die positive Ladung, während HDACs diesen Prozess umkehren können (**unten**)

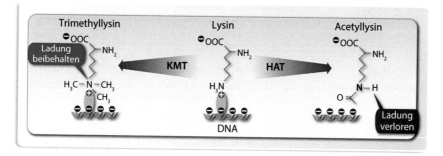

Abb. 3.6 Nukleosomenstabilität durch Histonmodifikationen. Nicht-modifizierte Lysine sind positiv geladen und können mit negativ geladener genomischer DNA eine Salzbrücke bilden (beides bei physiologischem pH). Die Acetylierung von Lysinen durch HATs macht Seitenkette voluminöser und entfernt gleichzeitig die positive Ladung. Das verringert die Affinität zwischen DNA und dem Nukleosom und kann letzteres destabilisieren. Die Methylierung von Lysinen durch KMTs ändert die Ladung nicht, führt jedoch, abhängig von der Anzahl der hinzugefügten Methylgruppen, zu unterschiedlicher Sperrigkeit

posttranslationalen Modifikation. Da die Methylgruppe klein ist, trägt sie nur in geringem Maße zu den sterischen Eigenschaften der Aminosäuren bei. Die Methylierung von Lysinen und Argininen beeinflusst die Ladung dieser Aminosäuren nicht, d. h. sie sind auch in ihrer methylierten Form positiv geladen. Lysine können bis zu dreifach und Arginine bis zu zweifach methyliert werden. **Histonmethylierungen sind stabilere Modifikationen als Phosphorylierungen oder Acetylierungen, d. h. ihre Fluktuationen sind geringer und sie markieren stabilere epigenetische Zustände.** **Posttranslationale Modifikationen von Histonen wirken sich entweder direkt auf die Chromatindichte und Chromatinzugänglichkeit aus oder dienen als Bindungsstellen für Effektorproteine,** wie Chromatin-modifizierende Enzyme (Abschn. 3.4) oder Komplexe von Chromatinremodellern (Abschn. 3.5). Das beeinflusst letztendlich die Initiierung und Verlängerung der Transkription, d. h. Histonmodifikationen haben Auswirkungen auf das Transkriptom. Darüber hinaus können Histonmarker Informationen speichern. Eine Reihe von Histonmodifikationen können in Kombination wirken, um spezifische Chromatinstrukturen zu erzeugen, die differenziert das Expressionsniveau für jede Klasse von Genen bestimmen. **Eine einzelne Histonmodifikation wird als „Buchstabe" des Histoncodes betrachtet, während mehrere Modifikationen zu „Wörtern" mit unterschiedlichen spezifischen Bedeutungen kombiniert werden.** Mit 15 verschieden Arten von chemischen Modifikationen, die an mehr als 130 Stellen auf den fünf regulären Histonen (Abb. 3.4) und 16 Histonvarianten (Box 3.1) auftreten können, ist die theoretische Zahl möglicher Kombinationen von Signalen, die den Histoncode bilden, sehr groß.

Chromatinzustände, die durch Histonmodifikationen gekennzeichnet sind, charakterisieren Sequenzabschnitte im Genom, wie Enhancer, Promotoren, Isolatoren und Genkörper. **Somit ist Chromatin ein Zelltyp-spezifischer Filter für DNA-Sequenzen, der anhand des Histoncodes bestimmt, welche Gene in RNA umgeschrieben werden.** Die folgenden Bedeutungen des Histoncodes sind bereits gut verstanden (Abb. 3.7):

- Euchromatin ist durch allgemeine Acetylierung von Lysinen an den Enden der Histone H3 und H4 sowie H3K27ac- und H3K4me3-Markierungen gekennzeichnet
- In Heterochromatin sind H3K9, H3K27 und H4K20 entweder einfach, zweifach oder dreifach methyliert
- Aktiv transkribierte Regionen des Genoms sind tendenziell hyperacetyliert, während inaktive Regionen hypoacetyliert sind
- Der Gesamtgrad der Acetylierung und nicht irgendeine spezifische Aminosäureposition ist kritisch
- Im Gegensatz zur Acetylierung von Histonen gibt es bei ihrer Methylierung eine klare funktionelle Unterscheidung, sowohl hinsichtlich der genauen Aminosäuren in den Histonenden als auch ihres Modifikationsgrades, wie z. B. Einfach-, Zweifach- oder Dreifachmethylierung
- H3K9me3 und H4K20me3 sind in der Nähe von Grenzen großer Heterochromatindomänen angereichert, während H3K9me1 und H4K20me1 hauptsächlich in aktiven Genen gefunden werden

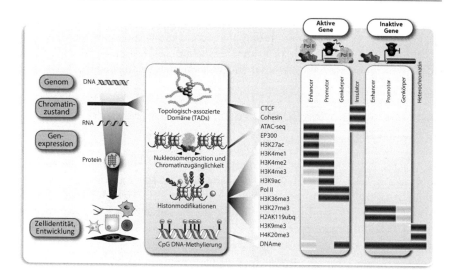

Abb. 3.7 Einfluss des Epigenoms auf die Genexpression. Chromatin fungiert als Filter für das Genom bezüglich der Genexpression und bestimmt so die Zellidentität (**unten links**). Die Epigenom-weite Regulation erfolgt auf verschiedenen Skalen von Chromatinzuständen (**Mitte**), wie topologische Organisation, Chromatinzugänglichkeit, Histonmodifikationen und DNA-Methylierung. Wichtige Histonmodifikationen und assoziierte Proteine, die für diese Chromatinzustände charakteristisch sind, erlauben die Unterscheidung zwischen aktiven und nichtexprimierten Genen (**rechts**). CTCF und Cohesin sind an der Chromatinorganisation beteiligt, die HAT EP300[27] markiert Enhancer, und sowohl Pol II als auch H3K36me3 weisen auf aktiv transkribierte Gene hin. Bei Proteinbindung oder Histonmodifikation markieren hellere Schattierungen einen geringeren oder variablen Grad an Modifikationen, während sie bei DNA-Methylierung anzeigen, dass die Region durch Methylierung reguliert werden kann

- H3K4me3 wird spezifisch an aktiven Promotoren nachgewiesen, während H3K27me3 mit Genunterdrückung auf größeren Regionen im Genom korreliert. Beide Modifikationen befinden sich normalerweise in verschiedenen Chromatindomänen, aber wenn sie auf Enhancern und/oder Promotoren koexistieren, werden die jeweiligen Regionen als bivalent bezeichnet
- H3K36me3-Spiegel korrelieren mit dem Grad der Gentranskription, da KMTs diese Markierung hinterlegen, wenn sie transkriptionsaktiver Pol II interagieren, d. h. exprimierte Exons weisen eine starke Anreicherung für diesen Histonmarker auf.

Histonmodifikationsprofile ermöglichen die Identifizierung von Enhancerregionen, da sie eine relative H3K4me1-Anreicherung und gleichzeitig eine H3K4me3-

---

[27] EP300 = E1A-Bindungsprotein p300, wird auch KAT3B genannt.

Verarmung zeigen. Interessanterweise scheinen Chromatinmuster in Enhancer-regionen viel variabler zu sein, da sie eine Anreicherung nicht nur für H3K27ac, sondern auch für H2BK5me1, H3K4me2, H3K9me1, H3K27me1 und H3K36me1 zeigen, was auf die Redundanz dieser Histonmarkierungen hindeutet.

3.4   Genregulation über Chromatin-modifizierende Enzyme

Eine durchschnittliche menschliche Zelle hat nur etwa 100.000 offene Stelle in ihrem Chromatin, d. h. mehr als 90 % des Genoms sind in Heterochromatin vergraben und für Transkriptionsfaktoren und Pol II nicht zugänglich. **Viele der zugänglichen Chromatinregionen sind jedoch nicht statisch, sondern werden dynamisch durch Chromatin-modifizierende und -remodellierende Proteine kontrolliert** (Abb. 3.8). Diese Enzyme katalysieren die Methylierung genomischer DNA (Abschn. 3.1), die posttranslationale Modifikation von Histonproteinen (Abschn. 3.3) oder die Positionierung von Nukleosomen (Abschn. 3.5). Unser Genom exprimiert auf Zell-spezifische Weise Hunderte dieser Chromatin-modifizierenden Enzyme und

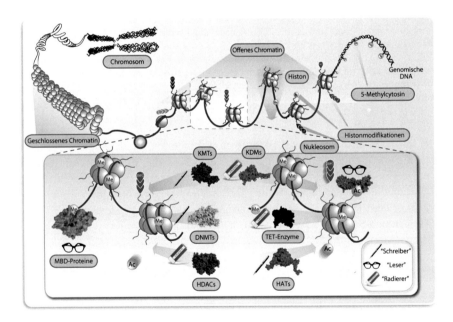

Abb. 3.8 Zentrale Rolle des Chromatins. Kovalente Modifikationen von Histonen und genomischer DNA, wie Methylierungen, kontrollieren die Zugänglichkeit von Chromatin für Transkriptionsfaktoren und andere regulatorische Proteine (**oben**). Diese Chromatin-markierungen werden von „Schreiber"-Enzymen eingeführt, von „Lese"-Proteinen interpretiert und können durch „Radierer"-Enzyme entfernt werden (**unten**). Das Zusammenspiel dieser Kernproteine ist für die Kontrolle der Genexpression essentiell

Chromatinmodellierer, die Chromatinmarkierungen erkennen („lesen"), hinzufügen („schreiben") und entfernen („radieren"). „Schreiber"-Enzyme wie HATs und KMTs fügen Acetyl- oder Methylgruppen an Histonproteine an, während DNMTs Cytosine genomischer DNA methylieren. Im Gegensatz dazu kehren Enzyme vom „Radierer"-Typ wie HDACs, KDMs und TETs diese Reaktionen um und beseitigen die entsprechenden Markierungen. DNA-Methylierungs-spezifische „Leser"-Proteine wie MBD-Proteine und CTCF wurden bereits in Abschn. 3.1 diskutiert. Diese Proteine binden DNA in Abhängigkeit von deren Methylierungsstatus. Darüber hinaus sind auch Komponenten der Remodelliererkomplexe in der Lage, Chromatinmarkierungen zu lesen (Abschn. 3.5).

Unser Genom kodiert für 22 Mitglieder der HAT-Familie und 18 Mitglieder der HDAC-Familie, die sich alle um den Acetylierungsstatus von Chromatin kümmern. Die Zn^{2+}-abhängigen HDACs 1–11 sind im Zellkern und Zytoplasma zu finden, während NAD^{+}[28]-abhängige Sirtuine (SIRTs) 1–7 zusätzlich auch in Mitochondrien vorkommen. Darüber hinaus gibt es 66 KMTs und 20 KDMs, die sowohl Histonproteine als auch Nichthistonproteine als Substrate verwenden, d. h. **diese Enzyme kontrollieren den Methylierungsstatus von Chromatinproteinen und Nichtchromatinproteinen.** KDMs sind entweder FAD[29]-abhängige Monoaminooxidasen oder Fe^{2+}- und α-Ketoglutarat-abhängige Dioxygenasen. Zusammen mit NAD^{+}-abhängigen SIRTs erfassen KDMs den Energiestatus der Zellen (Abschn. 5.3).

Chromatinacetylierung ist im Allgemeinen mit transkriptioneller Aktivierung verbunden, wobei die genaue Aminosäureposition in den Histonenden nicht sehr kritisch ist (Abschn. 3.3). Im Gegensatz dazu resultiert die durch KMTs vermittelte Histonmethylierung in erster Linie in Chromatinunterdrückung, aber an bestimmten Positionen, wie H3K4, führt sie zu einer Aktivierung. **Daher ist für die Histonmethylierung im Gegensatz zur Acetylierung die genaue Position des Restes innerhalb des Histonendes sowie dessen Methylierungsgrad (Einfach-, Zweifach- und Dreifachmethylierung) von entscheidender Bedeutung.**

Die Wirkungen von Chromatin-modifizierenden Enzymen wie HATs und HDACs sind hauptsächlich lokal und können nur wenige Nukleosomen stromaufwärts und stromabwärts vom Ausgangspunkt ihrer Wirkung abdecken. Gleiches gilt für KMTs und Remodelliererkomplexe wie SWI/SNF[30] (Abschn. 3.5). Bei erhöhter HAT-Aktivität wird Chromatin lokal acetyliert, die Anziehungskraft zwischen Nukleosomen und genomischer DNA nimmt ab und letztere wird für die Aktivierung von Transkriptionsfaktoren, basalen Transkriptionsfaktoren und Pol II zugänglich. In diesem Zustand von Euchromatin führen Chromatinremodellierer wie SWI/SNF eine Feinabstimmung der Positionen der Nukleosomen durch, um die Zugänglichkeit von Transkriptionsfaktorbindungsstellen zu optimieren. Im

---

[28] NAD^{+} = Nikotinamidadenindinukleotid.

[29] FAD = Flavinadenindinukleotid.

[30] SWI/SNF = „switching/sucrose non-fermenting."

umgekehrten Fall, wenn HDACs aktiver sind, werden Acetylgruppen entfernt und die Chromatinverpackung nimmt lokal zu. KMTs methylieren dann dieselben oder benachbarte Aminosäuren in den Histonenden, die dann Heterochromatinproteine wie HP1[31] anziehen und den lokalen Heterochromatinzustand weiter stabilisieren.

Zellen sind ständig einer Vielzahl von Signalen ausgesetzt, wie z. B. der extrazellulären Matrix, Zytokinen, Peptidhormonen und anderen Molekülen, von denen die meisten von Membranrezeptoren erkannt und weitergeleitet werden. Diese extrazellulären Signale induzieren intrazelluläre Signalübertragungswegen, die oft an Kernproteinen, wie Transkriptionsfaktoren, Chromatin-modifizierenden Enzymen und Chromatinremodellierern, enden, d. h. sie modulieren das Epigenom und das Transkriptom. Die meisten Signale variieren im Laufe der Zeit und haben normalerweise einen „An"- oder „Aus"-Charakter, wohingegen die resultierenden Transkriptionsänderungen eher eine Wellenform haben (Abb. 3.9, links). Beispielsweise kann ein Signal entweder direkt Chromatin-modifizierenden Enzymen aktivieren, die dann Histonmarkierungen einfügen oder entfernen, oder indirekt über die Aktivierung von Chromatinremodelliern wirken, die die Nukleosomen-Zusammensetzung verändern (Abschn. 3.5). **Auf diese Weise wirken Chromatin-assoziierte Proteine als Signalwandler und Signalintegratoren.**

3.5　Chromatinremodellierer

Der Phänotyp einer Zelle hängt von ihrem Genexpressionsmuster ab, das im Wesentlichen dadurch beeinflusst wird, wie die genomische DNA in Chromatin verpackt ist. Nukleosomen blockieren oft den Zugang von Transkriptionsfaktoren zu ihren Genom-weiten Bindungsstellen, da die Verpackung von genomischer DNA um Histonoktamere eine Seite der DNA verdeckt. Innerhalb eines Abschnitts von 200 bp genomischer DNA kontaktieren 147 bp ein Histonoktamer. Bindungsstellen, die sich nahe dem Zentrum dieser 147 bp befinden, sind im Allgemeinen für Transkriptionsfaktoren unzugänglich. Bindungsstellen näher am Rand der Nukleosomen-bedeckten Sequenz sind etwas besser erreichbar, aber nur innerhalb der „linker"-Region von etwa 50 bp zwischen zwei benachbarten Nukleosomen ist die DNA vollständig zugänglich. So sind in einigen Fällen nur geringfügige Verschiebungen in der Position der Nukleosomen erforderlich, um Transkriptionsfaktorbindungsstellen erreichbar zu machen, während in anderen Fällen ein ganzes Nukleosom entfernt werden muss.

Da Nukleosomen eine ziemlich starke elektrostatische Anziehungskraft auf genomische DNA haben, muss die Katalyse des Gleitens, Entfernens oder Austauschens einzelner Untereinheiten oder sogar das Herauslösen ganzer Nukleosomen

---

[31] HP1 = Heterochromatinprotein 1, wird vom *CBX5*-Gen kodiert.

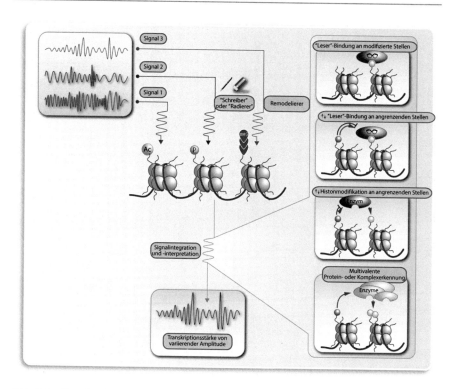

Abb. 3.9 Signalspeicherung und -interpretation über Chromatin-„Schreiber", **„Radierern" und „Lesern".** Signale, die aus verschiedenen, meist Membran-basierten Signal- übertragungswegen stammen, werden im Chromatin durch Modifikationen von Histonen integriert. Mehrere im Laufe der Zeit auftretende Signale können auf diese Weise gespeichert werden. Diese Signale können das Chromatin direkt beeinflussen oder über Chromatin-modi- fizierenden Enzymen, wie die „Schreiber" HATs und KMTs sowie die „Radierer" HDACs und KDMs und Chromatinremodellierer (**links**), übertragen werden. Es gibt eine Reihe von Mechanismen, wie diese dynamische epigenetische Landschaft ständig von „Leser"-Proteinen interpretiert wird: i) die Änderung der Fähigkeit eines „Leser"-Proteins, eine benachbarte Markierung zu erkennen, ii) die Rekrutierung von Enzymen, die zusätzliche Stellen modifizieren, und iii) die multivalente Erkennung verschiedener Bindungsereignisse (**rechts**). Das Endergebnis der Signalintegration ist die Modulation des Transkriptoms (**unten links**)

alle Histon-DNA-Kontakte auflösen. Das erfordert die Investition von Energie in Form von ATP. Die verschiedenen Multiproteinkomplexe der Chromatinre- modellierer enthalten zumindest eine ATPase[32], die die Energie der ATP-Hydrolyse nutzt, um Nukleosomen zu beeinflussen. Das geschieht auf mindestens vier Weisen (Abb. 3.10), wie:

---

[32] Eine ATPase ist ein Enzym, das ATP bindet und eine Phosphatgruppe abspaltet, um mit der dadurch freigesetzten Energie eine andere chemische Reaktion anzutreiben.

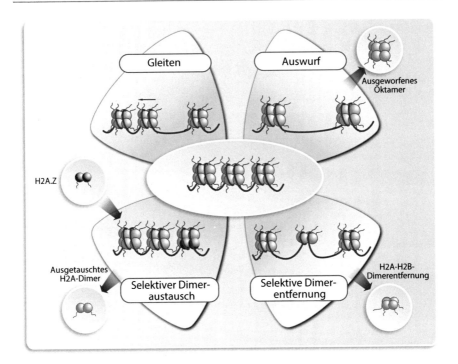

Abb. 3.10 Mobilität und Stabilität von Nukleosomen. Chromatinremodellierer ermög-
lichen den Zugang zu genomischer DNA durch Gleiten, Ausstoßen, Entfernen von H2A-H2B-
Dimeren oder selektiven Austausch von Histondimeren aus Nukleosomen. ATP-abhängige
Remodellierungskomplexe sowie thermische Bewegung beeinflussen die Mobilität von
Nukleosomen. Die Stabilität von Nukleosomen wird durch die detaillierte Zusammensetzung der
Histonoktamere und das Muster der Histonmodifikationen beeinflusst. Beispielsweise verändert
der Einbau von Histonvarianten in Nukleosomen die Wechselwirkungen mit Histonproteinen und
Nichthistonproteinen

- die **Bewegung des Histonoktamers** zu einer neuen Position innerhalb derselben Chromatinregion
- die **vollständige Verdrängung des Histonoktamers** beispielsweise aus TSS-
  Regionen stark exprimierter Gene
- die **Entfernung von H2A-H2B-Dimeren** aus dem Histonoktamer
- der **Austausch regulärer Histone durch ihre Varianten,** wie H2A durch
  H2A.Z (Box 3.1).

**Chromatinremodellierer machen TSS- und Enhancerregionen für den
Transkriptionsapparat entweder mehr oder weniger zugänglich.** Auf diese
Weise aktivieren Transkriptionsfaktoren die Transkription ihrer Zielgene oder sie
unterdrücken sie. Somit wird die Position und Zusammensetzung von Nukleosomen
Genom-weit angepasst.

Unser Genom kodiert für vier Familien von Chromatinremodellierern, die durch ihrer katalytischen ATPasen und assoziierten Untereinheiten unterschieden werden. Die Existenz verschiedener Komplexe impliziert, dass die jeweiligen Chromatinremodellierer unterschiedliche Wirkungsmechanismen haben. Jedoch enthalten sie alle eine ATPase-DNA-Translokase, d. h. ein ATP-verbrauchendes Enzym, das DNA–Protein-Kontakte auflöst und die Bewegung des Nukleosoms ermöglicht. Jede Remodelliererfamilie hat mehrere Subtypen, die Zelltyp- oder Entwicklungs-spezifische Funktionen bereitstellen:

- der **ISWI[33]-Komplex** setzt Nukleosomen zusammen und ordnet sie an, um die Zugänglichkeit von Chromatin und die Genexpression einzuschränken (Abb. 3.11, links).
- **CHD-Remodellierer** kontrollieren den Abstand der Nukleosomen, den Zugang zu genomischer DNA, wie die Freilegung von Promotoren und den Einbau von Histonvarianten wie Histon H3.3 (Abb. 3.11, links).
- der **SWI/SNF-Komplex** stößt Nukleosomen aus, d. h. er moduliert den Zugang zu genomischer DNA, um die Genexpression zu aktivieren oder zu unterdrücken (Abb. 3.11, Mitte).
- **INO80-Remodellierer** haben in erster Linie Nukleosomen-Editierungsfunktionen (Abb. 3.11, rechts).

In Homöostase sorgen Chromatinremodellierer in den meisten Chromatinregionen für eine dichte Nukleosomenpackung auf dem Genom, während sie an bestimmten Orten den schnellen Zugang von Transkriptionsfaktoren und anderen Kernproteinen ermöglichen. Zum Beispiel haben konstitutiv aktive Gene typischerweise eine Nukleosomen-freie Region stromaufwärts ihrer TSS-Region, in der sich entscheidende Transkriptionsfaktorbindungsstellen befinden. Genom-weite Studien zeigten, dass diese Nukleosomen-freie Region auf beiden Seiten oft von gut positionierten Nukleosomen flankiert wird.

Die Mitgliedern der SWI/SNF-Familie wirken hauptsächlich auf die transkriptionelle Aktivierung. Interessanterweise wird die Aktivität vieler Chromatinremodellierer durch das Vorhandensein von Histonvarianten beeinflusst, die sie selbst in das Chromatin einführen, d. h. sie kontrollieren sich gegenseitig durch den Austausch von Histonen. Zum Beispiel, die Histonvarianten MacroH2A und H2A.Bbd reduzieren die Effizienz des SWI/SNF-Komplexes, während H2A.Z den Umbau durch ISWI-Komplexe stimuliert. Der INO80-Komplex entfernt H2A.Z von ungeeigneten Stellen. Im Allgemeinen befindet sich H2A.Z in offenen TSS-Regionen und reguliert positiv die Gentranskription.

---

[33] ISWI = „imitation switch."

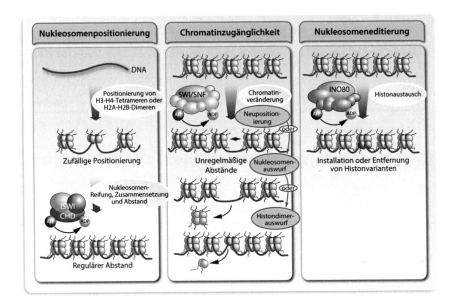

Abb. 3.11 Funktion von Chromatinremodellierern beim Menschen. ISWI- und CHD-Remodellierer sind an der Komplexbildung von Histonen, der Reifung von Nukleosomen und ihrem Abstand beteiligt (**links**). SWI/SNF-Remodellierer verändern Chromatin, indem sie Nukleosomen neu positionieren, Histonoktamere oder Histondimere ausstoßen (**Mitte**). INO80-Remodellierer verändern die Zusammensetzung von Nukleosomen, indem sie kanonische und abweichende Histone austauschen, wie z. B. die Installation von H2A.Z-Varianten (**rechts**)

3.6   Lange ncRNAs als Chromatinorganisatoren

In den letzten 20 Jahren wurden Zehntausende von RNA-Transkripten in menschlichen Geweben und Zelltypen entdeckt, die mRNAs ähneln, aber nicht in Proteine übersetzt werden, d. h. sie sind ncRNAs. Wenn ncRNAs länger als 200 Nukleotide sind, werden sie als lange ncRNA bezeichnet. Lange ncRNAs sind in ihrer Biogenese, Häufigkeit und Stabilität heterogen und unterscheiden sich in ihrem Wirkmechanismus. Einige lange ncRNAs haben eine eindeutige Funktion, z. B. in der Regulation der Genexpression, während andere, wie Enhancer-RNAs (eRNAs), hauptsächlich Nebenprodukte der Pol II-Transkription zu sein scheinen und möglicherweise funktionell nicht relevant sind.

Trotz ihrer relativ späten Entdeckung sind ncRNAs evolutionär älter als Proteine, d. h. in den ersten Zellen vermittelten sie wahrscheinlich die meisten regulatorischen Aktionen, von denen viele später von Proteinen übernommen wurden. Lange ncRNAs erfüllen ihre zellulären Funktionen, indem sie mit Proteinen wechselwirken, um makromolekulare Komplexe zu bilden (Abb. 3.12). Die Komplexbildung wird über Elemente innerhalb von ncRNAs ermöglicht, wie z. B. kurze Sequenzmotive oder größere Sekundär- oder Tertiärstrukturen, die

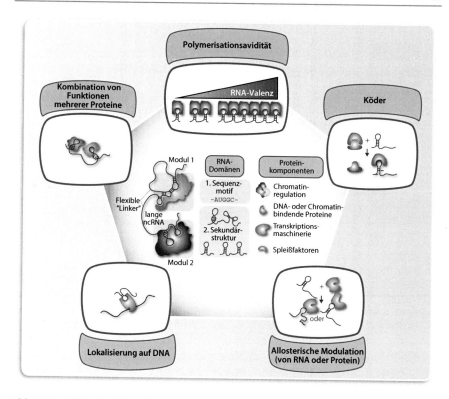

Abb. 3.12 Wirkprinzipien langer ncRNA. Lange ncRNA-Moleküle haben verschiedene Abschnitte für die molekulare Wechselwirkung mit DNA, Proteinen and Proteinkomplexen. Diese Wechselwirkungen haben verschiedene Funktionen, wie die Kombination der Funktionen mehrerer Proteine, die Lokalisation langer ncRNAs an genomischer DNA, das Modifizieren der Struktur langer ncRNAs oder Proteine, das Hemmen der Proteinfunktion als Köder und das Bereitstellen einer multifunktionalen Plattform, um die Avidität von Proteinwechselwirkungen zu erhöhen oder die RNA–Protein-Komplexpolymerisation (RNA-Valenz) zu fördern

spezifisch mit einem großen Satz molekularer Strukturen in Proteinen, RNA und DNA interagieren. Das ermöglicht eine Vielzahl von Funktionen, wie z. B.:

- als Gerüst größerer Proteinkomplexe
- die Rekrutierung regulatorischer Proteine
- die spezifische Wechselwirkungen DNA-bindender Proteine mit der DNA des Genoms
- die Ausbildung der 3D-Struktur des Zellkerns.

Eine Reihe von Chromatin-modifizierenden und -remodellierenden Proteinen, wie die Komponenten der PRC-Komplexe, KMT1C, KDM1A, DNMT1 und der SWI/SNF-Komplex, interagieren mit langen ncRNAs in Zellkern. Diese RNA–Protein-Wechselwirkungen sind wichtig, um:

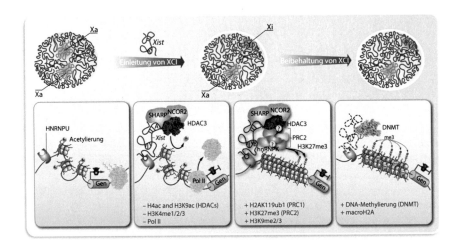

Abb. 3.13 **Mechanismen des *Xist*-induzierten Genabschaltung.** In ES-Zellen werden beide X Chromosomen aktiv transkribiert (Xa) und dann mit H3K4me1, H3ac und H4ac markiert. Die X Chromosom-Inaktivierung beginnt früh in der Embryonalentwicklung, wenn *Xist*-Expression zufällig auf einem der beiden X Chromosomen initiiert wird, und breitet sich allmählich über das gesamte inaktive X Chromosom (Xi) aus. Weitere Einzelheiten sind im Text angegeben

- Chromatinregulationskomplexe an spezifische Stellen im Genom zu rekrutieren und somit die Genexpression zu regulieren
- die Funktion von Kernproteinen kompetitiv oder allosterisch zu modulieren
- die Funktionen unabhängiger Proteinkomplexe zu kombinieren und zu koordinieren.

Die lange ncRNA *Xist* (Abschn. 3.2) ist der Schlüsselinitiator der X Chromosom-Inaktivierung in weiblichen Zellen und dient als Musterbeispiel dafür, wie ncRNAs zur Chromatinorganisation beitragen. Vor der Expression von *Xist* sind beide X Chromosomen transkriptionell aktiv, nicht stark mit der Kernlamina assoziiert und strukturell ähnlich wie autosomale Chromosomen organisiert, d. h. sie sind in Hunderte von TADs unterteilt. *Xist* rekrutiert eine Reihe regulatorischer Komplexe in verschiedenen Stadien des Prozesses der transkriptionellen Abschaltung von Genen auf dem gesamten zweiten X Chromosom (Abb. 3.13). In der frühen embryonalen Entwicklung, während des Blastula-Stadiums von ungefähr 100 Zellen (Abschn. 7.1), wird die X Chromosom-Inaktivierung in einem der beiden X Chromosomen initiiert, indem die Expression von *Xist* induziert wird, die sich allmählich über das gesamte Chromosom ausbreitet. Durch die Wechselwirkung mit HNRNPU[34] rekrutiert *Xist* das RNA-bindende Protein SHARP[35]. Der

---

[34] HNRNPU = heterogenes nukleares Ribonukleoprotein U.

[35] SHARP = SMRT/HDAC1-assoziiertes Repressorprotein.

Korepressorprotein NCOR[36] rekrutiert dann HDAC3, was zur Demethylierung von H3K4 und zum Ausstoßen von Pol II führt. Darüber hinaus rekrutiert *Xist* die Komplexe PRC1 und PRC2, die die Markierungen H2AK119ub bzw. H3K27me3 setzen. Darüber hinaus fügen KMTs unterdrückende H3K9me2- und H3K9me3-Markierungen hinzu. In differenzierten Zellen wird die X Chromosom-Inaktivierung durch DNA-Methylierung über DNMTs und den Einbau der Histonvariante macroH2A aufrechterhalten.

Ein weiteres Beispiel einer langen ncRNAs mit Chromatin-modulierenden Funktionen ist *HOTAIR*[37], die einige KDMs, wie KDM1A innerhalb des RCOR[38]-Komplexes, zu ihren Zielen im Chromatin dirigiert. RCOR ist ein großer Proteinkomplex, der auch HDACs enthält und zur Transkriptionsunterdrückung beiträgt.

Weiterführende Literatur

Blackledge, N. P., & Klose, R. J. (2021). The molecular principles of gene regulation by polycomb repressive complexes. *Nature Reviews Molecular Cell Biology, 22*, 815–833.

Carlberg, C., & Molnár, F. (2016). *Mechanisms of gene regulation*. Springer textbook.

Carlberg, C., & Molnár, F. (2019). *Human epigenetics: How science works*. Springer textbook.

Janssen, S. M., & Lorincz, M. C. (2022). Interplay between chromatin marks in development and disease. *Nature Reviews Genetics, 23*, 137–153.

Li, X., Egervari, G., Wang, Y., Berger, S. L., & Lu, Z. (2018). Regulation of chromatin and gene expression by metabolic enzymes and metabolites. *Nature Reviews Molecular Cell Biology, 19*, 563–578.

Luo, C., Hajkova, P., & Ecker, J. R. (2018). Dynamic DNA methylation: In the right place at the right time. *Science, 361*, 1336–1340.

Martire, S., & Banaszynski, L. A. (2020). The roles of histone variants in fine-tuning chromatin organization and function. *Nature Reviews Molecular Cell Biology, 21*, 522–541.

Monk, D., Mackay, D. J. G., Eggermann, T., Maher, E. R., & Riccio, A. (2019). Genomic imprinting disorders: Lessons on how genome, epigenome and environment interact. *Nature Reviews Genetics, 20*, 235–248.

Morgan, M. A. J., & Shilatifard, A. (2020). Reevaluating the roles of histone-modifying enzymes and their associated chromatin modifications in transcriptional regulation. *Nature Genetics, 52*, 1271–1281.

Sheikh, B. N., & Akhtar, A. (2019). The many lives of KATs – Detectors, integrators and modulators of the cellular environment. *Nature Reviews Genetics, 20*, 7–23.

Wang, Y., Zhao, Y., Bollas, A., Wang, Y., & Au, K. F. (2021). Nanopore sequencing technology, bioinformatics and applications. *Nature Biotechnology, 39*, 1348–1365.

---

[36] NCOR = nuklearer Rezeptor Korepressor.

[37] *HOTAIR* = „HOX transcript antisense RNA."

[38] RCOR = REST Korepressor.

Molekulare Sensoren von Makro- und Mikronährstoffen

4

Zusammenfassung

In diesem Kapitel werden zunächst grundlegende Stoffwechselprinzipien beschrieben. Danach werden die molekularen Mechanismen erläutert, über die Zellen auf Änderungen der Konzentrationen von Kohlenhydraten, Proteinen und Lipiden sowie deren Abbauprodukte reagieren. Dies geschieht über Wechselwirkungen mit Membranrezeptoren, Stoffwechselenzymen, regulatorischen Kinasen (Kinasen sind Enzyme, die Phosphatgruppe an Substrate, wie Proteine und Metabolite, anfügen und diese damit entweder aktivieren oder hemmen.) und/oder Transkriptionsfaktoren. Letztere, insbesondere Mitglieder der Superfamilie der Kernrezeptoren, spielen eine Schlüsselrolle bei der Nährstofferkennung. Sowohl Makronährstoffe, wie Fettsäuren, Cholesterin, Glukose und Aminosäuren, als auch Mikronährstoffe, wie Vitamin A, Vitamin D, Calcium und Eisen, können entweder als Liganden von Kernrezeptoren oder als Kofaktoren für Signalproteine wirken. In Stoffwechselorganen wie auch in Zellen des Immunsystems reagieren Kernrezeptoren auf Konzentrationsänderungen von Nährstoffen und aktivieren spezifisch Hunderte ihrer Zielgene.

4.1 Grundlagen des Stoffwechsels

Das Leben folgt den Gesetzen der Thermodynamik. Das bedeutet, dass eine konstante Energiezufuhr für die Aufrechterhaltung hochgeordneter Strukturen, wie Zellen, Organen und ganzer Organismen, unerlässlich ist. **Wir müssen also essen, um unseren Körper funktionstüchtig zu halten.** Unsere Nahrung sollte eine ausreichende Menge an Makro- und Mikronährstoffen enthalten, die zur Unterstützung lebenswichtiger Funktionen, wie Energieversorgung, Fortpflanzung und

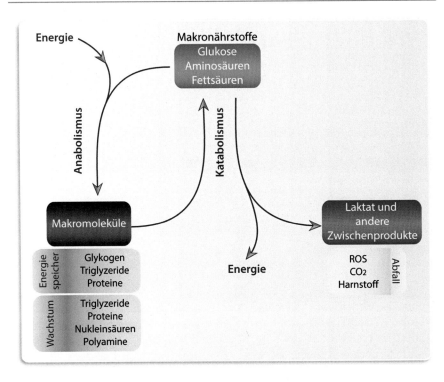

Abb. 4.1 Vereinfachte Darstellung von Stoffwechselprinzipien. Makronährstoffe versorgen unseren Körper über katabole Prozesse mit Energie oder dienen als Energiespeicher in Form von Glykogen (besteht aus Glukose) und Triglyzeriden (enthalten Fettsäuren). In Fastenzeiten oder bei Erkrankungen wird auch Skelettprotein als Energiequelle verwendet. Wenn Makronährstoffe zur Energiegewinnung abgegeben werden, entstehen **Zwischenprodukte** wie Laktat, das der Körper weiterverwenden kann, **Nebenprodukte** wie reaktive Sauerstoffspezies (ROS) und **Abbauprodukte** wie Kohlendioxid und Ammoniak. Der Körper muss die letzteren loswerden, um eine Vergiftung zu vermeiden. Darum wird CO_2 über die Lunge ausgeatmet und Ammoniak in Form von Harnstoff über die Niere ausgeschieden. Darüber hinaus verwendet unser Körper beim Abbau der Makronährstoffe entstehende Bausteine zur Synthese weiterer wichtiger Biomoleküle, z. B. Aminosäuren für die Synthese von Nukleinsäuren und Polyaminen, die für normales Wachstum und Regeneration benötigt werden

Wachstum, notwendig sind. Zu den Makronährstoffen, d. h. jenen Nährstoffen, die als Energielieferanten dienen und in großen Mengen konsumiert werden müssen, gehören Kohlenhydrate (die meist zu Glukose abgebaut werden), Proteine (die zu Aminosäuren verstoffwechselt werden) und Fette (wie Triglyzeride, die aus Glyzerin und Fettsäuren bestehen) (Abb. 4.1). Als Mikronährstoffe bezeichnet man Vitamine und Mineralstoffe, also Substanzen, die wir in nur geringen Mengen zu uns nehmen müssen, und die nicht als Energielieferanten wirken, sondern für den Stoffwechsel der Makronährstoffe und andere regulatorische Prozesse essenziell sind (Abschn. 4.4).

Der Abbau von Makronährstoffen liefert unserem Körper Energie. Der abbauende Stoffwechsel (Metabolismus) wird als **Katabolismus** bezeichnet. Bei einem Überschuss an energiereichen Nährstoffen werden diese in Form von Glykogen[1] in der Leber und der Skelettmuskulatur oder als Triglyzeride im Fettgewebe gespeichert. Dieselben Nährstoffmoleküle können im aufbauenden Stoffwechsel, dem **Anabolismus,** zur Synthese neuer Makronährstoffmoleküle verwendet werden. Sowohl der Katabolismus als auch der Anabolismus umfassen eine Reihe streng kontrollierter **biochemischer Stoffwechselwege,** die aus Kaskaden enzymatischer Reaktionen bestehen. Für die Feinregulation dieser Reaktionen wird ein Großteil der Mikronährstoffe benötigt, da sie häufig als Kofaktoren der entsprechenden Enzyme wirken.

Der Energiehaushalt des gesamten Körpers wird durch unser Gehirn reguliert, das Sättigung und Hunger und somit die Nahrungsaufnahme steuert (Abschn. 9.4). Während und kurz nach einer Mahlzeit werden vom Magen-Darm-Trakt und den dazugehörigen Drüsen verschiedene Hormone und Nährstoffe ausgeschüttet, die über das Blut zum zentralen Nervensystem (ZNS) transportiert werden (Kap. 12).

Nach einer Mahlzeit ist die Leber das erste Organ, das über die Pfortader die im Darm aufgenommenen Nährstoffe erhält. Die Leber spielt eine große Rolle bei der Energiespeicherung, insbesondere von Kohlenhydraten in Form von Glykogen (Abschn. 9.5), sowie beim Stoffwechsel von Aminosäuren, Fettsäuren und Cholesterin. Das Fettgewebe (Abschn. 9.2) speichert den größten Teil der Energie unseres Körpers als Triglyzeride, aber in dem Prozess der Lipolyse setzt es Fettsäuren frei, wenn andere Gewebe Energie benötigen. Bei der Energiespeicherung ist Fett (mit einer Energiedichte von 9 kcal/g) mehr als doppelt so effizient wie Kohlenhydrate (4 kcal/g). **Im Gegensatz zu Kohlenhydraten bindet Fett kein Wasser bei seiner Speicherung, sodass es** *in puncto* **Gesamtgewicht ein wesentlich effizienterer Energiespeicher ist, um tägliche und saisonale Phasen von Hungern und Fasten zu überstehen.**

Fett fördert die Ausdauer bei körperlicher Aktivität, wie Langstreckenlaufen. Die Skelettmuskulatur ist ein hochaktives Organ, das beide Arten von gespeicherter Energie, d. h. Glykogen und Triglyzeride, nutzt und je nach Art der ausgeübten Bewegung Glukose und Fettsäuren direkt aus dem Kreislauf aufnimmt. Die ständige Nahrungsaufnahme und die meist sitzende Lebensweise unserer modernen Zivilisation machen jedoch Eigenschaften wie das Überleben von Hungerphasen oder das Laufen langer Strecken (z. B. beim Aufspüren von Jagdwild) entbehrlich. **So wurde in den letzten Jahrzehnten chronische Fettleibigkeit zu einem Schlüsselmerkmal des modernen Menschen** (Abschn. 9.1).

---

[1] Glykogen ist ein Polymer aus Glukose, das im Menschen und in Tieren vorkommt. Stärke ist das entsprechende Polymer in Pflanzen.

4.2   Kohlenhydrate, Aminosäuren und Lipide

Der periodische Mangel an Nährstoffen war in der Vergangenheit ein starker evolutionärer Druck, um effiziente Mechanismen der Wahrnehmung des Versorgungsstatus mit Nährstoffen zu entwickeln. Mechanistisch erfolgt ein solches Messen der Nährstoffkonzentration entweder über die direkte Bindung eines Makro- oder Mikronährstoffs an seinen Sensor[2] oder es funktioniert indirekt über den Nachweis von Metaboliten, die die Nährstoffmengen widerspiegeln. Als Sensoren wirken Proteine, die die jeweiligen Nährstoffe mit einer Affinität in der Größenordnung der Schwankungen ihrer physiologischen Konzentrationen binden. Die Folge dieser spezifischen Bindung von Nährstoffen ist beispielsweise die Ausschüttung von Hormonen wie Insulin oder anderer Signalmoleküle in den Blutkreislauf, um eine koordinierte Reaktion des gesamten Körpers zu erzielen.

Kohlenhydrate: Das Plasmamembranprotein GLUT2[3] ist ein Transporter mit einer eher geringen Affinität für Glukose (Abb. 4.2A): Sein K_M-Wert[4] gegenüber Glukose liegt im Bereich von etwa 20 mM, also weit über der Glukosekonzentrationen im Fastenzustand (5 mM). **Im Gegensatz zu anderen Glukosetransportern, die niedrigere K_M-Werte für Glukose aufweisen, fungiert GLUT2 als echter Glukosesensor.** Seine Glukosetransportaktivität passt sich Schwankungen der Glukosekonzentration im physiologischen Bereich an, da in keinem Fall Sättigung von GLUT2 zu erwarten ist. Daher spielt GLUT2 eine zentrale Rolle bei der Steuerung des Glukosestoffwechsels in der Leber. Als Transporter, der die erleichterte Diffusion von Glukose über die Zellmembran katalysiert, trägt GLUT2 zum Konzentrationsausgleich in beide Richtungen bei. Neben der Aufnahme von Glukose, etwa nach dem Essen, kann über GLUT2 auch Glukose an den Blutkreislauf abgegeben werden, beispielsweise im Falle einer Hypoglykämie[5], wenn in der Leber über den Prozess der Glukoneogenese[6] die Glukosekonzentration in Leberzellen erhöht wird (Abschn. 9.5).

Die Sensoraktivität des Transporters GLUT2 wird intrazellulär durch das Enzym GCK (Glukokinase) komplettiert, das Glukose zu Glukose-6-Phosphat

---

[2]Der Begriff „Sensor" wird hier für Proteine, wie Enzyme, Transporter und Transkriptionsfaktoren, verwandt, die spezifisch Nährstoffmoleküle binden.

[3]GLUT2 = Glukosetransporter 2, wird vom Gen *SLC2A2* kodiert.

[4]Der K_M-Wert (die Michaelis-Konstante) gibt die Substratkonzentration an, bei der das jeweilige Enzym (in diesem Fall der Glukosetransporter, der sich wie ein Enzym verhält) halbmaximale Umsatzgeschwindigkeit erreicht. Im Falle niederaffiner Enzyme liegt der K_M-Wert über den üblichen Substratkonzentrationen, während ein hochaffines Enzym schon bei niedrigen Substratkonzentrationen maximale Umsatzgeschwindigkeit erreichen kann.

[5]Hypoglykämie = Unterzuckerung, Blutzuckerwerte unter 3,5 mM.

[6]Glukoneogenese ist ein Stoffwechselweg, der Glukose aus Nichtkohlenhydraten synthetisiert und zur Aufrechterhaltung eines konstanten Blutglukosespiegels in Hunger- und Fastenzeiten dient.

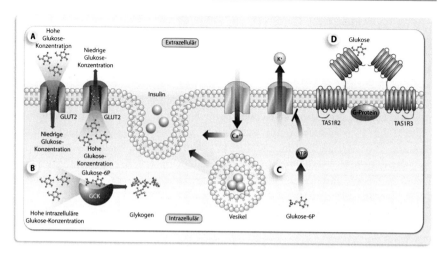

Abb. 4.2 Zellulare Mechanismen der Messung von Glukose. Glukosetransporter stellen Konzentrationsgleichgewichte ein und katalysieren Zustrom oder Ausstrom von Glukose entlang der herrschenden Glukosekonzentrationsgradienten (**A**). In Leberzellen ist es GLUT2 und in β-Zellen GLUT1, die den Glukosetransport katalysieren. Das Enzym GCK produziert G6P zur Verwendung in der Glykolyse oder Glykogensynthese und entzieht damit Glukose dem Zugriff von GLUT (**B**). Die Freisetzung von Insulin aus β-Zellen des Pankreas[7] ist ein mehrstufiger Prozess, der die Phosphorylierung von Glukose durch GCK, die anschließende ATP-Produktion und die ATP-vermittelte Blockierung von Kaliumkanälen umfasst (**C**). Der resultierende Ca^{2+}-Einstrom fördert die Fusion von insulinhaltigen Vesikeln mit der Plasmamembran und die Freisetzung des Insulins in den Blutkreislauf. Die heterodimeren[8] oralen Geschmacksrezeptoren TAS1R2-TAS1R3 binden nur hohe Konzentrationen an Glukose, Saccharose, Fruktose und künstlichen Süßstoffen und lösen die Signalübertragung durch GPRs[9] aus (**D**)

(G6P) überführt. Zum einen wird damit Glukose dem GLUT2-Transportgleichgewicht entzogen (wodurch weiterer Import von Glukose über GLUT2 möglich wird), und zum anderen wird dadurch der erste Schritt der Metabolisierung von Glukose katalysiert, die das Molekül sowohl dem Abbau (über Glykolyse[10]) als auch der Speicherung in Form von Glykogen zuführen kann. GCK hat eine deutlich geringere Affinität für Glukose[11] als andere Glukose metabolisierende Enzyme. Daher is GCK selbst bei hohen Glukosekonzentrationen nicht maximal aktiv und **fungiert wie GLUT2 als Glukosesensor** (Abb. 4.2B).

---

[7] Pankreas = Bauchspeicheldrüse.

[8] Ein Heterodimer ist ein Komplex aus zwei unterschiedlichen Proteinen.

[9] GPR = G-Protein-gekoppelter Rezeptor.

[10] Glykolyse ist ein universeller Stoffwechselweg, der bei allen Spezies vorkommt und Glukose in Pyruvat umsetzt.

[11] GCK hat einen K_M-Wert für Glukose von ca. 8 mM.

Auch β-Zellen des Pankreas messen den Glukosespiegel im Blut.
Glukose wird über Glukosetransporter in β-Zellen importiert und durch GCK
phosphoryliert. Verstoffwechselung des entstandenen G6P zur Energiegewinnung
(über Glykolyse, Citratzyklus[12] und Atmungskette[13]) führt zu einem erhöhten
ATP/ADP[14]-Verhältnis. Dadurch wird ein membranständiger ATP-regulierter
Kaliumkanal (K^{ATP}) geschlossen, was zur Depolarisierung der Zellmembran
und zum Öffnen von spannungsabhängigen Natrium- und schließlich Calcium-
kanälen führt. In der Folge kommt es zu einem vorübergehenden Anstieg der intrazellulären Ca^{2+}-Konzentration, der die Fusion insulinbeladener Vesikel mit der
Plasmamembran und die Freisetzung von Insulin in den Blutkreislauf stimuliert
(Abb. 4.2C). Auf diese Weise kommt es kurz nach dem Essen Kohlenhydrat-
reicher Nahrung zum Anstieg von Insulin (Abschn. 9.4).

Die Steigerung der Konzentration des Hormons Insulin im Blut spiegelt damit
die Situation wider, dass die Glukosekonzentration im Blut erhöht ist, und leitet
diese Information an periphere Gewebe weiter, was die Absenkung der Glukosekonzentration im Blut über drei Wege zur Folge hat:

- Skelettmuskulatur und weißes Fettgewebe nehmen große Mengen Glukose aus
  dem Blut auf, was über insulinabhängige Stimulation der Membranlokalisation
  von GLUT4 bewirkt wird. GLUT4 liegt in den Zielgeweben bereits in der
  Membran intrazellulärer Vesikel vor, die nach Stimulation durch Insulin zur
  Fusion mit der Zellmembran veranlasst werden, was die GLUT4-Dichte der
  Zellmembran und damit die deutlich Glukoseaufnahmekapazität erhöht
- Glukose verbrauchende Stoffwechselwege, wie die Glykolyse, werden
  stimuliert
- Die Bildung und Freisetzung von Glukose über Glukoneogenese und
  Glykogenabbau in das Blut wird unterbunden.

Insulin bewirkt dies über Stimulation des Insulinrezeptors (INSR) in verschiedenen Zellen des Körpers, wie den Muskeln, der Leber und dem weißen Fettgewebe. Die essentiellen Schritte der Signalübertragung von Insulin sind:

- Insulin aktiviert die Rezeptortyrosinkinase (RTK) INSR, was in der intrazellulären Auto-Tyrosinphosphorylierung des Rezeptors resultiert

---

[12] Der Citratzyklus ist ein wichtiger Stoffwechselweg, der Acetyl-CoA (aus Kohlenhydraten,
Fetten und Aminosäuren) nutzt, um die Energiegewinnung in der Atmungskette vorzubereiten. Er
stellt außerdem Molekülen zur Synthese von Aminosäuren und Fetten bereit.

[13] Die Aufgabe der Atmungskette ist der Transport von Elektronen mithilfe einer Reihe exergoner
Redoxreaktionen. Das erzeugt einen H$^+$-Konzentrationsgradient an der inneren Mitochondrienmembran, der die ATP-Synthese antreibt.

[14] ADP = Adenosindiphosphat.

- Die neu geschaffenen Phosphotyrosinreste dienen dann als Andockstellen für intrazelluläre Adaptorproteine, die die Kinase PI3K[15] stimulieren. Das führt zur Bildung von PIP3[16] in der Plasmamembran
- PIP3 wird dann von membranständigen Proteinen erkannt, was in der Aktivierung der Serin/Threonin-Kinase AKT[17] resultiert
- AKT vermittelt den Transport von GLUT4 in die Zellmembran und phosphoryliert die Proteine GSK3[18], PDE3B[19], FOXO[20] Transkriptionsfaktoren und PFK2[21]. Auf diese Weise stimuliert AKT die Verwertung von Glukose über Glykogensynthese und Glykolyse. Die Aktivierung von PDE3B und FOXO-Proteinen haben beide das Abschalten der Glukoneogenese zur Folge.

Im Fastenzustand, d. h. bei niedrigen Blutglukosespiegeln, wird durch einen gesteigerten AMP[22]/ATP-Quotienten die Kinase AMPK[23] stimuliert. Neben vielen anderen Substraten reguliert AMPK den Transkriptionsfaktor CHREBP[24], der zudem direkt durch Glukosemetaboliten moduliert wird, und der daher als ein weiterer Kohlenhydratsensor fungiert. Zielgene von CHREBP kodieren für wichtige Enzyme des Glukosekatabolismus und der Lipogenese[25], wie Pyruvat-kinase und Fettsäuresynthase. Unter Fastenbedingungen ist der Transkriptionsfaktor nicht aktiv, denn Phosphorylierung durch AMPK bewirkt Abschwächen der DNA-Bindung bzw. eine Zurückhaltung des (inaktiven) Transkriptionsfaktors im Zyto-plasma. Hinzu kommt eine allosterische Hemmung durch AMP und Ketonkörper[26], also Metabolite, die Energiebedarf (ATP-Verbrauch und Fettsäureabbau) signalisieren. Die Zufuhr von Glukose kehrt die Inhibierung über AMPK um und stimuliert die Aktivierung von CHREBP durch entstehende Glukosemetaboliten.

In Geschmacksknospen der Zunge erfolgt der Nachweis von hochenergetischer Nahrung durch einen GPR für süßen Geschmack, das Heterodimer der Proteine

---

[15] PI3K = Phosphoinositid-3'-Kinase.

[16] PIP3 = Phosphatidylinositol-3',4',5'-Trisphosphat.

[17] AKT wird auch Proteinkinase B genannt.

[18] GSK3 = Glykogensynthasekinase 3.

[19] PDE3B = Phosphodiesterase 3B.

[20] FOXO = „Forkheadbox", Klasse O.

[21] PFK2 = Phosphofruktokinase 2.

[22] AMP = Adenosinmonophosphat; dieser Metabolit hat eine hohe Konzentration im Fasten-zustand.

[23] AMPK = Adenosinmonophosphat-aktivierte Proteinkinase.

[24] CHREBP = Kohlenhydrat-responsives Element-Bindeprotein.

[25] Lipogenese ist ein Stoffwechselweg, bei dem Triglyzeride zum Aufbau von Depotfett im Fett-gewebe gebildet werden.

[26] Ketonkörper sind Abbauprodukte von Fettsäuren, die insbesondere beim Fasten produziert werden und dem ZNS als Nährstoff dienen können.

TAS1R2[27] und TAS1R3. Dieser Rezeptor wird durch millimolare Konzentrationen an Glukose, Fruktose oder Saccharose, aber auch durch **künstliche Süßstoffe** wie Saccharin, Cyclamat und Aspartam aktiviert, was in der Wahrnehmung des Geschmacks „süß" resultiert (Abb. 4.2D).

Aminosäuren: Bei Aminosäuremangel werden zelluläre Proteine als Reservoir genutzt und entweder über das Proteasom[28] oder durch Autophagie (Box 4.1) abgebaut. Letzteres ist ein kataboler Mechanismus, bei dem unnötige oder dysfunktionale Zellkomponenten durch die Wirkung von Lysosomen[29] abgebaut werden. Dementsprechend fungiert ein Protein, das sich an der äußeren Oberfläche von Lysosomen befindet, der TOR[30]-Komplex 1 (TORC1), als wichtiger Aminosäuresensor (Abschn. 13.3). Die Kinase TOR entfaltet ihre Aktivität als Teil zweier Komplexe, TORC1 oder TORC2, wobei nur ersterer durch das Antibiotikum Rapamycin hemmbar ist. TORC1 wird durch die Verfügbarkeit von Aminosäuren, insbesondere Leucin und Arginin, stimuliert. Durch die Nähe zum Lysosom **wirken sich sowohl zytosolische als auch lysosomale Aminosäurekonzentrationen auf die Aktivität von TORC1 aus.** Autophagie fördert das Überleben während Fastenphasen, indem sie durch Abbau zellulärer Bestandteile zum Zwecke der Energiegewinnung das zelluläre Energieniveau aufrechterhält. Bei langanhaltenden Fastenphasen und Hypoglykämie können Aminosäuren für die Produktion von Glukose und Ketonkörpern abgebaut werden, d. h. sie liefern Energiequellen für das Gehirn.

Box 4.1: Autophagie

Zytosolische Moleküle (häufig Proteine) körpereigenen oder auswärtigen Ursprungs werden durch Autophagieprozesse zum Abbau an das Lysosom weitergeleitet. Bei der **Mikroautophagie** wird die Fracht direkt in Form kleiner Vesikel internalisiert, die mit dem Lysosom fusionieren, während bei der **Chaperon-vermittelten Autophagie** Proteine vom HSPA8[31] erkannt und durch die lysosomale Membran transloziert werden. Bei der **Makroautophagie** werden Moleküle nach und nach innerhalb des Autophagosoms (einer Doppelmembran-Organelle) abgebaut, das mit dem Lysosom verschmilzt. Lysosomale Hydrolasen initiieren den Abbau der autophagischen Fracht und das Recycling der Endprodukte der Autophagie zurück in das Zytosol, um den Energiestoffwechsel oder Reparaturwege mit

---

[27] TAS1R = „taste 1 receptor".

[28] Proteasomen sind Proteinkomplexe in Zytosol, die Ubiquitin-markierte ("gealterte") oder fehlgefaltete Proteine abbauen.

[29] Das Lysosom ist eine Organelle, in der Aminosäuren und andere Nährstoffe aus zellulären Bestandteilen herausgelöst werden; es ist sozusagen der „Magen" der Zelle.

[30] TOR = „target of rapamycin."

[31] HSP = Hitzeschockprotein.

Metaboliten zu versorgen. Alle eukaryotischen Zellen weisen unter physiologischen Bedingungen einen konstitutiven Autophagiefluss auf, der für die Aufrechterhaltung der zellulären Integrität essenziell ist. Der Abbau durch Autophagie nimmt als Reaktion auf verschiedene ernährungsbedingte, hormonelle, chemische und physikalische Belastungen zu.

TORC1 wird nicht nur durch den Aminosäurestatus reguliert, sondern auch durch Insulin (über die Kinase AKT) aktiviert. Umgekehrt hemmt AMPK die Aktivierung von TORC1, denn dieser Komplex stimuliert Stoffwechselwege und Prozesse, die auf die Zellteilung vorbereiten, sodass sowohl Nährstoffe als auch Energie zur Verfügung stehen müssen. Zu den durch TORC1 stimulierten Prozessen gehören die Protein-, Nukleotid- und Lipidbiosynthese. Letzteres wird dabei vor allem durch Stimulation des Transkriptionsfaktors SREBF1c[32] vermittelt, der sowohl Gene der Lipogenese als auch von NADPH[33] bereitstellenden Enzymen reguliert.

Lipide: Aufgrund ihrer unpolaren Natur, d. h. ihrer geringen Löslichkeit in wässrigen Lösungen, werden Lipide selten frei im Körper gefunden. Im Blutserum werden sie entweder von Lipoproteinen transportiert (Abschn. 10.2) oder von Albumin gebunden. Membranrezeptoren wie GPR40 und GPR120, binden langkettige ungesättigte Fettsäuren, z. B. in der Membran von β-Zellen des Pankreas, und verstärken in diesen Zellen die durch Glukose ausgelöste Insulinfreisetzung (Abb. 4.3A). In enteroendokrinen Zellen des Darms führt die Bindung von Lipiden an GPRs zur Freisetzung von Inkretinen[34]. Im Lumen des Darms werden Fettsäuren durch den Scavenger-Rezeptor[35] CD36 gebunden, der ihre Aufnahme initiiert (Abb. 4.3B). In Geschmacksknospen der Zunge löst CD36 die Ca^{2+}-Freisetzung aus dem ER und Neurotransmission aus, während es in Darmzellen die Fettsäureaufnahme fördert.

Eine genaue Erfassung des internen Cholesterinspiegels ist wichtig, um bei reichlicher externer Zufuhr die Aktivierung des energetisch aufwendigen Cholesterinbiosyntheseweges zu vermeiden und toxische Spiegel von freiem Cholesterin in der Zelle zu verhindern. Eine wichtige Rolle spielen hierbei die Transkriptionsfaktoren SREBF1a, SREBF1c und SREBF2. SREBF1a und SREBF1c entstehen aus zwei unterschiedlichen Transkripten desselben Gens. SREBF1c wird in den meisten Geweben gebildet und hat höchste Expression in der Leber und

---

[32] SREBF1 = "sterol regulatory element binding transcription factor 1.

[33] NADP = Nicotinamidadenindinukleotidphosphat ist ein Hydridionen-übertragendes Koenzym, das an zahlreichen Redoxreaktionen des Stoffwechsels der Zelle beteiligt ist.

[34] Inkretine sind Hormone des Magen-Darm-Trakts, die die Insulinausschüttung verstärken.

[35] Scavenger-Rezeptoren sind eine Superfamilie von Membranrezeptoren, die eine Vielzahl von Liganden binden. Sie gehören zur Gruppe der Mustererkennungsrezeptoren.

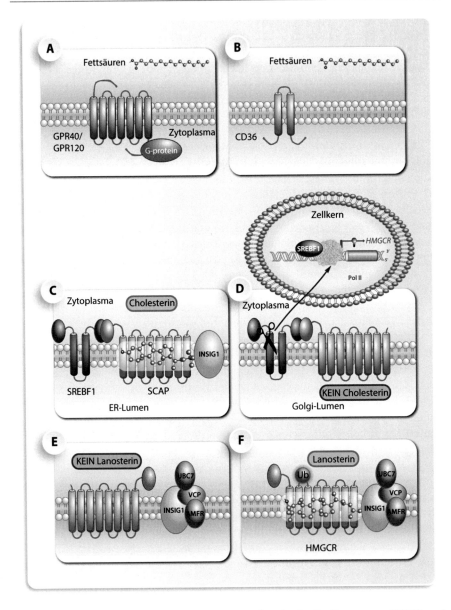

Abb. 4.3 Zellulare Lipidsensoren. Fettsäuren werden durch die Rezeptoren GPR40 und GPR120 (**A**) sowie CD36 (**B**) in der Plasmamembran gemessen. In Gegenwart von Cholesterin bindet der SCAP-SREBF-Komplex INSIG-Proteine und bleibt am ER verankert (**C**). In Abwesenheit von Cholesterin bindet SCAP-SREBF nicht an INSIG1, sondern wandert zum Golgi-Apparat, wo das zytosolische Ende von SREBF gespalten wird und das Protein als frei löslicher Transkriptionsfaktor wirken kann, der Gene reguliert, die an der Cholesterinbiosynthese beteiligt sind, wie HMGCR (**D**). Das in die ER-Membran eingebettete Enzym HMGCR katalysiert einen geschwindigkeitsbestimmenden Schritt in der Cholesterinbiosynthese und wird bei niedrigen Cholesterinspiegeln exprimiert (**E**). Wenn Zwischenprodukte des Cholesterinbiosynthesewegs, wie Lanosterol, reichlich vorhanden sind, interagiert HMGCR mit INSIG-Proteinen, was zur Ubiquitinierung und zum Abbau von HMGCR führt (**F**)

dem weißen Fettgewebe, wohingegen SREBF1a insbesondere in proliferierenden Geweben exprimiert wird. SREBF2 wird in den meisten Geweben gebildet. Während SREBF1c vornehmlich die Expression von Genen reguliert, die an Glukoseabbau und Lipogenese beteiligt sind, stimuliert SREBF2 vornehmlich die Cholesterin-aufnahme und -neusynthese. SREBF1a aktiviert sowohl Gene der Cholesterinbio-synthese als auch der Lipogenese. Alle SREBF-Formen liegen nach ihrer Bildung als Vorläuferformen in der Membran des ER vor, in der sie über Wechselwirkung mit ihrem Bindepartner SCAP fixiert sind. SCAP[36] verfügt über eine Cholesterin-Bindestelle, was für die Regulation der Aktivierung von SREBF (mit Ausnahme von SREBF1c) von Bedeutung ist, denn in Gegenwart von Cholesterin, das sich in intra-zellulären Membranen löst, und das die Affinität von SCAP zu INSIG1[37] erhöht, ver-bleiben die SREBF-Vorläuferformen in der ER-Membran (Abb. 4.3C).

Wenn der Cholesterinspiegel niedrig ist, dissoziiert der SCAP-SREBF-Komplex von INSIG1 und wandert über vesikulären Transport zum Golgi-Apparat[38], wo SREBF durch sequenzielle Wirkung zweier im Golgi-Apparat lokalisierter Proteasen prozessiert wird und ein aktiver Transkriptionsfaktor frei-gesetzt wird. Aktiver SREBF wandert in den Zellkern, dimerisiert und aktiviert dort Zielgene, z. B. das *HMGCR*[39]-Gen (Abb. 4.3D). Dieses ebenfalls in der ER-Membran lokalisierte Enzym katalysiert einen geschwindigkeitsbestimmenden Schritt der Cholesterinbiosynthese (Abb. 4.3E). Hohe Konzentrationen von Zwischenprodukten im Cholesterinbiosyntheseweg, wie Lanosterin, lösen die Bindung von HMGCR an INSIG1 aus, was zum Ubiquitin-vermittelten Abbau des Enzyms in Proteasomen führt (Abb. 4.3F).

Der Cholesterinspiegel reguliert LXR (Leber-X-Rezeptor)-Kernrezeptoren, d. h. erhöhte Cholesterinkonzentrationen aktivieren LXR (Abschn. 4.3). Die Signalübertragungswege von SREBF2/1a und LXRs arbeiten also gegenläufig, um die zelluläre und systemische Cholesterinhomöostase aufrechtzuerhalten.

4.3 Kernrezeptoren als Nährstoffsensoren

Die meisten extrazellulären Signalmoleküle, wie Wachstumsfaktoren und Zytokine, sind hydrophil und können Zellmembranen nicht durchdringen, d. h. sie müssen mit Membranrezeptoren interagieren, um einen Signalübertragungs-weg zu aktivieren. Endpunkte dieser Signalübertragungswege sind entweder die Aktivierung von Transkriptionsfaktoren oder von Chromatin-modifizierenden Enzymen, d. h. in beiden Fällen ein Vorgang, der zu Veränderungen der Genex-pression führt (Abschn. 2.6). **Auf diese Weise dienen Transkriptionsfaktoren**

---

[36] SCAP = „SREBP cleavage-activating protein."

[37] INSIG1 = „insulin induced gene 1".

[38] Golgi-Apparat ist ein membranumschlossener Hohlraum, der Proteine vom ER empfängt und umbaut.

[39] HMGCR = Hydroxymethylglutaryl-CoA-Reduktase.

als Sensoren für eine Vielzahl von extrazellulären Signalen. Im Gegensatz dazu ist bei lipophilen Signalmolekülen, wie z. B. Steroidhormonen, die Signalübertragung einfacher, da diese Moleküle die Zellmembranen passieren und direkt an Kernrezeptoren binden können. Diese Kernrezeptoren sind ligandensensitive Transkriptionsfaktoren, die oft bereits im Zellkern lokalisiert sind (Abb. 4.4).

Die Superfamilie der Kernrezeptoren hat beim Menschen 48 Mitglieder und umfasst spezielle Transkriptionsfaktoren, deren Liganden kleinere lipophile Moleküle sind. Zu diesen Rezeptoren gehören die Steroidrezeptoren (z. B. Östrogenrezeptor (ESR), Progesteronrezeptor (PGR), Androgenrezeptor (AR) und Glukokortikoidrezeptor (GR)), die nach Aktivierung durch Ligandenbindung als Homodimere aktiv sind, und die Nichtsteroid-Kernrezeptoren, die als Heterodimere mit dem Retinoid-X-Rezeptor (RXR)) agieren. Viele dieser Kernrezeptorliganden sind Mikro- und Makronährstoffe oder deren Metabolite. Dazu gehören der Vitamin A-Metabolit Retinsäure (Abschn. 4.4), der den Retinsäurerezeptor (RAR) α, β und γ stimuliert, Fettsäuren und andere Lipide aktivieren PPAR (Peroxisom-Proliferator aktivierter Rezeptor) α, δ und γ), $1,25(OH)_2D_3$ (1,25-Dihydroxyvitamin D_3) (Abschn. 4.4) bindet an den Vitamin D Rezeptor (VDR)), Oxysterole aktivieren LXRα und β, Gallensäuren binden an den Farnesoid-X-Rezeptor (FXR) und andere hydrophobe Bestandteile der Nahrung interagieren mit dem konstitutiven Androstanrezeptor (CAR) und dem Pregnan-X-Rezeptor (PXR). Die Affinität dieser Kernrezeptoren für ihre jeweiligen Liganden liegt zwischen 0,1 nM (für VDR) und mehr als 1 mM (für PPARs) und spiegelt die physiologischen Konzentrationen dieser Moleküle wider. **Somit sind einige Kernrezeptoren echte Sensoren für Mikro- und Makronährstoffe.** Im Gegensatz dazu binden andere Kernrezeptoren, wie HNF4α[40] und HNF4γ, LRH-1[41], REV-ERBα und β, RORα, β und γ sowie SF-1[42], Nährstoffderivate, wie Fettsäuren, Phospholipide, Häm und Sterole. Diese Wechselwirkung ist jedoch konstitutiv und stellt keinen signalgebenden Wahrnehmungsprozess dar.

Alle echten nährstoffempfindlichen Kernrezeptoren bilden mit RXR (α, β oder γ), Heterodimere und binden an spezifische DNA-Bindestellen (sogenannte „response elements" (REs)). RXR-Heterodimer-Komplexe sind permanent im Zellkern lokalisiert, d. h. im Gegensatz zum GR und AR müssen sie sich nicht erst von Chaperonproteinen abspalten und dann in den Zellkern translozieren (Abb. 4.4). Das deutet darauf hin, dass die molekulare Wahrnehmung von Makro- und Mikronährstoffen über Kernrezeptoren im Zellkern stattfindet. **Nährstoffe können daher als Genschalter fungieren,** indem sie eine Konformationsänderung der Ligandenbindedomänen ihrer spezifischen Kernrezeptoren induzieren. Das führt zur koordinierten Dissoziation von Korepressoren und der

---

[40] HNF = Leberzellenkernfaktor.

[41] LRH-1 = Leberrezeptorhomolog-1.

[42] SF-1 = steroidogener Faktor 1.

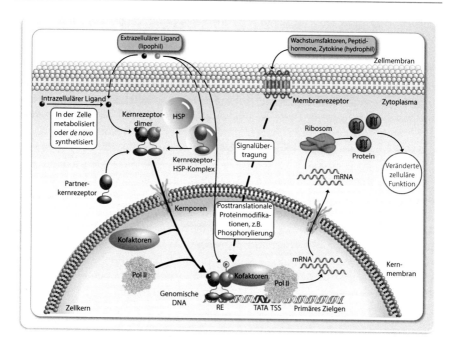

Abb. 4.4 Grundlagen der Signalübertragung durch Kernrezeptoren. Einige Kernrezeptoren wie GR und AR befinden sich in ihrem inaktiven Zustand im Zytosol in einem Komplex mit Chaperonproteinen, wie HSPs. Die meisten Kernrezeptoren sind jedoch bereits im Kern lokalisiert, wo sie durch die Bindung ihres spezifischen lipophilen Liganden aktiviert werden. Der Ligand ist entweder extrazellulären Ursprungs und hat Zellmembranen passiert oder ist ein Metabolit, der innerhalb der Zelle synthetisiert wurde. Nach der Ligandenbindung dissoziieren die zytosolischen Kernrezeptoren von ihren Chaperonen und translozieren in den Kern, wo sie wie die anderen Mitglieder der Superfamilie an REs binden, die sich in Enhancer-Regionen in der relativen Nähe der TSS ihrer primären Zielgene befinden. Ligandenaktivierte Kernrezeptoren interagieren mit nukleären Kofaktoren, die eine Brücke zur basalen Transkriptionsmaschinerie um Pol II bauen. Das führt dann zu Veränderungen der Expression der Zielgene mit Bildung von mRNA und Protein

Rekrutierung von Koaktivatorproteinen, um eine transkriptionelle Aktivierung von bis zu 1000 Genen pro Kernrezeptor zu ermöglichen.

Mitglieder der Superfamilie der Kernrezeptoren sind an der Regulierung fast aller physiologischen Prozesse unseres Körpers beteiligt. Sie stellen eine Klasse von Transkriptionsfaktoren dar, die durch kleine lipophile Verbindungen sehr spezifisch reguliert werden können. **Kernrezeptoren und ihre Liganden spielen eine wichtige Rolle bei der Aufrechterhaltung der Homöostase unseres Körpers, die für „Gesundheit" steht.** Die evolutionär älteste und wahrscheinlich immer noch wichtigste Rolle von Kernrezeptoren ist die Regulierung des Stoffwechsels. Es besteht eine Wechselbeziehung zwischen Fettstoffwechsel, Metaboliten und deren umwandelnden Enzymen, wie Cytochrom P450 (CYP)-Enzyme,

Molekültransportern und wichtigen Vertretern der Kernrezeptor-Superfamilie. Es gibt viele Beispiele (RAR, CAR, PXR, PPAR, VDR, LXR und FXR, unterschiedlich farbkodiert in Abb. 4.5), bei denen ein Metabolit einen Kernrezeptor aktiviert, der wiederum die Expression des Enzyms oder Transporterproteins reguliert, das die Konzentration der Metaboliten kontrolliert. Kernrezeptor-kontrollierte CYP-Enzyme spielen auch eine zentrale Rolle bei der Inaktivierung und dem Abbau von Kernrezeptorliganden. **Diese Regelkreise haben also eine Dreiecksstruktur aus Ligand, Rezeptor und Zielgen, dessen Produkt die Konzentration des Liganden reguliert. Sie befinden sich an mehreren kritischen Positionen in den Stoffwechselwegen verschiedener Lipide.** Sie ermöglichen eine fein abgestimmte Kontrolle der Konzentration der Metabolite und der Aktivität der Kernrezeptoren. Das deutet darauf hin, dass Metabolite von Nahrungsmolekülen Vorläufer von endokrinen Signalmolekülen, wie Steroidhormonen, sind und **unterstreicht das Prinzip, dass die Nahrung nicht nur Energielieferant ist, sondern auch eine wichtige Signalfunktion hat** (Abschn. 1.1).

Eine unmittelbare Folgerung aus dem Verständnis der Funktion von Kernrezeptoren ist ihr therapeutisches Potenzial. Tatsächlich sind auf Kernrezeptoren gerichtete Arzneimittel weit verbreitet und kommerziell erfolgreich.

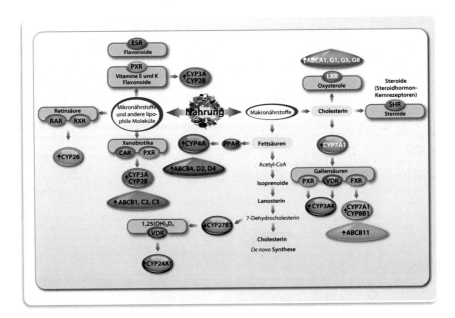

Abb. 4.5 Regelkreise aus Nährstoffen, die als Liganden für Kernrezeptoren wirken, ihren Rezeptoren und deren Zielgenprodukten. An der Wechselbeziehung zwischen Mikro- und Makronährstoffstoffwechsel sind Enzyme, Transporter und Kernrezeptoren beteiligt. Dargestellt ist lediglich eine Auswahl von Metaboliten und Proteinen. Es gibt viele Beispiele für Dreiecksbeziehungen (verschieden farbkodiert), bei denen der Metabolit seinen Kernrezeptor reguliert, der Rezeptor wiederum die Expression des den Metaboliten umwandelnden Enzyms und das Enzym die Konzentration der Metaboliten

Bexaroten und Alitretinoin (aktivieren RXRs), Fibrate (aktivieren PPARα) und Thiazolidindione („Glitazone", Aktivatoren von PPARγ) sind oder waren (Thiazolidindione) bereits zugelassene Medikamente zur Behandlung von Krebs, Hyperlipidämie bzw. T2D. Darüber hinaus befinden sich FXR- und LXR-Agonisten in der Entwicklung zur Behandlung der nichtalkoholischen Fettlebererkrankung (NAFLD, Fettleber) (Abschn. 9.6) und zur Vorbeugung von Arteriosklerose (Abschn. 10.1). **Natürlich vorkommende Liganden für Kernrezeptoren, die durch eine gesunde Ernährung aufgenommen werden, haben das Potenzial, solche Behandlungen mit Medikamenten unnötig zu machen.**
Die verschiedenen Schritte in der Handhabung von Fettsäuren, wie deren Resorption im Darm, ihrer Metabolisierung in der Leber, ihrer Verbrennung in aktiven Geweben und der Ansammlung ihres Überschusses zur Langzeitspeicherung im weißen Fettgewebe, werden zu einem großen Anteil von den drei Mitgliedern der PPAR-Familie koordiniert (Abb. 4.6). **PPARs werden durch verschiedene Fettsäuren und deren Derivate wie mehrfach ungesättigte Fettsäuren (PUFAs), Eicosanoide und oxidierte Phospholipide aktiviert.** Jeder PPAR-Subtyp hat einzigartige Funktionen, die auf seiner unterschiedlichen Gewebeverteilung basieren. PPARα wird überwiegend in der Leber, dem Herz und den Nieren exprimiert (Abb. 4.6A). PPARδ wird ubiquitär exprimiert, hat aber die größte Bedeutung in der Skelettmuskulatur (Abschn. 6.4), der Leber und dem Herz. PPARγ wird stark im weißen Fettgewebe exprimiert und wirkt dort sowohl als Hauptregulator der Adipogenese (Abschn. 9.1) als auch als potenter Modulator des Fettstoffwechsels und der Insulinsensitivität. Aufgrund von alternativem Spleißen und unterschiedlicher Promotorverwendung gibt es zwei PPARγ-Isoformen; PPARγ1 wird in vielen Geweben exprimiert, während die Expression von PPARγ2 auf weißes Fettgewebe beschränkt ist.
PPARα, PPARδ und PPARγ interferieren mit den Transkriptionsfaktoren $NF_κB$[43] und AP1[44] in Makrophagen, Endothelzellen[45], Epithelzellen und anderen Geweben. Dadurch wird die entzündungssteigernde Signalübertragung abgeschwächt, indem die Expression von entzündungssteigernden Zytokinen, Chemokinen und Zelladhäsionsmolekülen verringert wird (Abb. 4.6B). Beispielsweise neutralisieren PPARs über *trans*-antagonisierende Unterdrückung[46] die p65-Untereinheit von $NF_κB$ und hemmen auf diese Weise die Expression von NFκB-kontrollierten Zytokinen, wie TNF[47], IL1β[48] und IL6. **PPARs sind also an der Kontrolle von Entzündungen beteiligt** (Abschn. 8.2).

---

[43] $NF_κB$ = nuklearer Factor $_κ$B.

[44] AP1 = „activating protein 1", ein Heterodimer der Onkoproteine Jun und Fos.

[45] Das Endothel ist die Zellschicht an der Innenfläche von Blut- und Lymphgefäßen.

[46] Wird Transrepression genannt.

[47] TNF = Tumornekrosefaktor.

[48] IL = Interleukin.

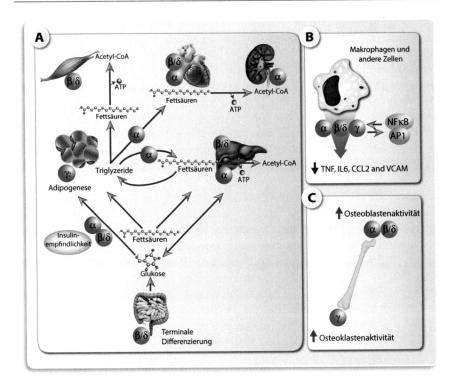

Abb. 4.6 Physiologische Bedeutung von PPARs. PPARα reguliert die Expression von Enzymen, die zur Mobilisierung gespeicherter Fettsäuren im weißen Fettgewebe führen, und von fettsäureabbauenden Enzymen in Leber, Herz und Niere (**A**). PPARδ (bei Nagetieren auch PPARβ genannt) wird in hohen Konzentrationen im Darm exprimiert, wo es die Induktion der terminalen Differenzierung des Epithels vermittelt. Die Aktivierung von PPARδ oder PPARγ kann die Insulinsensitivität erhöhen. PPARδ reguliert die Expression von Fettsäuren katabolisierenden Enzymen in der Skelettmuskulatur, wo freigesetzte Fettsäuren oxidiert werden, um ATP zu erzeugen. PPARγ fördert die Differenzierung von Fettzellen. PPARα, PPARδ und PPARγ können mit den Transkriptionsfaktoren NFkB und AP1 interferieren, wodurch die entzündungssteigernde Signalübertragung abgeschwächt wird (**B**). Alle PPAR-Subtypen wirken auch im Knochen (**C**)

PPARδ senkt den Triglyzeridspiegel im Serum, verhindert durch fettreiche Ernährung induzierte Fettleibigkeit und erhöht die Insulinsensitivität durch die Regulierung von Genen, die für Fettsäuren metabolisierende Enzyme in der Skelettmuskulatur kodieren, und von Genen, die für lipogene Proteine in der Leber kodieren. Darüber hinaus erhöht PPARδ den HDL[49]-Cholesterinspiegel im Serum,

---

[49] HDL = Lipoprotein hoher Dichte.

indem es die Expression des Cholesterinrücktransporters ABCA1[50] und APOA1[51] stimuliert, das spezifisch für den Cholesterinrücktransport ist (Abschn. 10.2). Darüber hinaus fördert die Aktivierung von PPARα und PPARδ die Aktivität von Osteoblasten im Knochen, während die Aktivierung von PPARγ zu einer Stimulation von Osteoklasten führt (Abb. 4.6C).

Im weißen Fettgewebe kontrolliert **PPARγ** die Glukoseaufnahme, indem es die Expression des *SLC2A4*-Gens[52] reguliert. Darüber hinaus vermittelt PPARγ zusammen mit FGF1[53] den Umbau des Fettgewebes zur Aufrechterhaltung der metabolischen Homöostase während des Fastens. Hohe Konzentrationen zirkulierender Fettsäuren können eine Insulinresistenz verursachen (Abschn. 9.5); dies wird durch eine PPARγ-induzierte Steigerung der Aufnahme von Fettsäuren im weißen Fettgewebe abgemildert. **Die Aktivierung von PPARs durch spezifische Liganden (z. B. die synthetischen Glitazone) kann die mit Fettleibigkeit verbundene Insulinresistenz hemmen.** Die erhöhte Aufnahme von Fettsäuren sowie die gesteigerte adipogene Kapazität im weißen Fettgewebe nach Aktivierung von PPARγ ist jedoch auch für die Thiazolidindion-assoziierte Gewichtszunahme verantwortlich. Darüber hinaus wurde festgestellt, dass das Thiazolidindion Rosiglitazon das Risiko für Herzinsuffizienz, Myokardinfarkt und Herz-Kreislauf-Erkrankungen erhöht, was zu einem eingeschränkten Zugang in den USA und einer Marktrücknahme in Europa führte. **Trotzdem kann die Aktivierung von PPARγ über seine natürlichen Liganden, wie beispielsweise PUFAs, die durch eine gesunde Ernährung aufgenommen werden, ausreichend sein kann.**

LXRs und FXR sind Sensoren für Oxysterole bzw. Gallensäuren, also für Cholesterinderivate. Diese Kernrezeptoren regulieren nicht nur den Cholesterin- und Gallensäurestoffwechsel, sondern spielen auch eine zentrale Rolle bei der Integration des Sterol-, Fettsäure- und Glukosestoffwechsels. LXRα wird in Geweben mit hoher metabolischer Aktivität, wie Leber, weißes Fettgewebe und Makrophagen, exprimiert, während LXRβ ubiquitär vorkommt. LXRs haben ähnlich wie PPARs eine große hydrophobe Ligandenbindetasche, an die eine Vielzahl verschiedener Liganden binden kann, wie die Oxysterole 24(S)-Hydroxycholesterin, 25-Hydroxycholesterin, 22(R)-Hydroxycholesterin und 24(S),25-Epoxycholesterin in ihren physiologischen Konzentrationen. FXR wird hauptsächlich in Leber, Darm, Niere und Nebenniere exprimiert. Gallensäuren wie Chenodesoxycholsäure und Cholsäure sind körpereigene FXR-Liganden, die Moleküle können aber auch die Kernrezeptoren PXR, CAR und VDR aktivieren.

LXR ist am besten für seine Fähigkeit bekannt, den Cholesterinrücktransport zu fördern (Abschn. 10.2), d. h. die Cholesterinabgabe von der Peripherie an die

---

[50] ABC = ATP-Bindekassette.

[51] APO = Apolipoprotein.

[52] Kodiert für den Glukosetransporter GLUT4.

[53] Fibroblastenwachstumsfaktor 1.

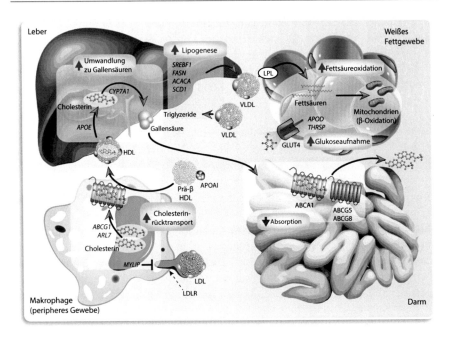

Abb. 4.7 Auswirkungen von LXR auf den Stoffwechsel. LXR hat Auswirkungen auf mehrere Stoffwechselwege. In Makrophagen induziert LXR die Expression der Gene *MYLIP, ARL4C*[54], *ABCA1* und *ABCG1*. In der Leber fördert LXR die Fettsäuresynthese über die Induktion des Transkriptionsfaktors SREBF1 und seiner Zielgene *FASN, ACACA* und *SCD1*. Triglyzerid-reiche Lipoproteine sehr niedriger Dichte (VLDLs) dienen als Transporter für Lipide von der Leber zu peripheren Geweben, einschließlich dem weißen Fettgewebe, wo durch das Enzym LPL[55] Fettsäuren aus VLDLs freigesetzt werden. Im weißen Fettgewebe reguliert LXR die Expression von *APOD* und *THRSP*[56] und fördert die β-Oxidation von Fettsäuren und über die Induktion von GLUT4 die Glukoseaufnahme. Schließlich hemmt LXR im Darm die Cholesterinabsorption, indem es die Expression des ABCG5/ABCG8-Komplexes induziert

Leber, um von dort ausgeschieden zu werden (Abb. 4.7). Dabei wird Cholesterin über den Transporter ABCA1, der von einem der prominentesten LXR-Zielgene kodiert wird, auf APOA1 und prä-β-HDLs übertragen. Weitere wichtige LXR-Zielgene sind der Transporter ABCG1, der den Cholesterinrücktransport aus Makrophagen fördert, sowie die Gene *LDLR*[57] (herunter reguliert) und *MYLIP*[58] (hoch reguliert). MYLIP ist eine E3-Ubiquitinligase, die den proteasomalen

---

[54]ARL4C = „ADP ribosylation factor like GTPase 4 C".

[55]LPL = Lipoproteinlipase.

[56]THRSP = Schilddrüsenhormon-responsiv.

[57]LDLR = LDL-Rezeptor.

[58]MYLIP = "myosin regulatory light chain interacting protein".

Abbau des LDLR stimuliert. **Somit schwächt die Aktivierung von LXR die LDL-Aufnahme durch Makrophagen ab, was der Pathogenese von Arteriosklerose entgegenwirkt** (Abschn. 10.1).

In der Leber induziert LXR die Expression eines Genclusters für Apolipoproteine, einschließlich *APOE, APOC1, APOC2* und *APOC4*, die am Lipidtransport (Abschn. 10.2) und am Katabolismus beteiligt sind (Abb. 4.7). Darüber hinaus induziert LXR die Expression mehrerer Gene, die die Verlängerung und Entsättigung (Desaturierung) von Fettsäuren vermitteln, was zur Synthese von langkettigen PUFAs führt. Langkettige PUFAs fungieren auch als Substrate für die Enzyme, die Eicosanoide und andere spezialisierte entzündungsauflösende Lipidmediatoren wie Resolvine und Protektine synthetisieren. Darüber hinaus induziert LXR das Gen für das Enzym LPCAT3[59], das die Synthese von Phospholipiden mit langkettigen PUFAs vermittelt. Das hat auch Auswirkungen auf intrazelluläre Membranen wie die des ER, deren Gehalt an Phospholipiden mit gesättigten Fettsäuren dadurch gemindert wird, was den sogenannten ER-Stress verringert. ER-Stress entsteht durch Akkumulation fehlgefalteter Proteine im ER (Abschn. 9.3). **Somit mindert die Aktivierung von LXR Entzündungsreaktionen und ER-Stress.**

Eine Hauptfunktion von LXR in der Leber ist die Förderung der *de novo* Biosynthese von Fettsäuren durch die Stimulation des Transkriptionsfaktors SREBF1c (Abschn. 4.2) und der Enzyme ACACA[60], FASN[61] und SCD1[62]. Einige dieser Fettsäuren sind mit Cholesterin verestert, um toxische Mengen an freiem Cholesterin zu vermeiden. Im Darm induziert LXR die Expression von Genen, die für die Cholesterintransporter ABCG5 und ABCG8 kodieren, die Cholesterin aus Darm vermitteln. Im weißen Fettgewebe beeinflusst LXR auch den Glukosestoffwechsel über die Stimulation der GLUT4-Expression. In diesem Gewebe reguliert LXR die Expression von lipidbindenden und metabolischen Proteinen, wie APOD und THRSP, und erhöht die β-Oxidation von Fettsäuren.

FXR wirkt bei der Kontrolle des Fettstoffwechsels oft komplementär oder reziprok zu LXR. Da hohe Gallensäurekonzentrationen für Zellen toxisch sind, ist eine zentrale Funktion von FXR, diese Pegel zu kontrollieren. Gallensäuren sind Cholesterinderivate, die die effiziente Verdauung und Aufnahme von Lipiden und fettlöslichen Vitaminen nach einer Mahlzeit erleichtern, aber auch die wichtigste Möglichkeit darstellen, Cholesterin aus dem Körper zu eliminieren. Dennoch werden die meisten Gallensäuren über den Darm-Leber-Kreislauf wiederverwertet, d. h. sie gelangen vom Darm zurück in die Leber. FXR kontrolliert diesen Gallensäurefluss, indem es ihre Synthese, Modifikation, Absorption und Aufnahme moduliert. Zum einen hemmt FXR in der Leber die

---

[59] LPCAT3 = Lysophosphatidylcholin-Acyltransferase 3.

[60] ACACA = Acetyl-CoA Carboxylase alpha."

[61] FASN = Fettsäuresynthase.

[62] SCD1 = Steroyl-CoA-Desaturase 1.

Gallensäuresynthese, indem es die Expression der Gene *CYP7A1* und *CYP8B1* unterdrückt. Parallel stimuliert FXR im Darm die Ausschüttung von FGF19, welches dann den Rezeptor FGFR4[63] in der Leber aktiviert, dessen Signale die Hemmung der *CYP7A1*-Expression zur Folge haben. Diese Achse vom Darm zur Leber stellt damit einen komplementären Mechanismus zur Rückkopplungs-hemmung der Gallensäuresynthese dar.

4.4   Vitamine und ihre Rezeptoren

Im Gegensatz zu den Makronährstoffen sind **Mikronährstoffe** essenzielle Nahrungsbestandteile, die nicht *per se* als Energielieferanten fungieren, sondern die den Umsatz der Makronährstoffe und den (Energie-) Stoffwechsel ermög-lichen. Zudem ist der Bedarf an Mikronährstoffen sehr viel geringer als jener an Makronährstoffen. Zu den Mikronährstoffen werden essenzielle organische (die Vitamine) und anorganische (die Mineralstoffe) Nahrungsbestandteile gezählt. Letztere werden darüber hinaus gemäß dem Tagesbedarf (mehr bzw. weniger als 100 mg je 70 kg Körpergewicht) oder nach dem Gesamtgehalt im menschlichen Körper (mehr bzw. weniger als 10 g je 70 kg Körpergewicht) als essenzielle Mengen- (Ca, Na, K, Mg, Cl, P, S) oder Spurenelemente (Fe, Zn, Cu, Mn, Mo, Cr, Co, Se, I, F) bezeichnet.

Zahlreiche Vitamine werden für biochemische Prozesse benötigt, die in die Modulation von Signalkaskaden und der Genexpression eingreifen. Die Ver-fügbarkeit des jeweiligen Vitamins ist dabei Voraussetzung für die enzymatische Reaktion:

- **Vitamin B9 (Folsäure)** ist essenziell für den C1-Stoffwechsel und damit auch für Methylgruppenübertragungen, die im Zuge epigenetischer Regulation der Genexpression stattfinden. Zusammen mit **Vitamin B6 (Pyridoxalphosphat)** und **Vitamin B12 (Cobalamin)** ist Folsäure an der Regulation der zellulären Spiegel von Methionin und SAM, des eigentlichen Methylgruppenlieferanten in der DNA- oder Histon-Methylierung, beteiligt. **Methylgruppendonoren sind entscheidend für die epigenetische Programmierung während der Embryogenese** (Abschn. 7.1). Ein hoher Homocysteinspiegel ist ein etablierter Biomarker[64] für die Störung des C1-Stoffwechsels und steht im Zusammen-hang mit niedrigen Konzentrationen an Folat, den Vitaminen B6 und B12 sowie Cholin und Betain. Eine Hyperhomocysteinämie korreliert mit einem erhöhten Risiko für eine Frühgeburt, ein niedriges Geburtsgewicht und Neural-rohrdefekte (Abschn. 5.2). Darüber hinaus erhöht eine geringe Aufnahme von

---

[63] FGFR4 = FGF-Rezeptor 4.

[64] Ein Biomarker ist ein biologisches Merkmal, das im Blut oder in Gewebeproben gemessen wird. Er zeigt krankhafte Veränderungen auf, kann aber auch normale Prozesse im Körper beschreiben.

Folat oder Methionin mit der Nahrung das Risiko von Dickdarmadenomen,
**während die Exposition mit höheren Konzentrationen an Folat *in utero* mit
einem verringerten Risiko für akute lymphatische Leukämie im Kindes-
alter, Hirntumoren und Neuroblastomen verbunden ist.** Das Enzym Met
hylentetrahydrofolatreduktase (MTHFR[65]) katalysiert die Umwandlung von
5,10-Methylen-THF in 5-Methyl-THF. 10–15 % der Europäer tragen auf
beiden Allelen die SNV rs1801133 (eine „missense" Variante, Abschn. 1.2),
wodurch die Aktivität des Enzyms um mehr als 50 % reduziert wird. Dementsprechend tendieren Personen mit einem homozygoten (T/T)-Geno-
typ zu höheren Homocysteingehalten im Blut und sind von einer geringen
Folataufnahme stärker betroffen als Personen mit dem C/C- oder C/T-Genotyp.

- **Vitamin C (L-Ascorbinsäure)** ist auf mehreren Ebenen für zelluläre Signal-
netzwerke essenziell. So benötigt die Bildung von Signalmolekülen Vitamin
C, wie im Falle des Noradrenalins, dessen Synthese aus Dopamin durch das
Vitamin C-abhängige kupferionenhaltige Enzym Dopaminhydroxylase katalysiert wird. Das Vitamin ist zudem Kofaktor für Fe^{2+}- und α-Ketoglutarat-
abhängige Dioxygenasen. Das betrifft zum einen KDMs, die Methylgruppen
von Lysinen an Histonen entfernen, zum anderen DNA-Demethylasen der TET-
Familie, die die Demethylierung von genomischer DNA initiieren.

- **Vitamin E (α-Tocopherol)** und seine Metaboliten hemmen Proteinkinasen
wie PKC und interagieren effektiv mit Enzymen des Eicosanoidstoffwechsels,
die Entzündungsmediatoren produzieren. Zudem hat Vitamin E, wie auch
weitere Tocopherole und die verwandten Tocotrienole, antioxidative Eigenschaften. Durch seine Lipophilie greift es insbesondere in Oxidationsprozesse
in Membranen ein und beeinflusst so die Bildung von Oxidationsprodukten, die
wiederum Signalwirkung haben können.

- **Naphthochinone,** wie Vitamin K_3 (Menadion, 2-Methyl-1,4-Naphthochinon),
können den Transkriptionsfaktor NFE2L2[66] stimulieren und zelluläre RTK-
abhängige Signalwege aktivieren, die die zelluläre Proliferation fördern.
Das funktioniert über das sogenannte Redox-Cycling, die Bildung von ROS
(Box 4.2) und die Oxidation von Signalproteinen sowie die Wirkung als
Elektrophil mit Alkylierung von Signalproteinen.

Box 4.2: ROS

Viele Reaktionen des molekularen Sauerstoffs (O_2), der in Geweben unter
physiologischen Bedingungen in höheren mikromolaren Konzentrationen
gelöst vorliegt, haben eine hohe Aktivierungsenergie. Diese „Reaktions-
hemmung" hat das Leben in einer aeroben Atmosphäre ermöglicht und sorgt
dafür, dass sauerstoffabhängige Reaktionen im Stoffwechsel reguliert und

---

[65] MTHFR = Methylentetrahydrofolatreduktase.

[66] NFE2L2 = NFE2-ähnlicher BZIP-Transkriptionsfaktor 2.

enzymatisch kontrolliert ablaufen können. Einige Stoffwechselwege führen allerdings zur Bildung von Reaktionsprodukten des Sauerstoffs, die sehr viel reaktionsfreudiger sind, und die übergreifend als ROS bezeichnet werden (da nicht alle ROS Radikale sind (Abb. 4.8), spricht man übergreifend von „reaktiven Sauerstoffspezies", nicht etwa von „freien Radikalen"). Molekularer Sauerstoff kann dabei auf zwei Arten zu einer reaktiven Form „aktiviert" werden: durch Energietransfer oder durch Elektronentransfer (also Reduktion). Dieser Übergang erfolgt beispielsweise unter Einfluss von Licht in Gegenwart sogenannter Photosensibilisatoren, die die Eigenschaft haben, die von ihnen absorbierte Lichtenergie auf Sauerstoff zu übertragen. Als natürliche Photosensibilisatoren wirken beim Menschen im Gewebe vorliegende Moleküle wie Porphyrine und Flavine, die auch ein Grund für die Bildung von ROS in Gewebe sind, das UV-Strahlung ausgesetzt wurde. Reduktion des Sauerstoffs führt zur Bildung des Superoxids, eines negativ geladenen Radikals, das spontan disproportioniert und dadurch Wasserstoffperoxid (H_2O_2) bildet. In Gegenwart von Stickstoffmonoxid (NO), das etwa von Endothelzellen in Blutgefäßen enzymatisch gebildet wird, um als Signalmolekül zur Relaxation der Gefäßmuskulatur (und dadurch zur Regulation des Blutdrucks) beizutragen, reagiert Superoxid zudem unter Bildung des Peroxynitrits, eines stark oxidierenden und nitrierenden Moleküls. H_2O_2 kann für die Produktion weiterer reaktiver Substanzen wie Hypochlorit herangezogen werden, was durch Myeloperoxidase katalysiert wird. Reduktion von H_2O_2 durch reduzierte Formen redoxaktiver Metallionen (Fe^{2+}, Cu^+) führt schließlich zur Freisetzung des äußerst reaktiven Hydroxylradikals (Fenton-Reaktion).

Die übermäßige Produktion von ROS führt zur oxidativen Schädigung zellulärer Bestandteile und kann zum Zelltod führen, aber es gibt auch gezielte und physiologische Bildung von ROS. Ein wichtiges Beispiel ist die Biosynthese von Superoxid und H_2O_2 durch Reduktion molekularen Sauerstoffs auf Kosten von NADPH. Diese durch die membranständigen NADPH-Oxidasen (NOX) katalysierte Reaktion führt in Makrophagen und Neutrophilen zur Zerstörung phagozytierter Fremdkörper. NOX-Enzyme werden aber nicht nur in Phagozyten, sondern auch in vielen anderen Zelltypen gebildet und dienen der regulierbaren Synthese von Superoxid und H_2O_2 zum Zwecke der Modulation von Signalkaskaden.

- **Vitamin A (Retinol) ist von großer Bedeutung für die Organentwicklung während der Embryogenese und beim Erwachsenen für die Aufrechterhaltung von Immunfunktion und Reproduktionsfähigkeit sowie der Sehkraft wichtig.** Letzteres ist der Bildung von 11-*cis*-Retinal zuzuschreiben, das in der Netzhaut des Auges als Bestandteil des Sehpigments Rhodopsin firmiert. **Die meisten biologische Effekte von Vitamin A basieren auf**

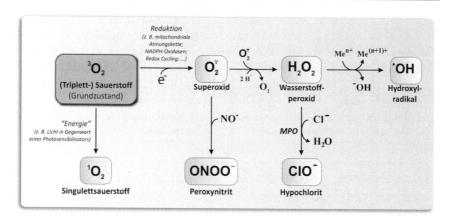

Abb. 4.8 ROS. Me = Metallion (z. B. Fe, Cu), MPO = Myeloperoxidase. Einzelheiten im Text

dem Metaboliten all-*trans*-Retinsäure, die als Ligand von RARs wirkt (Abschn. 4.3). RARs binden all-*trans*-Retinsäure mit sehr hoher Affinität, sodass eine Überdosierung an Vitamin A im Sinne einer Hypervitaminose als Intoxikation wirken kann. RARs agieren als Heterodimer mit dem Partnerrezeptor RXR. Letzterer kann durch 9-*cis*-Retinsäure aktiviert werden, aber weitere lipophile Moleküle, wie im Körper gebildete Fettsäuren, scheinen als RXR-Liganden („Rexinoide") zu wirken. **Vitamin A ist somit ein Beispiel für ein Vitamin, das seine Wirkung über Regulation der Genexpression auf Transkriptionsebene entfaltet.**

- **Vitamin D$_3$** und sein häufigster Metabolit, 25-Hydroxyvitamin D$_3$ [25(OH)D$_3$], stammen entweder aus der Nahrung, wie fettem Fisch, oder aus der körpereigenen Produktion von Vitamin D$_3$ als Reaktion auf die UV-B-Exposition der Haut. Da Vitamin D$_3$ und seine Metaboliten im weißen Fettgewebe gespeichert werden können, schwankt der Vitamin D-Status unseres Körpers eher saisonal als täglich. **Weltweit leiden mehr als eine Milliarde Menschen an Vitamin D-Mangel,** d. h. ihr 25(OH)D$_3$-Serumspiegel liegt unter 50 nM. Knochenfehlbildungen, wie sie bei Rachitis (bei Kindern) und Osteomalazie (bei Erwachsenen) auftreten können, sind extreme Beispiele für die Auswirkungen eines Vitamin D-Mangels. Eine wichtige Funktion von Vitamin D besteht darin, den Ca^{2+}-Spiegel im Blut zu regulieren. Dies erfolgt über die Regulation der Calcium- und Phosphatresorption durch Darmzellen, durch Regulation der Calcium- und Phosphatretention in der Niere sowie durch Regulation des Knochenaufbaus (über Regulation der Differenzierung von Osteoblasten) und Knochenabbaus zum Zwecke der Ca^{2+}-Mobilisierung. Da Vitamin D an einer Vielzahl von weiteren physiologischen Prozessen beteiligt ist, kann ein Mangel das Risiko für verschiedene Krankheiten und die Anfälligkeit für Infektionen, wie Tuberkulose (Box 4.3), erhöhen. Zum Beispiel erhöht ein Leben in höheren Breiten, d. h. in Regionen saisonaler Schwankungen

der UV-B-Exposition, wie in nordischen Ländern, das Risiko, Autoimmunerkrankungen zu entwickeln, wie T1D, Multiple Sklerose und Morbus Crohn.
VDR wird in allen wichtigen Zelltypen des Immunsystems exprimiert, d. h.
diese Zellen reagieren empfindlich auf Veränderungen des $25(OH)D_3$-Serum-
spiegels. Wichtig ist, dass nicht nur die Niere, sondern auch Makrophagen und
dendritische Zellen das Enzym CYP27B1 exprimieren, das $25(OH)D_3$ in den
VDR-Liganden $1,25(OH)_2D_3$ umwandelt. In diesen Zellen kann Vitamin D
autokrin oder parakrin wirken (Abb. 4.9).Während die *CYP27B1*-Expression in
den Nieren durch eine Reihe von Signalen wie die auf Schwankungen in Ca^{2+}-
und Phosphatspiegel reagierenden Hormone stimuliert (Parathormon) oder
gehemmt (FGF23, $1,25(OH)_2D_3$) wird, reagieren Antigen-präsentierende Zellen
interessanterweise nicht auf diese hemmenden Signale. Stattdessen wird hier
die *CYP27B1*-Expression nach Stimulation mit Zytokinen und TLR[67]-Liganden
gesteigert. VDR ist ein wichtiger Transkriptionsfaktor bei der Differenzierung
myeloischer Vorläufer in Monozyten und Makrophagen (Abschn. 8.1). Im
Gegensatz dazu hemmt Vitamin D die Differenzierung, Reifung und immun-
stimulierende Kapazität in dendritischen Zellen. Dies erfolgt einerseits durch
Repression der Gene, die für die verschiedenen MHC[68]-Varianten und seine
kostimulatorischen Proteine CD40, CD80, CD86 kodiert. Andererseits wird
die Bildung inhibitorischer Proteine gesteigert, wie CCL22 und IL10. Dieser
tolerogene (d. h. Immuntoleranz induzierende) Phänotyp von dendritischen
Zellen ist mit der Induktion von T_{REG}-Zellen verbunden.

Box 4.3: Vitamin D and Tuberkulose
TLRs und andere Mustererkennungsrezeptoren erkennen Krankheitserreger
auf der Oberfläche von Makrophagen und initiieren eine Immunantwort
(Abschn. 8.2), z. B. gegen das intrazelluläre Bakterium *M. tuberculosis.*
Bemerkenswert ist, dass keine andere Infektionskrankheit vergleichbar viele
menschliche Opfer gefordert hat wie Tuberkulose (Schätzungen sprechen
von insgesamt bis zu einer Milliarde im Verlauf von 60.000 Jahren). In
Makrophagen tötet die durch TLR ausgelöste erhöhte Expression von VDR-
Zielgenen, die für antimikrobielle Peptide wie CAMP und DEFB4 kodieren,
effizient intrazelluläre *M. tuberculosis* ab. Dieser Vitamin D-abhängige antimikrobielle Mechanismus kann erklären, warum

- Sonne oder künstliche UV-B-Exposition die Behandlung von Tuberkulose
  effizient unterstützen können
- Vitamin D-Mangel mit aggressiverer Tuberkulose verbunden ist
- einige Varianten des *VDR*-Gens die Anfälligkeit für eine Tuberkuloseinfektion erhöhen

---

[67] TLR = „toll-like-receptor", eine Familie von Mustererkennungsrezeptoren.

[68] MHC = Haupthistokompatibilitätskomplex, wird von *HLA*-Genen kodiert.

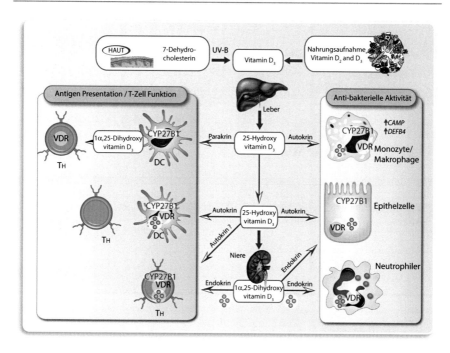

Abb. 4.9 Auto-, para- und endokrine Effekte von Vitamin D in Immunzellen. Makrophagen und dendritische Zellen exprimieren das Vitamin D-aktivierende Enzym CYP27B1 sowie VDR. Deshalb können diese Zelltypen 25(OH)D$_3$ für autokrine und parakrine Reaktionen durch lokale Umwandlung in aktives 1,25(OH)$_2$D$_3$ nutzen. In Monozyten und Makrophagen fördert das die Reaktion auf eine Infektion über die Bildung der antibakteriellen Peptide CAMP[69] und DEFB4[70]. 1,25(OH)$_2$D$_3$ hemmt die Reifung von dendritischen Zellen und moduliert die Funktion der T-Helfer (T$_H$)-Zellen. In CYP27B1/VDR-exprimierenden Epithelzellen können zudem intrakrine Immuneffekte von in der Zelle gebildetem und gleich intrazellulär wirksamem 1,25(OH)$_2$D$_3$ auftreten. Im Gegensatz dazu hängen die meisten anderen Zellen, wie T$_H$-Zellen und Neutrophile, von den zirkulierenden 1,25(OH)$_2$D$_3$-Spiegeln ab, die von den Nieren synthetisiert werden, d. h. sie sind endokrine Ziele von 1,25(OH)$_2$D$_3$

- Menschen mit dunkler Hautfarbe, die weit vom Äquator entfernt leben, eine erhöhte Anfälligkeit für eine Tuberkuloseinfektion haben.

Darüber hinaus moduliert die durch Vitamin D induzierte Zytokinproduktion von T-Zellen und Monozyten die *CAMP*-Expression. **Somit ist die Verfügbarkeit des Mikronährstoffs Vitamin D$_3$ essenziell für eine angemessene Reaktion auf Infektionen.** Wie viele andere Kernrezeptoren kann VDR über

---

[69] CAMP = antimikrobielles Cathelicidin-Peptid.

[70] DEFB4 = Defensin Beta 4A.

Transrepression von Transkriptionsfaktoren, wie NFAT[71], AP1 und NFkB, die Entzündungsreaktion von Immunzellen reduzieren (Abschn. 4.3). Die daraus resultierende verminderte Expression von Zytokinen wie IL2 und IL12 zeigt das entzündungshemmende Potenzial von Vitamin D-Metaboliten.

Weiterführende Literatur

Carlberg, C., & Molnár, F. (2018). *Human Epigenomics*. Springer Textbook ISBN: 978-981-10-7614-8.

Carlberg, C., Ulven, S.M., & Molnár, F. (2020). *Nutrigenomics: How science works*. Springer textbook.

Challet, E. (2019). The circadian regulation of food intake. *Nature Reviews. Endocrinology, 15,* 393–405.

Efeyan, A., Comb, W. C., & Sabatini, D. M. (2015). Nutrient-sensing mechanisms and pathways. *Nature, 517,* 302–310.

---

[71] NFAT = „nuclear factor of activated T-cells."

Nutrigenomik und Stoffwechselregulation

5

Zusammenfassung

In diesem Kapitel werden die Prinzipien von Nutrigenomik und Nutrigenetik, d. h. die Kommunikation zwischen Nahrungsbestandteilen und unserem Genom, dargestellt. Diese Wechselwirkung erfolgt entweder direkt über die Aktivierung von Transkriptionsfaktoren und Chromatin-modifizierenden Enzymen oder über die Modulation von Signalübertragungswegen, die die Expression von Genen modulieren. Nutrigenomik untersucht diese Effekte Genom-weit. Nutrigenetik beschreibt dagegen den Einfluss der inter-individuellen genetischen Varianz auf den Umgang mit der Nahrung und die Verstoffwechselung der Nahrungsbestandteile. Nutrigenomik unter-sucht auch die epigenetischen Mechanismen der Signalübertragung durch Zwischenprodukte des Intermediärstoffwechsels wie Acetyl-CoA, AMP und NAD$^+$. Ein weiteres interessantes Feld im Bereich der Nutrigenomik ist, wie Transkriptionsfaktoren sowohl im ZNS als auch in peripheren Organen eine zentrale Rolle bei der Steuerung der zirkadianen Uhr spielen. Eine funktionierende molekulare Uhr ist essentiell für die Koordination unseres Stoffwechsel und anderer physiologischer Vorgänge.

5.1 Nutrigenomik und Nutrigenetik

Bestandteile unserer Nahrung können mit molekularen Netzwerken unseres Körpers interagieren, die das Ablesen unseres Genoms regulieren wie Transkriptionsfaktoren und Chromatin-modifizierende Enzyme. Die jeweilige Zusammensetzung der Nahrung wirkt dabei als Signal auf das Geflecht aus Gen-regulationsprozessen unseres Körpers ein und erzeugt Anpassungsreaktionen in unseren Stoffwechselorganen, wie in der Leber, dem Fettgewebe, der

Skelettmuskulatur und des Pankreas, sowie in unserem Immunsystem und Gehirn. **Nutrigenetik** befasst sich mit der Frage, wie und in welchem Maße individuelle Unterschiede im Umgang mit Nahrung und ihren Bestandteilen auf konkrete individuelle genetische Muster zurückzuführen sind. **Nutrigenomik** hingegen analysiert des Geflechts aus Signalwegen und dessen Einfluss auf die Genexpression nach Aufnahme bestimmter Nahrungsbestandteile. Einige biologisch aktive Moleküle unserer Nahrung:

- haben einen direkten Einfluss auf die Genexpression (Abb. 5.1A),
- beeinflussen die Genexpression erst nach ihrer Metabolisierung, indem sie beispielsweise die Aktivität eines Transkriptionsfaktors oder Chromatin-modifizierenden Enzyms modulieren (Abb. 5.1B),
- die Expression von Genen indirekt modulieren, indem sie einen Signalübertragungsweg stimulieren, der zur Aktivierung eines Transkriptionsfaktors führt (Abb. 5.1C).

Nutrigenomik zielt darauf ab, die Wechselwirkung zwischen Nahrung und unserer Genexpressionsmaschinerie Genom-weit zu beschreiben und die erhobenen Daten zur Etablierung charakteristischer Muster oder etwaiger Biomarker einzusetzen. Die Ergebnisse dieser Untersuchungen führen also zu einem besseren Verständnis des Einflusses unserer Ernährung auf Stoffwechselwege und die homöostatische Kontrolle unseres Körpers. Schon in der Frühphase einer ernährungsmitbedingten Erkrankung, wie T2D, kann diese körpereigene Regulation gestört sein. Ziel einer **präventiven und/oder therapeutischen Intervention** ist es, die weitere Entwicklung der Erkrankung zu verhindern. Diese Intervention kann mitunter über Anpassung und Personalisierung der Ernährung erfolgen. So könnte beispielsweise einer Person mit genetischem Risiko für T2D, die sich noch nicht in einem prädiabetischen Zustand befindet, eine individuell angepasste Ernährung empfohlen werden, um die Entwicklung der Krankheit zu vermeiden (Abschn. 9.4).

Nutrigenomikstudien erarbeiten Hilfsmittel für die Beurteilung des Ernährungs- und Stoffwechselzustandes und liefern damit, im Zusammenspiel mit Informationen zu Lebensstil und genetischen Varianten, weitere Bausteine für die Entwicklung maßgeschneiderter Ernährungsempfehlungen. Eine Anpassung der **Ernährung als spezifische Therapie** löst die Unterscheidung zwischen Nahrungsmitteln und Medikamenten sowie die Definition von Gesundheit und Krankheit auf. In der Tat gibt es Überlappungen der Nutrigenomik mit der **Pharmakogenomik,** da beide Wissenschaftsfelder Ähnlichkeiten in Bezug auf Konzepte und methodische Ansätze aufweisen. Zum Beispiel verwenden sie beide Technologien, die sowohl große Probenzahlen analysieren (Hochdurchsatz-Methoden), als auch die Gesamtheit vorliegender biologischer Substanzgruppen in den einzelnen Proben erfassen können. Das sind „Omik"-Technologien, die beispielsweise das Gen<u>om</u>, Transkript<u>om</u>, Prote<u>om</u>, Metabol<u>om</u> etc., d. h. die vorliegende Gesamtheit der jeweiligen Molekülgruppen, zu erfassen suchen. In der Pharmakogenomik werden jedoch die Wirkungen eines einzelnen Moleküls

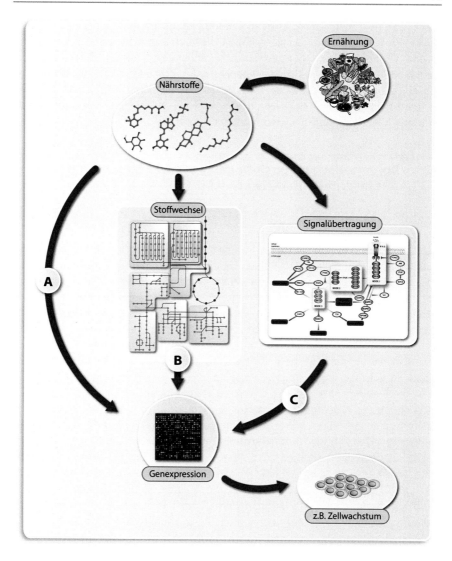

Abb. 5.1 Grundlagen der Nutrigenomik. Nutrigenomik versucht, ein molekulares Verständnis dafür zu liefern, wie Nahrungsbestandteile die Gesundheit beeinflussen, indem sie die Expression von bis zu Tausenden von Genen zugleich beeinflussen. Nährstoffmoleküle können die Genexpression auf verschiedene Weise verändern. Sie können beispielsweise als direkte Liganden für Transkriptionsfaktoren fungieren (**A**) oder erst nach biochemischer Transformation über den zellulären Stoffwechsel zu Modulatoren von Transkriptionsfaktoren oder Chromatin-modifizierenden Enzymen werden (**B**). Viele Nahrungsbestandteile stimulieren Signalüber-tragungswege, die in die Aktivierung eines Transkriptionsfaktors münden (**C**). Alle drei Prozesse modulieren physiologische Effekte, wie z. B. das Zellwachstum

(meist eines Arzneimittels) einer definierten Konzentration und eines spezifischen Zielproteins[1] untersucht, während die Nutrigenomik mit der Komplexität und Variabilität von Nahrung im Allgemeinen und Nährstoffmolekülen im Speziellen konfrontiert ist. Zudem können einige Nährstoffe bis zu millimolare Konzentrationen erreichen, ohne toxische Nebeneffekte zu haben, während die meisten Medikamente bei deutlich niedrigeren Konzentrationen wirken und schon bei wenig höheren Spiegeln toxisch wirken können.

5.2 Epigenetische Signalübertragung von Metaboliten des Intermediärstoffwechsel

Innerhalb einer Zelle führen Signalübertragungswege zur Aktivierung von Genexpressionsprogrammen, die Signale aus der Umgebung integrieren. Ein solches Signal kann die Verfügbarkeit von Substraten des Energiestoffwechsels sein, die Reaktionen einer größeren Anzahl von Genen induzieren, um die Homöostase des Organismus aufrechtzuerhalten. Zahlreiche Verbindungen zwischen Molekülen des Intermediärstoffwechsels und Chromatin-modifizierenden Enzymen sind bekannt. Unser Genom exprimiert Gewebe-spezifisch mehr als hundert dieser Enzyme (Abschn. 3.4), die posttranslationale Histonmodifikationen hinzufügen („schreiben"), interpretieren („lesen") oder entfernen („radieren") (Abb. 5.2). Die Aktivität der meisten dieser Chromatin-modifizierenden Enzyme hängt entscheidend von den intrazellulären Spiegeln essenzieller Metaboliten wie Acetyl-CoA, Uridindiphosphat (UDP)-Glukose, α-Ketoglutarat, NAD$^+$, FAD, ATP oder SAM ab. Da die zellulären Konzentrationen einiger dieser Metaboliten den Stoffwechselstatus der Zelle repräsentieren, **spiegeln die Aktivitäten der Chromatin-modifizierenden Enzyme den Intermediärstoffwechsel wider.**

Die „Schreiber" epigenetischer Modifikationen sind in Abschn. 3.4 vorgestellt worden. Zu den „Lesern" gehören Proteine, die mit besonderen Substrukturen (Domänen) ausgestattet sind. Sogenannte **Bromodomänen** erlauben Proteinen, acetyliertes Lysin zu erkennen. Zu den Bromodomänen enthaltenden Proteinen gehören auch Chromatinremodellierer, Koaktivatoren, und allgemeine Transkriptionsfaktoren. Beispiele sind HATs, wie der Koaktivator CREBBP[2] und der mit diesem eng verwandte Chromatin-modifizierende Enzym EP300. **Chromodomänen** sind hingegen Module, die methylierte Lysinresten in Histonen erkennen. Chromodomänen-enthaltende Kernproteine erkennen ihre genomischen Ziele mit größerer Genauigkeit als Proteine mit Bromodomänen.

Moleküle, die in chemischen Reaktionen Methylgruppen abgeben können, sogenannte Methylgruppendonoren, sind während der **Schwangerschaft** von entscheidender Bedeutung. Überschuss und Mangel an Nahrung können sich auf die

---

[1] Ähnlich einem Zielgen ist ein Zielprotein das spezifische Substrat eines Signalmoleküls.

[2] CREBBP = CREB-Bindungsprotein, wird auch KAT3A genannt.

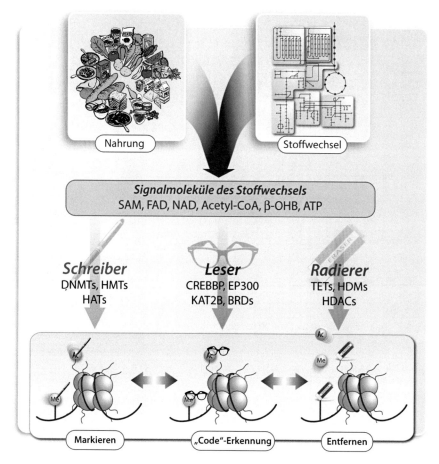

Abb. 5.2 Epigenetische Mechanismen verbinden Metaboliten und Transkription.
Ernährungsumstellungen oder Stoffwechselschwankungen beeinflussen die Genexpression in
Stoffwechselorganen. Mehrere intermediäre Metaboliten verändern dosisabhängig die Aktivität
von Chromatin-modifizierenden Enzymen. Diese Proteine verwenden einen Teil dieser Metaboliten als Kosubstrate und/oder Kofaktoren und fungieren auf diese Weise als Stoffwechsel-
sensoren. „Schreiber"-Enzyme erzeugen kovalente Chromatinmarkierungen, „Leser"-Proteine
erkennen diese Markierungen und „Radierer"-Enzyme entfernen sie. Die posttranslationalen
Modifikationen von Histonen führen zu Veränderungen in der lokalen Chromatinstruktur, was
Konsequenzen für die Aktivität und Regulation der benachbarten Gene hat

epigenetische Programmierung der Embryonalphase bei Mäusen (Abschn. 13.2)
und auch beim Menschen (Abschn. 7.1) auswirken. Der Methylgruppendonor
SAM verbindet Chromatin-Methylierung mit dem Intermediärstoffwechsel. SAM
wird aus der Aminosäure Methionin und ATP gebildet (Abschn. 4.4). Wenn eine
Methylgruppe von SAM auf DNA oder ein Histon übertragen wird, entsteht
SAH, das über Homocystein und dessen Methylierung zu Methionin schließlich

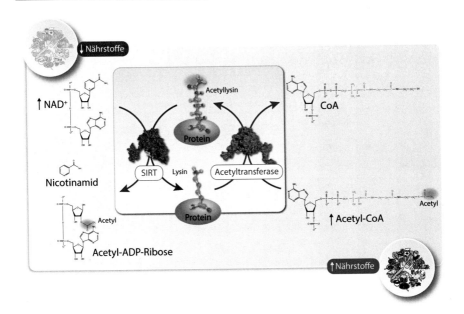

Abb. 5.3 Der Zusammenhang von Proteinacetylierung und Zellstoffwechsel. NAD$^+$ **(links)** fungiert als Kofaktor für HDACs der SIRT-Familie, die die Deacetylierung von Proteinen katalysieren, deren Acetylierung mithilfe von Acetyl-CoA von HATs durchgeführt wurde (**rechts**). Somit spiegelt der Acetylierungsstatus wichtiger regulatorischer Proteine die zelluläre Konzentration von NAD$^+$ und Acetyl-CoA wider, d. h. niedrige (**oben**) bzw. hohe (**unten**) Nährstoffverfügbarkeit

wieder zu SAM recycelt wird. **Die Abhängigkeit des Stoffwechselwegs von Folat und anderen Mikronährstoffen ist ein weiteres Beispiel für den direkten Zusammenhang zwischen Ernährung und Epigenetik.** Die Funktion von Folat beim normalen Neuralrohrverschluss in der frühen Schwangerschaft (beim Menschen 21–28 Tage nach der Befruchtung) ist gut bekannt und eine mütterliche Supplementierung mit Folat wird zur Vorbeugung von Neuralrohrdefekten empfohlen. Interessanterweise reguliert SAH im Sinne einer negativen Rückkopplung KMTs, was darauf hindeutet, **dass das SAM/SAH-Verhältnis (auch „Methylierungsindex" genannt), entscheidend für die Histon- und DNA-Methylierung ist.**

Das Verhältnis der oxidierten (NAD$^+$) und reduzierten (NADH) Form des Kofaktors NAD spiegelt den zellulären Redoxzustand wieder und ist umgekehrt proportional zum Energiezustand einer Zelle. Während des Fastens, d. h. bei geringen Mengen an Nahrungsmetaboliten, steigt die intrazelluläre Konzentration von NAD$^+$ an. Das führt zu einer Aktivitätssteigerung von HDACs der SIRT-Familie, die NAD$^+$ als Kofaktor verwenden, und zur Deacetylierung ihrer Zielproteine (Abb. 5.3, links). Letztere sind oft Histonproteine, aber auch

Transkriptionsfaktoren oder deren Kofaktoren, wie TP53[3] und PPARGC1α[4], sind in ihrem Acetylierungsstatus betroffen. **Eine Kalorienrestriktion, d. h. eine Ernährung, die bei uneingeschränkter Mikronährstoffversorgung nur 70–80 % des normalen Energiebedarfs deckt, scheint vorteilhaft für die Stoffwechselgesundheit zu sein** (Abschn. 6.5). Da die NAD$^+$-Konzentrationen zirkadian schwanken, ist die SIRT-vermittelte Genregulation an die epigenetische Uhr gekoppelt (Abschn. 5.3). Dementsprechend kann eine zeitliche Begrenzung der Nahrungsaufnahme zur Aufrechterhaltung des Tagesrhythmus beitragen und zahlreiche metabolische Parameter verbessern, wie z. B. die Verringerung von Insulinresistenz und die Erhöhung der Glukosetoleranz (Abschn. 9.5).

Im Gegensatz dazu gelangen Nährstoffe in die katabolen Wege des Intermediärstoffwechsels und es wird Acetyl-CoA produziert. Erhöhte Acetyl-CoA-Konzentrationen stimulieren die HAT-Aktivität, sodass ihre Zielproteine acetyliert werden (Abb. 5.3, rechts). **Wenn Histone die Zielproteine sind, resultiert ihre Acetylierung in offenem Chromatin.** Das stimuliert die Expression von Genen, die an Stoffwechselprozessen beteiligt sind, wie der Lipogenese und der Differenzierung von Fettzellen. Darüber hinaus ist ein großer Anteil von Genen, die auf Acetyl-CoA reagieren, am Fortgang des Zellzyklus beteiligt, d. h. eine Zunahme der Histonacetylierung ist mit dem Zellwachstum verbunden. Wenn jedoch die zelluläre Differenzierung induziert wird, nimmt der Acetyl-CoA-Spiegel signifikant ab. Dementsprechend ist der Verlust der Pluripotenz (d. h. der Fähigkeit einer Vorläuferzelle, sich in eine Vielzahl verschiedener Zellen zu differenzieren) mit einer verringerten Glykolyse und niedrigeren Spiegeln von Acetyl-CoA und Histondeacetylierung verbunden. Darüber hinaus beeinflusst der Acetyl-CoA-Spiegel auch die Entscheidungen über das Überleben und den Tod von Zellen. Beispielsweise induziert ein niedriger Acetyl-CoA-Spiegel den katabolen Prozess der Autophagie (Box 4.1), der für die Qualitätskontrolle der Organellen und das Überleben der Zellen bei metabolischem Stress entscheidend ist. **Somit ist das Acetyl-CoA/CoA-Verhältnis ein wichtiger Regulator zentraler Entscheidungen der Zellen unseres Körpers.**

Der Energiezustand unserer Gewebe und Zellen ist die wichtigste Information für unseren Körper, um Umweltbedingungen interpretieren und integrieren zu können. Die Epigenetik der Ernährung untersucht, wie Stoffwechselwege mit Chromatin kommunizieren und Informationen über die Nährstoffverfügbarkeit und den Energiestatus liefern. Genexpressionsprogramme vieler zentraler physiologischer Prozesse, wie Proliferation und Differenzierung, werden durch den Stoffwechselstatus der Zellen kontrolliert. Die Ergebnisse dieser epigenetischen Ereignisse können im Epigenom von Geweben, z. B. der Skelettmuskulatur oder des Fettgewebes, gespeichert werden. Die beiden genannten Stoffwechselorgane machen zusammen mehr als die Hälfte unserer Körpermasse

---

[3] TP53 = Tumorprotein p53, wird von dem Tumorsuppressorgen *TP53* kodiert.
[4] PPARGC1α = PPARγ, Koaktivator 1α.

Tab. 5.1 SIRTs in Säugetieren. Subzelluläre Lokalisation, Wirkungsweise und Funktionen von SIRTs in verschiedenen Kompartimenten

Sirtuin	Molekulargewicht [kDa]	Zelluläre Lokalisierung	Aktivität	Wichtige regulatorische Funktionen
SIRT1	81,7	Kern und Zytosol	Deacetylase	Stoffwechsel, Entzündung
SIRT2	43,2	Zytosol	Deacetylase	Zellzyklus und Motilität, Myelinisierung
SIRT3	43,6	Mitochondrien	Deacetylase	Fettsäureoxidation, antioxidative Abwehr
SIRT4	35,2	Mitochondrien	ADP-Ribosyltransferase	Aminosäure-stimulierte Insulinsekretion, Unterdrückung der Fettsäureoxidation
SIRT5	33,9	Mitochondrien	Deacetylase, Demalonylase, Desuccinylase	Harnstoffzyklus
SIRT6	39,1	Zellkern	Deacetylase, ADP-Ribosyltransferase	Genomstabilität, Stoffwechsel
SIRT7	44,8	Zellkern	Deacetylase?	Transkription ribosomaler DNA

aus. Ihre relative Menge ist jedoch sehr variabel und hängt von Umweltfaktoren, wie körperlicher Aktivität und Nahrungsaufnahme ab. **Das bedeutet, dass unser Lebensstil ein metabolisches Gedächtnis schafft. Somit merkt sich nicht nur die Gewebemasse, sondern auch das Gewebe-Epigenom, wieviel wir gegessen und uns bewegt haben.**

Die Kombination aus ernährungsphysiologischer Epigenetik und positiven gesundheitlichen Auswirkungen von Kalorienrestriktion (Abschn. 6.5) und Nahrungs-Fasten-Wechsel legt nahe, dass Proteine wie die HDACs der SIRT-Familie Schlüsselmoleküle in diesem nutrigenomischen Prozess sein könnten. **SIRTs kombinieren eine epigenetisch wichtige enzymatische Aktivität mit der Erfassung des Energiestatus von Zellen,** d. h. die Deacetylierung mit dem Erfassen des $NAD^+/NADH$-Verhältnisses (Abb. 5.3). Beim Menschen hat die SIRT-Familie sieben Mitglieder, SIRT1 bis SIRT7, die in verschiedenen Zellkompartimenten wirken (Tab. 5.1). Im Zellkern sind die Substrate der SIRTs Histone und Transkriptionsfaktoren, aber auch im Zytosol und in Mitochondrien entfernen sie Acetylgruppen von posttranslational modifizierten regulatorischen Proteinen. SIRT1, SIRT2, SIRT3, SIRT6 und SIRT7 sind spezifische Proteindeacetylasen, während SIRT4 und SIRT5 bevorzugt andere Acylgruppen von Lysinresten entfernen. SIRT1, SIRT6 und SIRT7 sind überwiegend im Zellkern lokalisiert, aber zumindest SIRT1 findet sich auch im Zytosol. Im Gegensatz dazu ist SIRT2 hauptsächlich im Zytosol und dringt nur während einer bestimmte Phase des Zellzyklus (dem G2/M-Phasenübergang) in den Zellkern ein. SIRT3, SIRT4 und SIRT5 sind bevorzugt in Mitochondrien lokalisiert.

Vereinfacht dargestellt gleicht die Deacetylaseaktivität von SIRTs die nährstoffgetriebene Proteinacetylierung aus. **Während des Fastens und/oder körperlicher Aktivität steigen die Spiegel des SIRT-Kofaktors NAD$^+$ in Skelettmuskulatur, Leber und weißem Fettgewebe an, während eine fettreiche Ernährung das NAD$^+$/NADH-Verhältnis reduziert.** Die pharmakologische Kontrolle von SIRTs, insbesondere von SIRT1, wird als vielversprechender Ansatz für die Behandlung von T2D untersucht. Die Suche nach weiteren natürlichen oder synthetischen SIRT-Aktivatoren führte zur Identifizierung mehrerer Verbindungen, von denen Resveratrol, ein in roten Weintrauben und Beeren vorkommendes Polyphenol, die meiste Aufmerksamkeit erregte. Der bekannteste synthetische SIRT-Aktivator ist SRT2104, der vor ernährungsbedingter Fettleibigkeit schützt, indem er die Funktionalität der Mitochondrien verbessert. Allerdings aktivieren sowohl Resveratrol als auch SRT1720 SIRTs nicht direkt, sondern über AMPK. Im weiteren wurde für ein breites Spektrum an Sekundärmetaboliten, wie Genistein[5], Kurkumin[6] oder Katechinderivate[7], aus Obst, Gemüse, Tee, Gewürzen und Kräutern, modulatorische Aktivität von Transkriptionsfaktoren und Chromatin-modifizierenden Enzymen gezeigt. Zusätzlich wirken kurzkettige Fettsäuren wie Butyrat, oder der Ketonkörper β-Hydroxybutyrat, die im Dickdarmlumen nach Stimulation mit Ballaststoffen entstehen, sind potente Inhibitoren mehrerer HDACs. Somit kann eine ballaststoffreiche Ernährung der Entwicklung von Kolitis (einer chronischen Entzündung des Dickdarms) und Dickdarmkrebs vorbeugen, was man sich zumindest teilweise über die Butyrat-vermittelte Hemmung von HDAC-abhängigen Transkriptionsprogrammen der Proliferation von Darmzellen erklärt.

Ein weiteres Beispiel für die molekulare Erfassung von Intermediärmetaboliten ist das Enzym AMPK, dessen Aktivität durch das AMP/ATP-Verhältnis gesteuert wird. Wenn Zellen mehr ATP verbrauchen als sie produzieren, d. h. bei geringer Nährstoffverfügbarkeit, steigen die AMP Konzentrationen als **Signal für energetischen Stress.** AMP bindet an die γ-Untereinheit des AMPK-Heterotrimers und aktiviert die Kinase. Da Histone AMPK-Substrate sind, wird ein niedriger Energiezustand der Zelle über die Phosphorylierung der Histone markiert. Somit werden **Beeinträchtigungen des Energiestatus einer Zelle auf der Ebene von Histonmodifikationen gespeichert und können über eine**

---

[5] Genistein ist ein Isoflavon der Sojabohne, dass phytoöstrogene Wirkung hat, d. h. Gemeinsamkeiten mit dem Hormon Östrogen aufweist.

[6] Kurkumin ist der Hauptbestandteil und Wirkstoff in dem Gewürz Kurkuma.

[7] Katechine sind Flavonoide, die z. B. im grünen Tee gefunden werden, und antioxidative Wirkung haben.

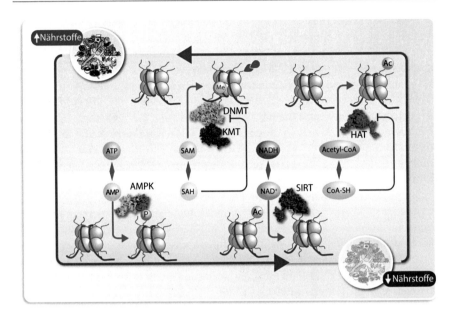

Abb. 5.4 Epigenetische Erfassung des Ernährungszustandes. Ein guter Ernährungszustand einer Zelle (**oben**) äußert sich durch reichliches Vorliegen der Metabolite ATP, SAM, NADH und Acetyl-CoA, während bei niedrigen Nährstoffgehalten (**unten**) die Metabolite AMP, SAH, NAD$^+$ und CoA vorherrschen. Dementsprechend werden bei hohen Nährstoffkonzentrationen KMTs und HATs stimuliert, während bei niedrigen Konzentrationen AMPK und HDACs der SIRT-Familie aktiviert sowie DNMTs und HATs reprimiert werden. Das führt zu Methylierung und Acetylierung von Histonen bzw. zu ihrer Phosphorylierung und Deacetylierung

adaptive Genregulation in funktionelle Outputs übersetzt werden. Im Gegensatz dazu führt ein hoher Nährstoffgehalt zu niedrigen AMP-Spiegeln, niedriger AMPK-Aktivität, einem veränderten Histonphosphorylierungsmuster und der Aktivität einer anderen Gruppe von Genen. So kann der Stoffwechselzustand einer Zelle durch das ATP/AMP-Verhältnis, das SAM/SAH-Verhältnis, das NADH/NAD$^+$-Verhältnis und das Acetyl-CoA/CoA-Verhältnis ausgedrückt werden (Abb. 5.4). Bei hohen Nährstoffkonzentrationen, wie z. B. reichlicher Verfügbarkeit von Methionin und Glukose, aktiviert SAM KMTs und Acetyl-CoA stimuliert HATs, was zu Histonmethylierung bzw. Histonacetylierung führt. Im Gegensatz dazu wird bei niedrigen Nährstoffkonzentrationen, beispielsweise während des Fastens, AMPK durch AMP aktiviert und NAD$^+$ kontrolliert SIRTs (Abschn. 6.5), was zu einer Phosphorylierung und Deacetylierung von Histonen führt. Darüber hinaus werden sowohl DNMTs (durch SAH) als auch HATs (durch CoA) in ihrer Aktivität gehemmt.

AMPK wird durch Stress aktiviert, der die katabole Produktion von ATP hemmt, wie Glukose- oder Sauerstoffmangel, aber auch durch Stress, der den ATP-Verbrauch erhöht, wie Muskelkontraktion. Darüber hinaus aktivieren zahlreiche synthetische Verbindungen wie die Antidiabetika Metformin,

Phenformin und Thiazolidindione sowie pflanzliche Produkte wie Resveratrol, Epigallokatechingallat (grüner Tee), Capsaicin (Pfeffer) und Kurkumin (Kurkuma) AMPK. Die Aktivierung durch die meisten dieser Verbindungen, einschließlich Metformin und Resveratrol, erfolgt jedoch indirekt über den Anstieg von zellulärem AMP und ADP durch die Hemmung der mitochondrialen ATP-Synthese. Da diese AMPK-Aktivatoren die Lebensdauer des Fadenwurms *C. elegans* verlängern, wirken sie als Nachahmer einer Kalorienrestriktion (Abschn. 6.5) und/oder körperlicher Aktivität (Abschn. 6.4). Beide Prozesse verringern den zellulären Energiestatus und haben positive Auswirkungen auf die **Gesundheitsspanne**[8].

Die Aktivierung von AMPK hat mehrere Auswirkungen auf den Zellstoffwechsel (Abb. 5.5). Im Allgemeinen stimuliert sie aufgrund des Energiemangels katabole Wege, die ATP erzeugen, während sie anabole Wege, die ATP verbrauchen, abschaltet. Zu den AMPK-kontrollierten Prozessen gehören:

- Steigerung von Glukoseaufnahme durch Förderung der Expression und Funktion von Glukosetransportern
- Förderung der Glykolyse unter anaeroben Bedingungen durch Phosphorylierung und Aktivierung von PFKFB2[9], dem Enzym, das für die Synthese des Glykolyseaktivators Fructose-2,6-bisphosphat verantwortlich ist
- Stimulation der mitochondrialen Biogenese
- Hemmung der Glukoneogenese
- Verringerung der Glykogensynthese durch Hemmung des Enzyms GYS[10].

Darüber hinaus katalysiert AMPK die inhibitorische Phosphorylierung der Acetyl-CoA-Carboxylasen ACC1 und ACC2, wodurch die Fettsäuresynthese gehemmt und die β-Oxidation von Fettsäuren in Mitochondrien stimuliert wird. Zudem reguliert AMPK die Expression von Enzymen, die an der Fettsäuresynthese beteiligt sind, und hemmt den lipogenen Transkriptionsfaktor SREBF1 (Abschn. 4.2). Die mitochondriale Biogenese ist ein weiterer wichtiger Prozess, der durch AMPK aktiviert wird und über SIRT1 und PPARGC1α sowie über eine erhöhte Beseitigung dysfunktionaler Mitochondrien vermittelt wird. AMPK konserviert auch ATP, indem es anabole Stoffwechselwege wie die Biosynthese von Lipiden, Kohlenhydraten, Proteinen und rRNA inaktiviert. Darüber hinaus beeinflusst AMPK auch den Stoffwechsel und den Energiehaushalt des gesamten Körpers über Hormone und andere Wirkstoffe, die auf Neuronen des primären Appetitkontrollzentrums einwirken, des *Nucleus arcuatus* des Hypothalamus, der die Nahrungsaufnahme und den Energieverbrauch reguliert (Abschn. 9.4).

---

[8] Die Gesundheitsspanne ist die Dauer der krankheitsfreien physiologischen Gesundheit innerhalb der Lebensspanne eines Individuums.

[9] PFKFB2 = 6-Phosphofructo-2-Kinase/Fructose-2,6-Biphosphatase 2.

[10] GYS = Glykogensynthase.

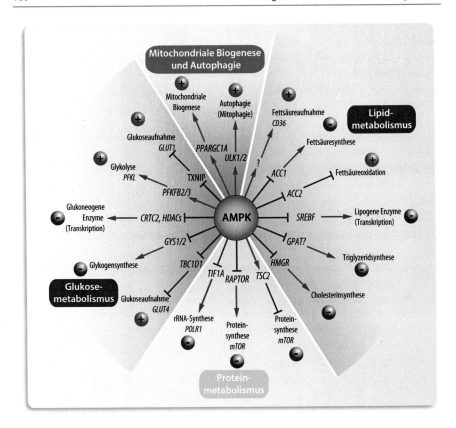

Abb. 5.5 Konsequenzen der Aktivierung von AMPK. Dieses Schema zeigt die metabolischen Wirkungen der Aktivierung von AMPK. Proteine, die mit Fragezeichen gekennzeichnet sind, werden möglicherweise nicht direkt von AMPK phosphoryliert. GPAT = Glyzerinphosphat-Acyl-Transferase; RAPTOR = regulatorisches assoziiertes Protein von TOR; TBC1D = TBC1-Domäne; TIFIA = Transkriptionsinitiationsfaktor IA; TSC2 = Tuberöse Sklerose 2

5.3   Zirkadiane Kontrolle von Stoffwechselprozessen

Lichtempfindliche Organismen, wie der Mensch, synchronisieren ihre täglichen Rhythmen in Verhalten und Physiologie mit der Rotation der Erde um ihre Achse, d. h. sie zeigen zirkadiane[11] Aktivitätszyklen wie Schlafen/Wachen und Fasten/Essen. Diese zirkadianen Rhythmen werden von einer molekularen Uhr gesteuert, die ein hierarchisches Netzwerk von Transkriptionsfaktoren und assoziierten Kernproteinen darstellt, das sich an Umweltveränderungen anpasst. Diese Rhythmen werden vom *Nucleus suprachiasmaticus* (SCN) des Hypothalamus erzeugt

---

[11] Zirkadian = sich über „ungefähr einen Tag" erstreckend.

(Abb. 5.6A). Der SCN besteht aus nur 15–20.000 Neuronen, die autonom einem etwa 25-h-Rhythmus schwingen. Über eine direkte Verbindung mit der Netzhaut wird diese zentrale Uhr an den täglichen Hell-Dunkel-Rhythmus angepasst. **Der SCN ist der Haupttreiber der zirkadianen Schwankungen des Blutzuckerspiegels, indem er die Nahrungsaufnahme auf die Aktivitätsphasen verteilt.** Darüber hinaus steuert der SCN die peripheren Uhren in allen anderen Geweben und Zellen unseres Körpers, indem er die rhythmische Nahrungsaufnahme synchronisiert. Die Leistung des schwingenden Systems wird über die Steuerung verschiedener Stoffwechsel- und Verhaltensprozesse physiologisch koordiniert. **Somit ist die zirkadiane Uhr eine kritische Schnittstelle zwischen Ernährung und Homöostase, die die richtigen Rhythmen in den Stoffwechselwegen steuert und aufrechterhält.**

Das Herzstück der zirkadianen Uhr ist eine Reihe von Transkriptions/Translations-Rückkopplungsschleifen der Transkriptionsfaktoren ARNTL[12] und CLOCK[13] und deren Korepressorproteine. Der ARNTL-CLOCK-Komplex reguliert die zirkadiane Expression von Hunderten von Genen, wie *PER1*[14] und *CRY1*[15], sowohl im Gehirn als auch in peripheren Stoffwechselgeweben. Der PER1-CRY1-Komplex inaktiviert die Funktion der ARNTL-CLOCK-Heterodimere, aber eine Phosphorylierung und Ubiquitinierung von CRY1 während der Nacht initiiert den proteasomalen Abbau der Repressoren und reaktiviert die Funktion von ARNTL-CLOCK. Interessanterweise hat CLOCK auch HAT-Aktivität mit Spezifität für H3K9 und H3K14, d. h. dieser zentrale zirkadiane Regulator ist ein Chromatin-modifizierendes Enzym und **stellt eine direkte Verbindung zwischen der molekularen Uhr und Epigenetik dar.** Die Gene, die für die Kernrezeptoren REV-ERBα und RORα kodieren, sind weitere Angriffspunkte von ARNTL-CLOCK. REV-ERBα reguliert negativ und RORα positiv die Expression des *ARNTL*-Gens, d. h. beide Kernrezeptoren bilden zusätzliche Rückkopplungsschleifen bei der Steuerung der zirkadianen Uhr (Abb. 5.6B). Insgesamt zeigen in allen Organen und Geweben etwa 10–15 % der Gene einen zirkadianen Rhythmus in ihrer Expression.

Die zirkadiane Uhr kann durch Metaboliten moduliert werden, insbesondere durch solche, die den energetischen Fluss repräsentieren (Box 5.1). Beispielsweise verbindet der AMP-Sensor AMPK (Abschn. 5.2) die interne Uhr mit dem Nährstoffzustand, indem die Kinase den Repressor CRY1 phosphoryliert und damit dem proteasomalen Abbau zuführt. Parallel dazu wird die zyklische Aktivität von ARNTL-CLOCK durch das Chromatin-modifizierende Enzym KDM5A moduliert, der wiederum über seine Kofaktoren Fe^{2+} und α-Ketoglutarat mit zellulären Redoxreaktionen und mitochondrialer Energetik verknüpft ist. Die

---

[12] ARNTL = „aryl hydrocarbon receptor nuclear translocator-like", wird auch BMAL1 genannt.

[13] CLOCK = „clock circadian regulator".

[14] PER1 = Periode zirkadiane Uhr 1.

[15] CRY1 = Cryptochrom zirkadiane Uhr 1.

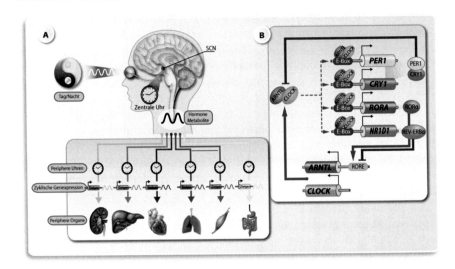

Abb. 5.6   Die zirkadiane Uhr des Menschen. Elektrische und humorale Signale vom SCN im Gehirn synchronisieren zirkadiane Uhren in peripheren Organen, die dann zeitabhängige Rhythmen in Genexpression, Stoffwechsel und anderen physiologischen Aktivitäten erzeugen (**A**). In der Rückkopplungsschleife des molekularen zirkadianen Oszillators werden positive Elemente wie die Transkriptionsfaktoren ARNTL, CLOCK und RORα grün und negative Elemente wie PER1, CRY1 und REV-ERBα rot dargestellt (**B**). Die kombinierten Wirkungen von Hunderten von ARNTL-CLOCK-Zielgenen erzeugen dann zirkadiane physiologische Effekte

beidseitige Wechselwirkung zwischen zirkadianem und metabolischem Signal ist die Hemmung der Funktion des ARNTL-CLOCK Heterodimers durch die HDAC SIRT1, die wiederum von NAD$^+$ abhängig ist. Das stellt eine weitere Rückkopplungsschleife der zirkadianen Uhr dar, da das *NAMPT*[16]-Gen, das für das zentrale Enzym der NAD$^+$-Synthese kodiert, vom ARNTL-CLOCK Heterodimer reguliert wird. **Somit gibt es einen Zusammenhang zwischen der zirkadianen Uhr und der Aktivität von SIRTs, für die für zahlreiche Organismen Auswirkungen auf den Prozess des Alterns beschrieben wurden** (Abschn. 13.3).

Box 5.1: Modulation der zirkadianen Uhr durch Stoffwechselsysteme
Die Proteine der zirkadianen Uhr werden nicht nur im SCN, sondern auch in peripheren Organen, wie der Leber, exprimiert. Die zirkadiane Reaktion der Leber im Zusammenhang mit Nahrungsaufnahme umfasst die Reaktion auf Glukokortikoide, den Transkriptionsfaktor HSF1[17] und die posttranslationale

[16] NAMPT = Nicotinamidphosphoribosyltransferase, wird auch Visfatin genannt.
[17] HSF1 = Hitzeschocktranskriptionsfaktor 1.

Modifikation ADP-Ribosylierung (Abschn. 3.3). Auf diese Weise koordiniert die zirkadiane Uhr die täglichen Verhaltenszyklen Schlafen/Wachen und Fasten/Essen mit anabolen und katabolen Prozessen in peripheren Organen. Die zentrale und periphere Uhr werden auch über posttranslationale Modifikationen von Transkriptionsfaktoren und Histonen synchronisiert, die den Rhythmus der Genexpression auf Veränderungen des Stoffwechselzustands abstimmen. Daher nutzen Säugetiere und andere Spezies zusätzlich zu den auf Transkription und Translation basierenden Rückkopplungsschleifen NAD^+-Oszillation, Redoxreaktionen, ATP-Verfügbarkeit und Mitochondrienfunktion, um Acetylierungs- und Methylierungsreaktionen zu beeinflussen. Zum Beispiel repräsentieren Oszillationen im Redoxzustand von Peroxiredoxinen[18] eine zirkadiane Uhr, die rhythmisch die Bildung von ROS vorwegnehmen.

Genexpressionsänderungen im Zusammenhang mit Kalorienrestriktion fördern die globale Erhaltung der Genomintegrität und Chromatinstruktur, wie z. B. die Aufrechterhaltung von Heterochromatin (Abb. 5.7). Ohne externe Stimulation erfolgt die Ausschüttung des Stresshormons Kortisol (aktiviert den Kernrezeptor GR) sowie einiger Peptidhormone, wie Thyrotrophin und des Wachstumshormons GH1[19] nach einem zirkadianen Rhythmus, d. h. die jeweiligen endokrinen Drüsen stehen unter dem Einfluss zirkadianer Uhren. Die Nahrungsaufnahme erfolgt in verschieden Mahlzeiten während des Tageszyklus, d. h. im aktiven Teil des Tages werden die Energiespeicher wieder aufgefüllt, während die Schlafphase eine tägliche Fastenphase darstellt, die die Mobilisierung von Energiespeichern erfordert.

Unvorteilhafte Lebensstilentscheidungen können diese zirkadiane Uhr neu programmieren. Somit stören beispielsweise nächtliches Essen, künstliches Licht, Schichtarbeit, Reisen über Zeitzonen und zeitliche Desorganisation bei vielen Menschen die Abstimmung zwischen dem äußeren Hell-Dunkel-Zyklus und ihrer inneren Uhr. Das ist von Nachteil für die gesunde Funktion des Stoffwechsels. Zum Beispiel zeigten klinische Untersuchungen wie auch Bevölkerungsstudien über längere Zeiträume einen Zusammenhang zwischen Schichtarbeit und Krankheiten, die durch Veränderungen des zirkadianen Rhythmus moduliert werden können, wie T2D, Magen-Darm-Erkrankungen und Krebs. Darüber hinaus korreliert die Gewohnheit, am Wochenende später ins Bett zu gehen, der sogenannte „social jetlag", mit einem erhöhten Körpergewicht.

Körperliche Aktivität (Abschn. 6.4) fördert ein gesundes Altern, da sie kognitivem Verfall vorbeugt und mit einer 30 %igen Verringerung der Gesamtmortalität verbunden ist. Darüber hinaus induziert körperliche Aktivität Veränderungen im Chromatin der Skelettmuskulatur, wie erhöhte H3K36ac-Spiegel

---

[18] Das sind kleine Peroxidasen mit Cysteinresten im aktiven Zentrum.
[19] GH1 = Wachstumshormon 1.

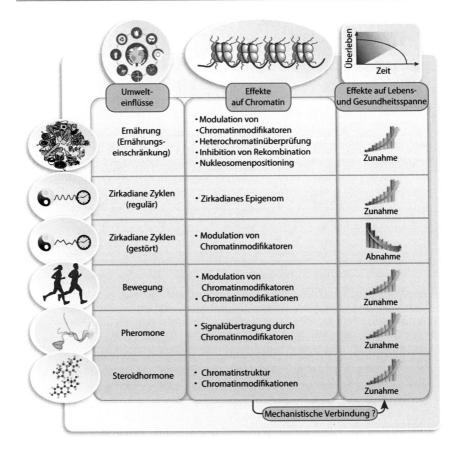

Abb. 5.7 **Auswirkungen von Umwelteinflüssen auf Langlebigkeit und Chromatin.** Viele Umweltsignale, die die Lebensdauer modulieren, wirken sich auch auf das Chromatin aus. Das sind diätetische Einschränkungen, der zirkadiane Zyklus, körperliche Aktivität und Sexualsteroidhormone. Weitere Einzelheiten sind im Text angegeben

und die zelluläre Lokalisierung von HDAC4 und HDAC5. **Somit hat körperliche Aktivität direkte Auswirkungen auf das Epigenom.** Interessanterweise funktioniert die Signalübertragung von Pheromonen über Chromatin-modifizierende Enzyme, d. h. Pheromone wirken auf das Epigenom (Abb. 5.7).

Die Serumspiegel von Sexualsteroidhormonen, wie Östrogenen bei Frauen und Androgenen bei Männern, nehmen mit dem Alter ab. Östrogene reduzieren das Risiko für altersbedingte Krankheiten wie Osteoporose, Sarkopenie (Muskelschwäche), Herz-Kreislauf-Erkrankungen, verminderte Immunfunktion und Neurodegeneration, während niedrigere Steroidhormonspiegel die Prävalenz dieser Krankheiten erhöhen. Östrogene und Androgene wirken über ihre spezifischen Kernrezeptoren ESR und AR (Abschn. 4.3). Diese Transkriptionsfaktoren interagieren mit Chromatin-modifizierenden Enzymen und Chromatinre-modellierern. **Somit hat ihre Aktivierung als auch das Fehlen ihrer Aktivität einen direkten Einfluss auf das Chromatin an den Genom-weiten Bindungsstellen dieser Steroid-abhängigen Transkriptionsfaktoren.**

Weiterführende Literatur

Carlberg, C., & Molnár, F. (2016). *Mechanisms of gene regulation.* Springer Textbook ISBN: 978-94-017-7740-7.

Greco, C. M., & Sassone-Corsi, P. (2019). Circadian blueprint of metabolic pathways in the brain. *Nature Reviews Neuroscience, 20,* 71–82.

Reinke, H., & Asher, G. (2019). Crosstalk between metabolism and circadian clocks. *Nature Reviews Molecular Cell Biology, 20,* 227–241.

Ernährung und Volkskrankheiten

6

Zusammenfassung

Dieses Kapitel bietet einen ersten Überblick darüber, welche Rolle Ernährung für unsere Gesundheit spielt. In den letzten 50 Jahren hat sich weltweit eine bedeutende Änderung des Lebensstils vollzogen, die fast alle Menschen betrifft: die Verwendung von energiedichter Nahrung und stark verarbeiteten Lebensmitteln, gepaart mit reduzierter körperlicher Aktivität. Unsere Nahrung ist, als einer der wichtigsten externen Faktoren, an der Pathogenese und dem Fortschreiten vieler chronischer, nichtübertragbarer Krankheiten, wie Fettleibigkeit, T2D, Herz-Kreislauf-Erkrankungen (Bluthochdruck, Herzinfarkt und Schlaganfall) und Krebs, beteiligt. Die Effekte von Nährstoffmolekülen werden im Zusammenhang mit der Entstehung solcher Krankheiten und dem Einfluss von körperlicher Aktivität auf ihre Prävention beschrieben. Fettleibigkeit und Krebs dienen dabei als Beispiele, um den Zusammenhang zwischen Entzündungen und ernährungsbedingten Erkrankungen zu beschreiben. Zusätzlich werden molekulare Effekte von körperlicher Aktivität sowie von Kalorienrestriktion und ihre Konsequenzen auf den Energiestatus diskutiert.

6.1 Evolution der menschlichen Ernährung

Ernährung ist lebensnotwendig, aber die Auswirkungen von Nährstoffmolekülen auf unsere Gesundheit sind komplex und werden von vielen Faktoren beeinflusst. Eine ausgewogene Ernährung setzt sich aus Tausenden von verschiedenen Molekülen zusammen, die den Bedarf unseres Körpers an Makro- und Mikronährstoffen decken sollen (Abschn. 4.1). Lebensmittel enthalten neben Nährstoffen auch Hunderte von bioaktiven Verbindungen, die einen Einfluss auf unseren Stoffwechsel haben. Während einzelne Nährstoffe oder Lebensmittelgruppen relativ geringe Auswirkungen auf unsere Gesundheit haben, ist **das Zusammen-spiel vieler Nährstoffe und die Gesamtqualität der Ernährung entscheidend.** Ein solches Zusammenspiel bildet die Grundlage für Ernährungsmuster, die als „gesund" und deren Auswirkungen als förderlich verstanden werden, wie die „mediterrane" oder die „nordische" Ernährung (Box 6.1).

Box 6.1: Mediterrane und nordische Ernährung
Unter dem Begriff der „mediterranen" Diät werden Ernährungsmuster zusammengefasst, die den Essgewohnheiten Griechenlands und Italiens in den 1960er Jahren nahekommen. Dazu gehört der Konsum relativ hoher Mengen an Olivenöl, nichtraffiniertem Getreide, Obst und Gemüse, ein moderater Verzehr von Fisch und Milchprodukten, wie Käse und Joghurt, und Rotwein sowie geringe Mengen an Fleischprodukten, die nicht von Fischen stammen. Die mediterrane Ernährung ist mit einer Verringerung der Sterblichkeit verbunden, vor allem durch die Senkung des Risikos für Herz-Kreislauf-Erkrankungen und T2D. Eine „nordische" Diät betont die lokalen, saisonalen Lebensmittel Dänemarks, Norwegens, Schwedens, Finnlands und Islands. Wie die mediterrane Ernährung ist auch sie reich an pflanzlichen Lebensmitteln. Sie legt Wert auf Vollkornprodukte, auf Gerste, Roggen und Hafer, Beeren, Gemüse und fetten Fisch sowie auf fettarme Milchprodukte und einen geringen Verzehr von rotem Fleisch. Anstelle von Olivenöl ist die nordische Ernährung reich an Rapsöl.

Bis vor etwa 10.000 Jahren lebten unsere Vorfahren als Jäger und Sammler (Abschn. 1.1), d. h. ihre Ernährung basierte auf wilden Tieren und Pflanzen (Tab. 6.1). Je nach Jahreszeit und geografischer Region aßen sie Fleisch, Fisch, Eier, Früchte, Nüsse und Samen. Dementsprechend hatte die Nahrung eine eher niedrige Energiedichte, d. h. sie lieferte wenige Kalorien pro Gramm, hatte einen mäßigen Ballaststoffgehalt, war reich an Stärke und arm an Fett, hatte eine ziemlich hohe Mikronährstoffdichte und war salzarm. **Der menschliche Körper hatte somit etwa 300.000 Jahre (12.000 Generationen) Zeit, seine Biochemie an diese Nahrungszusammensetzung anzupassen.**

Die landwirtschaftliche Revolution, die mit der Verwendung von domestizierten Pflanzen und Tieren einherging, begann vor etwa 10.000 Jahren und hat die Ernährungsmuster sesshaft gewordener Menschen in Richtung hoher Zucker- und Fettgehalte verschoben, d. h. zu hoher Energiedichte bei gleichzeitig geringem Ballaststoffgehalt. Technischer Fortschritt der vergangenen 200 Jahre – zunächst im Transportwesen und später die Computerisierung – hat den Bewegungsbedarf immer weiter reduziert, sodass ein zunehmender Anteil der Bevölkerung eine immer positivere Energiebilanz erreichte. **In Ländern mit hohem Einkommen wurde dieser „Energiewendepunkt" bereits vor etwa 50 Jahren erreicht, betrifft heute aber weltweit fast jede Gesellschaft.** Das führte zu einer weltweiten Epidemie von Übergewicht und Fettleibigkeit (Abschn. 9.1). Diese

Tab. 6.1 Evolution der menschlichen Ernährung. Vergleich der menschlichen Ernährung von der Altsteinzeit über Zeiten der landwirtschaftlichen und industriellen Revolutionen bis zur Neuzeit

Zeitraum	Bestandteile der Nahrung	Zusammensetzung der Nahrung
Altsteinzeit (vor mehr als 10.000 Jahren)	Wilde Tiere und Pflanzen, je nach Geografie und Jahreszeit unterschiedlich, wie Fleisch, Fisch, Eier, Früchte, Nüsse und Samen	Niedrige Energiedichte Mittlerer Ballaststoffgehalt (40 g/Tag) Makronährstoffe: 15–20 % Protein, 50–70 % Stärke und 15–20 % Fett Niedrige glykämische Last Salzarm (1 g/Tag): Na/K-Verhältnis < 1
Landwirtschaftliche Revolution (beginnend vor 10.000 Jahren)	Hauptsächlich basierend auf domestizierten Tieren und Pflanzen, wie Getreide, Milchprodukte, Gemüse. Verwendung von fermentierten Lebensmitteln und Getränken	Mittlere Energiedichte Hoher Ballaststoffgehalt (60–120 g/Tag) Makronährstoffe: 10–15 % Protein, 60–75 % Stärke, 5 % Zucker und 10–15 % Fett Hohe glykämische Last Hoher Salzgehalt (5–15 g/Tag): Hohes Na/K-Verhältnis
Industrielle Revolution (seit 250 Jahren)	Erhöhte Abhängigkeit von raffiniertem Getreide und Ölen, fettem Fleisch, alkoholischen Getränken	Hohe Energiedichte Mittlerer Ballaststoffgehalt (40 g/Tag) Makronährstoffe: 12 % Protein, 40–50 % Stärke, 10 % Zucker und >30 % Fett Hohe glykämische Last Hoher Salzgehalt (10 g/Tag): Hohes Na/K-Verhältnis
Moderne Ära (seit 50 Jahren)	Hauptsächlich industriell hergestellte Lebensmittel, wie raffiniertes Getreide und Öle, fettes Fleisch von domestizierten Tieren, alkoholische Getränke. Konsum von hochverarbeitetem „Fast Food"	Sehr hohe Energiedichte Niedriger Ballaststoffgehalt (20 g/Tag) Makronährstoffe: 15 % Protein, 25 % Stärke, > 20 % Zucker und > 40 % Fett Sehr hohe glykämische Last Hoher Salzgehalt (10 g/Tag): Hohes Na/K-Verhältnis

bedeutende Änderung unserer Ernährungsgewohnheiten erfolgte somit in weniger als zwei Generationen, d. h. in einer Zeitspanne, die viel zu kurz ist, um eine genetische Anpassung erreichen zu können (Abschn. 13.1).

6.2 Ernährung und Stoffwechselerkrankungen

Nichtübertragbare Krankheiten wie Krebs, Herz-Kreislauf-Erkrankungen und T2D verursachen weltweit mehr als 70 % der verfrühten Todesfälle und sind die Hauptursache für den Verlust an Lebensqualität durch körperliche Einschränkungen. **Allerdings sind 70–90 % der nichtübertragbaren Krankheiten vermeidbar.** Eine häufige Ursache dieser Erkrankungen ist Fettleibigkeit, die von der Weltgesundheitsorganisation (WHO) als eine übermäßige, Gesundheitsrisiken bergende Fettakkumulation definiert wird und bei einem BMI[1] $\geq$ 30 kg/m^2 vorliegt. **Fettleibigkeit führt zu einer um 5–20 Jahre verkürzten Lebenserwartung der betroffenen Person** (Abschn. 9.1).

Eine Studie des „Global Burden of Disease"-Konsortiums ergab, dass im Jahr 2017 global geschätzt 11 Mio. Todesfälle und 255 Mio. verlorene „behinderungskorrigierte Lebensjahre" (DALYs) auf nahrungsbedingte Risikofaktoren zurückzuführen waren. Das Konzept der DALYs soll über die Berechnung erhöhter Sterblichkeit (also Zahl verlorener zu erwartender Lebensjahre) hinaus auch die Einschränkung der Lebensqualität umfassen, also den Verlust an Gesundheitsspanne ausdrücken. **Unter den nahrungsbedingten Risikofaktoren waren die Hauptrisiken eine zu hohe Natriumaufnahme (3 Mio. Todesfälle und 70 Mio. DALYs), eine zu geringe Aufnahme von Vollkornprodukten (3 Mio. Todesfälle und 82 Mio. DALYs) und eine geringe Aufnahme von Obst (2 Mio. Todesfälle und 65 Mio. DALYs)** (Abschn. 13.1). Systematische Übersichten und Empfehlungen zur Ernährung, die von Fachgesellschaften oder wissenschaftlichen Konsortien erarbeitet werden, beruhen auf Bewertung und Einschätzung der Datenlage („Evidenzbewertung"). Übliche Kategorien für die Einschätzung der Qualität von Daten und der zugrunde liegenden Studien sind hierbei, sortiert nach absteigendem Härtegrad, „überzeugend", „wahrscheinlich", „möglich" und „unzureichend". „Überzeugende" Daten können dabei beispielsweise auf mehreren voneinander unabhängigen kontrollierten Interventionsstudien hoher Qualität beruhen[2].

Ballaststoffe sind beispielsweise Nahrungsbestandteile, für die die Datenlage „überzeugend" dafür spricht, dass sie das Risiko von Gewichtszunahme und Fettleibigkeit reduzieren (Tab. 6.2). Darüber hinaus reduziert auch regelmäßige körperliche Aktivität „überzeugend" das Risiko von Fettleibigkeit (Abschn. 9.1). Im Gegensatz hierzu wird das Risiko für Gewichtszunahme und Fettleibigkeit durch einen hohen Anteil an verarbeiteten Lebensmitteln in der Nahrung erhöht. Diese sind nicht nur energiereich (d. h. sie haben eine hohe Energiedichte), sondern auch mikronährstoffarm und werden deshalb als Lebensmittel mit „leeren Kalorien" bezeichnet. Typische energiereiche Lebensmittel sind reich an Fett (Butter, Öle und frittierte Lebensmittel), Zucker oder Stärke. Im Gegensatz dazu haben Lebensmittel geringer Energiedichte einen hohen Gehalt an Wasser und Ballaststoffen, wie Obst, Gemüse, Hülsenfrüchte und Vollkorngetreide. Andere Nahrungsbestandteile, die das Risiko für Gewichtszunahme und Fettleibigkeit erhöhen, sind zuckergesüßte Erfrischungsgetränke und Fruchtsäfte.

---

[1] BMI = Body-Mass-Index.

[2] Eine Zusammenstellung und Erläuterung der Kriterien zur Einschätzung der Evidenz findet sich hier: „World Cancer Research Fund/American Institute for Cancer Research: Continuous Update Project Expert Report 2018. Judging the evidence. Available at dietandcancerreport.org".

Tab. 6.2 Übersicht über Lebensstilfaktoren und Risiko für die Entwicklung von Fettleibigkeit

Evidenz (Härtegrad)	Verringertes Risiko	Keine Beziehung	Erhöhtes Risiko
Überzeugend	• Mehr als 10.000 Schritte/ Tag		• Zuckergesüßte Getränke • Zeit am Bildschirm (Kinder)
Wahrscheinlich	• Regelmäßige körperliche Aktivität* • Ballaststoffhaltige Lebensmittel • Ernährungsmuster „Mediterraner Typ" • Gestillt worden sein		• Ernährungsmuster „westlicher Typ"** • „Fast Food" • Zeit am Bildschirm (Erwachsene)
Möglich	• Lebensmittel mit niedrigem glykämischen Index	• Proteingehalt der Nahrung	• Große Portionsgrößen • Hoher Anteil an außer Haus zubereiteten Speisen (Industrieländer) • Essmuster „Starre Beherrschung/periodische Enthemmung"
Unzureichend	• Erhöhte Essfrequenz		• Alkohol

*Nur aerobe körperliche Aktivität
**Solche Diäten zeichnen sich durch einen hohen Anteil an freiem/zugesetztem Zucker, Fleisch und Nahrungsfetten aus

Fettleibigkeit führt zu einer geringgradigen chronischen Entzündung (Abschn. 9.2), die die zentrale Ursache vieler lebensstilbedingter Erkrankungen ist, wie Insulinresistenz (Abschn. 9.5), T2D (Abschn. 9.6) und Arteriosklerose (Abschn. 10.1) (Abb. 6.1). Darüber hinaus sind auch neurodegenerative Erkrankungen wie Alzheimer, die meisten Krebsarten, Allergien, Autoimmunerkrankungen und entzündliche Darmerkrankungen, wie Morbus Crohn und *Colitis ulcerosa,* eng mit Entzündungsprozessen verbunden. Immunreaktionen im Allgemeinen und Entzündungen im Speziellen, sowie die Vermehrung von Immunzellen und ihre Wirkung bei der Abwehr und Gewebereparatur hängen mit dem Stoffwechsel, insbesondere dem Energiestoffwechsel, der beteiligten Zellen zusammen. **Somit stimuliert metabolischer Stress, der häufig durch eine Lipidüberladung im Blut und im Fettgewebe (Lipotoxizität) verursacht wird, eine geringgradige chronische Entzündung** (Abschn. 8.2).

Unter den nichtübertragbaren Krankheiten haben Herz-Kreislauf-Erkrankungen den größten Anteil an der weltweiten Krankheitslast (46 %, Abschn. 10.1). Ischämische[3] Herzkrankheiten und Schlaganfälle sind in allen Ländern die häufigsten Todesursachen. Tabakkonsum, Bewegungsmangel und ungesunde

---

[3] Ischämisch bedeutet schlecht bzw. nicht durchblutet.

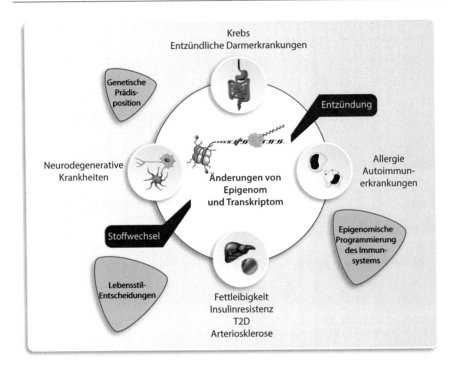

Abb. 6.1 Immunvermittelte Pathologien als zentrale Treiberprozesse von Krankheiten in verschiedenen Zielorganen. Entzündung und Zellstoffwechsel sind über koordinierte Veränderungen im Epigenom und Transkriptom von Zielgeweben und Zelltypen eng miteinander verbunden

Ernährung sind für etwa 80 % der koronaren[4] Herzerkrankungen und zerebrovaskulären[5] Erkrankungen, d. h. Herzinfarkt und Schlaganfall, verantwortlich. Der zentrale Prozess der koronaren Herzkrankheit ist eine drastisch reduzierte Sauerstoffversorgung des Herzmuskels und somit die Hauptursache für die Todesfälle durch Herz-Kreislauf-Erkrankungen (42,5 %). Bei zerebrovaskulären Erkrankungen ist die fehlende Sauerstoffversorgung des Gehirns der Grund (35,5 % der tödlichen Verläufe). Die grundlegende pathophysiologische Läsion von Herz-Kreislauf-Erkrankungen ist Arteriosklerose, die dazu führt, dass sich Arterien in unterschiedlichem Ausmaß verschließen (Abschn. 10.1).

Es gibt überzeugende Evidenz dafür, dass einige Lebensstilfaktoren zur Verringerung des Risikos für das Entstehen von Herz-Kreislauf-Erkrankungen beitragen (Tab. 6.3). Dazu gehören:

---

[4] Koronar bedeutet „zu den Herzkranzgefäßen gehörend".

[5] Zerebrovaskulär bedeutet „die Hirndurchblutung betreffend".

Tab. 6.3 Überblick über Lebensstilfaktoren und Risiko für die Entwicklung von Herz-Kreislauf-Erkrankungen

Evidenz (Härtegrad)	Verringertes Risiko	Keine Beziehung	Erhöhtes Risiko
Überzeugend	• Regelmäßige körperliche Aktivität • Linolsäure (18:2, ω-6)* • Fisch und Fischöle; EPA (20:5, ω-3) und DHA (22:6, ω-3) • Gemüse und Obst (einschließlich Beeren) • Kalium • Geringer bis mäßiger Alkoholkonsum (bei koronarer Herzkrankheit)	• Nahrungsergänzung mit Vitamin E	• Myristin- (14:0) und Palmitinsäure (16:0) • Trans-Fettsäuren • Hohe Natriumaufnahme • Übergewicht • Hoher Alkoholkonsum (bei Schlaganfall)
Wahrscheinlich	• α-Linolensäure (18:3, ω-3) • Ölsäure (18:1, ω-9) • Nicht-Stärke-Polysaccharide • Vollkorngetreide • Nüsse (ungesalzen) • Phytosterine/-stanole • Folsäure	• Stearinsäure (18:0)	• Cholesterin aus Nahrung • Ungefilterter gekochter Kaffee
Möglich	• Flavonoide • Sojaprodukte		• Fette reich an Laurinsäure (12:0) • Beeinträchtigte Ernährung des Fötus • Beta-Carotin-Supplemente
Unzureichend	• Calcium • Magnesium • Vitamin C		• Kohlenhydrate • Eisen

*Bei Fettsäuren: Angabe Zahl der C-Atome, Zahl der Doppelbindungen und Stellung der terminalen Doppelbindung zum ω-C-Atom

- eine pflanzliche Ernährung, bestehend aus Obst, Gemüse, Blattgemüse (Polyphenole, Antioxidantien, Folsäure, Ballaststoffe, Kalium etc.), Nüssen und Samen, wie Walnüssen, Lein- und Rapsöl, also Lebensmitteln, die reich an der essenziellen ω3-Fettsäure α-Linolensäure sind

- der Konsum von Fisch und Fischöl, das die ω3-Fettsäuren Eicosapentaensäure (EPA) und Docosahexaensäure (DHA) enthält
- körperliche Aktivität, normaler BMI und geringer Alkoholkonsum
- Das Vermeiden des Konsums von gesättigten Fettsäuren, die sich beispielsweise in tierischen Produkten, Palmöl oder Kokosöl finden, sowie von Transfettsäuren (gehärteten Fetten).

6.3 Ernährung und Krebs

Krebs ist weltweit die zweithäufigste Todesursache. Jedem Zweiten von uns wird im Laufe des Lebens die Diagnose „Krebs" gestellt werden. Krebs ist definiert als eine Krankheit, bei der die normale Kontrolle der Zellteilung verloren geht, sodass sich eine einzelne Zelle unangemessen vermehrt und einen Primärtumor bildet. Am Ende der Tumorentstehung haben einige Tumorzellen die Fähigkeit erlangt, sich im Körper auszubreiten und Metastasen zu bilden. **Dadurch wird die Erkrankung lebensbedrohlich** (mehr Details sind in Kap. 11 beschrieben).

Krebs kann aus verschiedenen Geweben und Organen entstehen. Molekular basiert Krebs auf Mutationen von verschiedenen Krebsgenen, wie Onkogenen und Tumorsuppressorgenen, von denen etwa 500 bekannt sind. Einige dieser Krebsgene kodieren für Enzyme, die den Stoffwechsel regulieren, d. h. ihre Mutation kann zur Produktion von krebsauslösenden Metaboliten (Onkometaboliten) führen, die beispielsweise über Steuerung der Funktion von Chromatin-modifizierenden Enzymen (Abschn. 3.4) wirken. **Somit können Nahrungsmoleküle, die das Epigenom beeinflussen, das Krebsrisiko sowohl erhöhen als auch verringern** (Abschn. 11.1). Studien mit Migranten zeigten, dass der Umzug in eine Region mit völlig anderen Lebensstilfaktoren innerhalb einer Generation zur Ausbildung der in dieser neuen Region vorherrschenden Muster der Krebsentwicklung führt, d. h. **Umwelt und Lebensstil haben einen stärkeren Effekt auf die Krebsentstehung als Veränderungen des Genoms.** Studien mit eineiigen Zwillingen unterstützen diese Schlussfolgerung.

Ungefähr ein Drittel der Todesfälle durch Krebs sind auf Lebensstilentscheidungen, wie einen hohen BMI, einen geringen Obst- und Gemüsekonsum, mangelnde körperliche Aktivität, Tabak- und/oder Alkoholkonsum zurückzuführen (Abschn. 14.1). Allerdings sind nur wenige eindeutige Zusammenhänge zwischen bestimmten nährstoffbezogenen Faktoren und Krebs nachgewiesen. Es gibt jedoch überzeugende Hinweise darauf, dass übergewichtige und fettleibige Personen ein erhöhtes Risiko für Speiseröhrenkrebs, Darmkrebs, Brustkrebs (bei Frauen nach der Menopause), Pankreaskrebs, Leberkrebs und Nierenkrebs haben, während Personen, die viel Alkohol konsumieren, anfällig für Krebserkrankungen der Mundhöhle, des Rachens, des Kehlkopfes, der Speiseröhre, der Leber, des Dickdarms und der Brust sind. Personen, die viel verarbeitetes Fleisch konsumieren, haben ein erhöhtes Risiko für Darmkrebs. Darüber hinaus tragen Aflatoxine zur Entstehung von Leberkrebs bei (Tab. 6.4). Wichtig ist, dass es überzeugende Evidenz dafür gibt, dass körperliche Aktivi-

Tab. 6.4 Übersicht über Lebensstilfaktoren und das mit ihnen verbundene Krebsrisiko

Evidenz	Verringertes Risiko	Erhöhtes Risiko
Überzeugend*	• Körperliche Aktivität (Dickdarm)	• Übergewicht und Fettleibigkeit (Speiseröhre, Dickdarm, Bauchspeicheldrüse, Leber, Brust bei postmenopausalen Frauen, Endometrium, Niere) • Alkohol (Mundhöhle, Rachen, Kehlkopf, Speiseröhre, Leber, Dickdarm, Brust nach der Menopause) • Verarbeitetes Fleisch (Dick-, Enddarm) • Aflatoxin (Leber)
Wahrscheinlich*	• Obst und Gemüse (Mundhöhle, Speiseröhre, Magen, Dickdarm**) • Körperliche Aktivität (Brust bei postmenopausalen Frauen, Endometrium) • Vollkorn, Ballaststoffe, Milchprodukte (Dick-, Enddarm) • Kaffee (Leber, Endometrium) • Alkohol (Niere) • Vitamin D (Darm)	• Rotes Fleisch (Dick-, Enddarm) • Salzkonserven und Salz (Magen) • Alkohol (Brust bei prämenopausalen Frauen) • Gesalzener Fisch nach chinesischer Art (Nasopharynx) • Glykämische Last (Endometrium)
Möglich/ unzureichend	• Ballaststoff • Soja • Fisch • ω3-Fettsäuren • Carotinoide • Vitamine B2, B6, Folsäure, B12, C, E • Calcium, Zink und Selen • Pflanzenbestandteile ohne Nährwert (z. B. Organoschwefelverbindungen aus Lauchpflanzen, Flavonoide, Isoflavone, Lignane)	• Tierische Fette • Heterozyklische Amine • Polyzyklische aromatische Kohlenwasserstoffe • Nitrosamine

* Die Kategorien „überzeugend" und „wahrscheinlich" in dieser Tabelle stammen aus dem WCRF-Netzwerkbericht „Empfehlungen und öffentliche Gesundheit und politische Implikationen 2018"
** Für Darmkrebs wurde in vielen Fall-Kontroll-Studien eine schützende Wirkung der Einnahme von Obst und Gemüse vorgeschlagen, dies wurde jedoch nicht durch die Ergebnisse mehrerer großer prospektiver Studien gestützt, was darauf hindeutet, dass, wenn ein Nutzen besteht, dieser wahrscheinlich bescheiden ist

tät das Darmkrebsrisiko senkt (Abschn. 6.4). Zu den Ernährungsfaktoren, die das Krebsrisiko erhöhen, gehören eine hohe Aufnahme von rotem Fleisch (Darmkrebs), salzkonservierten Lebensmitteln (Magenkrebs), Lebensmitteln mit hohem glykämischen Index (Endometriumkrebs) und Alkohol (Magenkrebs und Brustkrebs bei prämenopausalen Frauen). Schutzfaktoren hingegen sind ballaststoffreiche Lebensmittel wie Vollkornprodukte, Obst und Gemüse (Darm-krebs), Kaffee (Leber- und Endometriumkrebs) und körperliche Aktivität (Endo-metrium- und Brustkrebs bei Frauen nach der Menopause).

Krebs und Fettleibigkeit sind Beispiele für nichtübertragbare Krank-heiten, bei denen Entzündungen ein wesentlicher Teil der Krankheitsursache sind (Abschn. 8.2). Weißes Fettgewebe ist ein wichtiges endokrines und meta-bolisches Organ, das sowohl aus lipidbeladenen Fettzellen als auch aus einer stroma[6]-vaskulären Fraktion besteht, die Vorläuferfettzellen, Makrophagen, andere Immunzellen und Endothelzellen umfasst (Abb. 6.2A). Fettleibigkeit erhöht die Größe der Fettzellen (Hypertrophie) und die Anzahl der Fettzellen (Hyperplasie) und wird von einer Infiltration von Makrophagen in das weiße Fett-gewebe begleitet (Abschn. 9.2). Erhöhte Spiegel an zirkulierenden, entzündungs-steigernden Zytokinen und Akute-Phase-Proteinen, wie dem C-reaktiven Protein (CRP), charakterisieren Entzündungsreaktionen, die durch Fettleibigkeit ausgelöst werden. Darüber hinaus erhöht Fettleibigkeit die Freisetzung von entzündungs-steigernden Adipokinen[7], wie Leptin, IL6, Resistin, Serpinen[8] und TNF. Gleich-zeitig vermindert Fettleibigkeit die Freisetzung von entzündungshemmenden Adipokinen, wie Adiponektin (Abschn. 9.2).

Der Zusammenhang zwischen Fettleibigkeit und Krebsentstehung sowie die molekularen Mechanismen, die der Umwandlung von normalen Epithelzellen in Tumorzellen bei Fettleibigkeit zugrunde liegen, sind nicht vollständig verstanden (Abb. 6.2B). Es ist jedoch bekannt, dass in Krebszellen neben einer gering-gradigen Entzündung und der Freisetzung von entzündlichen Zytokinen auch der Fettstoffwechsel verändert ist. Darüber hinaus beeinflusst Fettleibigkeit die Signalübertragung von Insulin, die Krebszellen weitere Energie zuführen kann, d. h. erhöhte Insulinspiegel fördern ihr Wachstum. Patienten mit Insulinresistenz sprechen beispielsweise schlechter auf eine Krebsbehandlung an oder weisen einen aggressiveren Krebsphänotyp auf, was auf ihren erhöhten Insulinspiegel im Blut zurückzuführen ist. **Darüber hinaus stimulieren erhöhte Leptinspiegel und reduzierte Adiponektinspiegel das Tumorwachstum.** Die von Adiponektin ausgelöste Signalkaskade verläuft über Transmembranproteine, die die Kinase AMPK aktivieren (Abschn. 5.2). In Abhängigkeit vom zellulären Energiestatus ist AMPK ein wichtiger Wachstumsregulator, da die Kinase im Falle von Energie-mangel (also gegenüber ATP erhöhten AMP- und ADP-Spiegeln) Wachstumsstopp und Apoptose[9] induzieren kann. Darüber hinaus aktiviert Adiponektin den Kern-rezeptor PPARα, der die β-Oxidation von Fettsäuren steuert (Abschn. 4.3).

---

[6] Das Stroma ist die Umgebung eines Gewebes und wird auch as Stützgewebe bezeichnet.

[7] Adipokine sind Hormone und Zytokine, die von Fettzellen sezerniert werden.

[8] Serpine sind Serin-Peptidase-Inhibitoren, die auch Plasminogenaktivator-Inhibitoren genannt werden.

[9] Apoptose ist der physiologische Prozess des kontrollierten „Zellselbstmords", der für Ent-wicklung, Erhaltung und Altern eine wichtige Rolle spielt und bei dem einzelne Zellen planmäßig eliminiert werden.

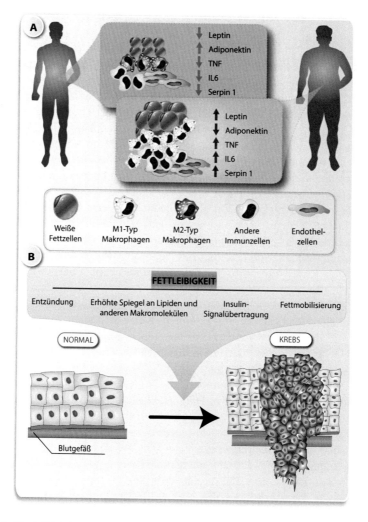

Abb. 6.2 Fettleibigkeit, Krebs und Entzündungen. Weißes Fettgewebe ist ein endokrines und metabolisches Organ, das aus lipidbeladenen Fettzellen, Vorläuferfettzellen, Makrophagen, anderen Zellen des Immunsystems sowie Endothelzellen der das weiße Fettgewebe durchziehenden Blutkapillaren besteht (**A**). Bei normalgewichtigen Personen sezerniert das Fettgewebe hohe Mengen an Adiponektin ab. Während der Gewichtszunahme dehnt sich das Fettgewebe aus, was die Infiltration von Makrophagen und anderen Entzündungszellen induziert und zur Ausschüttung des Zytokins TNF aus Makrophagen führt. Darüber hinaus wird auch die Ausschüttung von IL6, Serpin 1 und Leptin erhöht. Verstärkte Entzündung, erhöhte Verfügbarkeit von Lipiden und anderen Makromolekülen, beeinträchtigte Signalübertragung nach Stimulation durch Insulin und Veränderungen der Signalübertragung von Adipokinen, die zur Fettmobilisierung führen, tragen alle zur schrittweisen Umwandlung von Epithelzellen in einen invasiven Tumor bei (**B**)

6.4   Molekulare Auswirkungen von körperlicher Aktivität

Vor etwa 2 Mio. Jahren sind unsere Vorfahren zum aufrechten Gang (dem „schreitenden Bipedalismus") übergegangen, der ihre Fähigkeit zum Langstreckengehen und Ausdauerlauf deutlich erhöht hat. Diese Eigenschaften waren für die Flucht vor Raubtieren sowie für die anhaltende Jagd unerlässlich. Parallel dazu verlor der Mensch den Großteil seiner Körperbehaarung, um bei dieser intensiven körperlichen Aktivität eine bessere Thermoregulation durch Schwitzen zu erreichen. **In der Vergangenheit war eine effiziente körperliche Aktivität überlebenswichtig. Aus historischer und evolutionärer Sicht ist es daher unser Normalzustand, einen trainierten Körper zu haben.** In industrialisierten Gesellschaften ist heutzutage jedoch eine sitzende Lebensweise so weit verbreitet, dass sie als Standard gilt und Sport als gesundheitsfördernd bezeichnet wird. Ein inaktiver Lebensstil und der Konsum von energiereicher Ernährung über eine längere Lebensspanne erhöhen das Risiko für nicht übertragbare Krankheiten wie Arteriosklerose, T2D und Krebs. **Im Gegensatz dazu reduziert körperliche Aktivität das Risiko dieser Erkrankungen und beugt Übergewicht vor,** da Bewegung den Energieverbrauch erhöht, d. h. gespeichertes Körperfett verbrennt.

Die erhöhte Stoffwechselaktivität der sich kontrahierenden Skelettmuskulatur beeinflusst die Homöostase des gesamten Körpers, indem sie mit anderen Organen, wie dem weißen Fettgewebe, der Leber, dem Pankreas, den Knochen und dem Gehirn kommuniziert. Zum Beispiel fördert regelmäßige Bewegung die Herz-Kreislauf-Gesundheit, da sie sich positiv auf das Profil der Serumlipide auswirkt, indem sie die Konzentration an Triglyzeriden im Blutplasma senkt und die des Cholesterintransporters HDL erhöht (Abschn. 10.2). Darüber hinaus hat körperliche Aktivität auch eine entzündungshemmende Wirkung, die vor Erkrankungen schützen kann, die mit geringgradiger chronischer Entzündung assoziiert sind. **Die belastungsinduzierte Wiederherstellung oder Aufrechterhaltung unseres Stoffwechsels sowie der Bioenergetik unseres gesamten Körpers verändert somit die homöostatischen Signale, die im gesunden Zustand sowie bei Krankheit die Nährstoffaufnahme und die Verfügbarkeit von Wachstumsfaktoren in einer Vielzahl von Geweben beeinflussen.** Daher wäre es sehr wünschenswert, zuverlässige epigenetische Biomarker zur Beurteilung der interindividuellen Variant der Wirkung von Bewegungstraining in der Prävention und Therapie von Stoffwechselerkrankungen zu finden. Ein möglicher Biomarker ist die epigenetische Modifikation regulatorischer Regionen des *PPARGC1A*-Gens durch DNA-Methylierung im Skelettmuskel.

Körperliche Aktivität wirkt sich auch positiv auf Erkrankungen aus, die nicht direkt mit dem Energiestoffwechsel zusammenhängen, wie Krebs, psychische Störungen und neurodegenerative Erkrankungen. Das ist zu einem großen Teil auf die entzündungshemmende Wirkung von Bewegung zurückzuführen, die zu einer höheren Produktion und Freisetzung von Myokinen[10] und der verringerten

---

[10] Myokine sind entzündungshemmende Zytokine der Skelettmuskulatur.

Expression von TLR in assoziierten Zellen führt. TLRs sind Mustererkennungs-rezeptoren auf der Oberfläche von Immunzellen, wie Monozyten und Makrophagen, die Krankheitserreger erkennen und die angeborene Immunantwort initiieren (Abschn. 8.2). Diese entzündungshemmende Wirkung verhindert die Produktion von entzündungssteigernden Zytokinen. Intensive körperliche Aktivität reduziert die Anzahl der entzündungssteigernden Monozyten und erhöht die Zahl der zirkulierenden regulatorischen T-Zellen (T_{REG}). T_{REG} sind eine spezialisierte T-Zell-Subpopulation, die eine Überaktivität des Immunsystems unterdrücken (Abschn. 8.3). Da regelmäßige Bewegung die Fettmasse reduziert, kommt es zu einer geringeren Infiltration von Makrophagen in das weiße Fettgewebe und zu einem Wechsel von Makrophagen vom Typ M1 zu Typ M2 (Abschn. 9.2). Das führt zu einem Anstieg des Adiponektinspiegels und einer Abnahme von entzündungs-steigernden Adipokinen, wie IL6, TNF und Leptin, im Blut. Körperliche Bewegung beeinflusst auch das ZNS. Impulse des Gehirns und der sich kontrahierenden Muskeln erhöhen die Produktion von Kortisol und Adrenalin in den Nebennieren. Diese Hormone unterdrücken Entzündungen, indem sie die Produktion von ent-zündungsfördernden Zytokinen in Monozyten und Makrophagen verhindern.

Die weltweite Fettleibigkeitsepidemie geht einher mit zu geringer körper-licher Aktivität der Betroffenen (Abschn. 9.1). Daher wird eine pharmakologische Intervention mit sogenannten Trainingsmimetika in Betracht gezogen. Das sind Substanzen, die dem Körper vortäuschen, er bewege sich, indem sie bestimmte zelluläre Stoffwechselprozesse oder Signalwege in der Weise modulieren, wie sie unter tatsächlicher körperlicher Aktivität verändert werden, z. B. über Modulation von Umbau und Bioenergetik der Mitochondrien. Auf diese Weise werden die Vorteile von Training und Bewegung genutzt, wie eine gesteigerte mitochondriale oxidative Phosphorylierung und ein stimulierter Fettsäurestoffwechsel, was zu einem niedrigeren Blutzuckerspiegel, reduzierten Entzündungen und erhöhter Ausdauer führt. Beispielsweise aktiviert der körpereigene Metabolit AICAR[11] sowie die synthetische Substanz GW501516 die Kinase AMPK bzw. den Kern-rezeptor PPARδ. Beide Proteine spielen eine Schlüsselrolle in der Regulation der mitochondrialen Biogenese und der β-Oxidation von Fettsäuren. Das induziert einen Energieverbrauch ohne die vorherige Steigerung der körperlichen Aktivität. Obwohl das Potenzial von Trainingsmimetika zur effizienten Fettverbrennung eine interessante Therapiemöglichkeit darstellt, **besteht die begründete Gefahr, dass die Moleküle zum Doping von Hochleistungssportlern eingesetzt werden.**

6.5 Kalorienrestriktion und der zelluläre Energiestatus

Ohne Energieversorgung funktioniert das Leben aus thermodynamischen Gründen nicht, d. h. es gäbe kein Leben ohne energiereiche Nährstoffe, wie Fettsäuren oder Glukose (Abschn. 4.1). Wird die Nahrungsaufnahme von Modellorganismen, wie

---

[11] AICAR = 5-Aminoimidazol-4-Carboxamidribonukleotid.

Hefen, Fadenwürmern oder Fliegen, reduziert, steigt deren Lebensdauer bis zu einem gewissen Maß an Nahrungsreduktion auf ein Maximum an, nimmt jedoch mit noch geringerer Nahrungszufuhr dann wieder rapide ab. Das deutet darauf hin, dass es einen Spezies-spezifischen optimalen Prozentsatz der Nahrungsreduktion und des Effektes auf die Lebensverlängerung gibt (Abb. 6.3). Im Allgemeinen inaktiviert eine Kalorienrestriktion einen oder mehrere Nährstoff-Signalübertragungswege, wie die von Insulin/IGF1 oder TOR (Abschn. 13.3). In Zeiten der Nahrungsknappheit gehen die Organismen in einen „Standby"-Modus, in dem Zellteilung und Reproduktion minimiert oder sogar gestoppt werden, um Energie für Reparatursysteme zu sparen, die das Überleben der Reproduktion vorziehen. **Auf diese Weise haben die meisten Spezies ein Antialterungssystem entwickelt, um Hungerperioden zu überleben.**

Bei Menschen und anderen Säugetieren hat eine extreme Kalorienrestriktion nachteilige Auswirkungen auf die Gesundheit, wie z. B. Unfruchtbarkeit und Immunschwäche. Vorteilhafte Auswirkungen einer mäßigen Kalorienrestriktion

		Zunahme der Lebensspane [-fach]		Positive Effekte auf die Gesundheit	
		Kalorienrestriktion	Mutationen/ Medikamente	Kalorienrestriktion	Mutationen/ Medikamente
S. cerevisiae		3	10 unter Fasten	Verlängerte Reproduktionsphase	Verlängerte Reproduktionsphase, verringerte schädliche DNA Mutationen
C. elegans		2-3	10	Resistenz gegen falsch exprimierte toxische Proteine	Zusätzliche Beweglichkeit, Resistenz gegen falsch exprimierte toxische Proteine und Keimbahnkrebs
D. melanogaster		2	1,6-1,7	Nichts berichtet	Resistenz gegen bakterielle Infektionen, erweiterte Flugfähigkeit
M. musculus		1,3-1,5	1,3-1,5 100% zusammen mit Kalorienrestriktion	Schutz gegen Krebs, T2D, Arteriosklerose, Herz-Kreislauf-, Autoimmun-, Nieren- und Atemwegserkrankungen, weniger Neurodegeneration	Reduzierte Tumorinzidenz, Schutz vor altersabhängigen kognitiven Verfall, Kardiomyopathie, Fettleber und Nierenläsionen, erhöhte Insulinempfindlichkeit
M. mulatta		Trend beschrieben	Nicht getestet	Vermeidung von Fettleibigkeit, Schutz gegen T2D, Krebs und Herz-Kreislauf-Erkrankungen	nicht getestet
H. sapiens		Nicht getestet	Nicht getestet GHR-defiziente Individuen werden älter	Vermeidung von Fettleibigkeit, T2D und Bluthochdruck Reduziertes Risiko für Krebs und Herz-Kreislauf-Erkrankungen	Mögliche Verminderung von Krebs und T2D

Abb. 6.3 Kalorienrestriktion. In einer Reihe von Modellorganismen wurden Experimente zur Kalorienrestriktion durchgeführt, bei denen nährstoffsensitive Wege genetisch oder chemisch moduliert wurden. Es gibt jedoch eine breite Palette von Ergebnissen, und die langfristigen Auswirkungen auf den Menschen sind noch nicht bekannt

werden jedoch sowohl durch eine Verringerung der Kohlenhydrataufnahme als auch durch eine Verringerung der Fett- oder Proteinaufnahme erzielt. Eine Kalorienrestriktion kann die Lebensdauer von Nagetieren um bis zu 60 % verlängern. Im Allgemeinen zeigen Nagetiere mit eingeschränkter Ernährung viele metabolische, hormonelle und strukturelle Anpassungen bei der Reduzierung der Körperfettmasse, wie z. B. eine höhere Insulinsensitivität und eine Abnahme an Entzündungen und oxidativen Schäden (Tab. 6.5). Das wird auch bei kalorienreduziert gehaltenen Affen beobachtet. Bei Rhesusaffen reduzierte beispielsweise eine Kalorienrestriktion von 30 % über 20 Jahre die Inzidenz von Krebs und Herz-Kreislauf-Erkrankungen im Vergleich zu Kontrollen um 50 %. Analog dazu bietet die Kalorienrestriktion auch beim Menschen positive Auswirkungen bezüglich Fettleibigkeit, Insulinresistenz, Entzündungen und oxidativer Schädigung. Darüber hinaus zeigt der Mensch auch Anpassungen in seinen Hormonkreisläufen, wie erhöhte Adiponektinspiegel und reduzierte Konzentrationen der Hormone Triiodthyronin, Testosteron und Insulin. Außerdem werden geringere Spiegel an Cholesterin und dem Endzündungsmarker CRP beobachtet und der Blutdruck sinkt. **Somit schützt eine Kalorienrestriktion bei Nagetieren, Affen und sogar beim Menschen vor altersbedingten Krankheiten, wie T2D, Herz-Kreislauf-Erkrankungen und Krebs.**

Trotz überzeugender Belege für den gesundheitlichen Nutzen einer Kalorienrestriktion wird dieser Ansatz in der Allgemeinbevölkerung sozial und ethisch nicht akzeptiert, um das Risiko altersbedingter Erkrankungen zu reduzieren, d. h. die Gesundheitsspanne zu erhöhen. Eine Alternative können

Tab. 6.5 Auswirkungen der Kalorienrestriktion auf Säugetiergewebe

Gewebe	Auswirkungen einer Kalorienrestriktion
Leber	Erhöhung der Gluokoneogenese und Glykogenolyse Abnahme der Glykolyse
Muskel	Steigerung der mitochondrialen Biogenese und Atmung Erhöhung der β-Oxidation von Fettsäuren Steigerung des Proteinumsatzes
Fett	Abnahme der Akkumulation von Triglyzeriden Abnahme des sezernierten Leptins Erhöhung des sezernierten Adiponektins
Pankreas, β-Zellen	Abnahme des sezernierten Insulins
Gehirn	Abnahme der Hypophysensekretion von Wachstumshormon, Schilddrüsenhormon, Gonadotropinen Erhöhung der Nebennierenausschüttung von Kortikoiden
Ganzer Organismus	Erhöhung der Insulinsensitivität und Senkung des Blutzuckers Stimulation des Stoffwechsels

wiederholte Fasten- und Esszyklen sein, die zumindest bei Ratten die Lebensdauer um mehr als 80 % verlängern. Darüber hinaus sind Mäuse schlank, die eine fettreiche Ernährung mit regelmäßigen Fastenpausen erhalten, weisen weniger zirkulierende Entzündungsmarker auf und haben keine Fettleber im Vergleich zu Mäusen, die eine äquivalente Gesamtkalorienzahl *ad libitum* zu sich nehmen. Es gibt verschiedene Strategien zur Änderung der Energieaufnahme oder der Dauer von Fasten- und Fütterungszeiten, die die Gesundheit von Säugetieren verbessern können, wie z. B.:

- klassische Kalorienrestriktion, d. h. eine tägliche Reduzierung der empfohlenen Zufuhr um 15 bis 40 %
- zeitlich begrenzte Essensperioden, d. h. tägliche Nahrungsaufnahme innerhalb eines 4–12 h-Fensters
- intermittierendes, periodisches vollständiges oder teilweises Fasten, d. h. eine periodische, ganz- oder mehrtägige Verringerung der Nahrungsaufnahme
- das Fasten nachahmende Diäten, d. h. die Kalorienzufuhr reduzieren und die Ernährungszusammensetzung ändern, aber nicht fasten.

Zyklen aus Fasten- bzw. Fastennachahmungsdiäten fördern die Aktivierung hämatopoetischer Stammzellen (HSCs) (Abschn. 8.1) und die Regeneration von Immunzellen, modulieren das Darmmikrobiom und fördern die T-Zell-abhängige Elimination von Krebszellen (Abschn. 14.4).

Unser Körper ist genetisch noch weitgehend an ein Leben als Jäger und Sammler angepasst, bei dem sich das Nahrungsverhalten nach einer erfolgreichen Jagd möglicherweise vom Fasten zu einem Überessen verlagerte. Die Wirksamkeit der meisten Fastenstrategien ist jedoch wahrscheinlich begrenzt, wenn sie nicht mit Diäten kombiniert werden, die gesundheitliche Vorteile haben, wie z. B. mediterrane oder nordische Diät (Box 6.1). **Somit ist der Wechsel zwischen Aufnahme, Verbrauch und Speicherung von Nährstoffen, also zwischen Essen und Fasten, ein fein abgestimmtes regulatorisches, evolutionär konserviertes Programm, in dem sich nährstoffsensitive Signalübertragungswege mit den Signalübertragungswegen der Nahrungsbeschränkung die Balance halten.**

Weiterführende Literatur

Afshin, A., Sur, P. J., Fay, K. A., Cornaby, L., Ferrara, G., Salama, J. S., Mullany, E. C., Abate, K. H., Abbafati, C., Abebe, Z., et al. (2019). Health effects of dietary risks in 195 countries, 1990–2017: A systematic analysis for the Global Burden of Disease Study 2017. *Lancet, 393*, 1958–1972.

Blüher, M. (2019). Obesity: Global epidemiology and pathogenesis. *Nature reviews. Endocrinology, 15*, 288–298.

Fan, W., & Evans, R. M. (2017). Exercise mimetics: Impact on health and performance. *Cell Metabolism, 25*, 242–247.

Hawley, J. A., Hargreaves, M., Joyner, M. J., & Zierath, J. R. (2014). Integrative biology of exercise. *Cell, 159*, 738–749.

James, W. P. T., Johnson, R. J., Speakman, J. R., Wallace, D. C., Frühbeck, G., Iversen, P. O., & Stover, P. J. (2019). Nutrition and its role in human evolution. *Journal of Internal Medicine,* 533–549.

Loos, R. J. F., & Yeo, G. S. H. (2022). The genetics of obesity: From discovery to biology. *Nat Rev Genetics, 23*, 120–133.

Pavan, W. J., & Sturm, R. A. (2019). The genetics of human skin and hair pigmentation. *Annual Review of Genomics and Human Genetics, 20*, 41–72.

Embryogenese und Zelldifferenzierung

7

Zusammenfassung

In diesem Kapitel werden die epigenetischen Aspekte der frühen Embryonalentwicklung diskutiert. Von allen Phasen unseres Lebens ist die Embryogenese der Zeitraum, in dem Epigenetik den größten Einfluss hat und in der wir am meisten anfällig für Umwelteinflüsse sind. Epigenetik steuert die Programmierung von Urkeimzellen, induzierte Pluripotenz sowie die Funktion adulter Stammzellen in der Gewebehomöostase. Diese Beispiele demonstrieren den Einfluss der Epigenetik auf die Organisation unseres Körpers bei Gesundheit und Krankheiten.

7.1 Epigenetische Veränderungen während der Embryogenese

Unser Körper besteht aus etwa 30 Billionen Zellen, die mehr als 400 verschiedene Gewebe und Zelltypen bilden. Die Embryonalentwicklung ist ein streng regulierter Prozess, der aus einem identischen Genom diese große Vielfalt an Zelltypen hervorbringt. In jeder Zelle dient Chromatin als spezifischer Filter für die Informationen im Genom (Kap. 2 und 3). Es bestimmt, welche Gene exprimiert werden und welche nicht, d. h. **zelluläre Diversität basiert eher auf Epigenomik als auf Genomik.** Das Differenzierungsprogramm der Embryogenese ist ein perfektes System, an deren Beispiel die Koordination der Abstammungslinien und der Spezifizierung der Zellidentität beobachten werden kann. Die Embryogenese erfordert eine Koordination zwischen der Zunahme der Zellmasse und der Diversifizierung der expandierenden Zellpopulationen in verschiedene Zelltypen. Dieser Prozess ist unter der Kontrolle genregulatorischer Netzwerke und beinhaltet signifikante Veränderungen in der epigenetischen Landschaft (Abschn. 2.2).

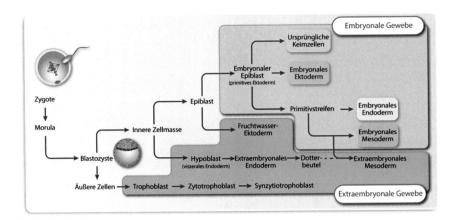

Abb. 7.1 Fahrplan der frühen Entwicklung beim Menschen. Einzelheiten sind im Text angegeben. Die gestrichelte Linie zeigt einen möglichen doppelten Ursprung des extraembryonalen Mesoderms an

Bei der Befruchtung verschmelzen haploide Gameten, Eizelle und Spermium, und bilden die diploide **Zygote** (Abb. 7.1). Eine Reihe von Teilungen der Zygote erzeugt das totipotente 16-Zell-Morula-Stadium (Box 2.1). Einige Tage nach der Befruchtung verbinden sich die Zellen am äußeren Teil der Morula fest miteinander und bilden im Inneren einen Hohlraum. Im **Blastozystenstadium** (50–150 Zellen) findet eine erste Differenzierung statt. Die äußeren Zellen (Trophoblasten) sind die Vorläufer der extraembryonalen Zytotrophoblasten, die Chorionzotten und Synzytiotrophoblasten bilden, welche in die Gebärmutter eindringen, d. h. diese Zellen bilden die Plazenta und andere extraembryonale Gewebe. Noch bevor sich die Blastozyste in die Gebärmutterwand einnistet, beginnen sich ihre inneren Zellen, die sogenannte **innere Zellmasse,** in zwei Schichten, den Epiblast und den Hypoblast, zu differenzieren. Aus dem Epiblast entstehen einige extraembryonale Gewebe sowie alle Zellen des späteren Embryos und Fötus. Im Gegensatz dazu ist der Hypoblast der Vorläufer von extraembryonalem Gewebe, einschließlich der Plazenta und des Dottersacks.

Einige der embryonalen Epiblastenzellen bilden die PGCs. Diese Zellen sind die Begründer der Keimbahn und stellen eine Verbindung zwischen verschiedenen Generationen der Familie eines Individuums her. Während der Gastrulationsphase teilen sich die anderen Zellen des embryonalen Epiblasten auf die drei Keimblätter **Ektoderm, Mesoderm und Endoderm** auf, die die Vorläufer aller somatischen Gewebe sind. Die Zellen dieser Keimblätter sind nur multipotent, d. h. sie können sich nicht in jedes andere Gewebe umwandeln. Beispielsweise können Ektodermzellen in einer Reihe aufeinanderfolgender Differenzierungsschritte Epidermis, Neuralgewebe und Neuralleiste bilden, aber keine Nieren- (Mesoderm-abgeleitet) oder Leberzellen (Endoderm-abgeleitet).

Vor der Befruchtung beträgt die CpG-Methylierungsrate der haploiden Genome von Spermien und Eizelle 90 bzw. 40 % (Abb. 7.2, links). Das Chromatin von

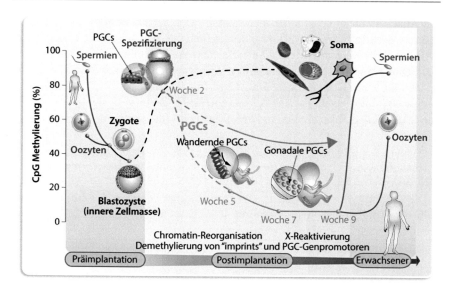

Abb. 7.2 Epigenetische Umprogrammierung während der Embryogenese. DNA-Methylierung ist die stabilste epigenetische Modifikation und vermittelt häufig eine permanente Genabschaltung, sowohl während der Embryogenese als auch im Erwachsenenalter. Dementsprechend gibt es eine Hierarchie von Ereignissen, bei denen die DNA-Methylierungsmarker typischerweise nach Änderungen in Histonmodifikationen hinzugefügt oder entfernt werden, d. h. sie treten meist am Ende des Differenzierungsprozesses auf. Daher ist in dieser Grafik der Prozentsatz der CpG-Methylierung als repräsentative Markierung für Veränderungen des Epigenoms angegeben. Während der Embryogenese treten zwei Wellen globaler Demethylierung auf: die erste in der Präimplantationsphase (Woche 1), die alle Zellen des Embryos betrifft, und die andere betrifft nur die PGCs während der Phase ihrer Spezifikation, die ein Minimum von etwa 5 % CpG-Methylierung in Woche 7–9 erreichen. Einige Regionen des Genoms, an einzelnen Genen wie auf repetitiver DNA, bleiben methyliert und sind Kandidaten für die transgenerationale epigenetische Vererbung (Abschn. 13.2). Gepunktete Linien zeigen die Dynamik der Methylierung. Nach der Implantation findet eine Genom-weite *de novo* DNA-Methylierung statt. In PGCs zweite Welle der *de novo* DNA-Methylierung statt: bei Männern bereits nach der 9. Woche, bei Frauen jedoch erst nach der Geburt. Wichtig ist, dass die meisten CpG-reichen Promotoren in allen Stadien der Embryogenese nicht-methyliert bleiben, d. h. sie sind von diesen Wellen der Methylierung und Demethylierung nicht betroffen

Spermien ist 10-mal stärker verdichtet als das von somatischen Zellen und die meisten Histone werden durch Protamine ersetzt. Protamine sind Arginin-reiche Kernproteine, die eine noch dichtere Verpackung der DNA ermöglichen als Histone. Folglich ist das Genom der Spermien transkriptionell abgeschaltet, während in der Eizelle viele Gene aktiv sind. Nach der Befruchtung, im Stadium der Zygote, bleiben die beiden haploiden elterlichen Genome zunächst getrennt in ihren unterschiedlichen Zuständen der Chromatinorganisation. Dann werden beide Genome weitgehend demethyliert, aber das väterliche Genom viel schneller als das mütterliche Genom (Abb. 7.2, links). Parallel dazu werden die Protamine im väterlichen Chromatin wieder durch Histone ersetzt. In den folgenden

Zellteilungen, die dem Blastozystenstadium vorangehen, erfolgt eine **passive**[1] **Demethylierung in beiden Elterngenomen, bis die Abstammungs-spezifischen DNA-Methylierungsmuster wiederhergestellt sind.** Darüber hinaus gibt es im väterlichen Epigenom einen schnellen Anstieg von 5hmC und 5fC/5caC, was ein Zeichen für eine TET-vermittelte 5mC-Oxidation ist (Abschn. 3.1). Dieser Prozess beschleunigt die Demethylierung des väterlichen Epigenoms. Es wird jedoch nicht eine vollständige Demethylierung des Epigenoms durchgeführt und etwa 5 % der 5mC-Markierungen bleiben aktiv, was möglicherweise durch Schutz durch methylbindende Proteine wie MBD-Proteine geschieht (Abb. 7.2, rechts). **Dieser Prozess dient als Grundlage für die generationsübergreifende epigenetische Vererbung** (Abschn. 13.2).

Die Genom-weite epigenetische Neuprogrammierung vor der Implantation stellt das Epigenom von Zygoten auf sogenannte naive Pluripotenz[2] **zurück.** Dieser Prozess ist in PGCs weitaus ausgeprägter als in anderen Zellen des Embryos, um genetische Prägungen und die meisten anderen epigenetischen Erinnerungen zu löschen (Abb. 6.2). Da DNA-Methylierung ein wichtiger epigenetischer Schalter für das Abschalten von Genen ist, der die Genexpression moduliert und die Genomstabilität aufrechterhält (Abschn. 3.1), birgt der vorübergehende Verlust der DNA-Methylierung in PGCs das Risiko, die Aktivierung von Retrotransposonen, Proliferationsdefekte und sogar den Zelltod zu verursachen. Daher sichert in dieser Phase der Embryogenese die Genom-weite Reorganisation unterdrückender Histonmodifikationen über die Wirkung von pluripotenten Transkriptionsfaktoren die Integrität des Genoms.

In der frühen Embryogenese unterscheiden sich die mütterlichen und väterlichen Epigenome auch signifikant hinsichtlich ihrer Histonmodifikationsmuster. Das globale Muster von Histonmarkierungen innerhalb des mütterlichen Epigenoms ähnelt dem somatischer Zellen, während das väterliche Epigenom aufgrund des Protamin-Histon-Austauschprozesses hyperacetyliert ist, oft die Histonvariante H3.3 enthält und frei von H3K9me3 und H3K27me3 Markierungen ist, die Marker für konstitutives Heterochromatin darstellen. Auf dem väterlichen Epigenom tritt die erste Einfachmethylierung bei H3K4, H3K9, H3K27 und H4K20 auf. An diesen Positionen führen verschiedene KMTs eine Zweifach- und Dreifachmethylierung durch. Dieser Prozess findet auch auf dem mütterlichen Epigenom direkt nach der Befruchtung statt, wobei Heterochromatinmarkierungen wie H4K20me3 und H3K64me3 aktiv entfernt werden, während H3K9me3 passiv verloren geht. Diese anfängliche Asymmetrie in der Methylierung von väterlichem und mütterlichem Epigenom gleicht sich im Laufe der weiteren Entwicklung weitgehend aus. Bestimmte Regionen im Genom, wie z. B. ICRs (Abschn. 3.2),

---

[1] Die Demethylierung ist passiv, weil mit jeder Zellteilung die Wiederherstellung der Methylierungsmuster unterbunden wird.

[2] Mit naiver Pluripotenz ist ein Zustand der Zellen (und ihres Epigenoms) gemeint, in der sie totipotent sind und sich in jeden anderen Typ von Zelle differenzieren können und kaum eine „Erinnerung" an ihren vormaligen Zustand haben.

bleiben jedoch zwischen beiden Allelen asymmetrisch, nicht nur auf der Ebene der DNA-Methylierung, sondern auch in Bezug auf ihre Histonmodifikationen, wie z. B. H3K27me3. **Das ist die Grundlage für die genetische Prägung, also für die Vater- und Mutter-spezifische Genexpression.**

Während der Präimplantationsphase fehlt das typische Heterochromatin und das Chromatin weitgehend zugänglich. Das ist notwendig für die epigenetische Neuprogrammierung, wenn Gameten-spezifische Modifikationen entfernt und neue Markierungen wiederhergestellt werden. Im Laufe weiterer Entwicklung, wie auf der Ebene der Blastozysten, weisen Zellen der inneren Zellmasse (die den Embryo bilden) ein höheres Maß an DNA-Methylierung und H3K27-Methylierung sowie niedrigere Histon H2A- und/oder H4-Phosphorylierung auf, als Zellen des Trophektoderms (die die Plazenta bilden). Diese Asymmetrie des Epigenoms ist ein Zeichen der Differenzierung der jeweiligen Zelltypen und regelt die Zuordnung in verschiedene Abstammungslinien des frühen Embryos. Dementsprechend ist die präzise und robuste Genregulation durch die Kontrolle der Zugänglichkeit und Aktivität von Promoter- und Enhancerregionen von wesentlicher Bedeutung (Abschn. 7.2).

7.2 Stammzellen und zelluläre Pluripotenz

Stammzellen besitzen sowohl die Fähigkeit zur Selbsterneuerung, d. h. zahlreiche Zellzyklen undifferenziert durchlaufen zu können, als auch die Eigenschaft, sich in spezialisierte Zelltypen zu differenzieren. Daher müssen Stammzellen entweder totipotent oder pluripotent sein (Box 2.1). ES-Zellen kommen nur in der inneren Zellmasse von Blastozysten vor (Abb. 7.2). Zusätzlich enthalten viele adulte Gewebe multipotente Stammzellen, die sich selbst erneuern und in verschiedene Gewebe-spezifische Zelltypen differenzieren können. Daher sind adulte Stammzellen entscheidend für die Homöostase und Regeneration von Geweben. Beispielsweise differenzieren sich HSCs während der Hämatopoese in myeloide und lymphoide Vorläuferzellen, die alle Zelltypen des Blutes hervorbringen und für die ständige Erneuerung des Blutes und Immunsystems verantwortlich sind (Abschn. 8.1). Der Zeitpunkt der Expression von speziellen Transkriptionsfaktoren, sogenannten **Mastertranskriptionsfaktoren,** spielt bei diesen Differenzierungsprozessen eine Schlüsselrolle. Darüber hinaus werden die meisten Gene, die für die Entwicklung wichtig sind, durch mehrere Enhancer reguliert, die sowohl überlappende als auch unterschiedliche räumlich-zeitliche Aktivitäten haben. Abstammungs-spezifische Gene sind häufig zusammen mit Clustern von hochaktiven Enhancern zu finden. Diese sogenannten Super-Enhancer zeigen eine schrittweise Bindung von Abstammungs-bestimmenden Transkriptionsfaktoren. **Somit ändert sich im Verlauf der Entwicklung vom frühen Embryo zu terminal differenzierten Zellen das Epigenom in Promotor- und Enhancerregionen.**

Genom-weite Analysen bestätigen, dass Histonmarkierungen ES-Zellen von terminal differenzierten Zellen und Pluripotenzgene von Abstammungs-spezifischen Genen unterscheiden. In ES-Zellen (Abb. 7.3, oben) sind

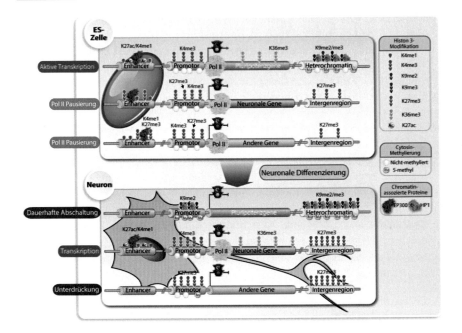

Abb. 7.3   Chromatinzustände von ES-Zellen im Vergleich zu Abstammungs-spezifischen Zellen. Die Chromatinstadien an Enhancern, Promotoren, Genkörpern und Heterochromatin auf pluripotenten Genen, neuronalen Genen und Genen anderer Abstammungslinien werden zwischen ES-Zellen (**oben**) und neuralen Zellen (**unten**) verglichen. Näheres findet sich im Text

Enhancerregionen beider Pluripotenzgene mit H3K4me1- und H3K27ac-Markierungen angereichert. Diese Gene werden aktiv transkribiert, da auch ihre TSS-Regionen mit H3K4me3 markiert sind und ihre Genkörper H3K36me3-Modifikationen aufweisen. Im Gegensatz dazu tragen Enhancer von Genen, die Differenzierung zu spezifischen Zelltypen bestimmen, H3K4me1-Markierungen und   unterdrückende   H3K27me3-Markierungen   anstelle   von   H3K27ac-Markierungen. Dadurch bleiben die Gene in einem ausgeglichenen Zustand, selbst wenn ihre TSS-Regionen H3K4me3-Markierungen tragen. Somit haben Enhancer und Promotoren von bereiten Genen[3] sowohl aktivierende als auch inaktivierende Histonmarkierungen, d. h. sie sind Beispiele für bivalente Chromatinzustände, aus denen sie entweder vollständig aktiviert oder unterdrückt werden.

Nach der Differenzierung zu einer bestimmten Abstammungslinie, wie z. B. zu Neuronen (Abb. 6.3, unten), werden nur Abstammungs-spezifische Gene durch H3K27ac in den Enhancer- als auch in den Promotorregionen markiert

---

[3] „Bereite" Gene haben ihre Enhancer- und TSS-Regionen in fakultativen Heterochromatin, d. h. sie sind leicht zu aktivieren.

sowie zusätzlich durch H3K4me1 an ihren Enhancern. Dann wird die Pausierung von Pol II aufgehoben und die mRNA-Transkription fortgesetzt. Gene anderer Abstammungslinien verlieren die Markierungen an ihren Enhancern und erhalten unterdrückende H3K27me3-Markierungen an ihren TSS-Regionen. Darüber hinaus erhalten Pluripotenzgene H3K9me3-Markierungen und DNA-Methylierung an ihren Promotorregionen, um diese für den Rest des Lebens des Individuums stabil zu unterdrücken. Während des Differenzierungsprozesses werden Heterochromatinregionen durch H3K9me2- und H3K9me3-Modifikationen markiert. Außerdem wird die DNA-Methylierung erweitert, sodass das Chromatin stärker verdichtet wird. In nichtexprimierten Genen sowie in Regionen zwischen Genen nehmen H3K27me3-Markierungen ebenfalls zu. Im Gegensatz dazu entfernen KDMs während der Festlegung der Abstammungslinie H3K27me3-Markierungen von spezifischen Promotor-assoziierten CpGs, um die jeweiligen Gene transkriptionsdurchlässig zu machen. Dazu gehört auch die Entfernung von Nukleosomen aus TSS-Regionen durch Chromatinremodellierer (Abschn. 3.5).

Vor etwa 20 Jahren wurde die Technik der zellulären Umprogrammierung von terminal differenzierten Zellen in induzierte Pluripotenz, d. h. die Erzeugung von iPS-Zellen, erfunden. Das Verfahren nutzt die überdurchschnittlich hohe Expression der pluripotenten Transkriptionsfaktoren OCT4, SOX2[4], KLF4[5] und MYC, um das Epigenom terminal differenzierter Zellen umzuprogrammieren und einen stabilen pluripotenten Zustand zu induzieren, der ähnlich dem einer ES-Zelle ist. OCT4, SOX2 und KLF4 unterdrücken kooperativ Abstammungs-spezifische Gene und aktivieren Pluripotenzgene (Abb. 6.3), während MYC-Überexpression die Zellproliferation stimuliert, einen metabolischen Wechsel von einem oxidativen zu einem glykolytischen Zustand induziert[6] und eine Freisetzung und Promotor-Neubeladung durch Pol II vermittelt. Dennoch ist die Induktion der Pluripotenz sehr ineffizient und nur 0,1–3 % einer Zellpopulation werden vollständig neu programmiert. Es gibt also eine Reihe epigenetischer Barrieren, die die Identität der Ausgangszellen stabilisieren und ihre Umprogrammierung verhindern. **Trotzdem hat die Methode das Potenzial, erkrankte Organe zu regenerieren und liefert auch weitere Einblicke in die Prinzipien der epigenetischen Kontrolle der Zelldifferenzierung.**

Während der normalen Entwicklung von Stammzellen über Vorläuferzellen zu terminal differenzierten Zellen kommt es zu einer allmählichen Platzierung unterdrückender epigenetischer Markierungen, wie DNA-Methylierung und Histonmethylierung, kombiniert mit einer eingeschränkteren Zugänglichkeit von genomischer DNA. Daher führt die Überexpression von pluripotenten Transkriptionsfaktoren zu markanten Veränderungen des epigenetischen Stadiums somatischer Zellen, wodurch das Stadium pluripotenter Zellen etabliert wird.

---

[4] SOX2 = SRY-Box 2.

[5] KLF4 = Krüppel-ähnlicher Faktor 4.

[6] Das ist der sogenannte Warburg-Effekt, der auch bei Krebszellen beobachtet wird.

Nach Waddingtons Modell einer epigenetischen Landschaft (Abschn. 2.2), in der eine bergab rollende Kugel die Entwicklung von einer Stammzelle zu einer terminal differenzierten Zelle darstellt (Abb. 2.3), bedeutet zelluläre Umprogrammierung, über Veränderungen des Epigenoms die Kugel/Zelle wieder auf den Gipfel des Hügels zurück zu rollen. Darüber hinaus können sich Kugeln/Zellen nur einen Teil des Weges den Hügel hinauf bewegen und wieder hinunter rollen, indem sie ein anderes „Tal", eine diskrete Anzahl von Mulden passieren oder sogar von einem Tal zum anderen wandern, ohne wieder bergauf zu gehen. Letzterer Prozess wird als **Transdifferenzierung** bezeichnet und resultiert in einer anderen Art von terminal differenzierter Zelle.

7.3   Epigenetische Dynamik während der Differenzierung

Differenzierte Zellen teilen zugängliche Chromatinregionen mit der ES-Zelle, von der sie abstammen, aber die Ähnlichkeit in der epigenetischen Landschaft (Abschn. 2.2) nimmt ab, wenn die Zellen reifen. Nach der Festlegung auf eine bestimmte Abstammungslinie erweitert sich das Repertoire der Zelle für zugängliche Bindungsstellen von Transkriptionsfaktoren, die für diese Abstammungslinie spezifisch sind, während es für Transkriptionsfaktorbindungsstellen anderer Abstammungslinien deutlich abnimmt. Somit wird die epigenetische Landschaft von terminal differenzierten Zellen durch die „Talhänge" eingeschränkt, deren Höhe durch genregulatorische Netzwerke bestimmt wird. Diese Netzwerke werden durch spezifische DNA-Methylierung und Histonmodifikationen sowie durch eine geeignete 3D-Architektur gebildet (Kap. 2). Auf diese Weise wird verhindert, dass Zellen ihren Zustand wechseln (Abb. 7.4, links). **Als Reaktion auf relevante intra- und extrazelluläre Signale ermöglicht das Epigenom jedoch auch Zellzustandsübergänge.** Wenn die Homöostase des Chromatins z. B. durch Epimutationen (Abschn. 11.1) gestört wird, reagieren Zellen nicht angemessen auf diese Signale. Zu restriktive Chromatinnetzwerke schaffen epigenetische Barrieren, die alle Arten von Zellzustandsübergängen verhindern (Abb. 7.4, Mitte). Im Gegensatz dazu haben übermäßig durchlässige Chromatinnetzwerke sehr niedrige Barrieren und ermöglichen mehrere Arten von Zellzustandsübergängen (Abb. 7.4, rechts). Beispielsweise tragen Abweichungen von der Norm zur Tumorentstehung bei.

Änderungen in der Zellidentität spiegeln sich durch geänderte Verwendung der Enhancer- und Promotorregionen wider. Viele der regulatorischen Regionen, die in der frühen Embryogenese aktiv sind, verlieren ihre Aktivität während der fortschreitenden Differenzierung. Das wird durch die Aktivität von TSS-Regionen und bereiten Enhancern kompensiert, von denen einige zu Super-Enhancern werden. Änderungen bei der Verwendung von Enhancern erfordern eine Chromatin-3D-Struktur, die es einem neuen Satz von Enhancern ermöglicht, mit ihren Zielpromotoren zu interagieren. Parallel dazu werden Heterochromatinherde in differenzierten Zellen stärker und sind häufiger verdichtet als in undifferenzierten Zellen. Während H3K27me3-Markierungen in ES-Zellen nur fokale Verteilungen

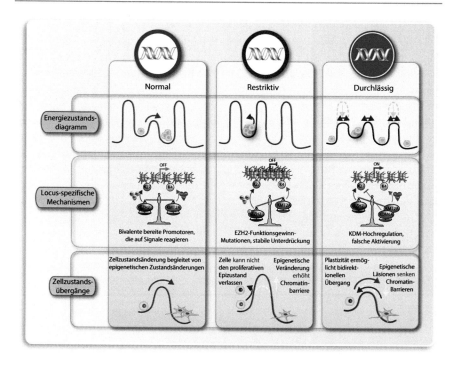

Abb. 7.4 Chromatinstruktur, Zellidentität und Zellzustandsübergänge. In normalen Zellen (**links**) stabilisieren Netzwerke von Chromatinproteinen den Zellzustand, vermitteln aber auch die Reaktion auf intra- und extrazelluläre Reize und ermöglichen gelegentlich Zellzustandsübergänge. Zellen, in denen das Chromatinnetzwerk gestört ist, reagieren jedoch nicht angemessen. Bei restriktivem Chromatin (**Mitte**) verhindern epigenetische Barrieren Zellzustandsübergänge, während bei übermäßig durchlässigem Chromatin (**rechts**) diese Barrieren gesenkt werden und einen einfachen Übergang zu anderen Zellzuständen ermöglichen. Die Szenarien werden anhand eines Beispiels der zugrunde liegenden molekularen Mechanismen (**oben**) oder als Zellzustands-übergänge (**unten**) veranschaulicht. Blaue Zellkerne stellen normale Zellen dar, während rote Zellkerne auf Krebszellen hinweisen

von Heterochromatin zeigen, dehnen sie sich in differenzierten Zellen weit-gehend über abgeschaltete Gene und Regionen zwischen Genen aus. Das führt zum Abschalten von Pluripotenzgenen, der Aktivierung von Abstammungs-spezi-fischen Genen und der Unterdrückung von Genen, die nicht für die Abstammungs-linie benötigt werden.

Auf der mechanistischen Ebene (Abb. 7.4, oben) lassen sich die Szenarien von normalem, restriktivem und durchlässigem Chromatin am Beispiel der Wirkungen einer KMT, wie EZH2[7], auf unterdrückende H3K27me3-Markierungen und einer KMT zum Aktivieren von H3K4me3-Markierungen wie KMT2A beschreiben.

---

[7] EZH2 = „enhancer of zeste homolog 2", wird auch genannt KMT6A.

EZH2 ist der katalytische Kern des unterdrückenden PRC2-Komplexes und KMT2A gehört zur Trithorax-Familie. Beide Komplexe sind Antagonisten bei der Hämatopoese (Abschn. 8.1). In normalen Zellen sind sowohl KMTs als auch ihre Histonmarkierungen im Gleichgewicht, was zu balanciertem fakultativem Heterochromatin in TSS-Regionen führt. Das bedeutet, dass die jeweiligen Zielgene nur als Antwort auf entsprechende Stimuli transkribiert werden. In reprimierten Zellen kann EZH2 eine Funktionsgewinn[8]-Epimutation aufweisen, wie sie häufig bei mehreren Formen von Lymphomen beobachtet wird. Das führt zu weitaus höheren Spiegeln an unterdrückenden H3K27me3-Markierungen, stabilem Heterochromatin und Inhibition der Gentranskription. In diesem Zustand werden Zellen in ihrer Differenzierung blockiert und mit hoher Proliferationsrate weiter wachsen. Im Gegensatz dazu hemmt in durchlässigen Zellen die Demethylase KDM6A die Wirkung von EZH2 und entfernt H3K27me3-Markierungen. Unter Stressbedingungen werden KDMs oft hochreguliert. Das führt im Endeffekt zur Dominanz von H3K4me3-Markierungen und zur Aktivierung der Genexpression, z. B. von Onkogenen, auch ohne spezifische Stimuli. Im Zellübergangsdiagramm (Abb. 7.4, unten) ist die Barriere zwischen den Zellzuständen bei normalen Zellen mittelhoch, bei reprimierten Zellen sehr hoch oder bei durchlässigen Zellen niedrig.

In der Gewebehomöostase erwachsener Menschen ersetzen residente Stammzellen bei Bedarf beschädigte oder sterbende Zellen. Beispielsweise ist die Epidermis sowohl in Homöostase als auch nach Verletzungen stark von der Funktion von Stammzellen abhängig. In der Epidermis befinden sich Stammzellen ausschließlich in der Basalschicht und Proliferation der Zellen findet nur dort statt. Die Basalschicht füllt das gesamte Gewebe kontinuierlich mit frischen Zellen auf, die durch die verschiedenen Schichten der Epidermis wandern und dabei differenzieren. Während des Prozesses der epidermalen Differenzierung ändert sich der Zustand des Chromatins dynamisch. Genom-weite Spiegel von H3K27me3-Markierungen nehmen während der Differenzierung ab, insbesondere in TSS-Regionen epidermaler Differenzierungsgene. Das geht mit einer verringerten Bindung von PRC2 und einer erhöhten Bindung der H3K27me3-Demethylase KDM6B einher. Darüber hinaus ist bei der epidermalen Differenzierung der Histonacetylierungsgrad Genom-weit verringert und terminal differenzierte Hautzellen zeigen eine höhere Expression von HDAC1 und HDAC2. Schließlich nehmen auch die Genom-weiten DNA-Methylierungsgrade während der epidermalen Differenzierung ab.

Veränderungen in der Selbsterneuerung adulter Stammzellen können entweder zu vorzeitiger Alterung führen (Abschn. 13.4), wenn sie beeinträchtigt ist, oder zu einer Prädisposition für maligne Transformation, wenn sie verstärkt ist (Abschn. 11.2). Während der epigenetischen und zellulären Umprogrammierung

---

[8] Englisch „gain-of-function."

wie auch im Prozess der Tumorentstehung treten ähnliche Genom-weite Veränderungen in der Chromatinstruktur und DNA-Methylierung auf. **Im Vergleich zu terminal differenzierten Zellen weisen sowohl iPS- als auch Krebszellen reduzierte H3K9-Methylierung sowie abweichende Hyperoder Hypomethylierung ihrer DNA auf.** Beispielsweise können verringerte Methylierungsgrade, etwa als Ergebnis einer niedrigen DNMT1-Expression, T-Zell-Lymphome verursachen, aber auch die Bildung von iPS-Zellen fördern. In ähnlicher Weise werden *DNMT3A*-Mutationen bei Leukämie gefunden, und die Herunterregulierung des *DNMT3A*-Gens erleichtert die Bildung von iPS-Zellen.

Die Interpretation zellulärer Umprogrammierung und Transformation als biochemische Reaktionen verdeutlicht, dass beide Prozesse eine vergleichbare epigenetische Barriere überwinden müssen, die die Ausgangszellen stabilisiert (Abb. 7.4, unten). Beide „Reaktionen" beruhen auf mehrstufigen Prozessen, die von der Proliferation über die Veränderung der Zellidentität bis hin zur Bildung unsterblicher Zellen mit tumorigenem Potenzial führen. Darüber hinaus bilden adulte Stammzellen oder Vorläuferzellen im Vergleich zu terminal differenzierten Zellen viel wahrscheinlicher entweder iPS-Zellen oder Tumorzellen. **Das bedeutet, dass Epigenom von Stamm- und Vorläuferzellen empfindlicher auf zelluläre Umprogrammierung und Tumorentstehung reagiert.** iPS-Zellen behalten jedoch das normale intakte diploide Genom der Ausgangszellen bei, während Krebszellen Mutationen anhäufen und häufig Aneuploidie bekommen, d. h. sie haben eine abnormale Anzahl von Chromosomen. Die Gene der vier Pluripotenz-Transkriptionsfaktoren, OCT4, SOX2, KLF4 und MYC, sind häufig bei Krebs amplifiziert oder mutiert, d. h. sie gehören zu den rund 500 bekannten Krebsgenen (Abschn. 8.2).

Zusammengenommen sind die molekularen Merkmale der Epigenetik, wie Histonmodifikationen und DNA-Methylierung, wichtig für die Identität normaler, ausdifferenzierter Zellen. Die meisten dieser epigenetischen Merkmale sind jedoch reversibel, z. B. durch die Anwendung von Inhibitoren Chromatin-modifizierender Enzyme (Abschn. 14.3). **Somit dient dieser epigenetische Prozess als Grundlage für die Therapie von Krebs, neurologischen, metabolischen und immunologischen Erkrankungen.**

Weiterführende Literatur

Carlberg, C., & Molnár, F. (2019). *Human epigenetics: How science works*. Springer textbook.

Hekselman, I., & Yeger-Lotem, E. (2020). Mechanisms of tissue and cell-type specificity in heritable traits and diseases. *Nature Reviews Genetics, 21*, 137–150.

Yadav, T., Quivy, J. P., & Almouzni, G. (2018). Chromatin plasticity: A versatile landscape that underlies cell fate and identity. *Science, 361*, 1332–1336.

Das Immunsystem

8

Zusammenfassung

In diesem Kapitel wird die Bedeutung von Epigenetik für die Funktion des Immunsystem vorgestellt. Das beginnt mit der Hämatopoese, d. h. der lebenslangen Regeneration unserer Blutzellen. Der Prozess produziert weit mehr Zellen als jedes andere Gewebe unseres Körpers. Durch Wachstumsfaktoren stimulierte Signalübertragungswege regulieren in Kombination mit Transkriptionsfaktoren und Chromatin-modifizierende Enzyme die Selbsterneuerung und Differenzierung von HSCs. Die meisten der etwa 100 verschiedenen Zelltypen, die durch Hämatopoese erzeugt werden, gehören zum Immunsystem und unterscheiden sich in ihrer epigenetischen Programmierung, insbesondere an Zell-spezifischen Enhancerregionen. Die epigenetische Regulation ist von grundlegender Bedeutung für die Differenzierung von Immunzellen sowie für ihre adaptive Reaktion auf verschiedene Umweltherausforderungen, wie Infektionen mit Mikroben. Diese epigenetischen Prozesse sind auch die Grundlage für die **trainierte Immunität, die eine Gedächtnisfunktion des angeborenen Immunsystems darstellt.** Im Allgemeinen ist die epigenetische Profilerstellung von Immunzellen ein wichtiges Werkzeug für eine molekulare Beschreibung von Gesundheit und so unterschiedlichen Krankheiten, wie allergischen Reaktionen und Krebs.

8.1 Epigenetik der Hämatopoese

Unser Immunsystem ist ein System aus biologischen Strukturen, wie dem Lymphsystem, Zelltypen wie Leukozyten (zelluläre Immunität) und Proteinen wie Antikörpern und Komplementproteinen (humorale Immunität), die uns vor Infektionskrankheiten und Krebs schützen. Das Immunsystem besteht

C. Carlberg, *Die molekulare Basis von Gesundheit*,
https://doi.org/10.1007/978-3-662-67986-9_8

aus einer Vielzahl hochspezialisierter Zellen (Box 1.2), die alle durch einen Differenzierungsprozess von Blutzellen, die sogenannte Hämatopoese, entstehen. Die meisten Zellen des Immunsystems werden alle paar Tage bis Wochen erneuert. **Zellen des Immunsystems haben eine hohe Zellaustauschrate und sind daher in der Lage, eine maximale adaptive Reaktion auf Umweltveränderungen zu zeigen.** Zusätzlich sind die Zellen des Immunsystems sehr mobil sind und kommen in einer Vielzahl von Subtypen fast überall in unserem Körper vor, also auch in Stoffwechselgeweben und unter Bedingungen von Krankheitsszenarien, wie Fettleibigkeit (Abschn. 9.1). Kernrezeptoren, wie VDR, RAR, LXR und PPAR, haben zentrale Funktionen bei der Wahrnehmung äußerer und innerer Reize sowie bei der Anpassung der jeweiligen Genexpressionsprofile der Immunzellen. Zum Beispiel, die Erfassung des Lipidstatus und die Signalübertragung über Kernrezeptoren spielen eine wichtige Rolle bei der Differenzierung und Spezifikation in Subtypen von Immunzellen, wie T-Zellen, Makrophagen und dendritische Zellen. Das ist einer der Faktoren, wie das Immunsystem mit unserem Ernährungszustand verbunden ist. **Somit koordinieren Makrophagen und dendritische Zellen sowie deren Vorläufer, Monozyten, metabolische, entzündliche und allgemeine Stressreaktionswege über Veränderungen ihres Transkriptomprofils und der jeweiligen Subtypspezifikation.**

Bei der Hämatopoese entstehen jeden Tag aus HSCs etwa 100 Mrd. (10^{11}) Zellen, d. h. im Laufe unseres Lebens produziert das Knochenmark weit mehr Zellen als jedes andere Gewebe unseres Körpers. Dieser hochdynamische Entwicklungsprozess umfasst die Selbsterneuerung multipotenter HSCs sowie deren Differenzierung in einer hierarchischen Kaskade. **Die Hämatopoese führt zu 11 Hauptabstammungslinie reifer Blutzellen, die 100 phänotypisch unterschiedliche Zelltypen aufgeteilt werden** (Abb. 8.1A). HSCs differenzieren zunächst in unreife Vorläuferzellen, wie z. B. multipotente Vorläuferzellen (MPPs), aus denen dann die Vorläuferzellen der myeloiden oder lymphoiden Abstammungslinien hervorgehen, die als gemeinsame myeloische Vorläuferzellen (CMPs) bzw. gemeinsame lymphoide Vorläuferzellen (CLPs) bezeichnet werden. CMPs differenzieren weiter in Megakaryozyten-Erythrozyten-Vorläufer (MEPs) und Granulozyten-Monozyten-Vorläufer (GMPs). Die Zellen der myeloischen Abstammungslinie umfassen Erythrozyten und Blutplättchen sowie Zellen des angeborenen Immunsystems, wie Neutrophile, Eosinophile und Monozyten (die weiter in dendritische Zellen oder Makrophagen differenzieren können). Auf der anderen Seite produziert die lymphoide Abstammungslinie die Hauptzellen des adaptiven Immunsystems, B- und T-Zellen, aber auch NK-Zellen, die zur angeborenen Immunität gehören. Erythrozyten werden auch als rote Blutkörperchen bezeichnet, während myeloide und lymphoide Zellen als **Leukozyten** (weiße Blutzellen) zusammengefasst werden.

Eine Reihe von äußeren und inneren Faktoren, wie Wachstumsfaktor-stimulierte Signalübertragungswege, Transkriptionsfaktoren und Chromatin-modifizierende Enzyme, regulieren das Gleichgewicht zwischen Selbsterneuerung und Differenzierung von HSCs. Im Gegensatz dazu kann eine Störung oder Fehlregulation dieses Prozesses zu hämatologischen Erkrankungen, wie Leukämie,

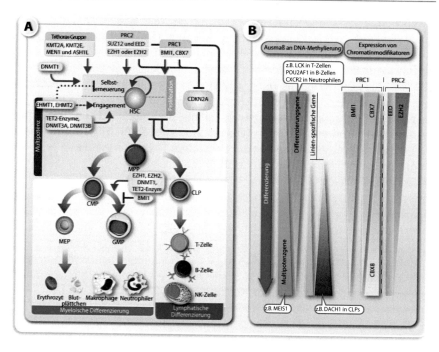

Abb. 8.1 Epigenetik der Hämatopoese. Wichtige Chromatin-modifizierende Enzyme der HSC-Selbsterneuerung und ihre Differenzierung während der Hämatopoese sind illustriert (**A**). Während der Festlegung der hämatopoetischen Abstammungslinien ändern sich die DNA-Methylierungsgrade dynamisch (**B, links**). Die Expression wichtiger epigenetischer Regulatoren verändert sich während der Hämatopoese (**B, rechts**). Weitere Einzelheiten sind im Text angegeben

Lymphom und Myelom, führen. Bei diesen Krankheiten erhöht die übermäßige Produktion von Leukozyten im Knochenmark deren Spiegel im Blutkreislauf erheblich. **Darüber hinaus beeinträchtigt eine Störung in jedem Stadium der Hämatopoese die Produktion und Funktion von Blutzellen und kann schwerwiegende Folgen haben, wie z. B. die Unfähigkeit, Infektionen zu bekämpfen, oder das Risiko unkontrollierter Blutungen.**

Während der Hämatopoese ändert sich das Genom-weite DNA-Methylierungsmuster von sich differenzierenden Blutzellen dynamisch und ist sehr Orts-spezifisch, d. h. in einigen Regionen im Genom steigt der Grad der DNA-Methylierung an, während er in anderen Regionen abnimmt (Abb. 8.1B, links). Letzteres korreliert mit der Hochregulation Zell-spezifischer Gene und ihrer kodierten Proteine, wie der Tyrosinkinase LCK[1] in T-Zellen, dem Kofaktor POU2AF1[2] in

---

[1] LCK = LCK-Proto-Onkogen, Tyrosinkinase der Src-Familie.

[2] POU2AF1 = „POU Class 2 homeobox associating factor 1."

B-Zellen und dem Chemokinrezeptor CXCR2[3] in Neutrophilen. Im Allgemeinen erhöht die Festlegung auf eine bestimmte Abstammungslinie den Grad der DNA-Methylierung, da in diesen terminal differenzierten Zellen nur ein reduzierter Satz von Genen benötigt wird. So werden bestimmte Gene spezifisch abgeschaltet, wie z. B. der Transkriptionsfaktor MEIS1[4], der den undifferenzierten Zustand aufrechterhält, oder der Myeloid-spezifische Transkriptionsfaktor DACH1[5] in lymphoiden Zellen. **Interessanterweise ist die myeloische Abstammungslinie das vorprogrammierte Ergebnis der Hämatopoese, da die Differenzierung zu diesen Zellen weniger Korrektur durch erhöhte DNA-Methylierung erfordert als die der lymphoiden Abstammungslinie.**

Parallel zu Veränderungen im DNA-Methylierungsmuster verändern auch wichtige Chromatin-modifizierende Enzyme ihre Expression während der Hämatopoese. Beispielsweise ändert sich die Expression der meisten Mitglieder der Polycomb-Familie während der HSC-Differenzierung (Abb. 8.1B, rechts). Die PRC1-Komponenten CBX7[6] und BMI1[7], die für die Erkennung und Mono-Ubiquitinierung von H2AK119 verantwortlich sind, werden in HSCs stark exprimiert, aber während der Festlegung der Abstammungslinie herunterreguliert. Dagegen ist der CBX7-Konkurrent CBX8 hochreguliert. Die PRC2-Komponente EED[8] verändert sich während der Hämatopoese nicht, wohingegen die H3K27-spezifische KMT EZH2 herunterreguliert wird. In ähnlicher Weise tragen Mitglieder der Trithorax-Familie, wie KMT2A, KMT2E, ASH1L[9] und MEN1[10], zur Hämatopoese bei. Darüber hinaus erzeugen die KMTs EHMT1 und EHMT2 unterdrückende H3K9me2-Markierungen im Epigenom von HSCs (Abb. 8.1A). **Dementsprechend kann eine Fehlregulation der Gene, die für diese Chromatin-modifizierende Enzyme kodieren, zu hämatopoetischem Versagen führen,** wie z. B. der Stillstand des Zellzyklus von HSCs, vorzeitiger Differenzierung, Apoptose und fehlerhafter Selbsterneuerung und schließlich zu hämatologischen Malignomen.

Neben Chromatin-modifizierenden Enzymen spielen einige Transkriptionsfaktoren, wie CEBPα[11], PU.1[12] und GATA2[13], eine Schlüsselrolle bei der Hämatopoese. Sie fungieren als Pionierfaktoren, die um Nukleosomen gewickelte

---

[3] CXCR2 = C-X-C-Motiv-Chemokinrezeptor 2.

[4] MEIS1 = Meis-Homöobox 1.

[5] DACH1 = Transkriptionsfaktor 1 der Dackelfamilie.

[6] CBX = Chromobox.

[7] BMI1 = BMI1-Protoonkogen, Polycomb-Ringfinger.

[8] EED = embryonale Ektodermentwicklung.

[9] ASH1L = ASH1-ähnliche Histonlysinmethyltransferase.

[10] MEN1 = Menin 1.

[11] CEBPα = CCAAT-bindendes Protein α.

[12] PU.1 = Purin-reiche Box 1, wird durch das *SPI1*-Gen kodiert.

[13] GATA2 = GATA-Bindungsprotein 2.

DNA binden können. Diese Transkriptionsfaktoren rekrutieren dann Komplexe von Chromatin-modifizierenden Enzymen und Chromatinremodellierern, die wiederum die Entfernung und posttranslationale Modifikation von Nukleosomen in diesen Regionen erleichtern. Beispielsweise erzeugt in myeloiden Vorläufern die anhaltende Expression von CEBPα Makrophagen, während die anhaltende Expression von GATA2 in Mastzellen resultiert. Wenn jedoch zunächst CEBPα und danach GATA2 exprimiert werden, werden Eosinophile produziert, während die umgekehrte Reihenfolge zu Basophilen führt. Darüber hinaus interagiert CEBPα mit dem DNA-demethylierenden Enzym TET2, sodass seine Zielgene während der Hämatopoese demethyliert werden. **Die Aktivität von TET2 könnte der Schlüsselmechanismus sein, warum myeloide Zellen näher an HSCs sind als lymphoide Zellen.** Das passt zu der Beobachtung, dass das *TET2*-Gen in mehreren myeloischen Malignomen mutiert ist. Darüber hinaus könnte TET2 Umwelteinflüsse, wie Nährstoffverfügbarkeit, mit der myeloiden Differenzierung in Verbindung bringen, da der Onkometabolit 2-Hydroxyglutarat die Aktivität von TET2 inhibiert und zu einer DNA-Hypermethylierung führt (Abschn. 11.1).

8.2   Akute und chronische Entzündungen

Monozyten machen 1–5 % der zirkulierenden Leukozyten aus und werden im Knochenmark aus gewöhnlichen myeloischen Vorläuferzellen gebildet, die als koloniebildende Einheiten (M-CFUs) bezeichnet werden (Abb. 8.2). Die Differenzierung dieser Vorläuferzellen wird durch die Transkriptionsfaktoren PU.1, CEBPα und VDR in Zusammenarbeit mit Veränderungen des Epigenoms orchestriert (Abschn. 8.1). Nach ihrer Differenzierung werden Monozyten in den Blutkreislauf freigesetzt und wandern durch das Endothel der Blutgefäße in jene Gewebe, die aktivierende Signale aussenden. Das geschieht durch die Zytokin- und Chemokin-induzierte Expression von Adhäsionsmolekülen, wie Selektinen, auf der Oberfläche von Endothelzellen. In Geweben differenzieren Monozyten zu Makrophagen oder dendritischen Zellen, d. h. zu den zentralen zellulären Komponenten des angeborenen Immunsystems (Box 1.2). **Somit besteht eine zentrale Rolle von Monozyten darin, den Pool von Makrophagen und dendritischen Zellen als Reaktion auf Entzündungen und andere Reize wieder aufzufüllen.**

Nährstoffmangel und Infektion durch Krankheitserreger gehören zu kritischen Ereignissen, auf die schnell und angemessen reagiert werden muss, um das Überleben eines Organismus zu gewährleisten. **Daher gab es eine Koevolution von Reaktionen auf Nahrung und ihren Mangel über endokrine Regulation des Stoffwechsels und auf Infektionskrankheiten über das angeborene Immunsystem.** Makrophagen stellen eine wichtige Schnittstelle zwischen Stoffwechsel und Immunität dar. Makrophagen haben eine Vielzahl von Funktionen für die Homöostase und Immunüberwachung, wie die der Beseitigung von Zelltrümmern, der Reaktion auf Infektionen und der Auflösung von Entzündungen. Zusätzlich zu den sich aus Monozyten entwickelnden Makrophagen gibt es gewebeständige

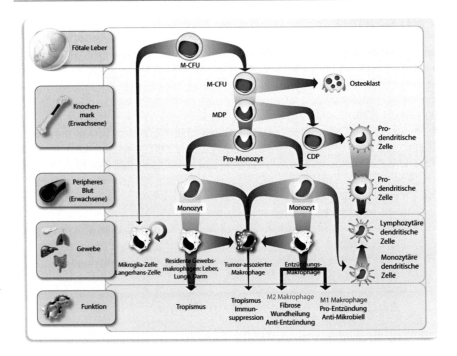

Abb. 8.2 Differenzierung von Monozyten. M-CFUs im Knochenmark sind die Vorläufer von
MDPs (Makrophagen und Vorläufer von dendritischen Zellen). Im Knochenmark differenzieren
MDPs zu gemeinsamen Vorläufern von dendritischen Zellen (CDPs) oder Promonozyten.
Langerhans-Zellen in der Haut, Mikroglia-Zellen im Gehirn und eine Reihe anderer gewebe-
residenter Makrophagen entwickeln sich zunächst während der Embryogenese aus M-CFUs im
Dottersack oder der fötalen Leber. Die verbleibenden Gewebemakrophagen polarisieren je nach
Entzündungsmilieu zu Makrophagen vom Typ M1 oder Typ M2. Monozyten sind auch die Vor-
läufer von dendritischen Zellen

Makrophagen, die während der Embryogenese aus dem Dottersack und der fötalen
Leber entstanden sind (Abb. 8.2). Diese Makrophagen sind selbsterneuernd und
finden sich in den meisten Geweben unseres Körpers, wie Kupffer-Zellen in
der Leber, Langerhans-Zellen in der Haut, Mikroglia im ZNS, Osteoklasten im
Knochen und alveoläre Makrophagen in der Lunge.

Als Reaktion auf ihre Aktivierung durch Krankheitserreger oder Metaboliten sezernieren Makrophagen eine Reihe von Signalmolekülen, wie
Zytokine, Chemokine und Wachstumsfaktoren, die die Migration und Aktivität
anderer Immunzellen beeinflussen. Diese Reaktion wird als **akute Entzündung**
bezeichnet, wenn sie durch eine Infektion oder Verletzung verursacht wird, und
ist oft mit Hautrötung (Erythem), Hyperthermie, Schwellung und Schmerzen
verbunden. Die akute Entzündung löst sich jedoch innerhalb weniger Tage bis

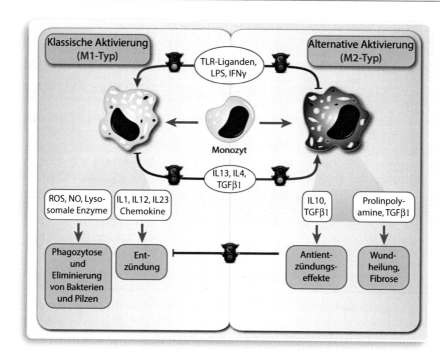

Abb. 8.3 Klassische und alternative Makrophagenaktivierung. Verschiedene Stimuli aktivieren Monozyten/Makrophagen, sich zu funktionell unterschiedlichen Populationen zu entwickeln. Klassisch aktivierte Makrophagen (Typ M1) werden durch Zytokine, wie IFNγ und mikrobielle Produkte wie Lipopolysaccharid, induziert. Sie wirken Mikroben abtötend und sind an potenziell schädlichen Entzündungen beteiligt. Alternativ aktivierte Makrophagen (Typ M2) werden durch die Zytokine IL4, IL13 und TGFβ1 induziert, die von T_H2-Zellen produziert werden und für die Fibrose, Gewebe- und Wundreparatur wichtig sind

Wochen auf. Im Gegensatz dazu verursacht eine geringgradige **chronische Entzündung,** wie sie im Zusammenhang mit Fettleibigkeit auftritt (Abschn. 9.2), keine Hitze oder Schmerzen, kann aber über Monate und Jahre andauern, wenn der Ursprung des Reizes nicht behoben wird.

Makrophagen werden häufig in zwei Klassen eingeteilt, Makrophagen vom Typ M1 und Typ M2, die zwei Extreme eines Kontinuums funktioneller Profile darstellen (Abb. 8.3). Entzündungssteigernde Moleküle, wie IFNγ, TNF und der TLR-Aktivator Lipopolysaccharid, induzieren Makrophagen vom Typ M1, die wiederum weitere entzündungssteigernde Moleküle sezernieren, um die Entzündungsreaktion aufrechtzuerhalten. Dieser klassische Weg der IFNγ-abhängigen Makrophagenaktivierung provoziert das adaptive Immunsystem und resultiert in der Proliferation von T_H-Zellen vom Typ 1 (T_H1) zu reagieren (Box 8.1).

Box 8.1: Untergruppen von T-Lymphozyten

T-Zellen machen bis zu 30 % aller zirkulierenden Leukozyten aus und sind ein wesentlicher Bestandteil des adaptiven Immunsystems (Box 1.2). Sie kommen in Form einer Reihe wichtiger Subtypen vor, wie T_H-Zellen und zytotoxischen T-Zellen. T_H-Zellen zeichnen sich durch die Expression des Glykoproteins CD4 auf ihrer Oberfläche aus und unterstützen andere Zellen des Immunsystems, wie im Falle der Reifung von B-Zellen zu antikörper-produzierenden Plasmazellen und Gedächtnis-B-Zellen sowie im Falle der Aktivierung von zytotoxischen T-Zellen und Makrophagen. Antigen-präsentierende Zellen, wie dendritischen Zellen, aktivieren T_H-Zellen über die Präsentation von Peptiden, die von Mikroben stammen, auf MHC II-Rezeptoren. Je nach ihrem Zytokin-Expressionsprofil werden T_H-Zellen in T_H1 (IFNγ und IL2), T_H2 (IL4, IL5 und IL13) und T_H17 (IL17) unterteilt. Darüber hinaus können T_H-Zellen in T_{REG}-Zellen differenzieren, die an der Immuntoleranz beteiligt sind und überbordende Immunantworten hemmen. Zytotoxische T-Zellen (auch T-Killerzellen genannt) zeichnen sich durch Expression des Glykoproteins CD8 aus und können virusinfizierte Zellen und Tumorzellen zerstören. Sie werden durch die Präsentation von Peptiden (abgeleitet von intrazellulären Proteinen) an MHC I-Rezeptoren auf der Oberfläche aller kernhaltigen Zellen aktiviert.

Im Gegensatz dazu haben Makrophagen vom Typ M2 einen fast entgegengesetzten Immun-Phänotyp. Sie produzieren kein NO oder ROS, die zum Abtöten von Mikroben erforderlich sind, sondern induzieren Immuntoleranz und Immunantworten von T_H2-Zellen. Makrophagen vom Typ M2 sezernieren entzündungshemmende Zytokine, wie TGFβ1[14], IL10 oder IL1RN[15], und hemmen die Ausschüttung von entzündungssteigernden Zytokinen. Dieser alternative Makrophagenweg wird durch entzündungshemmende Moleküle, wie CSF2[16], TGFβ1 und die Zytokine IL4 und IL13 von T_H2-Zellen, und Kernrezeptorliganden, wie Glukokortikoiden, induziert. **Die Hauptaufgabe von Makrophagen vom Typ M2 ist die Auflösung der Entzündung, d. h. Gewebereparatur, Wundheilung, Induzierung von Angiogenese und Ablagerung extrazellulärer Matrix.** Zum Beispiel können Makrophagen vom Typ M2 durch den Kernrezeptor PPARγ induziert werden und Fettzellenfunktion, Insulinsensitivität und Glukosetoleranz aufrechterhalten, was die Entwicklung von ernährungsbedingter Fettleibigkeit und T2D verhindert (Kap. 9). Wenn jedoch Fettleibigkeit-assoziierte Gefahrensignale durch das NLRP3[17]-Inflammasom wahrgenommen werden (Box 8.2), dient dieser

---

[14] TGF = Tumorwachstumsfaktor.

[15] IL1RN = IL1-Rezeptor-Antagonist.

[16] CSF2 = koloniestimulierender Faktor 2.

[17] NLRP = NLR-Protein.

Proteinkomplex als molekularer Schalter, der die Makrophagen vom Typ M2 zu M1 umprogrammiert.

Box 8.2: Das NLRP3-Inflammasom

Ein großer Komplex aus mehreren Kopien des Mustererkennungs-proteins NLR, dem Adapterprotein ASC und der entzündungssteigernden Caspase CASP1, wird als Reaktion auf den Anstieg der Spiegel einer Reihe sogenannter Pathogen-assoziierter molekularer Muster (PAMPs) und Schaden-assoziierter molekularer Muster (DAMPs) ausgebildet (Abb. 8.4). Die Aktivierung des Inflammasoms erfordert ein erstes Signal von Muster-erkennungsrezeptoren, wie TLR4, und ein zweites Signal, wie z. B. K^+-Aus-fluss, lysosomaler Schaden oder Erzeugung von ROS. Außerdem können Cholesterinkristalle in Lysosomen dieses zweite Signal darstellen, entweder als Folge von Phagozytose extrazellulärer Cholesterinkristalle oder über die Aufnahme von modifizierten LDLs und freiem Cholesterin, das aus LDLs freigesetzt wird. Die Aktivierung des Inflammasoms führt zur Ausschüttung der entzündungssteigernden Zytokine IL1β und IL18.

Akute Entzündungsreaktionen als Reaktion auf Verletzungen und Infektionen sind für die Gesundheit und Genesung eines Organismus von entscheidender Bedeutung. Eine Infektion oder Gewebeschädigung wird zunächst durch Muster-erkennungsrezeptoren wahrgenommen, wie TLRs, NLRs, RLRs, Lektine und Scavenger-Rezeptoren, die PAMPs und DAMPs erkennen (Abb. 8.5A). Muster-erkennungsrezeptoren sind evolutionär hochkonserviert und ihre ursprüngliche Funktion bestand darin, eine antimikrobielle Immunität bereitzustellen und die Autophagie zu regulieren (Box 4.1). Als Reaktion auf Nährstoffmangel wurde diese Gruppe von Rezeptoren optimiert, um Entzündungen und Insulinresistenz zu erhöhen. Beides sind Strategien zur Bekämpfung von Krankheitserregern. **Somit konvergieren eine Vielzahl verschiedener molekularer Motive und Stimuli bei einer kleinen Anzahl von Mustererkennungsrezeptoren, die die angeborene Immunantwort auslösen, Entzündungen verursachen und eine angemessene adaptive metabolische Reaktion induzieren.** PAMP- oder DAMP-stimulierte Mustererkennungsrezeptoren starten Signalübertragungswege, die in den meisten Fällen in die Aktivierung von entzündungsassoziierten Transkriptionsfaktoren wie NFκB und AP1 münden. Hauptziele dieser Transkriptionsfaktoren sind Gene, die für entzündungssteigernde Zytokine und zellrekrutierende Chemokine kodieren.

Die Stimulation residenter Makrophagen durch Mikroben bewirkt den Ein-strom von Zellen aus dem Blut, wie Neutrophile und Monozyten (als Quelle entzündlicher Makrophagen). Die meisten entzündlichen Läsionen werden anfänglich von Makrophagen dominiert, die aus Monozyten entstanden sind. Das veränderte Expressionsprofil der Makrophagen aktiviert weitere Zellen des angeborenen sowie des adaptiven Immunsystems. Die frühe Entzündungsreaktion umfasst eine Reihe redundanter Komponenten und wird in Zytokin-vermittelten

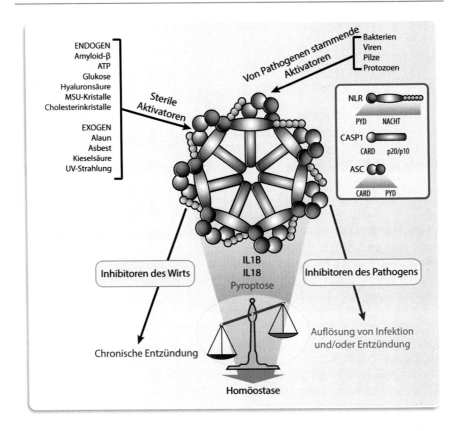

Abb. 8.4 Zentrale Rolle des Inflammasoms. Bei akuten oder chronischen Entzündungen werden Inflammasomen direkt oder indirekt durch eine Vielzahl von DAMPs und PAMPs aktiviert. Das anfängliche Ereignis führt zur Aktivierung von CASP1, der Freisetzung von IL1β und IL18 sowie manchmal zu Pyroptose[18]. Die Freisetzung von IL1β und IL18 induziert die Rekrutierung von Effektorzellpopulationen der Immunantwort und Gewebereparatur, d. h. die Aktivierung von Inflammasomen führt zur Auflösung einer Infektion oder Entzündung und trägt zu homöostatischen Prozessen bei. Eine ständige Aktivierung des Inflammasoms kann jedoch zu chronisch entzündlichen Erkrankungen führen

Vorwärtskopplungsschleifen weiter verstärkt. Weißes Fettgewebe schlanker Personen enthält beispielsweise deaktivierte Makrophagen, Eosinophile und T_{REG}-Zellen, während in der Anfangsphase der akuten Entzündung ein schnelles Einwandern von Neutrophilen stattfindet, gefolgt von der Rekrutierung von aus Monozyten-entstandener Makrophagen, T-Zellen und Stromazellen. **Somit enthalten die meisten Gewebe unter Ruhebedingungen nur wenige residente**

---

[18]Pyroptose ist eine Form von Apoptose, die mit antimikrobiellen Reaktionen während einer Entzündung einhergeht.

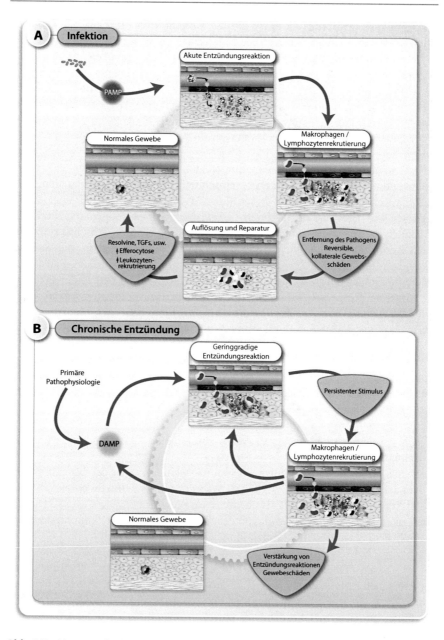

Abb. 8.5   Akute und chronische Entzündung. Eine akute Entzündungsreaktion auf eine Infektion wird durch die Präsentation von PAMPs gegenüber Mustererkennungsrezeptoren eingeleitet (**A**). Die Ausrottung des Pathogens beseitigt den Reiz, kann jedoch einige kollaterale, aber reversible, Gewebeschäden verursachen. Die Auflösungs- und Reparaturphase führt dann zur Wiederherstellung der normalen Gewebehomöostase. Chronische Entzündungen werden durch nichtpathophysiologische Prozesse verursacht, die eine anfängliche sterile Entzündungsreaktion mit DAMPs auslösen und durch Zytokine und Chemokine verstärkt werden (**B**). Diese Reaktion beseitigt jedoch nicht den anfänglichen Reiz, sodass eine sich nicht auflösende Entzündung bestehen bleibt und zu einer kontinuierlichen Gewebeschädigung führt

Makrophagen, während bei einer akuten Entzündung die Zahl der Immunzellen drastisch ansteigt und sich die Eigenschaften dieser Zellen ändern.

Die kombinierte Wirkung von angeborenen und adaptiven Immunzellen beseitigt infektiöse Mikroben, führt aber auch zu kollateralen Gewebeschäden, wie Zytotoxizität aufgrund von Produktion von ROS und dem Abbau der extrazellulären Matrix durch Proteasen. Nach der Beseitigung der Krankheitserreger und der Entfernung von apoptotischen Zellen durch Phagozyten (z. B. Neutrophile) kommt es zur Rekrutierung oder phänotypischen Umstellung von Makrophagen zum Typ M2, d. h. in einen Phänotyp, der entzündungshemmend wirkt (Abb. 8.3). Das führt zu einer Gesamtreparatur und Normalisierung der Architektur und Funktion des Gewebes, einschließlich der Wiederherstellung der Vaskularisierung. Die meisten dieser Prozesse werden durch PUFAs und ihre Derivate, wie Eicosanoide, aktiviert. Diese Metaboliten fungieren als Signalmoleküle, die an Membranproteine, wie GPR120, binden (Abschn. 4.2) oder direkt Kernrezeptoren aktivieren und intrazelluläre Wege initiieren, die zu einer entzündungshemmenden Reaktion führen (Abschn. 4.3). Dazu gehören auch entzündungshemmende Zytokine, wie IL10 und TGFβ1, und kleine Lipidmediatoren, wie Lipoxine, Resolvine, Protektine und Maresine, die von den Enzymen 5- und 15-Lipoxygenase aus Arachidonsäure und ω3-Fettsäuren hergestellt werden. **Somit sind aus der Nahrung stammende Signalmoleküle entscheidend für die Auflösung von Entzündungen.**

Beim Menschen nimmt die basale Entzündungsreaktion mit dem Alter zu, was oft als „Inflammaging" bezeichnet wird und zu einer geringgradigen chronischen Entzündung führt, die maladaptiv ist und den Alterungsprozess weiter fördert (Kap. 13). Das kann daran liegen, dass:

- sich seneszente (d. h. gealterte) Zellen ansammeln, die entzündungssteigernde Zytokine ausschütten
- es eine erhöhte Wahrscheinlichkeit gibt, dass ein Versagen des Immunsystems Krankheitserreger und dysfunktionale Wirtszellen nicht effektiv beseitigt
- der Transkriptionsfaktor NFκB überaktiv ist
- es zu einer fehlerhaften Regulation der Autophagie (Box 4.1) kommt, die letztendlich zu einer erhöhten Produktion von ROS führt.

In all diesen Fällen lösen nicht Mikroben, sondern der Überschuss an körpereigenen Molekülen, wie Lipoproteinen, gesättigten Fettsäuren oder Proteinaggregaten, die Entzündungsreaktion aus (Abb. 8.5B). Metabolische Dysregulation im Zusammenhang mit chronischen Entzündungen begleitet nicht nur das Altern selbst, sondern auch die häufigsten altersbedingten Erkrankungen, wie T2D und Herz-Kreislauf-Erkrankungen. **Somit ist die sterile (d. h. nicht-mikrobielle) Induktion einer geringgradigen chronischen Entzündung ein kritisches Merkmal des Alterns sowie von Stoffwechselerkrankungen.** In beiden Fällen führt eine verstärkte Aktivierung des Inflammasoms und anderer entzündungssteigernder Signalübertragungswege zu einer erhöhten Produktion von IL1β, TNF und Interferonen[19]. Diese Entzündungsreaktion verstärkt die Produktion Krankheits-spezifischer DAMPs, was zu Vorwärtskopplungsschleifen führt, die den zugrunde liegenden Krankheitsprozess beschleunigen. Beispielsweise stimuliert eine Entzündung die Bildung von oxidierten Phospholipiden, die bei Arteriosklerose als DAMPs wirken können (Abschn. 10.1). **Somit kann eine Hemmung der chronischen Entzündung das Fortschreiten der Krankheit reduzieren, obwohl sie den zugrunde liegenden pathogenen Prozess und seine Ursache nicht verändert.**

8.3   Die Rolle der Epigenetik bei Immunantworten

Der direkte oder indirekte Kontakt von Immunzellen mit Mikroben und anderen Molekülen, die als Antigene wirken können, führt zu **Auswirkungen auf die Genexpression, die oft stärker sind als in jedem anderen Gewebe oder Zelltyp unseres Körpers.** Die starke Reaktion ist notwendig, da sich Bakterien viel schneller vermehren als menschliche Zellen und eine unmittelbare Gefahr für unseren Körper darstellen können. Die Stärke und Spezifität der Antwort der Immunzellen, wie z. B. verschiedener Populationen von Makrophagen, hängt von ihrem Epigenom-weiten Profil ab, bevor sie auf Mikroben treffen **Daher ist die richtige Epigenom-weite Programmierung unserer Immunzellen während der Hämatopoese und Begegnungen mit Antigenen entscheidend für ein gut funktionierendes Immunsystem.**

Die mehr als 100 Gene der Entzündungskaskade unterscheiden sich in ihrer Kinetik, d. h. es gibt schnell reagierende primäre Zielgene, verzögert reagierende sekundäre Ziele und spät reagierende tertiäre Ziele. Das spiegelt sich in den zugrunde liegenden epigenetischen Veränderungen in Enhancer- und Promotorregionen der jeweiligen Gene von Makrophagen wider. Die Promotorregionen primärer Zielgene tragen typischerweise H3K4me3- und H3K27ac-Markierungen, die aktives Chromatin repräsentieren (Abb. 8.6, Mitte). Darüber hinaus tragen diese Promotoren oft nicht-methylierte CpGs. Im Gegensatz dazu tragen die Promotorregionen sekundärer Zielgene zunächst unterdrückende H3K27me3-Markierungen. Die Entfernung von H3K27me3-Markierungen und CpG-Demethylierung aus diesen Promotorregionen nach PAMP-Exposition und die Einführung von H3K4me3- und H3K27ac-Markierungen brauchen Zeit. Das erklärt die verzögerte Reaktion bei der Expression der entsprechenden Gene. Die Stimulation von Makrophagen mit PAMPs verändert auch den Chromatinstatus an Enhancerregionen, wie z. B. die *de novo* H3K4me1- und H3K27ac-Markierungen (Abb. 8.6, links). Die Aktivierung einiger dieser Enhancer ist nur vorübergehend,

---

[19] Interferone sind Zytokine, die von einer Vielzahl von Zellen bei der Entzündungsreaktion auf Infektionen produziert werden. Interferone spielen eine wichtige Rolle bei der angeborenen Immunantwort auf Virusinfektionen.

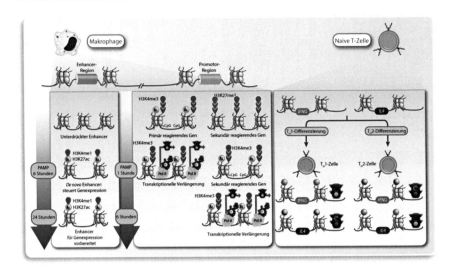

Abb. 8.6 Epigenetische Veränderungen in Immunzellen. Enhancer- (**links**) und Promotorregionen (**Mitte**) von Makrophagen zeigen eine unterschiedliche Reaktion nach der Exposition
mit PAMPs, wie z. B. Lipopolysaccharid. Es werden primäre Reaktionen (nach einer Stunde)
und sekundäre Reaktionen (nach 6 h) unterschieden. Selbst nach Entfernung der PAMP-
Stimulation können einige Enhancerregionen ihren Aktivierungsstatus für 24 h oder länger bei-
behalten. Dieser Gedächtniseffekt ist Teil einer trainierten Immunität. Die differentielle epigenetische Programmierung der regulatorischen Regionen wichtiger Zytokingene, wie *IFNG*
und *IL4*, ist das Schlüsselereignis bei der Polarisierung von T_H-Zell-Subtypen (**rechts**). In T_H1-
Zellen trägt das *IFNG*-Gen Markierungen von aktivem Chromatin (grün) und das Gen wird
nach Antigenexposition induziert. Im Gegensatz dazu trägt das *IL4*-Gen in denselben Zellen
unterdrückende Histonmarkierungen (rot) und bleibt inaktiv. In T_H2-Zellen gilt der umgekehrte
Prozess, d. h. das *IL4*-Gen wird induziert und das *IFNG*-Gen bleibt inaktiv

während andere dauerhafter ausgeprägt sind und auf diese Weise eine Erinnerung
an die PAMP-Exposition, d. h. an einen Kontakt mit Mikroben, bewahren.

   Die Antigenbindung an Rezeptoren von T- und B-Zellen, d. h. von Zellen
des adaptiven Immunsystems, aktiviert Signalübertragungswege, die potent die
Expression von Zytokingenen auslösen. An diesem Antigenerkennungsprozess
sind spezifische epigenetische Veränderungen an Enhancer- und Promotorregionen beteiligt (Abb. 8.6, rechts). Beispielsweise beinhaltet die Differenzierung
in T_H1- und T_H2-Subtypen eine epigenetische Programmierung, die diese Zellen
dazu veranlasst, nach einer Antigenexposition entweder die Expression der
Gene zu erhöhen, die für die Zytokine INFγ[20] bzw. IL4 kodieren. Während die
T_H1-Antwort zur Elimination des Antigen führt, ist die T_H2-Antwort typisch für
allergische Reaktionen. Die unterschiedliche epigenetische Programmierung

---

[20] INFγ = Interferon γ.

dieser Zellen verursacht deutlich verschiedene physiologische Reaktionen. Die epigenetischen Veränderungen umfassen Histonmodifikationen, aber auch das Auftreten von 5hmC-Markierungen an Promotorregionen und Demethylierung über TET2. **Letztere Modifikationen sind sehr stabil und können 20 und mehr Replikationszyklen von langlebigen T-Gedächtniszellen überdauern.**

Eine unangemessene Aktivierung des Immunsystems kann zu einer Reihe von Erkrankungen führen, wie den allergischen Reaktionen der Atemwege bei Asthma oder der Autoimmunerkrankung Multiple Sklerose. Immunantworten variieren oft im Gleichgewicht von entzündungsfördernden und entzündungshemmenden Zytokinen, was eine Reihe kollateraler Gewebeschäden erzeugen kann. **Somit sind Genexpressionsmuster und die zugrunde liegende epigenetische Programmierung von Immunzellen Schlüsselfaktoren bei immunvermittelten Erkrankungen.** Dementsprechend haben Personen mit Autoimmun- und/ oder Entzündungserkrankungen ein deutlich anderes epigenetisches Profil als gesunde Kontrollpersonen. Beispielsweise treten veränderte DNA-Methylierungs-muster von Immunzellen bei Autoimmunerkrankungen wie Multiple Sklerose, systemischer Lupus Erythematodes (SLE) oder Morbus Crohn auf. Multiple Sklerose Patienten weisen im Vergleich zu gesunden Probanden aufgrund der geringen Expression von TET2 niedrigere Werte von 5hmC-Markierungen in ihren Immunzellen auf. Im Gegensatz dazu haben SLE-Patienten aufgrund der erhöhten Expression von TET2 und TET3 in T_H-Zellen häufig erhöhte 5hmC-Spiegel. Das geht mit einer niedrigen globalen H3- und H4-Acetylierung und hohen H3K9-Methylierungsgraden in diesen Zellen einher.

T-Zellen machen bis zu 30 % aller zirkulierenden Leukozyten aus und sind eine wichtige Komponente des adaptiven Immunsystems. Sie kommen in einer Reihe von Subtypen vor, wie T_H, zytotoxische T- und regulatorische T-Zellen. Der Einfluss epigenetischer Veränderungen im Rahmen der regulatorischen T-Zell-Proliferation wird am Beispiel des *FOXP3*[21]-Gens demonstriert (Abb. 8.7). In diesem Fall binden die Transkriptionsfaktoren REL[22], CBFB[23] und RUNX1[24] beide Enhancer stromabwärts des *FOXP3*-Promotors und stimulieren *FOXP3*-mRNA-Expression. Die Bindung der Transkriptionsfaktoren an die Enhancer führt zu deren schneller Demethylierung, was eine FOXP3-Proteinbindung für eine stabile Autoregulation ermöglicht. **Somit erzeugt die Transkriptionsfaktor-vermittelte lokale Demethylierung einer Enhancerregion ein epigenetisches Gedächtnis, das die Progression der T-Zelllinie über mehrere Zellteilungen hinweg stabilisiert.**

Die Epigenom-weite Profilerstellung von Untergruppen von Immunzellen kann dabei helfen, die Grundlagen allergischer Erkrankungen wie Asthma zu

---

[21] FOXP3 = Forkhead-Box P3.

[22] REL = REL Protoonkogen, NFkB-Untereinheit.

[23] CBFB = „core-binding factor subunit β".

[24] RUNX1 = „runt-related transcription factor 1".

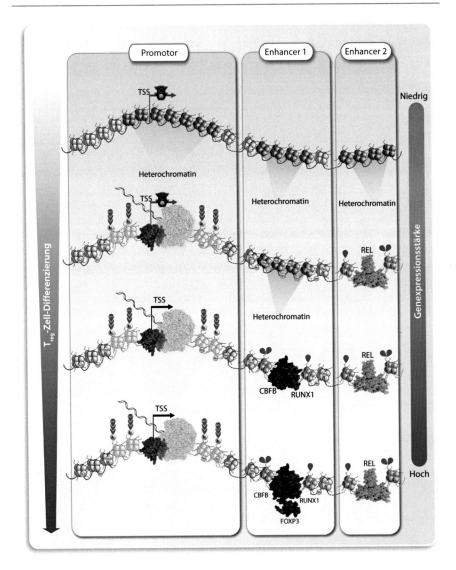

Abb. 8.7 Epigenetisches Gedächtnis der Transkriptionsaktivität. Während der Differenzierung von regulatorischen T-Zellen muss das *FOXP3*-Gen eine stabile und starke Expression zeigen. Ein Homodimer des Transkriptionsfaktors REL bindet an einen nachgeschalteten Enhancer und stimuliert die *FOXP3*-mRNA-Expression und Demethylierung der Promotorregion. Die *FOXP3*-Genexpression wird durch die Bindung der Transkriptionsfaktoren CBFB und RUNX1 an einen Enhancer stabilisiert. Letzteres induziert eine lokale Demethylierung und ermöglicht die Bindung des Transkriptionsfaktors FOXP3. Somit stellt FOXP3 auf autoregulatorische Weise die konstitutive Aktivität des Promotors seines eigenen Gens sicher. Die Demethylierung von Enhancer- und Promotorregionen repräsentiert das epigenetische Gedächtnis

identifizieren. Beim Vergleich gesunder Kontrollpersonen mit asthmatischen Patienten ist z. B. eine Markierung für aktive Enhancer, H3K4me2, in T_H2-Zellen von Patienten signifikant erhöht. Asthma ist ein Paradebeispiel für eine Krankheit, bei der die Umweltexposition mit natürlichen und synthetischen Molekülen dynamische Veränderungen des Epigenoms verursacht. Entzündungen und Autoimmunerkrankungen sind klinisch heterogen, **aber alle entwickeln sich aus dem Zusammenspiel von genetischer Anfälligkeit und Umwelt- und/oder Lebensstilentscheidungen, d. h. dem Gleichgewicht zwischen Genetik und Epigenetik** (Abschn. 14.1). Daher ist die epigenetische Profilerstellung von Zelluntergruppen für verschiedene epigenetische Markierungen, wie zugängliches Chromatin, DNA-Methylierung, Histonmodifikationen, Transkriptionsfaktorbindung und die Assoziation von Chromatin-modifizierenden Enzymen, ein wichtiges Werkzeug für ein molekulares Verständnis von Krankheiten und kann Hinweise für eine mögliche Therapie geben, z. B. durch niedermolekulare Inhibitoren von Chromatin-modifizierenden Enzymen (Abschn. 14.3).

Zellen des angeborenen Immunsystems, wie Monozyten/Makrophagen und NK-Zellen, haben eine Gedächtnisfunktion, die als trainierte Immunität bezeichnet wird (Abb. 8.8). Dieses eher kurzfristige epigenetische Gedächtnis überwacht die enge Beziehung zwischen Immunherausforderungen und Auswirkungen auf das Chromatin. **Die trainierte Immunität basiert auf epigenetischen Veränderungen, wie DNA-Methylierung und Histonmodifikationen, sowie auf der Wirkung von miRNAs und langen ncRNAs.** Die recht lange Halbwertszeit

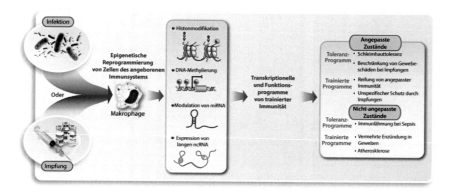

Abb. 8.8 Epigenetik angeborener Immunzellen. Die Aktivierung der angeborenen Immunzellen wie Monozyten, Makrophagen oder NK-Zellen führt zu deren epigenetischer Umprogrammierung, der sogenannten trainierten Immunität. Dieses Gedächtnis angeborener Immunzellen führt zu adaptiven Zuständen, die den Wirt während und nach Infektionen schützen. In bestimmten Situationen kann eine trainierte Immunität jedoch zu Fehlanpassungszuständen führen, wie z. B. einer Immunparalyse nach einer Sepsis oder einer überschießende Entzündung

der letztgenannten Moleküle macht sie gut geeignet für eine dauerhafte Programmierung des Epigenoms.

Die trainierte Immunität ermöglicht angeborenen Immunzellen, mit einer quantitativ anderen Antwort zu reagieren, d. h. mit einer stärkeren Genexpression, wenn sie erneut mit einem Pathogen herausgefordert werden (Abb. 8.9, oben links). Diese Antwort kann zum Teil auch qualitativ unterschiedlich sein, etwa durch die Expression eines alternativen Mustererkennungsrezeptors (Abb. 8.9, unten links). Ein zentraler Mechanismus der trainierten Immunität ist die Vorbereitung von Enhancern, d. h. das Hinzufügen von persistenten Histonmarkierungen wie H3K4me1, die eine starke Reaktion nach erneuter Stimulation ermöglichen (Abb. 8.9, rechts).

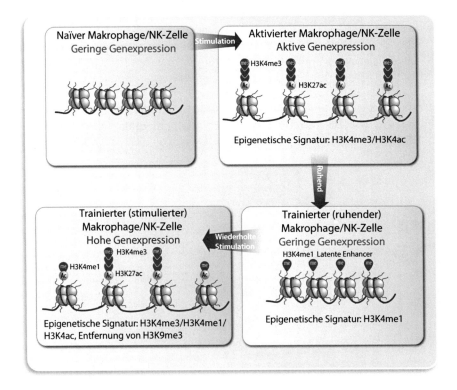

Abb. 8.9 Trainierte Immunität. Verbesserte entzündliche und antimikrobielle Eigenschaften angeborener Immunzellen (**oben links**) sind ein Gedächtnisphänomen, das als trainierte Immunität bezeichnet wird. Sie basiert auf einer epigenetischen Umprogrammierung von angeborenen Immunzellen wie Makrophagen und NK-Zellen und führt z. B. zu einer verstärkten und/oder alternativen Expression von Genen, die für Mustererkennungsrezeptoren kodieren (**unten links**). Die erste Stimulationsrunde der Zellen hinterlässt dauerhafte H3K4me1-Markierungen auf Enhancerregionen. Die Vorbereitung der Enhancer ermöglicht es ihnen, schneller und stärker auf eine erneute Stimulation zu reagieren (**rechts**)

Weiterführende Literatur

Carlberg, C., & Velleuer, E. (2022). *Molecular immunology: How science works*. Springer Textbook ISBN: 978-3-031-04024-5.

Ellmeier, W., & Seiser, C. (2018). Histone deacetylase function in CD4$^+$ T cells. *Nature Reviews Immunology, 18*, 617–634.

Fitzgerald, K. A., & Kagan, J. C. (2020). Toll-like receptors and the control of immunity. *Cell, 180*, 1044–1066.

Franceschi, C., Garagnani, P., Parini, P., Giuliani, C., & Santoro, A. (2018). Inflammaging: A new immune-metabolic viewpoint for age-related diseases. *Nature Reviews. Endocrinology, 14*, 576–590.

Galluzzi, L., Yamazaki, T., & Kroemer, G. (2018). Linking cellular stress responses to systemic homeostasis. *Nature Reviews Molecular Cell Biology, 19*, 731–745.

Huber-Lang, M., Lambris, J. D., & Ward, P. A. (2018). Innate immune responses to trauma. *Nature Immunology, 19*, 327–341.

Wang, A., Luan, H. H., & Medzhitov, R. (2019). An evolutionary perspective on immunometabolism. *Science 363*.

Fettleibigkeit und Diabetes

9

Zusammenfassung

In diesem Kapitel wird Fettleibigkeit als Folge einer übermäßigen Ansammlung von weißem Fettgewebe vorgestellt, die das Risiko der Entwicklung nichtübertragbarer Krankheiten erhöht. Während der Entwicklung von Übergewicht und Fettleibigkeit wachsen Fettzellen zuerst an Größe und dann an Zahl und ziehen viele Makrophagen vom Typ M1 an, was zu chronischen Entzündungen im Gewebe führt. Die Untersuchung monogener Formen der Fettleibigkeit liefert starke Hinweise auf eine zentrale Rolle der Appetitregulation über den Leptin/Melanocortin-Weg bei der Anfälligkeit für Fettleibigkeit. Varianten in den Genen dieses Signalübertragungswegs sowie zahlreicher anderer werden als wichtige Treiber der allgemeinen Fettleibigkeit im Kontext der modernen adipogenen Umwelt vorgestellt. Im Weiteren werden die molekularen Grundlagen der Glukosehomöostase und der Signalübertragung von Insulin beschreiben. Da der Blutzuckerspiegel in einem physiologischen Bereich von 4–6 mM bleiben muss, werden Glukoseaufnahme, Speicherung, Mobilisierung und Abbau streng reguliert. Insulin spielt bei diesen Regulationsprozessen eine Schlüsselrolle. Wenn normale Konzentrationen an Insulin nur eine unzureichende Reaktion der Zielgewebe Skelettmuskel, Leber und weißem Fettgewebe erreichen, hat sich eine Insulinresistenz entwickelt. Ungewöhnliche Lipidüberladung, chronische Entzündungsreaktionen und ER-Stress sind die wesentlichen Prozesse, die zu einer Insulinresistenz führen können. T2D ist eine Störung der Glukose- und Lipidhomöostase, die nicht nur die Insulinproduktion in den β-Zellen, sondern auch den Stoffwechsel in Organen, wie Leber, Muskel und weißem Fettgewebe, beeinflusst. Weltweit nimmt die Prävalenz von T2D rapide zu, was bei unzureichender Behandlung zu einer verkürzten Lebenserwartung aufgrund von mikrovaskulären (Retinopathie,

Nephropathie und Neuropathie) und makrovaskulären (Herzerkrankungen und Schlaganfall) Komplikationen führt. Genetische wie auch Umweltfaktoren tragen zur Entwicklung der Krankheit bei.

9.1   Fettleibigkeit

Kein anderes Gewebe unseres Körpers kann seine Dimension so dramatisch verändern wie das weiße Fettgewebe. Das geschieht zunächst durch Vergrößern einzelner Zellen bis zu einer kritischen Schwelle (**Hypertrophie**) und anschließend durch Rekrutierung neuer Fettzellen aus dem Pool von Vorläuferzellen (**Hyperplasie**). Die WHO definiert Übergewicht und Fettleibigkeit als „unnormale oder übermäßige Fettansammlung, die die Gesundheit beeinträchtigen kann". **Fettleibigkeit ist die Folge eines übermäßigen Wachstums von weißem Fettgewebe und entwickelt sich, wenn die Energieaufnahme den Energieverbrauch übersteigt.** Das am häufigsten verwendete Maß für Fettleibigkeit ist der BMI (Abschn. 2.4). Eine Person wird als normalgewichtig definiert, wenn ihr BMI im Bereich 18,5–24,9 kg/m^2 liegt, als übergewichtig, wenn der BMI 25–29,9 kg/m^2 beträgt, oder als fettleibig, wenn der BMI > 30 kg/m^2 ist. Personen mit Fettleibigkeit im Erwachsenenalter weisen meist eine erhöhte Fettzellengröße auf, während Personen mit früh einsetzender Fettleibigkeit sowohl eine Fettzellenhypertrophie als auch eine Hyperplasie zeigen. Somit wird die Anzahl der Fettzellen in einem bestimmten Fettdepot schon früh im Leben bestimmt und ist bis ins Erwachsenenalter meist stabil. Differenzierte Fettzellen haben jedoch ein bemerkenswertes hypertrophisches Potenzial, da sie in der Lage sind, ihre Größe auf mehrere hundert μm Durchmesser zu erhöhen. Darüber hinaus spielt die Lokalisation des weißen Fettgewebes im Körper eine wichtige Rolle für das Risiko, das metabolische Syndrom zu entwickeln (Abschn. 10.3). Eine hohe Menge an viszeralem Fett (in der Bauchhöhle verteilt), die als zentrale oder **„apfelförmige" Fettleibigkeit** bezeichnet wird, erhöht das Risiko, während ein Anstieg des subkutanen Fetts (lokalisiert unter der Haut), das als periphere oder **„birnenförmige" Fettleibigkeit** bezeichnet wird, ein weitaus geringeres Risiko birgt (Abb. 9.1A).

Fettleibigkeit tritt in der Wildnis selten auf, aber es gibt Beispiele für Tiere, die in kalten Klimazonen leben, wie Eisbären und Robben, die fettleibig sind. Das deutet darauf hin, dass ein hohes Maß an natürlicher Fettleibigkeit sogar zur evolutionären Fitness beitragen kann. Fettleibigkeit ist beim Menschen jedoch meist mit einer geringgradigen chronischen Entzündung gepaart (Abschn. 9.2) und geht oft mit den unterschiedlichen Merkmalen des metabolischen Syndroms einher (Abschn. 10.3). Tatsächlich lebt der Großteil der heutigen Weltbevölkerung in Ländern, in denen Menschen eher an den Folgen von Fettleibigkeit als an Hunger sterben (Box 9.1). Bemerkenswert ist, dass Fettleibigkeit beim Menschen nicht immer zu einer Krankheit führt, was darauf hindeutet, dass der Schwellenwert

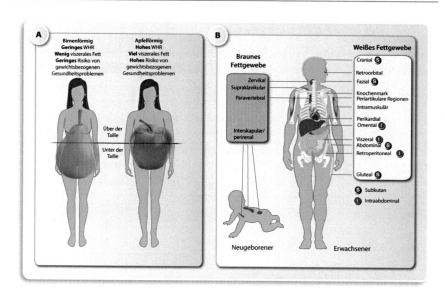

Abb. 9.1 Fettverteilung beeinflusst Fettleibigkeit-assoziierte Risiken. Fettleibigkeit wird über einen BMI von ≥ 30 definiert und ist im Allgemeinen eine Folge einer Fettansammlung (**A**). Die jeweilige Fettverteilung im Körper kann auch mit anthropometrischen Maßen wie Taillenumfang oder WHR (Quotient aus Taillen- und Hüftumfang) gemessen werden. Übergewichtige Personen mit einem niedrigen WHR, gekennzeichnet als birnenförmige Fettleibigkeit mit überwiegend erhöhtem subkutanem Fett, haben ein geringeres Risiko für T2D und das metabolische Syndrom. Im Gegensatz dazu haben fettleibige Personen mit einem hohen WHR, die als apfelförmige Fettleibigkeit mit erhöhtem viszeralen Fett charakterisiert ist, ein hohes Risiko für diese Krankheiten. Weißes Fettgewebe kommt in allen Bereichen unseres Körpers vor (**B**). Die subkutanen und die intraabdominalen Depots sind die wichtigsten Fettspeicherkompartimente. Braunes Fettgewebe ist bei der Geburt reichlich vorhanden, kommt aber bei Erwachsenen nur noch in geringerem Maße vor

für den tolerierbaren BMI von Person zu Person unterschiedlich ist und durch Umwelt- und genetische Variablen bestimmt wird (Abschn. 9.3).

Box 9.1: Weltweite Zunahme von Übergewicht und Fettleibigkeit

Die Prävalenz von Fettleibigkeit ist in den letzten 40 Jahren weltweit gestiegen und hat pandemische Ausmaße erreicht. Zwischen 1980 und 2013 stieg der Anteil übergewichtiger oder fettleibiger Erwachsener (BMI > 25 kg/m^2) weltweit von 28,8 % auf 36,9 % bei Männern und von 29,8 % auf 38,0 % bei Frauen. Fettleibigkeit erhöht das Risiko für viele nichtübertragbare Krankheiten, wie T2D, Fettleber, Bluthochdruck, Myokardinfarkt, Schlaganfall, Demenz, Osteoarthritis, obstruktive Schlafapnoe und verschiedene Arten von Krebs, erheblich. **Somit trägt Fettleibigkeit zu einem Rückgang sowohl der Lebensqualität als auch der Lebenserwartung bei.** Die weltweite Prävalenz von Fettleibigkeit stieg von 1975 bis 2016 bei Kindern und Jugendlichen von 0,7 % auf 5,6 % bei Jungen und von 0,9 % auf 7,8 % bei Mädchen. Im gleichen Zeitraum stieg die weltweite Prävalenz der Fettleibigkeit von 3,2 % auf 10,8 % bei erwachsenen Männern und von 6,4 % auf 14,9 % bei erwachsenen Frauen. Die Fettleibigkeit-Prävalenz bei Erwachsenen variiert je nach Land und reicht von 3,7 % in Japan bis 38,2 % in den Vereinigten Staaten. Seit 2006 hat sich die Dynamik der Fettleibigkeit bei Erwachsenen in den Industrieländern verlangsamt, während die Prävalenz der Fettleibigkeit bei Männern in Tonga und bei Frauen in Kuwait, Kiribati, Mikronesien, Libyen, Katar, Tonga und Samoa 50 % überstieg. Dennoch war die Prävalenz von Übergewicht und Fettleibigkeit in allen Altersgruppen in den Industrieländern höher als in den Entwicklungsländern. **In den letzten drei Jahrzehnten verzeichnete kein einziges Land einen signifikanten Rückgang der Fettleibigkeit, was die Gefahr impliziert, dass die meisten Länder die gleichen hohen Raten erreichen werden, wie sie bereits in Tonga oder Kuwait beobachtet wurden.**

Fettgewebe ist nicht nur ein passiver Speicher für Nährstoffe, sondern auch ein aktives endokrines Organ, das mit unserem Körper kommuniziert. Diese Kommunikation wird durch Ernährungsmechanismen, neurale Stimulation (Abschn. 11.4) und autokrine, parakrine und endokrine Auswirkungen sezernierter Proteine vermittelt, die zusammenfassend als Adipokine (Box 9.2) bezeichnet werden. Da die meisten Adipokine entzündungsfördernd und nur wenige entzündungshemmend wirken, ist ihre Gesamtausprägung im fettleibigen Zustand im Vergleich zum schlanken Zustand erhöht. **Das Ausschüttungsprofil der Adipokine ändert sich signifikant während des Einsetzens der Fettleibigkeit.** Entzündungssteigernde Adipokine sind die Peptidhormone Leptin und Resistin, die Transportproteine RBP4[1] und Lipocalin 2, der Wachstumsfaktor ANGPTL2[2], das Enzym NAMPT, die Zytokine TNF, IL6 und IL18 und das Chemokin CXCL5[3]. Im Gegensatz dazu wirken nur die Adipokine Adiponektin und SFRP5[4] entzündungshemmend. Das Gleichgewicht zwischen entzündungsfördernden und entzündungshemmenden Adipokinen ist entscheidend für die Homöostase des gesamten Körpers und basiert auf dem Ernährungszustand (Abschn. 9.4).

---

[1] RBP4 = Retinolbindungsprotein 4.

[2] ANGPTL2 = Angiopoietin-ähnliches Protein 2.

[3] CXCL5 = CXC-Motiv-Chemokin 5.

[4] SFRP5 = „secreted frizzled related protein" 5.

Box 9.2: Adipokine

Leptin ist das wichtigste Hormon, das vom weißen Fettgewebe produziert wird, da es das Essverhalten über das ZNS reguliert (Abschn. 9.4). Darüber hinaus wirkt Leptin auf Zellen des Immunsystems und stimuliert die Produktion von entzündungssteigernden Zytokinen und Chemokinen in Monozyten und Makrophagen, wie TNF, IL6 und CXCL5. Darüber hinaus polarisiert Leptin T-Zellen in Richtung eines T_H1-Phänotyps. Auch das Peptidhormon **Resistin** wird mit Entzündungen in Verbindung gebracht, da es die Expression der entzündungssteigernden Zytokine TNF und IL6 fördert. Resistin induziert eine Insulinresistenz, da es als Inhibitor der Insulin-Signalübertragung wirkt (Abschn. 9.5). Darüber hinaus wirkt Resistin direkt der entzündungshemmenden Wirkung von Adiponektin auf vaskuläre Endothelzellen entgegen. Die Hauptquelle von **RBP4** ist die Leber (Abschn. 4.4), aber auch Fettzellen und Makrophagen können den Vitamin A-Transporter produzieren. RBP4 hemmt auto- oder parakrin die insulininduzierte Phosphorylierung von IRS1[5], d. h. das Adipokin ist an der Regulation der Glukosehomöostase in Fettzellen beteiligt. **Lipocalin 2** gehört zur gleichen Protein-Superfamilie wie RBP4 und transportiert verschiedene kleine lipophile Substanzen, wie Retinoide, Arachidonsäure und Steroide. Das Protein wird durch Entzündungsreize über die Aktivierung des Transkriptionsfaktors NFκB induziert. Bei übergewichtigen Personen werden hohe Lipocalin 2-Spiegel gefunden. **ANGPTL2** ist ein Wachstumsfaktor, der Entzündungsreaktionen induziert und die Integrin-Signalübertragung in Endothelzellen, Monozyten und Makrophagen aktiviert. Es kann eine Insulinresistenz induzieren und seine Serumspiegel sind mit Fettleibigkeit, Insulinresistenz und CRP-Konzentrationen assoziiert. Das Enzym **NAMPT** (auch Visfatin genannt) wird hauptsächlich vom weißen Fettgewebe exprimiert und sezerniert. NAMPT ist essenziell für die Biosynthese von NAD^+ und spielt eine wichtige Rolle bei der Kontrolle der Insulinausschüttung durch β-Zellen. **TNF** ist ein entzündungssteigerndes Zytokin mit einer herausragenden Rolle bei praktisch allen entzündlichen und Autoimmunerkrankungen. Das Zytokin wird hauptsächlich von Monozyten und Makrophagen produziert, kann aber auch von aktivierten Fettzellen sezerniert werden. TNF fördert die Insulinresistenz in der Skelettmuskulatur und im weißen Fettgewebe, indem es die Phosphorylierung von INSR und IRS1 reduziert. TNF-Spiegel sind im weißen Fettgewebe und Plasma von fettleibigen Personen erhöht. **IL6** ist auch ein entzündungssteigerndes Zytokin, das an der fettleibigen Insulinresistenz beteiligt ist.

---

[5] IRS = Insulinrezeptorsubstrat.

Weißes Fettgewebe ist eine Hauptquelle des Zytokins, da dort mehr als 30 % des gesamten zirkulierenden IL6 produziert werden. Ein weiteres entzündungssteigerndes Zytokin, das vom weißen Fettgewebe produziert wird, ist **IL18**. Arteriosklerotische Läsionen weisen hohe IL18-Spiegel auf und weisen auf eine Plaque[6]-Instabilität hin. Das Chemokin **CXCL5** wird von Makrophagen innerhalb der stromavaskulären Fraktion des weißen Fettgewebes sezerniert und ist mit Entzündungen und Insulinresistenz assoziiert. CXCL5 stört die Insulin-Signalübertragung im Muskel, indem es den JAK-STAT[7] Signalübertragungsweg über seinen Rezeptor CXCR2 aktiviert. Das Peptidhormon **Adiponektin** wird ausschließlich von Fettzellen synthetisiert und kommt in hohen Konzentrationen im Serum vor. Adiponektin wird am stärksten in funktionellen Fettzellen schlanker Personen exprimiert, während seine Expression in dysfunktionalen Fettzellen fettleibiger Personen herabreguliert ist. Die günstigen Wirkungen von Adiponektin auf die Insulinsensitivität werden durch erhöhte Ca^{2+}-Spiegel in der Skelettmuskulatur vermittelt. Die Hauptfunktion des entzündungshemmenden Adipokins **SFRP5** besteht darin, die Bindung von WNT-Proteinen an ihre jeweiligen Rezeptoren zu verhindern. Der WNT-Signalübertragungsweg hat eine Reihe wichtiger nachgeschalteter Proteine, wie MAPK8[8], die zu entzündungsfördernder Zytokinproduktion in Makrophagen führen.

Somit beeinflusst und kommuniziert das Fettgewebe über Adipokine mit vielen anderen Organen, wie Gehirn, Herz, Leber und Skelettmuskulatur. Während der Fettgewebeexpansion tritt häufig eine Fettzellendysfunktion auf, wie eine Fehlregulation der Adipokinproduktion, die sowohl lokale als auch systemische Auswirkungen auf Entzündungsreaktionen hat. Das trägt maßgeblich zur Initiierung und Progression von Fettleibigkeit-induzierten Herz-Kreislauf- und Stoffwechselerkrankungen bei (Abschn. 10.3).

Die Speicherung von überschüssigem Fett in Vesikeln ist ein evolutionärer Anpassungsprozess, der bereits bei Fadenwürmern, wie *C. elegans,* nachweisbar ist. Die meisten Wirbeltierarten speichern Fett in einem Gewebe mesodermalen Ursprungs, das als weißes Fettgewebe bezeichnet wird. **Auch beim Menschen ist weißes Fettgewebe der größte Teil des Fettgewebes, d. h. es ist der primäre Ort der Energiespeicherung.** Im Gegensatz dazu haben Erwachsene nur geringe Mengen an braunem Fettgewebe), das ein Ort des basalen und induzierbaren Energieverbrauchs ist (Abb. 9.1B). Weißes Fettgewebe kommt in unserem

---

[6] Ein Plaque ist eine abgegrenzte Schädigung der Gefäße bei Arteriosklerose.

[7] STAT = Signaltransduktor und Aktivator der Transkription.

[8] MAPK = Mitogen-aktivierte Proteinkinase.

gesamten Körper vor, beispielsweise um das Omentum (Teil des Bauchfells), den Darm und die perirenalen (die Niere umgebenden) Bereiche sowie subkutan im Gesäß, in den Oberschenkeln und im Bauch. Darüber hinaus findet man weißes Fettgewebe auch im Gesicht und an den Extremitäten sowie im Knochenmark. Bei Neugeborenen tritt braunes Fettgewebe im Nacken-, Nieren- und Nebennierenbereich auf, während es bei Erwachsenen im Nacken sowie in den supraklavikulären (oberhalb des Schlüsselbeins) und paravertebralen (neben der Wirbelsäule befindlichen) Bereichen lokalisiert ist.

Weißes Fettgewebe puffert die Schwankungen zwischen Nährstoffverfügbarkeit und -Bedarf ab, indem es überschüssige Kalorien speichert und toxische Lipidspiegel in Nichtfettgeweben verhindert. Das ist eine überlebenswichtige Funktion, da sie Fastenintervalle zwischen den Mahlzeiten und verlängertes Fasten von bis zu 3 Wochen ermöglicht. **Als Reaktion auf Kältestress hält braunes Fettgewebe die Körperkerntemperatur durch Wärmeerzeugung aufrecht,** d. h. es wird hauptsächlich für die zitterfreie Thermogenese verwendet. Weiße Fettzellen haben ein großes Lipidtröpfchen, das 90 % der Zelle ausfüllt, während braune Fettzellen viele einzelne Lipidkompartimente und eine weitaus größere Anzahl von Mitochondrien tragen als weißes Fettgewebe. Diese Mitochondrien sind mit dem Fettsäure/H^+-Symporter UCP1[9] angereichert, der ein Protonenleck in der inneren Mitochondrienmembran verursacht, d. h. die oxidative Phosphorylierung von der ATP-Synthese entkoppelt. Wenn weiße Fettzellen hohe Mengen an UCP1 exprimieren, verwandeln sie sich in „beige" Fettzellen, ein Vorgang, der als „Bräunung" bezeichnet wird. Umgekehrt können diese Zellen die Lipidspeicherung wieder erhöhen, das sogenannte Aufhellen („whitening"), und ähneln dann morphologisch klassischen weißen Fettzellen. **Diese Gewebeumwandlung ist ein adaptiver Prozess, d. h. sie hängt von umweltbedingten Herausforderungen ab, wie etwa niedrigen Temperaturen zum Bräunen oder einer fettreichen Ernährung zum Aufhellen.**

Mesenchymale Stammzellen sind die Vorläufer von Fett-, Knochen- und Muskelzellen. Wachstumsfaktoren, wie BMPs[10] und FGFs, sind in der ersten Phase der Adipogenese von zentraler Bedeutung. In dieser Phase differenzieren die multipotenten mesenchymalen Stammzellen zu Vorläufern von weißem und braunem Fettgewebe. Sowohl braune Fettzellen als auch Myozyten (Muskelzellen) stammen von paraxialen Mesoderm-abgeleiteten Vorläuferzellen ab. In der zweiten Phase der Adipogenese, der Differenzierungsphase, sind Transkriptionsfaktoren, wie der Kernrezeptor PPARγ (Abschn. 4.3), und die Pionierfaktoren CEBPα, CEBPβ und CEBPδ für die Adipogenese notwendig und ausreichend. Darüber hinaus unterstützen Kofaktoren dieser Transkriptionsfaktoren, wie PPARGC1α, die Adipogenese. Im weiteren kontrollieren Chromatin-modifizierende Enzyme,

---

[9] UCP = Entkopplungsprotein.
[10] BMP = Knochenmorphogenetisches Protein.

wie EHMT1 (eine KMT) oder die Deacetylase SIRT1 (Abschn. 5.2), in Fettzellen den Zugang von Chromatin für Transkriptionsfaktoren und deren Kofaktoren, d. h. **die Adipogenese beinhaltet Epigenom-weite Veränderungen, wie sie auch bei anderen zellulären Differenzierungsprozessen beobachtet werden.**

Weiße, beige und braune Fettzellen können als Reaktion auf Fasten oder Überernährung sowie als Reaktion auf eine kalte Umgebung über Energieerfassungswege adaptive und dynamische Veränderungen erfahren. Ein anschauliches Beispiel ist die Umwandlung weißer Fettzellen in beige Fettzellen bei Kälteexposition (Abb. 9.2). Einige der Signale, die diese Gewebeumwandlung regulieren, werden lokal im Fettgewebe synthetisiert, d. h. sie wirken parakrin. Andere wesentliche Faktoren sind jedoch endokriner Natur, da sie von Stoffwechselorganen, wie Gehirn, Muskel, Herz und Leber, produziert werden. Als Reaktion auf Kälteeinwirkung werden Katecholamine, wie Adrenalin, vom sympathischen Nervensystem freigesetzt. Interessanterweise werden Katecholamine als Reaktion auf Kältestress auch von Makrophagen vom Typ M2 im Fettgewebe sezerniert. Dem wirken Makrophagen vom Typ M1 entgegen, die im hypertrophen Fettgewebe fettleibiger Personen vorkommen.

Katecholamin-aktivierte β3-adrenerge Rezeptoren sowie durch PTGS2[11] erzeugte Prostaglandine und Wachstumsfaktoren sind die Schlüsselmoleküle, die die Bräunung weißer Fettzellen fördern (Abb. 9.2). BMP4 und BMP7 regulieren direkt die Thermogenese in reifen braunen Fettzellen, indem sie ihre Reaktion auf Katecholamine erhöhen und die intrazelluläre Lipaseaktivität über den PKA[12]-MAPK-Signalübertragungsweg hochregulieren. Die Umwandlung von weißen in beige Fettzellen wird zusätzlich durch die Wachstumsfaktoren FGF21 und den neurotrophen Faktor BDNF[13] sowie das Peptidhormon Irisin unterstützt, das hauptsächlich von der Skelettmuskulatur als Reaktion auf körperliche Aktivität produziert wird.

9.2   Entzündung im Fettgewebe

Fettgewebe ist ein Stoffwechselorgan, das von Parenchymzellen (Fettzellen) und Stromazellen (Immunzellen und Endothelzellen) gebildet wird. Im weißen Fettgewebe machen lipidbeladene Fettzellen nur 20–40 % der Zellzahl, aber mehr als 90 % seines Volumens aus. Jedes Gramm Fettgewebe enthält 1–2 Mio. Fettzellen, aber 4–6 Mio. Stromazellen, **von denen mehr als die Hälfte Immunzellen, wie Makrophagen und T-Zellen, sind.** Im gesunden Zustand (Abb. 9.3, Stadium 1) arbeiten diese Zelltypen zusammen, um die metabolische Homöostase des

---

[11] PTGS2 = Cyclooxygenase 2.

[12] PKA = Proteinkinase A.

[13] BDNF = vom Gehirn stammender neurotropher Faktor.

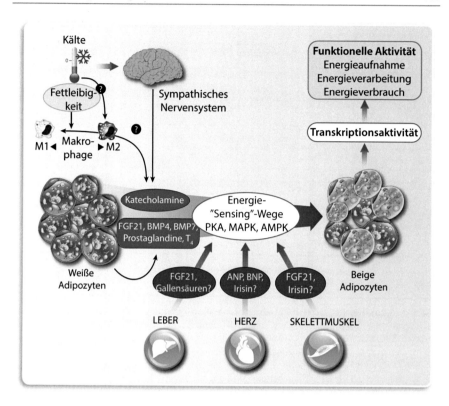

Abb. 9.2 Hormonelle Kontrolle der Bräunung von weißem Fettgewebe. Die metabolische Anpassung an Umweltfaktoren wird durch die Freisetzung endokriner und parakriner Faktoren aus Stoffwechselgeweben reguliert. Als Reaktion auf (thermische) Kälte werden Katecholamine vom sympathischen Nervensystem und von Makrophagen vom Typ M2 im Fettgewebe freigesetzt. Das aktiviert in weißen Fettzellen Signalübertragungswege, die den Energiestatus der Zellen messen, und stimuliert ihre Umwandlung in beige Fettzellen. Der beige Phänotyp basiert auf der Wirkung von Transkriptionsfaktoren, die für ihren Phänotyp charakteristische Aktivitäten induzieren, wie z. B. die Erhöhung der Energieaufnahme, der Energieverarbeitung und des Energieverbrauchs

Fettgewebes aufrechtzuerhalten. Auch im Krankheitsfall versuchen diese Gewebe zu interagieren, um sich an veränderte Bedingungen, wie beispielsweise einen erhöhten Nährstoffbedarf der betroffenen Organe, anzupassen.

Fettgewebe kann in mindestens drei strukturelle und funktionelle Gruppen eingeteilt werden. Schlanke Personen mit normaler Stoffwechselfunktion speichern überschüssige Nährstoffe als Triglyzeride im weißen Fettgewebe. Das weiße Fettgewebe dieser Menschen enthält Makrophagen vom Typ M2 und T_H2-Zellen, die auf Nährstoff-Signale reagieren, indem sie die Lipidspeicherung fördern und die Lipolyse unterdrücken (Abb. 9.3, Stadium 1). Wenn sich Fettleibigkeit als Folge einer chronischen Überernährung entwickelt, wird die Speicherkapazität überschritten, was zu zellulären Dysfunktionen, wie Lipiddysregulation, mitochondrialer

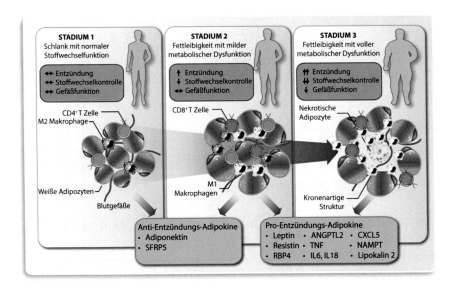

Abb. 9.3 Funktionelle Klassifikation des weißen Fettgewebes. Fettgewebe kann in mindestens drei funktionelle Stadien unterteilt werden. Im Gewebe schlanker Personen mit normaler Stoffwechselfunktion (Stadium 1) sind Fettzellen mit einer eher geringen Zahl von Makrophagen vom Typ M2 assoziiert. Dieses Gewebe produziert vorzugsweise entzündungshemmende Zytokine, wie Adiponektin und SFRP5 (Abschn. 9.1). Bei einsetzender Fettleibigkeit erhöhen Fettzellen ihre Speicherung an Triglyzeriden, d. h. sie werden hypertroph. Bei begrenzter Fettleibigkeit (Stadium 2) behalten Fettzellen noch eine relativ normale Stoffwechselfunktion und zeigen eine geringe Aktivierung der Immunzellen und eine ausreichende Gefäßfunktion. Bei Fettleibigkeit mit vollständiger metabolischer Dysfunktion (Stadium 3) hat das Gewebe jedoch eine große Anzahl von Makrophagen vom Typ M1 rekrutiert und produziert bevorzugt entzündungssteigernde Adipokine, wie Leptin, Resistin, RBP4, Lipocalin, ANGPTL2, NAMPT, TNF, IL6, IL18 und CXCL5

Dysfunktion, oxidativem Stress und ER-Stress führt (Abschn. 9.3). Das resultiert in einer verminderten Stoffwechselkontrolle und führt dazu, dass Fettzellen Chemokine wie CCL2 sezernieren, die Monozyten zur Wanderung in das Fettgewebe bringen, wo sie zu Makrophagen vom Typ M1 werden (Abb. 9.3, Stadium 2). Fettzellen nehmen an Größe zu, bis sie einen strukturell kritischen Zustand erreichen, in dem die Vaskularisierung des Gewebes reduziert wird, sodass Fettzellen hypoxische Zustände erfahren. Wenn diese Veränderungen eskalieren, führen sie zum Tod der Fettzellen. Um Reste abgestorbener Fettzellen zu entfernen, infiltrieren zusätzliche Makrophagen das weiße Fettgewebe. Sie umgeben die abgestorbenen Zellen und bilden kronenartige Strukturen, die mit einer verstärkten Entzündung einhergehen (Abb. 9.3, Stadium 3).

Stromazellen, wie Makrophagen, unterstützen Fettzellen im weißen Fettgewebe in ihrer Hauptfunktion im Zusammenhang des Stoffwechsels, der Langzeitspeicherung von Lipiden. Die Anzahl und der Aktivierungszustand von

Makrophagen spiegeln die metabolische Gesundheit des weißen Fettgewebe wider. Bei schlanken Personen sind nur 10–15 % der Stromazellen Makrophagen, und die meisten von ihnen sind vom Typ M2 (Abschn. 8.2). Diese Makrophagen sezernieren IL10, das die Insulinwirkung in Fettzellen potenziert, d. h. die Insulinsensitivität dieser Zellen erhält oder sogar erhöht. Während der Entwicklung der Fettleibigkeit rekrutiert das weiße Fettgewebe Monozyten, die sich zu Makrophagen vom Typ M1 differenzieren und schließlich bis zu 60 % aller Stromazellen im Gewebe ausmachen können. Diese Makrophagen vom Typ M1 sind ein Hauptreiber der Insulinresistenz im weißen Fettgewebe (Abschn. 9.5) and sind auch am Umbau der sich vergrößernden Fettzellen beteiligt. **Somit koordinieren die beiden Typen von Makrophagen die homöostatische Anpassung von Fettzellen im schlanken und im fettleibigen Zustand.**

T-Zellen im Fettgewebe spielen auch eine Rolle bei durch Fettleibigkeit induzierten Entzündungen. T_H1-Zellen produzieren entzündungssteigernde Zytokine, wie IFNγ. In Gegensatz dazu sezernieren T_H2-Zellen und T_{REG}-Zellen entzündungshemmende Zytokine, wie IL10, wodurch die Differenzierung von Makrophagen zum Typ M2 induziert wird. Bei schlanken Personen dominieren T_H2- und T_{REG}-Zellen im weißen Fettgewebe, während bei fettleibigen Personen weitaus mehr T_H1-Zellen vorhanden sind. Im Vergleich zu subkutanem Fett akkumuliert viszerales Fett eine größere Anzahl von Makrophagen und sezerniert größere Mengen an entzündungssteigernde Zytokinen. Darüber hinaus sind Fettzellen im viszeralen Fett fragiler und erreichen früher eine kritische Größe, die den Zelltod auslöst, als subkutane Fettzellen. Das erklärt zumindest teilweise das unterschiedliche Gesundheitsrisiko zwischen den Apfel- und Birnenformen des Fettdepots (Abschn. 9.1).

Die langfristige Exposition von Fettzellen mit entzündungssteigernde Zytokinen, die von Makrophagen vom Typ M1 produziert werden, kann eine Insulinresistenz im weißen Fettgewebe induzieren (Abschn. 9.5). Wie bei einer akuten Infektion mit Mikroben versucht diese reduzierte Insulinsensitivität zunächst auf die erhöhten Nährstoffspiegel zu reagieren, indem sie deren Speicherung einschränkt. Die Strategie der Induktion einer Insulinresistenz wird jedoch bei einer dauerhaften, langfristigen Nährstoffüberladung maladaptiv. Somit sind die Kennzeichen („hallmarks") von Fettleibigkeit-induzierter Entzündung[14]:

- eine nährstoffinduzierte Entzündungsreaktion, die von Makrophagen im weißen Fettgewebe koordiniert wird
- eine Veränderung der Polarisation von Makrophagen vom Typ M2 zu M1
- eine mäßige/niedriggradige und lokale Expression von entzündungssteigernden Zytokinen, die chronisch und ohne erkennbare Auflösung ist.

---

[14] Wird auch als „Meta-Entzündung" bezeichnet.

In anderen Stoffwechselorganen spielen polarisierte Makrophagen eine vergleichbare Rolle. Im braunen Fettgewebe differenzieren residente Makrophagen nach Kälteexposition zum Typ M2. Diese Makrophagen induzieren thermogene Gene im braunen Fettgewebe und die Lipolyse gespeicherter Triglyzeriden im weißen Fettgewebe über die Ausschüttung des Katecholamins Noradrenalin. Kupffer-Zellen (residente Makrophagen der Leber) ermöglichen die metabolische Anpassung der Leberzellen bei erhöhter Kalorienaufnahme. Der Phänotyp M2 von Kupffer-Zellen wird über PPARδ und die Zytokine IL4 und IL13 von T_H2-Zellen induziert. Bei Fettleibigkeit regulieren Makrophagen vom Typ M2 die β-Oxidation von Fettsäuren in der Leber und unterstützen auf diese Weise die Lipidhomöostase in dem Organ. Ähnlich wie im weißen Fettgewebe induziert eine fettreiche Ernährung im Pankreas die Infiltration von Makrophagen vom Typ M1. Die erhöhte Aufnahme von Nahrungslipiden führt zu einer Dysfunktion von β-Zellen, die die Expression von Chemokinen induziert, die entzündliche Makrophagen zu den Langerhans-Inseln rekrutieren. Die Ausschüttung von IL1β und TNF durch die infiltrierenden Makrophagen verstärkt die Dysfunktion der β-Zellen weiter (Abschn. 9.6).

9.3 Reaktion auf metabolischen Stress im ER

Der Mensch verfügt über eine Vielzahl von Mechanismen der zellulären Anpassung an Stress. Zu den Störungen, die Zellstress induzieren, gehören:

- Infektionserreger, die durch die Aktivierung von Mustererkennungsrezeptoren eine Vielzahl von Stressreaktionen auslösen können (Abschn. 8.2)
- Nährstoffmangel, der in vielen Zellen Autophagie aktiviert und es ihnen somit ermöglicht, ihre eigenen Bestandteile zum Überleben abzubauen (Abschn. 4.2, Box 4.1)
- Hypoxie, Atemgifte und Xenobiotika, die mitochondrialen Stress verursachen
- DNA-schädigende Substanzen, wie ionisierende Strahlung und einige Xenobiotika, die Reparaturwege aktivieren
- Hitzeschock oder chemische Toxine, die eine Proteindenaturierung verursachen und im ER eine Stressreaktion auf entfaltete/fehlgefaltete Proteine aktivieren, die UPR[15] genannt wird.

Das ER ist eine Organelle, die eine wichtige Rolle bei der Aufrechterhaltung der metabolischen Homöostase der Zellen und des gesamten Körpers spielt. Es ist der primäre Ort der 3D-Faltung aller Membranproteine und sezernierten Proteine, die in der Zelle produziert werden, und führt auch deren Qualitätskontrolle durch. Obwohl das ER über eine erhebliche Anpassungsfähigkeit verfügt, um

---

[15] UPR = „unfolded protein response".

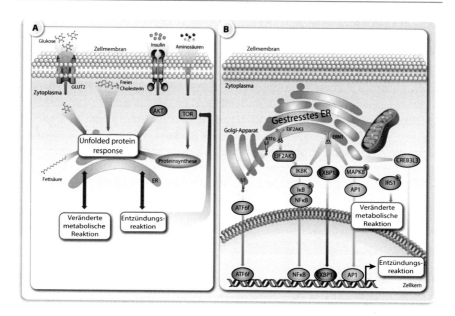

Abb. 9.4 UPR. Das ER reagiert auf mehrere nährstoffassoziierte Signale, wie sie beispielsweise durch Fettsäuren, Glukose, freies Cholesterin, Insulin und Aminosäuren induziert werden (**A**). ER-Stress infolge einer Nährstoffüberladung induziert die UPR, die entzündliche Signalübertragungswege aktiviert, die zu veränderten Stoffwechsel- und Entzündungsreaktionen führen. Die drei Transmembranproteine EIF2AK3, ERN1 und ATF6 des ER sind die molekularen Mediatoren der UPR (**B**). ERN1 aktiviert über die Phosphorylierung der Kinasen IKBK und MAPK8 die Transkriptionsfaktoren NFκB und AP1, die zu einer Erhöhung der Expression von Entzündungsgenen führen. Diese Antwort wird weiter verstärkt durch den Transport von ATF6 zum Golgi-Apparat und der Prozessierung dort zu einem aktiven Transkriptionsfaktor, Hochregulation der Expression des Transkriptionsfaktors XBP1 und des Transkriptionsfaktors CREB3L3[16]. MAPK8 phosphoryliert auch IRS1, was zu einer veränderten metabolischen Reaktion führt. Eine funktionelle und molekulare Integration zwischen verschiedenen Organellen kann die Ausbreitung des molekularen Stresses verursachen

die periodischen Zyklen zu bewältigen, die mit Nahrungsaufnahme, Fasten und anderen Stoffwechselanforderungen von begrenzter Dauer verbunden sind, ist es weniger flexibel, um angemessen auf chronische und eskalierende metabolische Herausforderungen zu reagieren. **Somit löst eine Akkumulation von ungefalteten Proteinen im Lumen des ER einen adaptiven Schutzmechanismus aus, der als UPR bezeichnet wird** (Abb. 9.4). Zum Beispiel zeigen Leberzellen und Fettzellen von fettleibigen Menschen im Vergleich zu schlanken Kontrollpersonen einen erhöhtes Ausmaß an Stress in ihrem ER"). Darüber hinaus können mehrere Risikofaktoren für Herz-Kreislauf-Erkrankungen, wie

---

[16] CREB3L3 = „cAMP responsive element binding protein 3 like 3".

Entzündungen, Dyslipidämien[17], Hyperhomocysteinämie und Insulinresistenz, zur Entwicklung von ER-Stress bei arteriosklerotischen Läsionen führen.

Auf molekularer Ebene wird die Stressantwort des ER hauptsächlich durch die Proteine EIF2AK3[18], ERN1[19] und ATF6[20] vermittelt. In Abwesenheit eines Stress-signals werden diese drei Transmembranproteine vom Chaperon HSPA5 gebunden und inaktiv gehalten. Eine erhöhte Proteinbelastung, insbesondere falsch gefaltete Proteine, aktiviert EIF2AK3 und ERN1, d. h. sie dissoziieren von HSPA5 und initiieren Signalübertragungswege. EIF2AK3 phosphoryliert EIF2A und unter-drückt die allgemeine Proteintranslation. ERN1 interagiert mit TRAF2[21] und aktiviert die Kinasen IKBK[22] und MAPK8. Dadurch werden die Transkriptions-faktoren NFκB und AP1 aktiviert und die Expression entzündungssteigernder Zytokine erhöht. In zentralen Stoffwechselgeweben, wie dem weißen Fettgewebe und der Leber, führt die Aktivierung von MAPK8 über die Phosphorylierung von IRS1 auch zu einer gestörten Insulinwirkung, wie einer Insulinresistenz (Abschn. 9.5).

ERN1 hat auch Endoribonukleaseaktivität und prozessiert z. B. die *XBP1*[23]-mRNA, was zur Translation der aktivierten Form des Transkriptionsfaktors XBP1 führt, der viele Chaperon-kodierende Gene reguliert. Darüber hinaus trans-loziert das Protein ATF6 vom ER in den Golgi-Apparat, wo es von Proteasen zu dem aktiven Transkriptionsfaktor ATF6 f. prozessiert wird. Schließlich führt ER-Stress zur Spaltung und Aktivierung des Transkriptionsfaktors CREB3L3, der ins-besondere in der Leber die Produktion des Akute-Phase-Proteins CRP induziert. Das Ziel der Aktivierung der drei Arme der UPR ist die Wiederherstellung der Homöostase des ER durch:

- Verringerung der allgemeinen Proteinsynthese
- Erleichterung des Proteinabbaus
- Erhöhung der Proteinfaltungskapazität (Abb. 9.4B).

Die Membran des ER übernimmt wichtige Funktionen im Stoffwechsel von Lipiden, insbesondere von Phospholipiden und Cholesterin. Beispielsweise wird die Cholesterinmessung an der Membran des ER durch SREBF1 initiiert (Abschn. 4.2). Das weist auf einen direkten Zusammenhang zwischen dem Lipid-stoffwechsel und der UPR hin, wie die Kontrolle der Phosphatidylcholinsynthese

---

[17]Eine Dyslipidämie ist eine Fettstoffwechselstörung, bei der die Zusammensetzung der Blutfette verschoben ist.

[18]EIF2AK3 = Eukaryotischer Translationsinitiationfaktor 2 Alpha Kinase 3.

[19]ERN1 = „endoplasmic reticulum to nucleus signaling 1".

[20]ATF6 = Aktivierender Transkriptionsfaktor 6.

[21]TRAF2 = „TNF receptor associated factor 2)".

[22]IKBK = „inhibitor of nuclear factor kappa B kinase subunit beta".

[23]XBP1 = X-Box Bindungsprotein 1.

und der Expansion der Membran des ER durch XBP1. Darüber hinaus ist ER-Stress mit der Produktion von Entzündungsmediatoren, beispielsweise des Enzyms PTGS2 und ROS verbunden. Das stört den Fettstoffwechsel und die Glukosehomöostase, was zu einer unnormalen Insulinwirkung führt, fördert eine Hyperglykämie durch Insulinresistenz, stimuliert die Glukoseproduktion in der Leber und unterdrückt die Glukoseausscheidung. Wenn die UPR die normale Funktion des ER nicht wiederherstellen kann oder wenn der metabolische Stress anhält, wird Apoptose eingeleitet, d. h. die betroffenen Zellen lösen sich auf. Das geschieht z. B. in Schaumzellen im Zusammenhang mit Arteriosklerose (Abschn. 10.1). **Somit sind Nährstoff- und Entzündungsreaktionen in die metabolische Homöostase integriert. Eine Dysfunktion des ER beeinflusst jedoch diese Integration und führt zu einer chronischen Stoffwechselerkrankung.** Beispielsweise führt die wechselseitige Beziehung zwischen ER-Stress und der Signalübertragung von Insulin zu einem Teufelskreis, der die Abhängigkeit von Insulinresistenz und Arteriosklerose erklärt.

9.4 Energiehomöostase und hormonelle Regulation der Nahrungsaufnahme

Die Energiehomöostase bei Erwachsenen wird durch eine Kombination von Prozessen erreicht, die:

- die Energieaufnahme durch Nahrung
- die Energiespeicherung in Form von Glykogen in Leber, Nieren und Skelettmuskulatur und Triglyzeriden im weißen Fettgewebe
- den Energieverbrauch

steuern, um ein stabiles Körpergewicht aufrechtzuerhalten. **Somit ist die Nahrungsaufnahme eine integrierte Reaktion über einen längeren Zeitraum, die das in Fettzellen gespeicherte Energieniveau aufrechterhält.** Durch eine täglich winzige, aber kumulierte positive Energiebilanz können sich jedoch im Laufe vieler Jahre Übergewicht und Fettleibigkeit entwickeln. Diese unausgeglichene Energiehomöostase ist multifaktoriell und komplex (Abb. 9.5). Die Nahrungsaufnahme hat sich in den letzten Generationen radikal verändert, was zu deutlichen Veränderungen in der Aufnahme von Makronährstoffen geführt hat (Abschn. 4.1). Das basiert auf reduzierter körperlicher Aktivität, computerbasierter Arbeit, die die meisten Berufe dominiert, Freizeitunterhaltung, die von der Informationstechnologie abhängig geworden ist, Reduzierung der Hausmannskost, stärkerer Abhängigkeit von Fertiggerichten, wachsender Gewohnheit des Snackkonsums und Werbung für große Portionen. **Somit ist das heutige adipogene Umfeld die wahrscheinlichste Ursache der Fettleibigkeit-Pandemie** (Abschn. 9.1).

Hunger- und Sättigungsgefühle sind die wichtigsten unfreiwilligen Motivationen für das Essverhalten von Menschen und Tieren. Die koordinierte Ausschüttung zahlreicher Hormone aus dem ZNS bereitet das Verdauungssystem

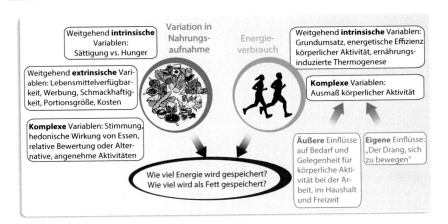

Abb. 9.5 Variablen der Energiehomöostase. Die Energiehomöostase wird durch eine komplexe Wechselwirkung zwischen der Variation der Nahrungsaufnahme, der Tendenz, überschüssige Energie als Fett zu speichern (als Nährstoffverteilung bezeichnet), und der Variation des Energieverbrauchs reguliert. Die intrinsischen Variablen, die einen Einfluss auf die Energiehomöostase haben und Fettleibigkeit verursachen, werden durch die Nahrungsaufnahme und Auswirkungen auf Sättigung und Hunger beeinflusst

auf die zu erwartende Kalorienbelastung vor. Im Idealfall steuern Sättigungshormone (die als Reaktion auf aufgenommene Nährstoffe ausgeschüttet werden) die Menge der Nahrungsaufnahme. Fettleibigkeitshormone (die den Fettgehalt des Körpers anzeigen) wiederum verändern diese Signale. Viele nichthomöostatische Faktoren, wie Stress, kulturelle Gewohnheiten und soziale Einflüsse, interagieren jedoch mit diesen hormonellen Reglern der Nahrungsaufnahme. Theoretisch wäre die Herstellung einer negativen Energiebilanz, d. h. weniger Kalorien zu sich zu nehmen, als durch den Grundumsatz täglich verbraucht wird, und zusätzliche körperliche Aktivität eine einfache Lösung, um das Problem des Übergewichts zu reduzieren und der Entstehung von Fettleibigkeit vorzubeugen. **Hormonelle und neuronale Regelkreise wurden jedoch durch evolutionäre Anpassung so trainiert, dass der Instinkt, dem Gefühl des Hungers entgegenzuwirken, bei fast allen Menschen zur primären Triebfeder wird, die den meisten Versuchen abzunehmen massiv entgegenwirkt.** Darüber hinaus bewirken Veränderungen von Umweltbelastungen im frühen Lebensalter, vor, während oder nach der Schwangerschaft, d. h. ernährungsbedingte epigenetische Programmierung (Abschn. 9.6), eine nachhaltige Langzeitwirkung auf die Prädisposition für Übergewicht und Fettleibigkeit. Im Allgemeinen beeinflussen genetische Varianten, die Auswirkungen auf Hunger und Sättigung haben, die Nahrungsaufnahme und verursachen schwere familiäre Fettleibigkeit. **Dementsprechend sind genetische Varianten, die mit Fettleibigkeit verbunden sind, überwiegend in Genen, die im Gehirn exprimiert werden.**

Die Energiehomöostase basiert weitgehend auf der koordinierten Aktivität mehrerer Peptidhormone. Vor einer zu erwartenden Mahlzeit wird der Magen-Darm-Trakt auf die Verdauung von Nährstoffen und die Vermeidung extremer metabolischer Folgen der anstehenden Kalorienbelastung vorbereitet. Zum Beispiel haben Personen, die gewohnheitsmäßig jeden Tag zur gleichen Zeit essen, eine vom ZNS ausgelöste Ausschüttung von z. B. Insulin vor der Nahrungsausgabe. Das ist wichtig für die effiziente Entsorgung resorbierter Glukose. Darüber hinaus stimulieren Signale des ZNS auch die Ausschüttung von Inkretinen (Abschn. 4.2), wie Ghrelin aus dem Magen etwa 30 min vor der Mahlzeit und GLP1[24] aus dem Darm sogar eine Stunde vorher. Bei der Nahrungsaufnahme werden zahlreiche Hormone und Enzyme ausgeschüttet, um die Verdauung und Aufnahme der Nährstoffe zu ermöglichen. Die meisten Verdauungshormone, wie CCK[25], sind Sättigungssignale. GLP1, Glukagon, APOA4 und Peptid YY sind weitere gastrointestinale Peptide, die das Gehirn beeinflussen, um die Mahlzeitengröße zu reduzieren. Die Halbwertszeit dieser Peptide ist kurz und die Funktion der meisten von ihnen ist redundant, d. h. sie können sich gegenseitig kompensieren. Sättigungssignale konvergieren im *Nucleus tractus solitarii* (NTS) und der angrenzenden *Area postrema* im Stammhirn (Abb. 9.6).

Die Peptidhormone Insulin und Leptin sind Fettleibigkeit-Signale, d. h. ihre Ausschüttung ist proportional zur Körperfettmenge. Zusammen mit Ghrelin gelangen sie über einen rezeptorvermittelten aktiven Transport durch die Blut-Hirn-Schranke ins Gehirn und wirken direkt auf den *Nucleus arcuatus* des Hypothalamus (Abb. 9.6). Dieser Bereich des Gehirns erhält auch Informationen vom Stammhirn über den Verlauf der Mahlzeiten und von limbischen Zentren, die nichthomöostatische Einflüsse widerspiegeln. Darüber hinaus wirken das Peptidhormon Amylin, das wie Insulin von β-Zellen des Pankreas sezerniert wird, sowie Zytokine aus dem weißen Fettgewebe, wie IL6 und TNF, auf das Gehirn, um den Energieverbrauch zu erhöhen.

Der *Nucleus arcuatus* enthält zwei Populationen von Neuronen, die entweder die Peptidhormone NPY[26] und AGRP[27] oder POMC[28] exprimieren (Abb. 9.6). POMC ist ein Prohormon, das gespalten wird, um α-MSH[29] zu ergeben, das ein Ligand des Rezeptors MC4R[30] ist. Insulin und Leptin aktivieren POMC-Neuronen, die α-MSH freisetzen, das AGRP entgegenwirkt und MC4R-Neuronen stimuliert.

---

[24] GLP1 = Glukagon-ähnliches Peptid 1.

[25] CCK = Cholecystokinin.

[26] NPY = Neuropeptid Y.

[27] AGRP = Agouti-verwandtes Peptid.

[28] POMC = Proopiomelanocortin.

[29] α-MSH = α-Melanozyten-stimulierendes Hormon.

[30] MC4R = Melanocortin-4-Rezeptor.

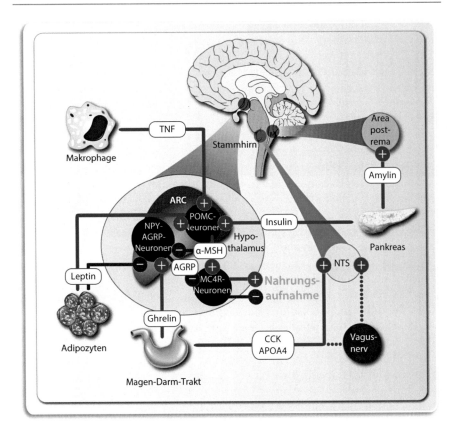

Abb. 9.6 Hormonelle Signale aus der Peripherie beeinflussen mehrere Hirnareale. Die Hormone Insulin und Amylin aus dem Pankreas stimulieren POMC-Neuronen im *Nucleus arcuatus* des Hypothalamus bzw. in der *Area postrema* des Stammhirns. Ghrelin stimuliert NPY-AGRP-Neuronen im *Nucleus arcuatus,* während Leptin aus Fettzellen diese Neuronen hemmt. Leptin und TNF stimulieren jedoch POMC-Neuronen. Gastrointestinale Peptide wie CCK und APOA4 stimulieren entweder den NTS direkt oder stimulieren den Vagusnerv, dessen Axone dort enden. Die meisten dieser Peptidhormone gelangen über einen aktiven Transport ins Gehirn

Das führt zu einer reduzierten Nahrungsaufnahme und einem verringerten Körpergewicht bei der langfristigen Hemmung der Nahrungsaufnahme. Ghrelin stimuliert NPY-AGRP-Neuronen, die AGRP sezernieren und als Antagonist von MC4R-Neuronen wirken. Das führt zu einer erhöhten Nahrungsaufnahme und Induktion einer Gewichtszunahme. Diese Bereiche des Vorderhirns erhalten auch Informationen vom Stammhirn über den Verlauf der Mahlzeit und Informationen von nichthomöostatischen Faktoren. Eine reduzierte Leptin- und Insulin-Signalübertragung im *Nucleus arcuatus* führt zu einer erhöhten Nahrungsaufnahme und schließlich zu einer Gewichtszunahme. Im Gegensatz dazu reduziert das Zytokin TNF, das aus Makrophagen im weißen Fettgewebe stammt, die Nahrungsaufnahme. Insulin und Leptin können auch die laufende Nahrungsaufnahme regulieren, indem sie die Empfindlichkeit gegenüber eingehenden Sättigungs-signalen im NTS des Stammhirns direkt anpassen. Wenn beispielsweise eine Person an Gewicht verliert, nimmt die Ausschüttung von Insulin und Leptin ab und das reduzierte Fettleibigkeitssignal im Gehirn führt zu einer verringerten Empfind-lichkeit gegenüber der sättigenden Wirkung von CCK und GLP1. Das führt zu einer Erhöhung der Mahlzeitengröße, bis das verlorene Gewicht wieder erreicht ist und die Fettleibigkeit-Signale wiederhergestellt sind. Das Gegenteil kann beobachtet werden, wenn Menschen zu viel essen und zunehmen. **Somit wird die homöostatische Kontrolle der Nahrungsaufnahme im Gehirn durch ein Netz-werk von Hypothalamus- und Hirnstammstrukturen integriert.**

Einige seltene Formen schwerer Fettleibigkeit resultieren aus Mutationen in einem einzelnen Gen oder einer Chromosomenregion, d. h. sie stellen eine monogene Form von Fettleibigkeit dar. Die Bedeutung des Leptin-Melanocortin-Signalübertragungswegs bei Hyperphagie (d. h. gesteigertem Appetit) und Anfälligkeit für Fettleibigkeit zeigt sich daran, dass bisher vor allem Mutationen in den Genen *LEP*[31], *LEPR*[32], *POMC*, *PCSK1*[33], *MC4R* und *SIM1*[34] als Ursachen der monogenetischen Fettleibigkeit gefunden wurden. Das *PCSK1*-Gen kodiert für ein Enzym, das für die posttranslationale Verarbeitung von POMC verantwortlich ist, während *SIM1* für einen Transkriptionsfaktor kodiert, der ein Ziel von MC4R ist. *MC4R*-**Mutationen sind für bis zu 6 % der Fettleibigkeit bei Kindern und 2 % der Fälle von Fettleibigkeit bei Erwachsenen verantwortlich.**

Der rapide Anstieg der Zahl fettleibiger Menschen (Abschn. 9.1) lässt sich durch radikale Veränderungen des Lebensstils erklären, wie z. B. eine gesteigerte Aufnahme energiereicher Nahrung und Bewegungsmangel. Einige Probanden sind jedoch anfälliger für diesen Lebensstil als andere, was auf eine genetische Komponente hindeutet. Polygene allgemeine Fettleibigkeit resultiert aus der kombinierten Wirkung mehrerer genetischer Varianten in Verbindung mit Umwelt-risikofaktoren. GWAS-Analysen (Abschn. 1.3) in verschiedenen Populationen haben gezeigt, dass Dutzende von Genen mit den Merkmalen BMI und Fettleibig-keit in Verbindung assoziiert sind. Kandidatengene sind *MC4R, BDNF, PCSK1, ADRB3*[35] und *PPARG*. Das prominenteste Ergebnis von GWAS-Analysen war die Identifizierung einer starken Assoziation der chromosomalen Region des *FTO*[36]-Gens mit BMI und allgemeiner Fettleibigkeit, hauptsächlich aufgrund seiner hohen Häufigkeit (47 %) in der europäischen Bevölkerung. Allerdings erklärt nicht das *FTO*-Gen, sondern seine Nachbargene *IRX3*[37] und *IRX5*, die für

---

[31] LEP = Leptin.

[32] LEPR = Leptinrezeptor.

[33] PCSK1 = Proprotein-Convertase 1.

[34] SIM1 = SIM BHLH Transkriptionsfaktor 1.

[35] ADRB3 = Adrenozeptor Beta 3.

[36] FTO = Fettmasse- und Fettleibigkeit-assoziiert.

[37] IRX = Iroquois Homöobox 3.

Transkriptionsfaktoren kodieren, funktionell den prominenten Effekt auf das Fettleibigkeitsrisiko.

Eine GWAS-Metaanalyse mit fast 340.000 Personen identifizierte 97 Genloci, die mit dem BMI assoziiert sind. Diese Genliste bestätigt die zentrale Rolle des ZNS, insbesondere der im Hypothalamus exprimierten Gene, bei der Regulierung der Körpermasse. Daher kann **Fettleibigkeit als eine neurologische Verhaltensstörung mit hoher Anfälligkeit für ein adipogenes Umfeld** angesehen werden. Die bekannten Risikogene machen jedoch insgesamt nur 2,7 % der Variation des Merkmals aus. Diese Beobachtung hinterfragt, ob genetische Varianten die Hauptursache für Fettleibigkeit sind. **Somit bleibt ein wesentlicher Teil der prognostizierten Erblichkeit von Fettleibigkeit und der interindividuellen Variabilität des BMI ungeklärt.** Das unterstreicht, dass das Verständnis von Fettleibigkeit um epigenetische und sozialverhaltensbezogene Komponenten erweitert werden muss.

9.5   Glukosehomöostase und Insulinresistenz

Die Glukosehomöostase resultiert sowohl aus der hormonellen als auch der neuronalen Kontrolle der Produktion und Verwendung von Glukose. Selbst bei physiologischen Herausforderungen, wie Nahrungsaufnahme, Fasten und intensiver körperlicher Aktivität, ist das Ziel der Glukosehomöostase, den Blutzuckerspiegel in einem Bereich von 4–6 mM zu halten. Dieses konstante Niveau ist für die Energieversorgung des Körpers unerlässlich, vor allem für eine ununterbrochene Glukoseversorgung des Gehirns und der Erythrozyten, die fast ausschließlich Glukose als Energiequelle verwenden. Hypoglykämie, d. h. ein Blutzuckerspiegel unter 3,5 mM, führt zu Glukosemangel im Gehirn und zu einer Reihe von neuronalen Problemen, wie Benommenheit, Verwirrtheit und Bewusstseinsverlust. **Im Gegensatz dazu führt eine langanhaltende Glukosekonzentration von über 10 mM, d. h. eine chronische Hyperglykämie, zu Glukotoxizität in den Blutgefäßen, was zu einer Reihe von Komplikationen im Herz-Kreislauf-System, den Nieren, den Augen und den Nerven führt.**

Die Hauptregulatoren der Glukosehomöostase sind die Peptidhormone Glukagon und Insulin, die von α- bzw. β-Zellen der Langerhans-Inseln des Pankreas sezerniert werden. Glukagon wird ausgeschüttet, wenn die Blutglukosekonzentration niedrig ist, z. B. zwischen den Mahlzeiten und während körperlicher Aktivität. Glukagon hat seine größte Wirkung auf die Leber, wo es die Freisetzung von Glukose, die in Form von Glykogen gespeichert wurde, ins Blut und die Produktion von Glukose über Glukoneogenese stimuliert.

Im Gegensatz dazu stimuliert ein steigender Blutzuckerspiegel direkt nach der Nahrungsaufnahme die Insulinausschüttung. Der Glukosetransporter GLUT1 in der Plasmamembran von β-Zellen und die Hexokinase GCK im Zytosol sind beide konzentrationsabhängige Sensoren für Glukose (Abschn. 4.2) und initiieren den Import von Glukose und ihre Metabolisierung über die Glykolyse (Abb. 9.7). Das zunehmende ATP-ADP-Verhältnis stimuliert das Schließen von K^{ATP}-Kanälen, die

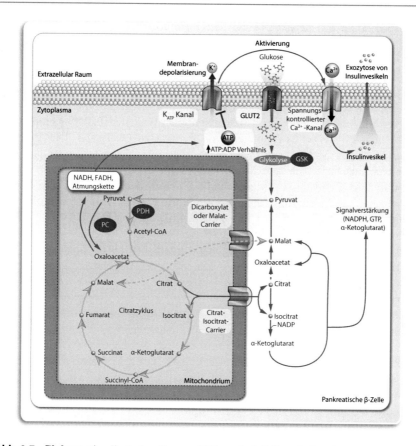

Abb. 9.7 Glukose-stimulierte Insulinausschüttung in β-Zellen. Steigende Blutzuckerspiegel stimulieren GLUT1 in der Membran von β-Zellen, um Glukose zu importieren, und GCK, um den Glukoseabbau über die Glykolyse zu beginnen, wodurch der ATP-Spiegel steigt. Das erhöhte ATP-ADP-Verhältnis hemmt K^{ATP}-Kanäle, was zu Membrandepolarisation, Aktivierung von spannungsgesteuerten Ca^{2+}-Kanälen, Einstrom von Ca^{2+} und Stimulierung der Exozytose der Insulin-gefüllten Vesikel führt. Pyruvat, das Endprodukt der Glykolyse, gelangt über die Aktion der Enzyme PDH und/oder PC in den mitochondrialen Stoffwechsel. β-Zellen haben einen aktiven Pyruvat-Zyklus über den anaplerotischen Eintritt von Pyruvat oder anderen Substraten in den Krebszyklus, wodurch ein Überschuss an Zwischenprodukten erzeugt wird, die dann die Mitochondrien verlassen, um an verschiedenen zytosolischen Stoffwechselwegen teilzunehmen, die zurück zu Pyruvat führen. Der Pyruvat-Isocitrat-Zyklus erzeugt ein verstärkendes Signal, das das Ca^{2+}-vermittelte Steuersignal für die Exozytose von Insulin verstärkt

Depolarisation der Plasmamembran, die Aktivierung von spannungsgesteuerten Ca^{2+}-Kanälen und die Ca^{2+}-vermittelte Exozytose[38] von Vesikeln, die mit Insulin gefüllt sind. Dieser K^{ATP}-Kanal-abhängige Mechanismus ist ein Steuersignal,

---

[38] Exozytose bezeichnet das Ausschleusen von Substanzen aus der Zelle in den Extrazellular-raum.

das insbesondere für die akute Phase der Insulinfreisetzung, d. h. während der ersten 10 min nach dem Glukoseanstieg, von Bedeutung ist. In der zweiten Phase erzeugt der mitochondriale Glukosestoffwechsel zusätzlich zum ATP-ADP-Verhältnis Signale, die wichtig sind, um Erkenntnisse über das Funktionsversagen von β-Zellen während T2D zu gewinnen. Pyruvat, das Endprodukt der Glykolyse, fließt durch einen anaplerotischen (d. h. wiederauffüllenden) Prozess über das Enzym PC[39] und einen oxidativen Weg über den PDH[40]-Komplex in die Mitochondrien. Die Umwandlung von Pyruvat zu Oxalacetat über PC und der anschließende Metabolismus von Oxalacetat zu Malat, Citrat oder Isocitrat im Krebszyklus bietet mehrere Möglichkeiten für die Rückumwandlung dieser Metaboliten in Pyruvat im Zytosol und in den Mitochondrien. **Diese Stoffwechselwege sind wichtig für die Regulation der Glukose-stimulierten Insulinausschüttung.** Einer von ihnen ist der Export von Citrat aus den Mitochondrien über den Citrat-Isocitrat-Transporter SLC25A1 und die anschließende Umwandlung von Isocitrat in α-Ketoglutarat durch den NADP-abhängigen Isocitratdehydrogenase (IDH)-Komplex. Die Stoffwechselnebenprodukte dieses Pyruvat-Isocitrat-Zyklus wirken als verstärkende Signale für die Kontrolle der Glukose-stimulierten Insulinausschüttung.

Nach der Nahrungsaufnahme werden Kohlenhydrate im Magen-Darm-Trakt verdaut und Glukose wird hauptsächlich über die Leberpfortader in den Kreislauf aufgenommen. Die Leber spielt eine zentrale Rolle bei der Überwachung und Regulierung des postprandialen (d. h. nach einer Mahlzeit entstehenden) Glukosespiegels (Abb. 9.8, links). Insulin fördert die Synthese von Triglyzeriden in der Leber und deren Speicherung im weißen Fettgewebe nach der Nahrungsaufnahme. Darüber hinaus unterdrückt Insulin auch die Freisetzung gespeicherter Lipide aus dem weißen Fettgewebe. Die aufgenommenen Nährstoffe in den endokrinen Darmzellen stimulieren die Freisetzung von Inkretinen, wie GLP1, die zusammen mit dem Anstieg des Blutzuckers die β-Zellen zur Insulinabgabe anregen. **Die erste Phase der Insulinausschüttung verhindert in erster Linie, dass die Leber mehr Glukose produziert, indem sie die Glykogensynthese stimuliert und die Glukoneogenese unterdrückt. Die zweite Phase, etwa 1–2 h nach der Mahlzeit, stimuliert die Glukoseaufnahme durch insulinempfindliche Gewebe, wie Skelettmuskeln und weißes Fettgewebe.**

Während des Fastens (Abb. 9.8, rechts) nimmt die Glykogenolyse in der Leber ab, da die Glykogenspeicher der Leber erschöpft sind. Niedrige Insulinspiegel in Kombination mit erhöhten gegenregulierenden Hormonen, wie **Glukagon, Adrenalin und Kortikosteroiden, fördern die Glukoseproduktion in der Leber über die Glukoneogenese, sodass der Blutzuckerspiegel stabil bleibt.** Darüber hinaus stimulieren Glukagon und Adrenalin die Lipolyse im weißen Fettgewebe und die β-Oxidation von Fettsäuren in anderen Geweben, wenn die Nährstoffe

---

[39] PC = Pyruvatcarboxylase.

[40] PDH = Pyruvatdehydrogenase.

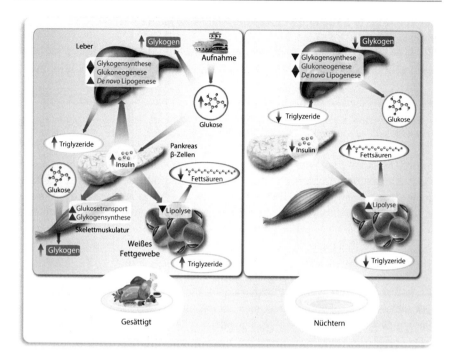

Abb. 9.8 Insulinwirkung im gesunden Zustand. Nach einer Mahlzeit erhöhen Kohlenhydrate den Glukosespiegel im Blut und fördern die Insulinausschüttung aus β-Zellen. In der Skelettmuskulatur erhöht Insulin den Glukosetransport und ermöglicht den Glukoseeintrag und die Glykogensynthese. Im weißen Fettgewebe unterdrückt Insulin die Lipolyse und fördert die *de novo* Lipogenese. In der Leber stimuliert Insulin die Glykogensynthese und die *de novo* Lipogenese und hemmt die Glukoneogenese. Im nüchternen Zustand ist die Insulinausschüttung vermindert, was die Glukoneogenese in der Leber erhöht und die Glykogenolyse fördert. Unter diesen Bedingungen nimmt die Lipidproduktion in der Leber ab, während die Lipolyse zunimmt

knapp sind. Obwohl die hormonelle Regulation der Glukosehomöostase essentiell ist, kann auch das ZNS akute Veränderungen des Glukose- und Nährstoffbedarfs durch Innervation des Darms, der Leber, des Pankreas, der Pfortader und aller anderen Glukose-verbrauchenden Gewebe wahrnehmen und darauf reagieren.

Insulinresistenz ist ein Zustand, bei dem normale Insulinkonzentrationen eine subnormale biologische Reaktion in Insulinzielgeweben hervorrufen. β-Zellen kompensieren diese verminderte Reaktion, indem sie die Insulinproduktion erhöhen. Solange diese Hyperinsulinämie ausreicht, um die Insulinresistenz zu überwinden, bleibt die Glukosetoleranz relativ normal. Bei Patienten, die dabei sind, T2D zu entwickeln, versagt jedoch die β-Zell-Kompensationsreaktion und es entwickelt sich eine Insulininsuffizienz, die zu einer geringeren Glukosetoleranz und schließlich zu T2D führt. **Eine reduzierte Insulinsensitivität verursacht eine beeinträchtigte insulinstimulierte Glukoseaufnahme in die Skelettmuskulatur und der Hemmung der Glukoseproduktion in der Leber sowie**

eine verminderte Fähigkeit von Insulin, die Lipolyse im weißen Fettgewebe zu hemmen.

Es gibt drei Hauptmechanismen zur Erklärung der Insulinresistenz, insbesondere in Muskelzellen (Abb. 9.9A) und Leberzellen (Abb. 9.9B). Diese sind:

- eine ungewöhnliche Lipidakkumulation im Skelettmuskel und in der Leber
- eine chronische Entzündungsreaktion des Gewebes (Abschn. 8.2)
- ER-Stress, der die UPR bewirkt (Abschn. 9.3).

Alle drei Mechanismen leiten sich ursprünglich aus einem evolutionären Vorteil bei der Anpassung an eine sich ändernde Umgebung ab. Der evolutionär älteste Signalübertragungsweg, die UPR, wurde entwickelt, um metabolische Signale, wie metabolischen Stress durch Lipidüberladung, zu integrieren und sich entsprechend anzupassen. Die Entzündungsreaktion stellt ebenfalls einen evolutionär alten Signalübertragungsweg dar, der stark mit der UPR verknüpft ist, um eine koordinierte Reaktion auf verschiedene Umweltreize, wie Nährstoffknappheit, bereitzustellen. Das erfordert die Dämpfung der Insulinreaktion, um eine metabolische Verschiebung von der Glukose- zur Lipidoxidation zu ermöglichen.

Menschen, die ein Langzeitfasten durchführen, wechseln in einem oder mehreren Geweben, wie Muskel, Leber oder weißes Fettgewebe, in einen insulinresistenten Modus, um den Blutzucker für das Gehirn konstant zu halten. Diese Insulinresistenz führt zu erhöhten Fettsäurekonzentrationen im Kreislauf sowie in Skelettmuskulatur und Leber. Die erhöhten Lipidspiegel in diesen Geweben bewirken auch einen parallelen Anstieg von Lipiden mit Signalfunktion, wie

Abb. 9.9 Signalübertragungswege, die an der Insulinresistenz der Skelettmuskulatur (A) ▶ **und der Leber (B) beteiligt sind.** Die Insulin-INSR-IRS-PI3K-AKT-Signalachse fördert über TBC1D4 den Transport von GSVs[41] an die Plasmamembran, die den Eintritt von Glukose in die Zelle ermöglichen, und stimuliert außerdem über das Enzym GYS die Glykogensynthese (GS). Dieser zentrale Signalübertragungsweg ist mit einer Reihe zusätzlicher Wege verbunden. Grün schattiert (1): DAG-vermittelte Aktivierung der Kinase PRKCQ[42] und anschließende Hemmung von IRS, Ceramid-vermittelter Anstieg des AKT-Inhibitors PPP2 und verstärkte Sequestrierung von AKT durch die Kinase PRKCZ. Eine beeinträchtigte Aktivierung von AKT2 begrenzt die Transport von GSVs zur Plasmamembran, was zu einer beeinträchtigten Glukoseaufnahme führt. Es verringert auch die insulinvermittelte Glykogensynthese. Gelb schattiert (2): Entzündungswege, wie die Aktivierung von IKBK, die Ceramidsynthese beeinflusst, und die Aktivierung von MAPK8, die IRS durch Phosphorylierung hemmt. Rosa schattiert (3): Die UPR im ER, die zur Aktivierung von ATF6 und einer PPARGC1α-vermittelten Antwort führt. Wichtige lipogene Enzyme in den ER-Membranen stimulieren die Lipidtröpfchenbildung. TG = Triglyzeride

---

[41] GSV = GLUT4-haltige Speichervesikel.

[42] PRKC = Proteinkinase C.

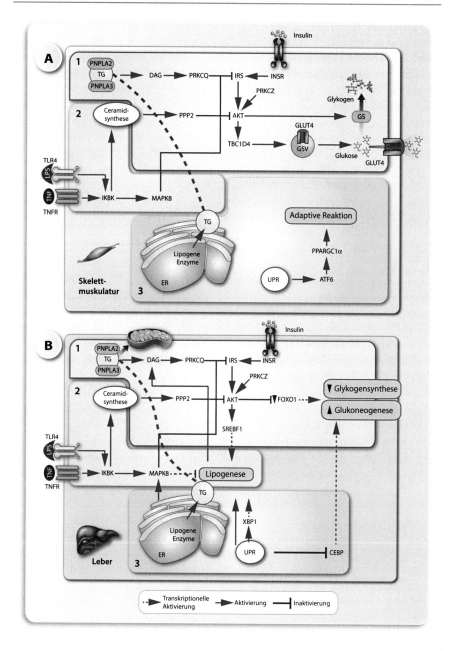

DAG (Diacylglyzerin) und Ceramiden[43]. Das erhöht dann die Insulinresistenz des Gewebes und stellt die Erhaltung der Glukoseverfügbarkeit für das ZNS sicher. **Dieser natürliche Überlebensmechanismus wurde jedoch in der Neuzeit pathogen, wo die Energieaufnahme oft den Energieverbrauch übersteigt, d. h. bei Zuständen einer nicht ausgewogenen Energiehomöostase (Abschn. 9.4).**

Der Lipidgehalt in Muskelzellen spiegelt ein Nettogleichgewicht zwischen der Fettsäureaufnahme und ihrer Oxidation in den Mitochondrien wider. **Somit ist die erworbene mitochondriale Dysfunktion ein wichtiger prädisponierender Faktor für ungewöhnliche Lipidakkumulation und Insulinresistenz bei älteren Menschen.** LPL ist ein Schlüsselenzym für die Hydrolyse zirkulierender Triglyzeride (z. B. innerhalb von VLDLs), das die Aufnahme von Fettsäuren in Muskel und Leber durch einen Komplex von Fettsäuretransportproteinen der SLC27A-Familie mit dem Scavenger Rezeptor CD36 ermöglicht (Abb. 9.9). Beim Eintritt in die Zelle werden Fettsäuren schnell zu Acyl-CoAs verestert. Diese werden sukzessive auf ein Glyzerinrückgrat unter Bildung von Mono-, Di- und Triglyzeriden übertragen oder mit Sphingosin zu Ceramiden verestert. Das bedeutet, dass die Spiegel der „second messenger" DAG und Ceramid parallel zur erhöhten Lipidbelastung der Zellen ansteigen. Intrazelluläre Lipidtröpfchen tragen auf ihrer Oberfläche Enzyme, wie die Lipasen PNPLA2[44] und PNPLA3, die den Ein- und Austritt von Lipidmolekülen regulieren und deren Lyse katalysieren, z. B. von Triglyzeriden zu DAG. **Daher sind PNPLAs sowohl für den Zugriff auf die in Triglyzeriden gespeicherte Energie und die Bildung von Lipidmediatoren der Insulinresistenz wichtig.**

Sowohl im Muskel als auch in der Leber aktiviert DAG Mitglieder der PRKC-Familie, wie PRKCQ, die die Insulin-Signalübertragung über die Hemmung von IRS1 und IRS2 beeinträchtigen, was zu einer verringerten Glukoseaufnahme über GLUT4 führt (Abb. 9.9A). Ceramide dämpfen die Insulin-Signalübertragung durch die Aktivierung der Phosphatase PPP2, die AKT dephosphoryliert, und über die Kinase PRKCZ, die AKT bindet und dessen Aktivierung verhindert. Wenn in der Leber die Geschwindigkeiten der DAG-Synthese aus Fettsäureumesterung und *de novo* Lipogenese die Geschwindigkeiten der Lipidoxidation in den Mitochondrien übersteigen, d. h. bei einem Anstieg der DAG-Spiegel, wird die Kinase PRKCE aktiviert, die Tyrosinkinaseaktivität des INSR wird gehemmt, die Phosphorylierung der GSK3 geht zurück und die Glykogensynthese ist vermindert. Darüber hinaus führt das zu einem erhöhten Transport von FOXO in den Zellkern, was die Bildung von Glukoneogeneseenzymen fördert (Abb. 9.9B). Aus dem weißen Fettgewebe sezernierte Entzündungsmediatoren und Adipokine, wie TNF, können lokal parakrin wirken oder aus dem Fettgewebe austreten und eine systemische (endokrine) Wirkung auf die Insulinsensitivität in Muskel- und

---

[43] Ceramide sind eine zu den Lipiden zählende Untergruppe der Sphingolipide.

[44] PNPLA = „patatin-like phospholipase domain-containing protein".

Leberzellen verursachen. Das aktiviert über die TNFR[45]-Signalachse die Kinasen MAPK8 und IKBK. **Somit führt die Entzündungsreaktion zur Inaktivierung von IRS1 und zu einer Insulinresistenz.**

Eine besondere Rolle bei der Pathogenese der Insulinresistenz in der Leber spielt der ER-Stress durch die Akkumulation von ungefalteten Proteinen im Lumen des ER (Abb. 12.3). Die Aktivierung von drei Schlüsselproteinen der UPR, EIF2AK3, ERN1 und ATF6, führt zu einer erhöhten Membranbiogenese, einem Stopp der Proteintranslation und einer erhöhten Expression von Chaperonproteinen des ER. Das führt über die Aktivierung von MAPK8 zu einer inhibitorischen Phosphorylierung von IRS1. Darüber hinaus führt die UPR zu einer Expansion der Membran des ER und erhöht die Expression von SREBF1, was die Lipogenese stimuliert. **Somit verursacht die UPR eine Insulinresistenz in der Leber, wenn sie in der Lage ist, das Gleichgewicht von Lipogenese und Lipidexport zu verändern, um die Lipidakkumulation in der Leber zu fördern.**

9.6 β-Zell-Versagen und T2D

Das Versagen von β-Zellen während der Entwicklung von T2D basiert auf ihrer chronischen Exposition mit Glukose und Lipiden, auch bekannt als Glukotoxizität und Lipotoxizität oder in Kombination „Glukolipotoxizität". Eine chronische Glukoseexposition erhöht den Glukosestoffwechsel in β-Zellen, was zur Bildung von Citrat führt, das als Signal für die Bildung von Malonyl-CoA im Zytosol fungiert (Abb. 9.10A). Malonyl-CoA hemmt den wichtigsten Fettsäuretransporter in Mitochondrien, CPT1A[46] und blockiert auf diese Weise die β-Oxidation von Fettsäuren. Das verursacht eine Akkumulation von CoAs von kurzkettigen Fettsäuren in β-Zellen. Die Notwendigkeit einer erhöhten Insulinausschüttung während einer Hyperglykämie erzeugt einen erheblichen metabolischen Stress für das ER der β-Zellen und führt zu einer Überproduktion von ROS in den Mitochondrien. Dieser oxidative Stress ist eine zentrale Konsequenz der Glukotoxizität.

Darüber hinaus haben β-Zellen viele Mitochondrien und verbrauchen mehr Sauerstoff als die meisten anderen Zelltypen. Daher erhöht die beschleunigte mitochondriale Funktion bei hohen Glukosekonzentrationen, wie direkt nach einer Mahlzeit, den Sauerstoffverbrauch, was zum einen zur gesteigerten Bildung von ROS beiträgt, jedoch andererseits Hypoxie verursacht. Daraus folgt die erhöhte Expression von Hypoxie-induzierbaren Genen. Diabetespatienten haben ein ausgeprägteres ER in ihren β-Zellen, was auf erhöhten Stress für die Organelle

---

[45] TNFR = TNF-Rezeptor.
[46] CPT1A = Carnitin-Palmitoyltransferase 1A.

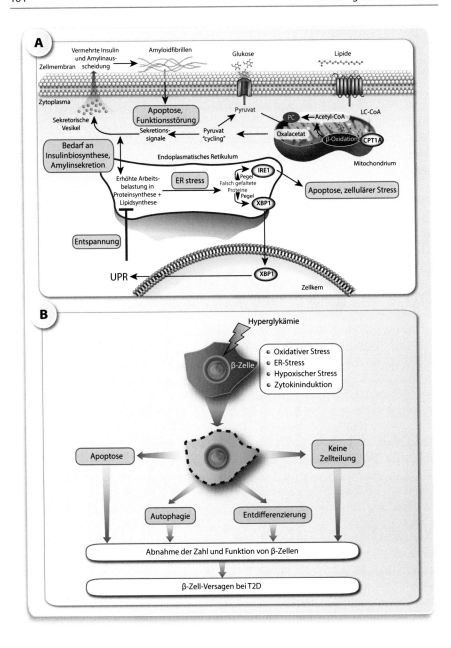

◀ **Abb. 9.10 β-Zell-Versagen.** Überernährung und/oder erhöhte Lipidversorgung induziert in den Mitochondrien von β-Zellen Enzyme der β-Oxidation von Fettsäuren, wie CPT1A. Das führt zu erhöhten Acetyl-CoA-Spiegeln, allosterischer Aktivierung von PC und konstitutiver Hochregulierung des Pyruvatzyklus (**A**). Die resultierende erhöhte Basalausschüttung von Insulin hat den Verlust des Glukose-stimulierten Anstiegs des Flusses des Pyruvatzyklus zur Konsequenz, d. h. einer Abstumpfung der Glukose-stimulierten Insulinausschüttung. Der erhöhte Bedarf an Insulinsynthese im ER erhöht den Stress für diese Organelle, was zu gesteigerten Proteinfehlfaltungsraten führt. Die UPR ist anfänglich in der Lage, den entstandenen ER-Stress auszugleichen, aber mit der Zeit wird dies weniger effektiv und die schädlichen Auswirkungen des ER-Stress führen zum Zelltod. Die Insulinhyperausschüttung wird von einer Ausschüttung von Amylin begleitet, die die Bildung von Amyloidfibrillen fördert, die sich an der Oberfläche von β-Zellen ansammeln und eine Dysfunktion und den apoptotischen Tod der Zellen induzieren. Anhaltende Hyperglykämie führt zu oxidativem and hypoxischem Stress, ER-Stress und zu einer erhöhten Exposition von β-Zellen gegenüber Zytokinen (**B**). Daher hören β-Zellen auf zu wachsen, entdifferenzieren oder unterliegen einer unkontrollierten Autophagie oder Apoptose. Alle diese Prozesse reduzieren die Anzahl der β-Zellen und ihrer Funktion. Das führt zu einer Dysfunktion und Erschöpfung von β-Zellen und zum Fortschreiten von T2D

hinweist. Einer der Stresssensoren des ER ist das Transmembranprotein ERN1, das Apoptose induzieren kann. Darüber hinaus stört die Hyperinsulinämie als Reaktion auf chronische Hyperglykämie die Homöostase des ER in β-Zellen aufgrund der notwendigen Steigerung der Kapazität für die Biosynthese von Proinsulin. Das führt zur Akkumulation von fehlgefalteten Proteinen und zur Induktion der UPR über XBP1 (Abschn. 9.3), was den oxidativen Stress verstärkt und schließlich zu einer Funktionsstörung der β-Zellen führt.

Patienten, die bereits lange an T2D leiden, haben häufig eine verminderte Zahl und Funktion von β-Zellen, was als „β-Zell-Erschöpfung" bezeichnet wird. Im Vergleich zu gesunden Personen mit gleichem Gewicht haben fettleibige Diabetespatienten eine 63 %ige Reduktion der β-Zellmasse, während schlanke Diabetespatienten nur einen 41 %igen Verlust aufweisen. Das legt nahe, dass die Dysfunktion der β-Zellen eine primäre Rolle bei der Pathogenese von T2D spielt. Als Reaktion auf ER-Stress, hypoxischen Stress und Exposition mit entzündungssteigernden Zytokinen vermehren sich β-Zellen nicht, durchlaufen Apoptose oder unkontrollierte Autophagie (Box 4.1) (Abb. 9.10B). Darüber hinaus können die β-Zellen in andere Pankreaszelltypen, wie beispielsweise α-Zellen, transdifferenzieren. β-Zellen entstehen aus der Replikation bereits vorhandener β-Zellen und der Differenzierung von Vorläuferzellen (Neogenese). Im Pankreas von Erwachsenen ist der dominante Mechanismus zur Erhöhung der β-Zellzahl eher die Replikation als die Neogenese. Die Masse der β-Zellen wird durch das Gleichgewicht zwischen der Proliferationsrate und der Apoptoserate gesteuert. **Somit kann sowohl eine erhöhte Apoptose als auch eine verminderte Proliferation die β-Zellmasse von Diabetespatienten reduzieren.** Darüber hinaus induzieren auch hohe Mengen an gesättigten freien Fettsäuren,

d. h. Lipotoxizität, die Apoptose von β-Zellen. Interessanterweise kommt es bei Patienten mit genetischer Prädisposition für T2D, aber nicht bei Gesunden, zu einem anhaltenden Anstieg der Plasmakonzentrationen an freien Fettsäuren, was eine Funktionsstörung der β-Zellen verursacht.

Diabetes ist ein Zustand chronisch erhöhter Plasmaglukosespiegel, der als Hyperglykämie bezeichnet wird und schließlich zu einer Toxizität in den Blutgefäßen führt (Box 9.3). Es gibt zwei Hauptformen von Diabetes, Typ 1 und Typ 2. T1D resultiert aus einer schnellen Zerstörung von β-Zellen des Pankreas durch eine Autoimmunreaktion. Dadurch kann der Körper kein Insulin mehr produzieren und die betroffenen Patienten benötigen lebenslang täglich Insulingaben, um den Blutzuckerspiegel zu kontrollieren. Ohne Insulin stirbt ein Patient mit T1D vorzeitig. Diese Art von Diabetes beginnt plötzlich und betrifft in der Regel Kinder ab 10 Jahren, d. h. in einem Alter, in dem ihr Immunsystem die volle Potenz erreicht hat. **Die Zahl der Menschen, die an T1D erkranken, nimmt zu, was auf Veränderungen der Umweltrisikofaktoren, pränatale Ereignisse, Ernährung im frühen Lebensalter oder Virusinfektionen zurückzuführen sein kann.**

Box 9.3: Komplikationen einer chronischen Hyperglykämie
Menschen mit T2D sind dem Risiko ausgesetzt, eine Reihe von lebensbedrohlichen Gesundheitsproblemen zu entwickeln. Chronisch hohe Blutzuckerwerte, d. h. Glukotoxizität, kann zu schweren Erkrankungen der Blutgefäße von Gehirn, Herz, Augen, Nieren und peripheren Nerven führen. In fast allen Ländern mit hohem Einkommen ist T2D eine der Hauptursachen für Herz-Kreislauf-Erkrankungen, Blindheit, Nierenversagen und Amputationen der unteren Extremitäten.

Herz-Kreislauf-Erkrankungen: Sind die häufigste Ursache für Behinderung und Tod bei Menschen mit T2D. Das umfasst Hirnschlag, Myokardischämie, kongestive Herzinsuffizienz und periphere arterielle Verschlusskrankheit (Abschn. 10.1).

Niereninsuffizienz: Nephropathie, die schließlich zum Nierenversagen führt, wird durch eine Schädigung kleiner Blutgefäße verursacht, wodurch die Nieren weniger effizient funktionieren oder sogar versagen. T2D ist eine der Hauptursachen für chronische Nierenerkrankungen.

Augenerkrankungen: Bei der Retinopathie wird das Netz der Blutgefäße, die die Netzhaut versorgen, blockiert und beschädigt. Darüber hinaus führt eine pathologische Neovaskularisierung[47] zu einem zunehmenden Verlust des Sehvermögens bis hin zur vollständigen Erblindung.

---

[47] Neovaskularisation ist die Gefäßneubildung aufgrund von krankhaften Prozessen.

> **Nervenschädigung:** Bei der Neuropathie werden Nerven im ganzen Körper geschädigt, was zu Problemen mit der Verdauung und dem Harnlassen, zu erektiler Dysfunktion und einer Reihe anderer Beeinträchtigungen führen kann. Die am häufigsten betroffenen Bereiche sind die Extremitäten, insbesondere die Unterschenkel und Füße (periphere Neuropathie), die zu Schmerzen, Parästhesien (abnorme Hautempfindung) und Gefühlsverlust führen. Letzteres ist besonders gefährlich, da Verletzungen unbemerkt bleiben und zu Geschwürbildung, Superinfektionen und schließlich zu großen Amputationen (diabetisches Fußsyndrom) führen können.

T2D ist die häufigste Art von Diabetes und macht mehr als 90 % aller Diabetesfälle aus. Im Gegensatz zur Autoimmunerkrankung T1D ist T2D eine klassische Stoffwechselerkrankung, d. h. die Form von Diabetes, die in diesem Buch diskutiert wird. Sie tritt normalerweise bei Erwachsenen auf, wird aber zunehmend bei Kindern und Jugendlichen beobachtet. In den Anfangsstadien von Diabetes sind β-Zellen noch in der Lage, Insulin zu produzieren, aber entweder reichen die Mengen nicht aus oder der Körper kann nicht auf seine Wirkungen reagieren (bekannt als Insulinresistenz, Abschn. 9.5), was beides zu erhöhten Glukosespiegeln im Blut führt. T2D bleibt oft jahrelang unbemerkt und unerkannt, d. h. die Betroffenen sind sich der bereits schwelenden Langzeitschäden ihrer Erkrankung nicht bewusst. Im Gegensatz zu Menschen mit T1D benötigt die Mehrheit der Patienten mit T2D normalerweise keine täglichen Dosen Insulin, um zu überleben. Viele Diabetespatienten sind in der Lage, ihre Hyperglykämie durch eine gesunde Ernährung und erhöhte körperliche Aktivität oder durch Medikamente über einen längeren Zeitraum in den Griff zu bekommen. Wenn sie jedoch ein Stadium erreichen, in dem sie ihren Blutzuckerspiegel nicht mehr regulieren können, benötigen sie eine tägliche Insulinsubstitution, wie die T1D-Patienten.

Ein oraler Glukosetoleranztest (OGTT) mit Glukosemessungen zu definierten Zeitpunkten (z. B. nach 0, 30, 60 und 120 min) nach oraler Aufnahme einer definierten Glukosemenge (oft 75 g) ist die einfachste Methode zur Bestimmung des Glukosehomöostasestatus prädiabetischer Personen. Gesunde haben einen Nüchternglukosespiegel in der Größenordnung von 5 mM, zeigen bereits eine Stunde nach dem Glukosebolus einen Peak unter 10 mM und sind nach 2 h wieder unter 7,8 mM (Abb. 9.11, Nr. 1). Personen, die bei einer normalen Glukosekonzentrationen beginnen, aber nach 2 h immer noch Werte über 7,8 mM aufweisen, haben eine beeinträchtigte Glukosetoleranz (Abb. 9.11, Nr. 2). Wenn der Nüchternglukosespiegel jedoch 7 mM überschreitet und nach 2 h immer noch über 11,1 mM liegt, gilt die Person als Diabetiker (Abb. 9.11, Nr. 3). Die im OGTT gemessene Reaktion spiegelt die Fähigkeit von β-Zellen wider, Insulin zu sezernieren, wie auch die Reaktion des gesamten Körpers auf Insulin. Beispielsweise wird eine Person mit einem Nüchternglukosespiegel im Bereich von 6,1 bis 7,0 mM als beeinträchtigt eingestuft und hat möglicherweise eine Insulinresistenz

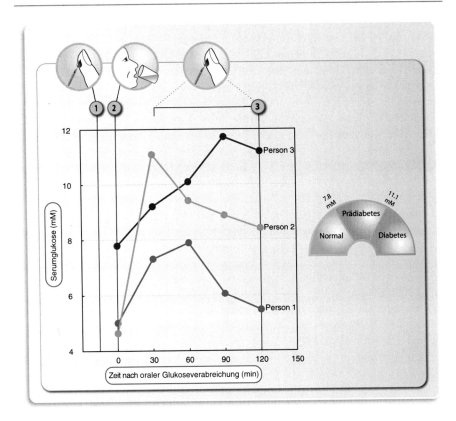

Abb. 9.11 Oraler Glukosetoleranztest. Der OGTT misst, wie der menschliche Körper auf eine orale Gabe von Glukose (normalerweise als Getränk mit 75 g Glukose) reagiert. Die Blutzuckermessung erfolgt im zeitlichen Verlauf (z. B. alle 30 min über 2 h). Der Glukosespiegel steigt schnell an, aber die Insulinausschüttung sollte die Normalisierung der Glukosekonzentration nach 2 h (5 mM, Person Nr. 1) schaffen. Person Nr. 2 hat normale Nüchternglukosespiegel, kehrt jedoch aufgrund einer gestörten Glukosetoleranz nach 2 h nicht zu normalen Konzentrationen (unter 7,8 mM) zurück. Im Gegensatz dazu ist Person Nr. 3 Diabetiker, da sein Nüchternglukosespiegel bereits 7,8 mM überschreitet bzw. der Wert bei 2 h deutlich erhöht ist

(Abschn. 9.5). **Diese Personen haben eine gestörte Glukosehomöostase und ein erhöhtes Risiko, T2D zu entwickeln.**

Die weltweite T2D-Prävalenz bei Erwachsenen beträgt 8,5 % (2017), und dieser Anteil wird weiter steigen (Abb. 9.12). Die Inzidenz von T2D steigt, wenn Länder stärker industrialisiert werden, sich die Menschen zucker- und fettreicher ernähren und weniger körperlich aktiv sind. Trotz der überwiegend städtischen Auswirkungen der T2D-Epidemie wird sie auch in ländlichen Gemeinden in Ländern mit niedrigem und mittlerem Einkommen schnell zu einem großen Gesundheitsproblem. In Ländern mit hohem Einkommen erkranken vor allem Menschen über 50 Jahren an T2D, während in Ländern mit mittlerem Einkommen

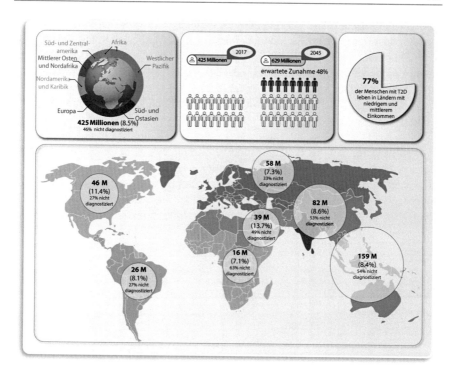

Abb. 9.12   T2D in Zahlen. Die Mehrheit der 425 Mio. Menschen mit T2D (2017) ist zwischen 40 und 59 Jahre alt. Die weltweite Prävalenz der Erkrankung beträgt 8,5 %. Bis 2045 wird die Zahl der Menschen mit T2D um 48 % steigen. Kein Land entgeht der T2D-Epidemie. Die Daten stammen von https://diabetesatlas.org

die höchste Prävalenz bei jüngeren Personen liegt. Mit zunehmendem Alter dieser Bevölkerungsgruppen wird die Prävalenz aufgrund der Zunahme der älteren Altersgruppen weiter ansteigen. **Die Sterblichkeitsrate von T2D variiert stark und ist in Ländern mit hohem Einkommen und einem besser entwickelten Gesundheitssystem deutlich niedriger.**

T2D ist eine altersbedingte Erkrankung, die durch Überernährung und Bewegungsmangel stark gefördert wird. In den frühen Stadien von T2D steigt der Insulinspiegel an, um eine erhöhte Insulinresistenz der Skelettmuskulatur und des Fettgewebes zu kompensieren und die Glukosetoleranz aufrechtzuerhalten (Abschn. 9.5). Während die Insulinresistenz eines Individuums über die Zeit relativ konstant bleibt, verschlechtert sich die Insulinausschüttungskapazität von β-Zellen kontinuierlich. Unter diesen Bedingungen ist Insulin weniger wirksam bei der Unterdrückung der Glukoseproduktion in der Leber, d. h. auch dieses Stoffwechselorgan wird insulinresistent. In späteren Stadien der Krankheit erschöpfen sich die β-Zellen und verlieren ihre Fähigkeit, durch die Erhöhung der Insulinproduktion die Insulinresistenz zu kompensieren. Das führt zu verringerten zirkulierenden Insulinkonzentrationen und tritt häufig parallel zu erhöhten

Glukagonspiegeln auf. Die Verschiebung des Glukagon/Insulin-Verhältnisses führt zu einem weiteren Anstieg der Glukoneogenese in der Leber, d. h. das Organ gibt mehr Glukose an den Kreislauf ab. Wenn sowohl der basale wie der postprandiale Blutzuckerspiegel chronisch erhöht sind, entwickelt der Patient eine Hyperglykämie. Darüber hinaus verursacht eine fehlerhafte Insulin-Signalübertragung auch Dyslipidämien, d. h. gestörte Homöostase von Fettsäuren, Triglyzeriden und Lipoproteinen (Abb. 9.13).

Die mangelhafte Ausschüttung von Insulin in Kombination mit einer verringerten Reaktion auf das Peptidhormon bei T2D haben mehrere Gründe. Erstens induziert die ständige Exposition von β-Zellen gegenüber erhöhten Glukose- und Lipidspiegeln, d. h. Glukolipotoxizität, die Dysfunktion der Zellen und führt letztendlich zu ihrem Absterben. Diese Prozesse stehen im Zusammenhang mit einer chronischen Entzündung der Pankreasinseln. Hohe Glukosespiegel verstärken

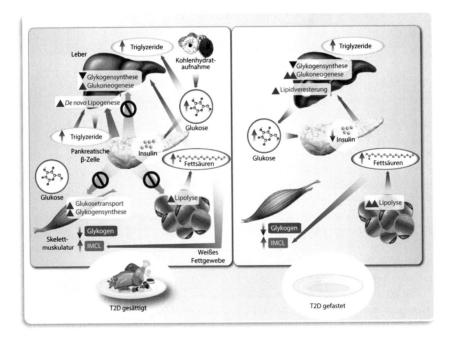

Abb. 9.13 Insulinwirkungen bei T2D. Bei T2D ist die insulinvermittelte Glukoseaufnahme der Skelettmuskulatur beeinträchtigt, wodurch Glukose in die Leber geleitet wird. Erhöhte Leberlipidspiegel beeinträchtigen die Fähigkeit von Insulin, die Glukoneogenese zu regulieren und die Glykogensynthese zu stimulieren. Die Lipogenese in der Leber wird jedoch nicht beeinflusst. In Kombination mit einer erhöhten Zufuhr von Glukose durch die Nahrung stimuliert das die Lipogenese, was Fettleber (NAFLD) verursacht. Eine beeinträchtigte Insulinwirkung im Fettgewebe erhöht die Lipolyse, was die Wiederveresterung von Lipiden in anderen Geweben, wie der Leber, fördert und die Insulinresistenz weiter verschlimmert. In Kombination mit einer Abnahme der Anzahl aktiver β-Zellen führt das zur Entwicklung einer Hyperglykämie. IMCL = intramyozelluläres Lipid

die Stoffwechselaktivität der Inselzellen, was zu einer erhöhten ROS-Produktion führt und das NLRP3-Inflammasom aktiviert (Abschn. 8.2). Zweitens induziert ein erhöhter Insulinbedarf und eine erhöhte Insulinproduktion Stress im ER der β-Zellen (Abschn. 9.3), wodurch das Inflammasom weiter aktiviert wird. Wie in anderen entzündlichen Szenarien zieht die damit angeregte Zytokinproduktion Makrophagen und andere Immunzellen an. Darüber hinaus produzieren die β-Zellen das Peptid Amylin, das bei Diabetespatienten zu Amyloidfibrillen aggregiert. **Somit nehmen residente Makrophagen der Langerhans-Inseln den entzündungssteigernden Typ M1 an, der ihre Dysfunktion weiter verstärkt.**

Derzeit wird T2D mit Insulin, dem indirekten AMPK-Aktivator Metformin, K^{ATP}-Kanal-inhibierenden Sulfonylharnstoffen, PPARγ-aktivierenden Thiazolidin-dionen (z. B. Glitazone), Inkretin-Mimetika und deren Abbauinhibitoren sowie mit Inhibitoren von entweder Stärke- und Disaccharid-verdauender α-Glukosidase oder Glukosetransportern behandelt. Jede dieser Therapien kann die Hyperglyk-ämie verbessern und einige können sogar den Ausbruch von T2D verzögern. Keines dieser Medikamente kann jedoch den fortschreitenden Rückgang der Insulinaus-schüttung verlangsamen. Eine intensive Diabetesbehandlung resultiert in einer strengen glykämischen Kontrolle und reduziert damit das Risiko für mikrovaskuläre Komplikationen (Box 9.3). Da T2D häufig mit Bluthochdruck (Abschn. 10.1) und Dyslipidämien (Abschn. 10.2) einhergeht, werden den meisten Diabetes-patienten entsprechende Medikamente verschrieben, die sie zusätzlich zu den blut-zuckersenkenden Molekülen einnehmen müssen. **Wichtig ist, dass T2D durch Änderungen des Lebensstils verhindert werden kann.** Bereits eine moderate Steigerung der körperlichen Aktivität in Kombination mit einer Verringerung der Kalorienzufuhr, um das Körpergewicht um 5–10 % zu senken, reduziert das Diabetesrisiko um mehr als 50 %.

Eine Reihe monogenetischer Erkrankungen führt zu einer chronischen Hyper-glykämie. Sie werden als MODY[48] (Erwachsenendiabetes, der in der Jugend auf-tritt) zusammengefasst, da sie häufig bereits bei jungen Erwachsenen auftreten. Die Therapie dieser erblichen Diabetesformen erfordert jedoch kein Insulin, d. h. sie sind nicht Diabetes Typ 1. Die meisten MODY-Gene, wie *HNF4A*, *HNF1A*, *HNF1B*, *PDX1*[49], *NEUROD1*[50], *KLF11* und *PAX4*[51], kodieren für Transkriptions-faktoren. Im Gegensatz dazu kodieren *GCK*, *CEL*[52] und *BLK*[53] für Enzyme, *ABCC8* und *KCNJ11* für Ionenkanäle, *APPL1*[54] für ein Adapterprotein und *INS* für Insulin.

---

[48] MODY = Erwachsenendiabetes, der in der Jugend auftritt.

[49] PDX1 = „pancreatic and duodenal homeobox 1".

[50] NEUROD1 = „neuronal differentiation 1".

[51] PAX4 = „paired box 4".

[52] CEL = Carboxylesterlipase.

[53] BLK = „BLK proto-oncogene, src family tyrosine kinase".

[54] APPL1 = „adaptor protein, phosphotyrosine interacting with PH domain and leucine zipper 1".

Monogenetische Formen von Diabetes machen weltweit nur 1–2 % aller Fälle aus. Im Gegensatz dazu findet man bei typischem Fettleibigkeit-bedingtem T2D häufig eine Anhäufung genetischer Varianten, die eine erhöhte Anfälligkeit für Umweltfaktoren, wie Überernährung und Stress, verleihen. Alle MODY-Gene werden in β-Zellen exprimiert und beeinflussen die Insulinausschüttung, während die normale Kontrolle des Glukosestoffwechsels über Insulin eine Reihe zusätzlicher Organe, wie Muskel, Leber und weißem Fettgewebe, betrifft. **Das legt nahe, dass Probleme mit der Insulinausschüttung in β-Zellen wichtiger für das Ausbrechen von T2D sind als die Insulinresistenz in peripheren Organen.**

T2D gehört zu den Krankheiten, die von GWAS-Analysen umfassend untersucht wurden. Von den 18 genetische Varianten, die als erste mit T2D in Verbindung gebracht wurden, hat die Variante des Gens *TCF7L2*[55] (kodiert für einen Transkriptionsfaktor) hat einen OR von 1,37 (d. h. ein um 37 % erhöhtes Diabetesrisiko), während die ORs für die 17 verbleibenden Gene nur zwischen 1,05 und 1,15 liegen (5 bis 15 % erhöhtes Risiko). Diese Zahlen sind vergleichbar mit denen, die als genetisches Risiko für andere weit verbreitete Merkmale und Krankheiten, wie Fettleibigkeit, beobachtet werden (Abschn. 9.4). Einige der Risikogene für T2D, wie *CDKAL1*[56], *SLC30A8*, *HHEX*[57] und *KCNJ11*, sind an der Insulinausschüttung in β-Zellen beteiligt. **Somit stimmt die Kausalität von klassischem Diabetes mit den Befunden für monogenetischen Diabetes überein.**

Die genetische Neigung zur Entwicklung von T2D umfasst jedoch auch Gene in einer Reihe zusätzlicher Stoffwechselwege, die die Bildung und Funktion von β-Zellen beeinflussen, sowie auf Stoffwechselwegen, die den Nüchternglukosespiegel und Fettleibigkeit beeinflussen. Der Cluster der Cyclin-abhängige Kinase-Inhibitoren *CDKN2A* und *CDKN2B* steuert das β-Zell-Wachstum, der Melatoninrezeptor 1B (*MTNR1B*[58]) verknüpft zirkadiane Rhythmen mit Nüchternglukosespiegeln (Abschn. 5.3), *FTO/IRX3/IRX5* ist der wichtigste Locus für Risikogene der Fettleibigkeit (Abschn. 9.4), *PPARG* kodiert für den Hauptregulator der Adipogenese (Abschn. 9.2) und *IGF2BP2*[59] ist an der Signalübertragung von Insulin beteiligt. Für die acht verbleibenden Risikogene für T2D wurde jedoch kein direkter Zusammenhang mit der metabolischen Homöostase identifiziert. Das deutet darauf hin, dass nicht immer die dem T2D-assoziierten SNV am nächsten liegenden Gene eine funktionelle Erklärung liefern, sondern auch weiter entfernte Gene beteiligt sein können. Die 18 genetischen Varianten erklären jedoch nur etwa 4 % des erblichen Risikos für T2D. Größere Studienpopulationen und Metaanalysen bestehender Studien erhöhten die Zahl der

---

[55] TCFL2 = „transcription factor 7 like 2".

[56] CDKAL1 = „CDK5 regulatory subunit associated protein 1 like 1".

[57] HHEX = „hematopoietically expressed homeobox".

[58] MTNR1B = Melatoninrezeptor 1B.

[59] IGF2BP2 = „insulin like growth factor 2 mRNA binding protein 2".

Loci für T2D-Risikogene auf über 100[60]. Die zusätzlichen Gene haben ähnliche oder sogar niedrigere MAFs und ORs als die schon bekannten. **T2D ist aus genetischer Sicht eine sehr heterogene Erkrankung, die in mehrere Subtypen unterteilt werden kann, die unter Berücksichtigung des genetischen Hintergrunds und Phänotyps des Patienten personalisiert behandelt werden sollten.**

Die Erfahrungen aus dem niederländischen Hungerwinter (Abschn. 13.2) liefern eine molekulare Erklärung für ein erhöhtes Risiko für Fettleibigkeit und T2D. Ähnliche Beobachtungen für einen Anstieg der Diabetesprävalenz wurden bei Überlebenden der Hungersnot in der Ukraine (1932–33) und der Hungersnot in China (1959–61) gemacht. Die *in utero* Umgebung hat einen starken Einfluss auf die fötale epigenetische Programmierung, da Personen, die während ihrer fötalen Entwicklung entweder Nahrungsmangel oder einem mütterlichen Schwangerschaftsdiabetes ausgesetzt waren, später im Leben mit höherer Wahrscheinlichkeit Fettleibigkeit und/oder T2D entwickeln (Abb. 9.14A). **Nahrungsmangel der Mutter verändert das Epigenom des Fötus, sodass Gene, die an der Energiehomöostase beteiligt sind, empfindlicher auf die Nahrungsaufnahme reagieren** (Abschn. 13.2). Diese epigenetische Sensibilisierung in Zeiten anhaltender Hungersnöte ist ein Überlebensvorteil, während sie in Zeiten von Nahrungsüberfluss betroffene Personen in Übergewicht und T2D treiben kann. Die Methylierung von DNA reagiert besonders empfindlich auf Ereignisse während der Entwicklung *in utero,* da DNA in den Tagen nach der Bildung der Zygote fast vollständig demethyliert wird und die spezifische Methylierung während der Embryogenese wieder hergestellt wird (Abschn. 7.1). Muster der DNA-Methylierung an Kandidatengenen, wie dem *LEP*-Gen, sind beispielsweise mit einer Hungersnot *in utero* und einer beeinträchtigten Glukosetoleranz der Mutter während der Schwangerschaft assoziiert.

Epigenetische Programmierung findet nicht nur während der pränatalen Phase statt sondern auch in der postnatalen und erwachsenen Lebensphase. Beispielsweise besteht bei Diabetespatienten, die sich an eine strenge Kontrolle ihrer Blutglukosewerte halten, auch Jahre nach der Erstdiagnose ein erhöhtes Risiko für makrovaskuläre Komplikationen und Organschäden. Dieses „glykämische Gedächtnis" ist ein epigenetischer Effekt, d. h. die Histonmethylierung ändert sich in menschlichen Aorten-Endothelzellen als Reaktion auf eine erhöhte Glukoseexposition. Individuen, die trotz normaler postnataler Ernährung ein Epigenom tragen, das während ihrer embryonalen Entwicklung durch eine suboptimale Ernährung *in utero* programmiert wurde, vererben generationsübergreifend eine Prädisposition für Fettleibigkeit (Abb. 9.14B).

Es ist nicht klar, wie viele Generationen epigenetische Merkmale vererbt werden können, aber es ist offensichtlich, dass die epigenetische Vererbung nicht vergleichbar persistent ist wie die genetische Vererbung. Innerhalb von mehr oder weniger einer Generation (zwischen 1981 und 2014) hat sich die weltweite

---

[60] Www.genome.gov/gwastudies.

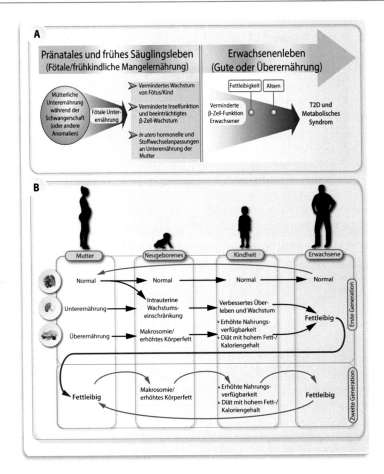

Abb. 9.14 Generationsübergreifende Sicht auf T2D und Fettleibigkeit. T2D und das metabolische Syndrom können das Ergebnis einer fötalen Mangelernährung sein, wie etwa einer
schlechten Ernährung der Mutter, geringer mütterlicher Fettspeicher oder einer verminderten
Übertragung von Nährstoffen aufgrund von Plazentaanomalien (**A**). Der Fötus passt sich dieser
Umgebung an, indem er sich ernährungsphysiologisch sparsam verhält, was zu einem verminderten fötalen Wachstum, einer verminderten Funktion und Masse der β-Zellen und andere
hormonelle und metabolische Anpassungen führt. Ein Übergang zur Überernährung im späteren
Erwachsenenalter setzt die dysfunktionale β-Zelle einem erhöhten metabolischen Stress aus,
der durch Fettleibigkeit und Altern noch verstärkt wird, sodass T2D resultiert. Nichtfettleibige
Mütter bringen normalerweise nichtfettleibige Kinder zur Welt, die sich zu Erwachsenen mit
einem normalen Stoffwechselprofil und einem normalen Körperfettgehalt entwickeln (**B**).
Unterernährung in Kombination mit verbessertem neonatalen Überleben, energiereiche Säug-
lingsnahrung und westliche postnatale Ernährung führt zu einer erhöhten Fettleibigkeit der
Nachkommen und einem höheren Risiko für die Entwicklung des metabolischen Syndroms.
Übergewichtige Mütter bringen aufgrund einer fettreichen Ernährung Neugeborene mit erhöhtem
Körperfettanteil zur Welt. All diese Prozesse tragen zu einer Verschiebung zu einem dominanten
fettleibigen Phänotyp der Bevölkerung bei. Dazu gehört auch, dass fettleibige Frauen der zweiten
Generation ein erhöhtes Risiko haben, Säuglinge mit erhöhtem Körperfettgehalt zur Welt zu
bringen, die dann ein weiter erhöhtes Risiko haben, Fettleibigkeit und das metabolische Syndrom
zu entwickeln

Prävalenz sowohl für Fettleibigkeit als auch für T2D verdoppelt. **Somit sind Bevölkerungen, die innerhalb von 1–2 Generationen von Hungersnot zum Nahrungsüberschuss übergegangen sind, einem signifikant höheren Risiko für Fettleibigkeit, T2D und das metabolische Syndrom ausgesetzt als diejenigen, die ihre Ernährungsbedingungen über viele Generationen verbessert haben** (Abschn. 14.1).

Polynesier zeigen beispielsweise eine überproportional hohe Prävalenz für T2D. Eine mögliche Erklärung ist, dass ihre Vorfahren eine Reihe von Herausforderungen, wie Kältestress und Hunger, erlebten. Das geschah vor einigen hundert Jahren während langer Reisen über den Pazifik, die möglicherweise nur die anfangs am stärksten übergewichtigen Mitglieder der Gruppe überleben ließen. Diese Vorfahren wurden möglicherweise evolutionär aufgrund ihrer energetischen Effizienz (auch als sparsamer Stoffwechsel bezeichnet) ausgewählt. Die heutigen Polynesier haben also wahrscheinlich eine erhöhte Prävalenz für T2D, weil ihre Vorfahren einen evolutionären Engpass durchgemacht haben. Im Gegensatz dazu weisen Populationen, die in den vergangenen Jahrhunderten keine langen Hungerperioden erlebten, wie die Europäer, eine niedrigere Prävalenz für T2D auf. Ähnliche Erklärungen können für andere indigene Bevölkerungsgruppen gelten, wie zum Beispiel die amerikanischen Ureinwohner des Pima-Stammes in Arizona, die sich an ein entbehrungsreiches Leben in der Wüste angepasst haben. Wenn diese Ureinwohner westlicher Ernährung ausgesetzt sind, werden sowohl Polynesier als auch Pima viel wahrscheinlicher fettleibig als Europäer. **Somit haben Bevölkerungen, die in Ländern mit besonders schnellen Veränderungen in der Urbanisierung und wirtschaftlichen Entwicklung geboren wurden und leben, wie in den Golfstaaten, ein erhöhtes Risiko für die verschiedenen Merkmale des metabolischen Syndroms.**

T2D ist eine sehr heterogene Erkrankung, die in Zukunft aufgrund ihrer molekularen Merkmale, deutlich personalisierter diagnostiziert und behandelt werden wird. Ein spezielles Ziel wird es sein, durch eine personalisierte Lebensführung und Medikation das Risiko von kardiovaskulären Komplikationen bei T2D zu reduzieren. Da die meisten Fälle von T2D vermeidbar sind, werden in Zukunft deutlich mehr Anstrengungen unternommen werden müssen, um frühe genetische und epigenetische Marker für eine erhöhte T2D-Anfälligkeit zu erkennen. **Solche epigenetischen Marker werden helfen, Kinder oder Familien zu erkennen, bei denen eine intensive Lebensstilintervention sehr wahrscheinlich das Auftreten von Stoffwechselerkrankungen verhindert.**

Weiterführende Literatur

Afshin, A., Sur, P. J., Fay, K. A., Cornaby, L., Ferrara, G., Salama, J. S., Mullany, E. C., Abate, K. H., Abbafati, C., Abebe, Z., et al. (2019). Health effects of dietary risks in 195 countries, 1990–2017: A systematic analysis for the Global Burden of Disease Study 2017. *The Lancet, 393*, 1958–1972.

Ashrafzadeh, S., & Hamdy, O. (2019). Patientdriven diabetes care of the future in the technology era. *Cell Metabolism, 29*, 564–575.

Blüher, M. (2019). Obesity: Global epidemiology and pathogenesis. *Nature Reviews. Endocrinology, 15*, 288–298.

Challet, E. (2019). The circadian regulation of food intake. *Nature Reviews. Endocrinology, 15*, 393–405.

Ghaben, A. L., & Scherer, P. E. (2019). Adipogenesis and metabolic health. *Nature Reviews Molecular Cell Biology, 20*, 242–258.

Ling, C., & Ronn, T. (2019). Epigenetics in human obesity and type 2 diabetes. *Cell Metabolism, 29*, 1028–1044.

Loos, R. J. F., & Yeo, G. S. H. (2022). The genetics of obesity: From discovery to biology. *Nat Rev Genetics, 23*, 120–133.

Stenvers, D. J., Scheer, F., Schrauwen, P., la Fleur, S. E., & Kalsbeek, A. (2019). Circadian clocks and insulin resistance. *Nature Reviews. Endocrinology, 15*, 75–89.

Wolfrum, C., & Gerhart-Hines, Z. (2022). Fueling the fire of adipose thermogenesis. *Science, 375*, 1229–1231.

Zimmet, P., Shi, Z., El-Osta, A., & Ji, L. (2018). Epidemic T2DM, early development and epigenetics: Implications of the Chinese Famine. *Nature Reviews. Endocrinology, 14*, 738–746.

Herz-Kreislauf-Erkrankungen und das metabolische Syndrom

Zusammenfassung

In diesem Kapitel werden drei wichtige Risikofaktoren für Herz-Kreislauf-Erkrankungen miteinander verknüpft: Bluthochdruck, Arteriosklerose und Dyslipidämien. Chronisch erhöhter Blutdruck (Hypertonie) ist **der wichtigste vermeidbare einzelne Risikofaktor für einen vorzeitigen Tod** durch ischämische Herzerkrankungen, Schlaganfälle, periphere Gefäßerkrankungen und andere Herz-Kreislauf-Erkrankungen. Ein geringer Anteil von Obst, Gemüse und Ballaststoffen in der Ernährung sowie ein hoher Anteil an gesättigten Fettsäuren und Cholesterin in der Nahrung können insbesondere bei genetisch prädisponierten Personen zu Hypercholesterinämie und Arteriosklerose führen. Arteriosklerose ist eine chronisch-entzündliche Erkrankung, die durch die Ansammlung von cholesterinbeladenen Makrophagen in der Arterienwand verursacht wird, d. h. auf Dyslipidämie und einer Überreaktion des Immunsystems beruht. Dementsprechend ist die Anfälligkeit für Herz-Kreislauf-Erkrankungen mit Genen verbunden, die die Serumspiegel von Plasmalipiden und Lipoproteinen beeinflussen. Darüber hinaus wird die Rolle von Insulinresistenz und Fettleibigkeit in den wichtigsten Stoffwechselgeweben Leber, Skelettmuskulatur, Pankreas und weißem Fettgewebe diskutiert, die das metabolische Syndrom verursachen. Das genetische Risiko für das metabolische Syndrom überschneidet sich mit dem seiner Hauptkomponenten Fettleibigkeit, T2D und Dyslipidämie. Häufig vorkommende genetische Varianten können jedoch nur einen geringen Teil des Krankheitsrisikos erklären, d. h. **Epigenetik hat bei der Entstehung und Entwicklung des metabolischen Syndroms eine wichtige Rolle.**

C. Carlberg, *Die molekulare Basis von Gesundheit*,
https://doi.org/10.1007/978-3-662-67986-9_10

10.1   Bluthochdruck und Arteriosklerose

Jeder Herzkontraktionszyklus pumpt etwa 70 ml Blut in den Kreislauf, um alle Zellen und Gewebe unseres Körpers mit Sauerstoff und Nährstoffen zu versorgen. Dieses Pulsieren erzeugt einen Druck auf die Gefäßwände, der von der gepumpten Blutmenge und dem durch das Gefäßsystem erzeugten Widerstand abhängt. Aufgrund des periodischen Blutauswurfs aus dem Herzen ist dieser Druck am höchsten beim Pumpen des Herzens (systolisch) und am niedrigsten, wenn das Herz zwischen den Schlägen erschlafft (diastolisch). Der Blutdruck zeigt einen zirkadianen Rhythmus mit höchsten Werten am Nachmittag und niedrigsten in der Nacht (Abschn. 5.3). Bei gesunden Erwachsenen sollten die Blutdruckwerte in der Größenordnung von 120 mm Hg[1] systolisch bzw. 80 mm Hg diastolisch liegen (Abb. 10.1). Der Blutdruck wird durch Signale des sympathisches Nervensystems streng reguliert, um eine ununterbrochene Durchblutung aller lebenswichtigen Organe zu ermöglichen. **Zum Beispiel führt selbst eine nur vorübergehende Unterbrechung des Blutflusses zum Gehirn zu Bewusstlosigkeit, und längere Unterbrechungen führen zum Tod von nicht durchbluteten Geweben, wie z. B. bei einem Schlaganfall (in verschiedenen Gehirnregionen) oder Infarkt des Herzmuskels.**

Hypertonie liegt vor, wenn der Blutdruckwert überschritten wurde, oberhalb dessen eine therapeutische Intervention einen klinischen Nutzen hat. Chronische Hypertonie in Kombination mit Arteriosklerose (Abschn. 13.2) ist der Hauptrisikofaktor für Schlaganfall, koronare Herzkrankheit[2], kongestive Herzinsuffizienz[3] und terminale Niereninsuffizienz[4] (Abb. 10.1). Fettleibigkeit erhöht das Bluthochdruckrisiko um das 5-fache im Vergleich zum Normalgewicht. Dementsprechend werden mehr als 85 % der Hypertonie-Fälle einem BMI > 25 kg/m^2 zugeschrieben. In 90–95 % aller Fälle resultiert die Hypertonie aus einem komplexen Zusammenspiel von Genen und Umweltfaktoren. GWAS-Analysen identifizierten mehr als 30 häufige SNVs, aber keine einzelne Variant hat einen hohen Effekt (OR) auf den Blutdruck. Darüber hinaus gibt es einige seltene genetische Varianten mit großen Auswirkungen, die auf einem gemeinsamen Weg zusammenlaufen, der den Blutdruck durch Veränderung des Nettosalzhaushalts der Nieren verändert. Das unterstreicht die Salzhomöostase in der Niere als Hauptrisikofaktor für Bluthochdruck. Da der moderne Mensch aus einer notorisch salzarmen Umgebung in Subsahara-Afrika stammt (Abschn. 1.1), boten Genvarianten,

---

[1] Mm hg = Millimeter Quecksilbersäule.

[2] Bei der koronaren Herzkrankheit sind die Herzkranzgefäße (Koronararterien), die den Herzmuskel mit sauerstoffreichem Blut versorgen, verkalkt. Entstehen durch diese Verkalkung Engstellen oder Verschlüsse, wird der Blutfluss zum Herzmuskel entsprechend behindert.

[3] Kongestive Herzinsuffizienz ist die verminderte Pumpfähigkeit des Herzens, was dazu führt, dass die Organe nicht mehr ausreichend mit Blut versorgt werden.

[4] Bei der terminalen Niereninsuffizienz liegt ein dauerhaftes Versagen der Nierenfunktion vor, was zu einem Anstieg der harnpflichtigen Substanzen im Blut führt.

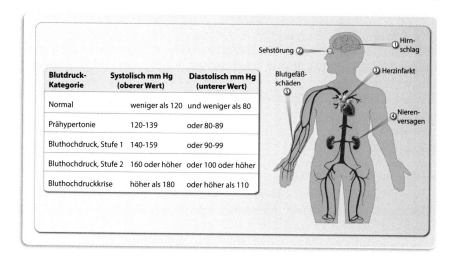

Abb. 10.1 Hypertonie und ihre Komplikationen. Der systolische Blutdruck gibt an, wieviel Druck das Blut auf die Arterienwände ausübt, während das Herz Blut pumpt. Der diastolische Blutdruck ist der Druck, der während der Phase des Herzens zwischen den Schlägen besteht. Die Bereiche für normalen Blutdruck, Prähypertonie, Hypertonie (Stadien I und II) und hypertensive Krise sind definiert. Hypertonie erhöht das Risiko von ischämischen Herzerkrankungen, Schlaganfällen, peripheren Gefäßerkrankungen und anderen kardiovaskulären Erkrankungen, einschließlich Herzinsuffizienz, Aortenaneurysmen[5], diffuser Arteriosklerose und Lungenembolie[6]. Es ist auch ein Risikofaktor für kognitive Beeinträchtigungen und Demenz sowie für chronische Nierenerkrankungen. Andere Komplikationen sind hypertensive Retinopathie und hypertensive Nephropathie

die Salz- und Wasserrückhaltung förderten, einen starken Anpassungsvorteil. Darum ist die Biochemie unseres Körpers bis heute noch nicht vollständig an die recht hohe Salzbelastung unserer Ernährung angepasst. Eine erhöhte Salzresorption in den Nieren nach einer salzigen Mahlzeit induziert eine Wasserresorption, um die Natriumkonzentration in Blutplasma bei 140 mM zu halten. Das führt zu einem erhöhten intravaskulären Volumen, das den venösen Blutrückfluss zum Herzen fördert. Daher beeinflussen Ernährungsfaktoren den Blutdruck signifikant: **eine reduzierte Salzaufnahme mit der Nahrung sowie ein erhöhter Verzehr von Obst und fettarmen Speisen, Bewegung, Gewichtsverlust und reduzierter Alkoholkonsum können Bluthochdruck reduzieren** (Abschn. 2.4).

Das Endothel ist eine einzelne Schicht von Endothelzellen, die die Blutgefäße bedeckt und als Barriere zwischen dem zirkulierenden Blut und dem subendothelialen Gewebe wirkt. **Bei Arteriosklerose   verursacht Cholesterinablagerung unterhalb des Endothels eine von Makrophagen dominierte Entzündungsreaktion in großen und mittleren Arterien.** Arteriosklerotische Plaques neigen dazu, sich an

---

[5] Aortenaneurysmen sind Erweiterungen der Hauptschlagader.

[6] Eine Lungenembolie entsteht, wenn ein Blutgerinnsel ein Blutgefäß in der Lunge verstopft.

den inneren Krümmungen und Verzweigungspunkten von Arterien anzusammeln, d. h. an Stellen, an denen der laminare Blutfluss entweder gestört oder unzureichend ist, um den normalen Ruhezustand des Endothels aufrechtzuerhalten. Einige arteriosklerotische Läsionen können sich bereits in den ersten Lebensjahren entwickeln, sodass 95 % der Menschen im Alter von 40 Jahren Läsionen haben. In den meisten Fällen treten klinische Manifestationen von Arteriosklerose jedoch erst im Alter von 50–60 Jahren auf.

Ein erstes Anzeichen für die Bildung von Läsionen ist die Ansammlung von Cholesterin in der Arterienwand, die als Fettstreifen bezeichnet wird. Diese werden durch LDLs initiiert, d. h. von cholesterinreichen, APOB-haltigen Lipoproteinen (Abschn. 10.2). Wenn LDLs durch Oxidation, enzymatische und nichtenzymatische Spaltung und/oder Aggregation modifiziert werden, werden sie entzündungsfördernd und stimulieren Endothelzellen zur Produktion von Chemokinen, wie CCL5 und CXCL1, Glykosaminoglykanen[7] und P-Selectin zur Rekrutierung von Monozyten. Hypercholesterinämie (Abschn. 10.2) und Cholesterinakkumulation in HSCs begünstigen die Überproduktion von Monozyten und deren erhöhte Adhärenz an Endothelzellen (Abb. 10.2). Die Monozyten wandern dann in den Raum unterhalb der Endothelzellen, die sogenannte Intima, in der sie zu Makrophagen differenzieren. Diese Makrophagen nehmen normale und modifizierte Lipoproteine auf, wie oxidiertes LDL. Neben der Hypercholesterinämie tragen auch immunologische und mechanische Verletzungen sowie bakterielle und virale Infektionen über die Rekrutierung von Makrophagen zur Pathogenese der Arteriosklerose bei. Wenn die Entzündung chronisch wird, verwandeln sich die Makrophagen in cholesterinbeladene Schaumzellen (Box 10.1). **Diese Schaumzellen bleiben in den Plaques, d. h. sie haben ihre Migrationsfähigkeit verloren und können Entzündungen nicht auflösen.**

Box 10.1: Schaumzellen
Eines der frühesten pathogenen Ereignisse im sich entwickelnden arteriosklerotischen Plaque ist die Aufnahme von Lipoproteinen durch Makrophagen, die sich aus Monozyten differenziert haben. Das führt zur Entwicklung von Schaumzellen (Abb. 10.3). Erhöhter oxidativer Stress in der Arterienwand fördert Modifikationen der LDLs, bei denen es sich hauptsächlich um Oxidationen handelt, die von Makrophagen über Scavenger-Rezeptoren, wie MSR1[8], CD36 und ORL1[9], erkannt werden. Durch diese Rezeptoren werden die Lipoproteine aufgenommen und Cholesterinester werden zu freiem

---

[7]Glykosaminoglykane (auch Mucopolysaccharide genannt) sind linear aus sich wiederholenden Disacchariden aufgebaute Polysaccharide.

[8]MSR1 = „macrophage scavenger receptor 1".

[9]ORL1 = „opioid related nociceptin receptor 1".

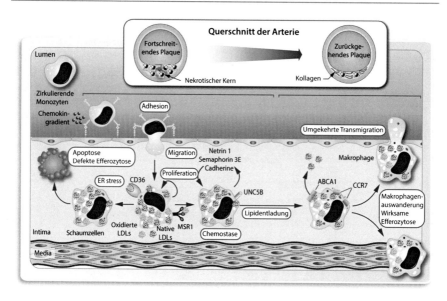

Abb. 10.2 Rekrutierung und Akkumulation von Monozyten in Plaques. Hyperlipidämie erhöht die Anzahl der Monozyten, die zu arteriosklerotischen Plaques rekrutiert werden. Verschiedene Paare aus Chemokin/Chemokinrezeptoren und endothelialen Adhäsionsmolekülen vermitteln die Infiltration der Monozyten in die Intima. Dort differenzieren die Monozyten zu Makrophagen oder dendritischen Zellen und interagieren mit Lipoproteinen. Makrophagen nehmen native und oxidierte LDLs über Makropinocytose oder Scavenger-Rezeptoren, wie MSR1 und CD36, auf, was zur Bildung von Schaumzellen führt (Box 10.1). Ungleichgewichte im Lipidstoffwechsel von Makrophagen innerhalb der sich entwickelnden Plaques können zur Zurückhaltung der Zellen und später zu chronischen Entzündungen führen. Die Lipidentladung über ABCA1 und den Cholesterinrücktransport kann die Ansammlung von Schaumzellen rückgängig machen. Parallel dazu wird in myeloischen Zellen der Chemokinrezeptor CCR7 hochreguliert und die Expression von Retentionsfaktoren verringert

Cholesterin und Fettsäuren hydrolysiert. Wichtig ist, dass die Scavenger-Rezeptoren nicht durch Cholesterin über einen negativen Rückkopplungsmechanismus herunterreguliert werden, wie im Fall von LDLR in der Leber. Darüber hinaus können Makrophagen über Makropinocytose[10] und Phagozytose aggregierte LDLs, native LDLs und VLDLs sowie oxidierte Lipoproteine internalisieren. Die internalisierten Lipoproteine und ihre assoziierten Lipide werden im Lysosom verdaut, wobei freies Cholesterin freigesetzt wird. Das freie Cholesterin wird ins ER transportiert, wo es durch das Enzym ACAT1[11]

[10] Als Makropinocytose bezeichnet man die Aufnahme von Flüssigkeitsmengen und darin gelösten Substanzen aus dem Umgebungsmedium einer Zelle in ihr Inneres.

[11] ACAT1 = Acetyl-CoA-Acetyltransferase 1.

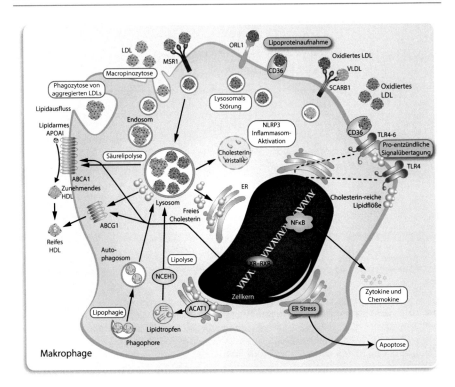

Abb. 10.3 Aufnahme und Rücktransport von Lipoproteinen in Makrophagen. Einzelheiten im Text

wieder verestert wird und auf diese Weise den „Schaum" in den Schaumzellen liefert. Die Anreicherung von Membranen des ER mit freiem Cholesterin kann zu einer defekten Cholesterinveresterung durch ACAT1 in Makrophagen führen, wodurch die Anreicherung von freiem Cholesterin gefördert wird. Lipophagie stellt die Abgabe von Lipidtröpfchen an Lysosomen für den Rücktransport dar, während die Lipolyse durch die Hydrolase NCEH1[12] diese Lipide mobilisiert. Der Kernrezeptor LXR wird durch die Akkumulation von zellulärem Cholesterin aktiviert (Abschn. 4.3) und reguliert die Expression der Transporterproteine ABCA1 und ABCG1, die den Cholesterinrücktransport steuern. Diese Proteine vermitteln die Übertragung von freiem Cholesterin auf lipidarmes APOA1, um entstehende oder reife HDLs zu bilden, in denen freies Cholesterin verestert und gespeichert wird. Die Cholesterinkristallbildung im Lysosom wird durch eine übermäßige Ansammlung von freiem Cholesterin

---

[12] NCEH1 = „neutral cholesterol ester hydrolase 1."

stimuliert und aktiviert das NLRP3-Inflammasom (Abschn. 8.2), fördert ER-Stress (Abschn. 9.3) und führt zur Apoptose der Schaumzellen. Darüber hinaus bilden Lipidflöße[13], die mit Sphingomyelin angereichert sind, einen Komplex mit freiem Cholesterin und stimulieren den TLR4-Signalübertragungsweg. Das führt zur Aktivierung von $NF_\kappa B$ und der Produktion von entzündungssteigernden Zytokinen und Chemokinen.

Verschiedene Zelltypen, wie Endothelzellen, Monozyten, dendritische Zellen, Lymphozyten, Eosinophile, Mastzellen und glatte Muskelzellen, tragen zum Prozess der arteriosklerotischen Plaquebildung bei, aber **Schaumzellen sind von zentraler Bedeutung für die Pathophysiologie der Krankheit.** Die TLR-abhängige Aktivierung dieser aus Monozyten entstandenen Zellen polarisiert sie zu Makrophagen vom Typ M1 (Abschn. 10.1), die proarteriosklerotische Zytokine wie IL6 und IL12, Matrix-abbauende Proteasen sowie ROS und reaktive Stickstoffspezies sezernieren. Diese Makrophagen erhalten Signale sowohl für ein Zurückhalten in den Plaques wie für das Auswandern. Ein Ungleichgewicht dieser Signale trägt jedoch zur Nettoakkumulation von Makrophagen in den Plaques bei. Eine Dyslipidämie in Schaumzellen führt zum ER-Stress, was letztendlich die Apoptose der Zellen auslöst. **Da defekte Fettstoffwechselwege, wie Veresterung und Rücktransport von Cholesterin, die effiziente Beseitigung apoptotischer Zellen beeinträchtigen, kommt es zur Nekrose[14] und zur Freisetzung von Zellbestandteilen und Lipiden, die den nekrotischen Kern der Plaques bilden.**

Chronische Entzündungen stimulieren die Migration glatter Muskelzellen in die Intimaregion, wo sie sich in Fibroblasten verwandeln, die sich vermehren und größere Mengen extrazellulärer Matrix produzieren. Das führt zur Bildung von fibrösen arteriosklerotischen Plaques. Durch die Verkalkung der Plaques wird die Arterienwand starr, d. h. sklerotisch und brüchig. Die meisten Menschen haben kleine arteriosklerotische Läsionen, die den Blutfluss nicht beeinträchtigen. Wenn die Läsionen jedoch wachsen und sich nach innen umbauen, verengen sie allmählich den Durchmesser der Blutgefäße und der Blutfluss wird verringert. Das wird als Stenose bezeichnet. Wenn diese Stenose mehr als 80 % der Koronararterien betrifft, wird der Herzmuskel ischämisch, insbesondere wenn eine hohe kardiale Arbeitsbelastung den Sauerstoffbedarf erhöht. Schließlich verwandelt sich die ursprünglich stabile Läsion in einen instabilen anfälligen Plaque, der leicht vom Endothel abreißen kann. **Das führt zur Bildung von intravaskulären Blutgerinnseln, die einen Myokardinfarkt oder, im Falle einer Schädigung der hirnversorgenden Arterien, einen Schlaganfall verursachen können.**

---

[13] Englisch „lipid rafts".

[14] Nekrose ist das vorzeitige Absterben von Zellen z. B. aufgrund von mangelnder Durchblutung, physischem Trauma oder Infektionen.

10.2   Lipoproteine und Dyslipidämien

Cholesterin ist essentiell für die Struktur und Fluidität von Membranen und wird auch als Vorstufe von Steroidhormonen, Vitamin D_3, Oxysterolen und Gallensäuren benutzt, die als Liganden von Kernrezeptoren wirken (Abschn. 5.4). Nur ein kleiner Teil des zirkulierenden Cholesterins stammt aus der Ernährung, während etwa 80 % aus der körpereigenen Synthese stammen. Der Cholesterinspiegel wird durch die koordinierten Wirkungen der Transkriptionsfaktoren SREBF1 (Abschn. 4.2) und LXR (Abschn. 4.3) reguliert. Bei niedrigem Cholesterinspiegel aktiviert SREBF1 Gene, die an der körpereigenen Cholesterinproduktion und Cholesterinaufnahme beteiligt sind, wie beispielsweise *LDLR*. **Da bereits geringe Konzentrationen an freiem Cholesterin giftig sein können, wird es meist mit Fettsäuren verestert.** Cholesterin und Cholesterinester sind im Blutplasma unlöslich, was ihren Transport in kugelförmigen Makromolekülkomplexen, den Lipoproteinen, erfordert. Diese Lipoproteine haben einen hydrophoben Kern, der aus Phospholipiden, fettlöslichen Antioxidantien, Vitaminen und Cholesterinestern gebildet wird, und eine hydrophile Hülle, die freies Cholesterin, Phospholipide und Apolipoproteine enthält.

Es gibt vier Haupttypen von Lipoproteinen: Chylomikronen, VLDLs, LDLs und HDLs, die sich nach ihrer Dichte und Größe unterscheiden (Box 10.2). Die Dichte der Lipoproteine hängt vom prozentualen Anteil an Apolipoproteinen ab. Chylomikronen und VLDLs sind wichtig für den Transport von Triglyzeriden und die Abgabe von Fettsäuren an periphere Gewebe, während LDLs Cholesterin in peripheren Geweben ablagern. **Erhöhte Spiegel von cholesterinreichen LDLs sind mit einem erhöhten Risiko für Herz-Kreislauf-Erkrankungen verbunden.** LDLs enthalten bevorzugt APOB und können Cholesterin an die Arterienwände abgeben, was zur Bildung von arteriosklerotischen Plaques führt (Abschn. 10.1). HDLs haben einen hohen Anteil an APOA1 und vermitteln den Cholesterinrücktransport zur Leber. Im Gegensatz zu LDLs sind daher hohe HDL-Spiegel mit einem verringerten Risiko für Herz-Kreislauf-Erkrankungen verbunden. Das APOB/APOA1-Verhältnis ist ein starker Prädiktor für das Risiko für koronare Herzkrankheit, aber auch Gesamtcholesterin/HDL-Cholesterin-Verhältnis ist für dieses Merkmal sehr prädiktiv. Somit ist beispielsweise ein Anstieg des Gesamtcholesterins von 5,2 auf 6,2 mM mit einem 3-fach erhöhten Sterberisiko durch Herzinfarkt verbunden, während ein HDL-Cholesterinspiegel unter 0,9 mM die häufigste Lipidstörung bei Patienten in einem Alter von unter 60 ist.

Box 10.2: Lipoproteine
Die Zusammensetzung der vier Arten von Lipoproteinen ist aufgelistet.

Chylomikronen: Mit 50–200 nm Durchmesser stellen sie die größten Lipoproteine dar und weisen eine geringe Dichte (< 1,006 g/ml) auf. Sie bestehen aus etwa 85 % Triglyzeriden, 9 % Phospholipiden, 4 % Cholesterin und 2 % Protein, wie APOB48.

VLDLs: Lipoproteine mit sehr niedriger Dichte (0,95–1,006 g/ml) von 30–70 nm Durchmesser mit etwa 50 % Triglyzeriden, 20 % Cholesterin, 20 % Phospholipiden und 10 % Protein, wie APOB 100.

LDLs: Lipoproteine niedriger Dichte (1,016–1,063 g/ml) von 20–25 nm Durchmesser, die aus etwa 45 % Cholesterin, 20 % Phospholipiden, 10 % Triglyzeriden und 25 % Protein, wie APOB, enthalten.

HDLs: Lipoproteine hoher Dichte (1,063–1,210 g/ml) mit einem Durchmesser von 8–11 nm, die aus etwa 40–55 % Protein, wie APOA1, 25 % Phospholipiden, 15 % Cholesterin und 5 % Triglyzeriden bestehen.

Die Hauptlipide in Lipoproteinen sind freies und verestertes Cholesterin und Triglyzeride (Abb. 10.4A). Im Triglyzerid-Stoffwechsel gelangen hydrolysierte Nahrungsfette über Fettsäuretransporter in die Darmzellen. Über einen vesikulären Weg verpackt das Transferprotein MTTP[15] rekonstituierte Triglyzeride mit Cholesterinestern und APOB48 in Chylomikronen. Letztere enthalten außerdem die Apolipoproteine APOA5, APOC2 und APOC3. In Fettzellen resynthetisiert das Enzym DGAT1[16] Triglyzeride, die durch die Enzyme PNPLA2 und LIPE hydrolysiert wurden. Chylomikronenreste werden in der Leber von den Rezeptoren LDLR oder LRP1[17] aufgenommen. In Leberzellen werden Triglyzeride mit Cholesterin und APOB 100 in VLDLs verpackt. Die Triglyzeride in VLDLs werden unter Freisetzung von Fettsäuren und VLDL-Resten hydrolysiert, die durch das Enzym LIPC[18] hydrolysiert werden und LDLs ergeben. Sterole im Darmlumen gelangen über den Transporter NPC1L1[19] in die Darmzellen und werden teilweise von den Transportern ABCG5 und ABCG8 wieder sezerniert. In Darmzellen wird Nahrungscholesterin mit Triglyzeriden in Chylomikronen verpackt. In Leberzellen wird Cholesterin recycelt oder über einen Weg, bei dem das Enzym HMGCR geschwindigkeitsbegrenzend ist, *de novo* synthetisiert. LDLs transportieren Cholesterin von der Leber in die Peripherie, wo es aufgenommen wird. Im HDL-Cholesterin-Stoffwechsel vermittelt APOA1 in HDLs den Cholesterinrücktransport, indem es mit den Transportern ABCA1 und ABCG1

---

[15] MTTP = mikrosomales Triglycerid-Transferprotein.

[16] DAAT1 = Diacylglycerol-O-Acyltransferase 1.

[17] LRP1 = "LDL receptor related protein 1".

[18] LIPC = Lipase C.

[19] NPC1L1 = „NPC1 like intracellular cholesterol transporter 1".

auf nichthepatischen Zellen interagiert. Das Enzym LCAT[20] verestert Cholesterin zur Verwendung in HDL-Cholesterin, das durch das Transportprotein CETP[21] und Endothellipase LIPG umgebaut wird, um in Leberzellen einzudringen.

Im Gegensatz zu den meisten anderen chronisch-entzündlichen Erkrankungen besteht bei der Arteriosklerose das Potenzial, den Entzündungsreiz zu beseitigen. Die Senkung der Plasma-LDL-Spiegel durch Medikamente, wie Statine, die das Enzym HMGCR hemmen, kann die subendotheliale Retention von Lipoproteinen verhindern und dadurch entzündliche arteriosklerotische Erkrankungen verringern. Das Enzym PCSK9 bindet an den Rezeptor LDLR und induziert dessen Abbau, was den Metabolismus von LDL-Cholesterin reduziert und zu Hypercholesterinämie führen kann (Abb. 10.4A). Die umgekehrte Korrelation zwischen HDL-Spiegeln und dem Risiko für koronare Herzkrankheit ist auf die Bedeutung von HDL-Cholesterin beim Cholesterinrücktransport von der Peripherie zur Leber zurückzuführen. Der Zusammenhang zwischen HDL-Cholesterin und koronarer Herzkrankheit ist jedoch komplex, da HDLs eine Vielzahl von Proteinen enthalten, die an einer Reihe von biologischen Stoffwechselwegen beteiligt sind, wie Oxidation, Entzündung, Hämostase und angeborene Immunität. **Diese Heterogenität in der biologischen Funktion von HDLs legt nahe, dass die Messung von HDL-Cholesterinspiegeln allein nicht ausreicht, um die Rolle von HDLs bei Arteriosklerose widerzuspiegeln.**

Die Konzentrationen bestimmter Plasmalipide und Lipoproteine sind wichtige Risikofaktoren für Herz-Kreislauf-Erkrankungen. Etwa 10 % der Fälle von Hypercholesterinämie haben eine monogenetische Grundlage, wie heterozygote familiäre Hypercholesterinämie, familiäre defekte APOB und autosomal-dominante Hypercholesterinämie, die auf einem Funktionsgewinn des *PCSK9*-Gens beruht (Abb. 10.4B). Im Gegensatz dazu verursachen verschiedene homozygote Funktionsverlustmutationen in den Genen APOB oder *PCSK9* eine homozygote Hypobetalipoproteinämie (HBL), bei der fast kein LDL-Cholesterin vorhanden ist. Homozygote Mutationen des *MTTP*-Gens verursachen mit Abetalipoproteinämie (ABL) eine ähnliche Krankheit. Seltene monogene Erkrankungen, wie die Tangier-Krankheit (TD), beeinflussen den HDL-Spiegel und beruhen auf homozygoten Mutationen im *ABCA1*-Gen oder Mängeln in den Genen *APOA1, LCAT, CETP* oder *LIPC*. Darüber hinaus gibt es auch seltene monogenetische Erkrankungen, die eine schwere Hypertriglyzeridanämie (HTG) verursachen, die auf homozygote Funktionsverlust-Mutationen der Gene *LPL, APOC2* oder *APOA5* zurückzuführen sind.

---

[20] LCAT = Lecithin-Cholesterin-Acyltransferase.

[21] CETP = Cholesterinester-Transferprotein.

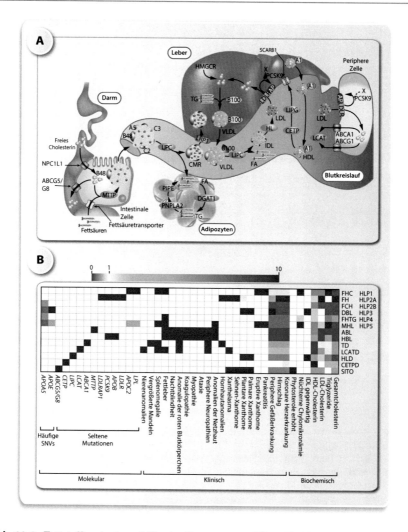

Abb. 10.4 Fettstoffwechsel und Beschreibung ausgewählter Dyslipidämien. Details zum Fettstoffwechsel sind im Text beschrieben (A). Dyslipidämien und ihre definierenden Merkmale sind in Zeilen bzw. Spalten aufgelistet (**B**). Die Farbintensität bezieht sich auf:

- biochemische Merkmale und die Anfälligkeit für koronare Herzkrankheit, Schlaganfall und periphere Gefäßerkrankungen (weiß: kein Unterschied zum Normalzustand; Rot: eine Zunahme über dem Normalwert; blau: eine Abnahme unter dem Normalwert),
- qualitative klinische Merkmale (weiß: Fehlen des Merkmals, d. h. normaler Zustand; rot: Vorhandensein des Merkmals),
- seltene Mutationen (weiß: keine Rolle; rot: eine große Rolle für das Gen; rosa: eine untergeordnete Rolle),
- häufige Polymorphismen (weiß: keine Rolle; Abstufungen von Rot: Risiko im Zusammenhang mit dem Genotyp).

CETPD = CETP-Mangel; FCH = familiäre kombinierte Hyperlipidämie; FH = familiäre Hypercholesterinämie; FHC = familiäre Hyperchylomikronämie; FHTG = familiäre Hypertriglyzeridämie; HLD = Leberlipasemangel; HLP = Hyperlipoproteinämie; LCATD = LCAT-Mangel; MHL = gemischte Hyperlipidämie; SITO = Sitosterolämie

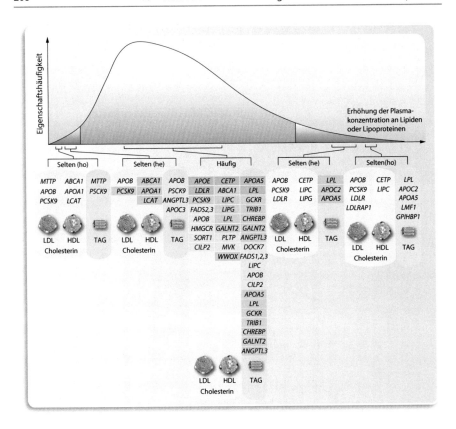

Abb. 10.5 Genetische Varianten, die die Verteilung der Lipoproteine beeinflussen. Auf-getragen ist die Häufigkeit der Merkmale LDL-Cholesterin, HDL-Cholesterin und Triglyzerid-spiegel (y-Achse) über ihren Plasmakonzentrationen (x-Achse). Das untere und das obere fünfte Perzentil der Verteilung sind durch schattierte Bereiche gekennzeichnet. Die Gene (keine Schattierung: durch klassische genetische oder biochemische Methoden; orange: durch Resequenzierung; blau: durch GWAS-Analysen), die die Konzentrationen an Lipoproteinen in bestimmten Segmenten der Verteilung bestimmen, sind unter den jeweiligen Grafiken dar-gestellt. Die Extreme der Verteilung repräsentieren homozygote (ho) monogene Störungen, in den weniger extremen Bereichen heterozygote (he) Mutationen und die zentralen gemeinsamen Varianten. Die grüne Schattierung weist auf kleine bis mittlere Effektstärken im Zusammenhang mit schwerer HTG hin

Wie bei den monogenetischen Formen der Fettleibigkeit (Abschn. 9.4) und T2D (Abschn. 9.6) hat die Identifizierung der Gene, die monogene Dyslipoproteinämien verursachen, das Krankheitsverständnis signifikant verbessert. Zum Beispiel hängen die LDL-Cholesterinspiegel im Plasma entscheidend von der Funktion des Rezeptors LDLR ab, was wiederum eine ordnungsgemäße Bindung von APOB, die Anwesenheit des akzessorischen Proteins LDLRAP1[22] und den intrazellulären Abbau von LDLR durch PCSK9 erfordert. Die Mehrheit der Fälle von Hypercholesterinämie basiert auf häufigen Varianten in den Genen *APOE, LDLR, APOB, PCSK9* und *HMGCR* für LDL-Cholesterin und *CETP, LIPC, LPL, ABCA1, LIPG* und *LCAT* für HDL-Cholesterin. Beispielsweise führt ein Überschuss an Mutationen im *NPC1L1*-Gen zu einer geringen intestinalen Absorption von Sterolen oder heterozygote Mutationen im *LIPG*-Gen führen zu hohen HDL-Spiegeln (Abb. 10.5).

Die Veränderungen der Lipoprotein-Spiegel, die auf gängigen genetischen Varianten basieren, sind oft zu klein, um aussagekräftig in der klinischen Praxis zu sein. Diese Erkenntnisse haben jedoch einen hohen Stellenwert in der Grundlagenforschung, um neue Signalübertragungswege zu identifizieren. Darüber hinaus ermöglicht eine Beschreibung des (epi)genetische Profils von Personen für Stoffwechselerkrankungen, wie Dyslipidämien, eine genetische Stratifizierung des Risikos lange vor dem Ausbrechen des metabolischen Syndroms (Abschn. 10.3). Solche Ansätze der personalisierten Medizin werden den betroffenen Personen längere und effektivere Phasen für Lebensstiländerung ermöglichen. **Da die Ernährung ein entscheidender Faktor für den Lipoprotein-Spiegel ist, sind frühzeitige diätetische Interventionen die effizientesten und ökonomischsten Strategien zur Prävention von Herz-Kreislauf-Erkrankungen.** Darüber hinaus sollten die Ergebnisse biochemischer Untersuchungen, wie z. B. die Messung von Lipoprotein-Spiegeln, aus mehreren Zeitpunkten der Lebenszeit des Patienten integriert werden.

10.3 Metabolisches Syndrom

Das metabolische Syndrom ist heute eine sehr häufige altersbedingte Erkrankung, die vor allem als Folge von Übergewicht und Fettleibigkeit aufgrund einer sitzenden Lebensweise entsteht. Das Syndrom setzt sich aus verschiedenen Faktoren zusammen, die entweder allein oder in Kombination das Risiko für T2D und Herz-Kreislauf-Erkrankungen signifikant erhöhen. Die meisten dieser Risikofaktoren wurden in den vorherigen Kapiteln diskutiert, wie viszerale Fettleibigkeit (Abschn. 9.1), ungewöhnliche Lipidüberladung (Abschn. 9.4), Insulinresistenz (Abschn. 9.5), β-Zell-Versagen (Abschn. 9.6), Hypertonie (Abschn. 10.1). und Dyslipidämien mit hohen Plasmakonzentrationen von Triglyzeriden und niedrigen Konzentrationen von HDL-Cholesterin (Abschn. 10.2) (Abb. 10.6). **Der dramatische weltweite Anstieg von Fettleibigkeit und die gleichzeitig steigende Lebenserwartung, d. h. die weltweit steigende Zahl älterer Menschen, machen das metabolische Syndrom zu einem großen globalen Gesundheitsproblem.**

---

[22] LDLRAP1 = LDL-Rezeptor-Adaptorprotein 1.

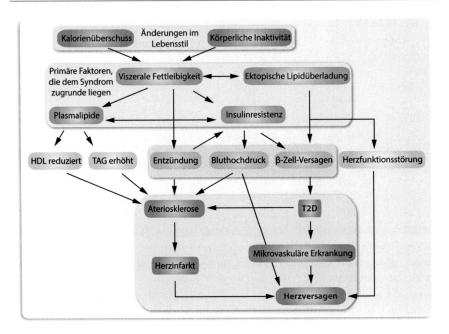

Abb. 10.6 Wechselwirkungen von Merkmalen des metabolischen Syndroms. Veränderungen des Lebensstils, wie die vermehrte Aufnahme einer kalorienreichen Ernährung in Verbindung mit reduzierter körperlicher Aktivität, spielen eine wichtige Rolle bei der weltweit dramatischen Zunahme des metabolischen Syndroms. Viszerale Fettleibigkeit, ungewöhnliche Lipidüberladung, Dyslipidämien und Insulinresistenz sind die Hauptfaktoren, die dem Syndrom zugrunde liegen. Diese Faktoren verursachen Entzündungen, Bluthochdruck und β-Zell-Versagen. Personen mit metabolischem Syndrom haben daher ein erhöhtes Risiko für die Entwicklung von Arteriosklerose, T2D, mikrovaskulären Erkrankungen, Myokardinfarkt und schließlich Herzinsuffizienz

Historisch wurde das Konzept des „Syndroms X" verwendet, um das metabolische Syndrom Ende der 1980er Jahre als eine Erkrankung mit erhöhtem Risiko für T2D und Herz-Kreislauf-Erkrankungen aufgrund einer Insulinresistenz in Stoffwechselgeweben zu beschreiben. Seitdem haben das „National Cholesterol Education Program" (NCEP), die WHO, die „European Group for the Study of Insulin Resistance" (EGIR) und die „International Diabetes Federation" (IDF) leicht unterschiedliche Schwellenwerte definiert, um das metabolische Syndrom basierend auf der Rate von Fettleibigkeit, Hyperglykämie, Dyslipidämien und Hypertonie zu beschreiben (Tab. 10.1). Während das NCEP keinen definierten Parameter verlangt, schlägt die WHO vor, dass ein Nachweis einer Insulinresistenz, wie beispielsweise eine gestörte Glukosetoleranz, ein beeinträchtigter Nüchternglukosespiegel oder T2D, unerlässlich sei. Im Gegensatz dazu betont die EGIR die Hyperinsulinämie als Hauptkriterium, während für die IDF zentrale Fettleibigkeit essenziell ist. Derzeit werden die Definitionen von NCEP und IDF am häufigsten verwendet.

Tab. 10.1 Definitionen des metabolischen Syndroms

	NCEP (2005)	WER (1998)	EGIR (1999)	IDF (2005)
Unbedingt erforderliche Kriterien	Keines	Insulinresistenz	Hyperinsulinämie	Zentrales Übergewicht
Zusätzliche Kriterien	Eines der 5 unten	Insulinresistenz oder T2D plus 2 von 5 unten	Hyperinsulinämie plus 2 der 4 unten	Fettleibigkeit plus 2 der 4 Kriterien unten
Fettleibigkeit	Taillenumfang: Männer > 101,6 cm Frauen > 88,9 cm	WHR: Männer > 0,90 Frauen > 0,85 oder BMI > 30 kg/cm²	Taillenumfang: Männer > 94 cm Frauen > 80 cm	Zentrales Übergewicht
Hyperglykämie	Nüchternglukose > 5,6 mM	Insulinresistenz	Insulinresistenz	Nüchternglukose > 5,6 mM
Dyslipidämie I	Triglyzeride > 1,7 mM	Triglyzeride > 1,7 mM oder HDL < 0,9 mM	Triglyzeride > 2,0 mM oder HDL < 1,0 mM	Triglyzeride > 1,7 mM
Dyslipidämie II	HDL: Männer < 1,0 mM Frauen < 1,25 mM			HDL: Männer < 1,0 mM Frauen < 1,25 mM
Hypertonie	> 130 mm Hg systolisch oder > 85 mm Hg diastolisch	> 140/90 mm Hg	> 140/90 mm Hg	> 130 mm Hg systolisch oder > 85 mm Hg diastolisch
Andere Kriterien		Mikroalbuminurie		

Unser Körper verfügt über integrierte Mechanismen, um entweder katabol zu agieren, wenn der Energiebedarf nicht durch Nahrungsaufnahme gedeckt werden kann, oder anabol zu reagieren, wenn die Kalorienzufuhr den Energiebedarf übersteigt. Der Schlüsselregulator dieser Mechanismen ist Insulin, das von β-Zellen des Pankreas nach einer Mahlzeit ausgeschüttet wird. Insulin reguliert in allen Stoffwechselgeweben die Kohlenhydratresorption, die Energieverwertung (über Glykolyse), die Speicherung von Kohlenhydraten (als Glykogen), die Speicherung von Fett (als Triglyzeride) und die Synthese von Fett aus Kohlenhydraten (durch Aktivierung der *de novo* Lipogenese). Parallel dazu hemmt Insulin die Lipolyse, also die Energiefreisetzung aus Triglyzeriden, und die Glukosesynthese (über Glukoneogenese) nach einer Mahlzeit. **Somit erzeugen die Wirkungen von Insulin einen integrierten Satz von Signalen, die die Nährstoffverfügbarkeit und den Energiebedarf unseres Körpers abbilden.** Eine Störung der Insulinwirkung, wie eine durch Fettleibigkeit ausgelöste Insulinresistenz in

Skelettmuskulatur, Leber oder weißem Fettgewebe, stellt häufig den Beginn des metabolischen Syndroms dar (Abb. 10.7). Das kann zu Organ-spezifischen Folgen, wie β-Zell-Versagen und Fettleber (NAFLD), aber auch zu systemischen Wirkungen, wie Glukotoxizität, Lipotoxizität und geringgradiger Entzündung, führen. All diese Erkrankungen sind Schlüsselfaktoren des metabolischen Syndroms und beschleunigen das Risiko für T2D, Herzerkrankungen und deren Komplikationen.

Systemische Effekte des metabolischen Syndroms beeinflussen den Stoffwechsel in wichtigen Stoffwechselorganen, wie Leber, Muskel, Pankreas und weißem Fettgewebe. Eine Insulinresistenz in der Leber verursacht eine erhöhte Aktivität der Schlüsselenzyme der Glukoneogenese, G6PC[23] und PCK[24], und eine erhöhte Glykogenolyse, was zu einer erhöhten Glukoseausscheidung aus der Leber führt (Abb. 10.8A). Parallel dazu wird die Expression von Enzymen reduziert, die die Glykogensynthese und Glykolyse regulieren, wie GCK und Pyruvatkinase. Das stimuliert GLUT2, Glukose aus Leberzellen hinaus zu transportieren. Alle diese Veränderungen in den Stoffwechselwegen von Glukose beschleunigen die systemischeGlukotoxizität. Darüber hinaus erhöht eine verminderte Insulinsensitivität in der Leber die Aufnahme von freien Fettsäuren und die Bildung von Triglyzeriden. Diese werden zum Transport im Kreislauf auf VLDLs geladen und verursachen auf diese Weise eine Dyslipidämie. Der Anstieg des Glukosespiegels in der Leber erhöht die Lipogenese über die Aktivität von SREBF1 und FASN, die beide nicht durch Insulinresistenz beeinträchtigt werden. Die Ansammlung von Lipiden in der Leber kann Fettleber (NAFLD) verursachen. Auch eine Insulinresistenz in der Leber trägt durch die Herunterregulierung des Rezeptors LDLR zur Hyperlipidämie bei (Abschn. 10.2). Auf diese Weise führt die Insulinresistenz der Leber zu einer verminderten Beseitigung von LDLs und VLDLs, was zu erhöhten LDL- bzw. VLDL-Spiegeln im Blut führt.

Die Skelettmuskulatur ist das wichtigste Gewebe für die Speicherung und Verwertung von Glukose. Nach einer Mahlzeit werden etwa 80 % der Glukosebelastung des Blutes vom Muskel aufgenommen. Die Insulinresistenz in den Muskeln führt zu einem verminderten insulinstimulierten GLUT4-vermittelten Glukosetransport in die Muskelzellen (Abb. 10.8B). Eine verringerte Glukoseaufnahme verringert den Spiegel an G6P, das für die Glykogensynthese und Glykolyse verwendet werden soll. Das erhöht die Glukosekonzentration im Blutkreislauf und verursacht systemische Glukotoxizität. Wie die Leber überlastet auch die systemische Lipotoxizität den Muskel mit freien Fettsäuren. Diese Lipide werden in Form von Triglyzeriden in intramuskulären Lipidtröpfchen aufgenommen und gespeichert.

In den frühen Stadien der Insulinresistenz steigern β-Zellen die Produktion und Ausschüttung von Insulin, um die Glukosetoleranz aufrechtzuerhalten

---

[23] G6PC = Glukose-6-Phosphatase.

[24] PCK = Phosphoenolpyruvat-Carboxykinase.

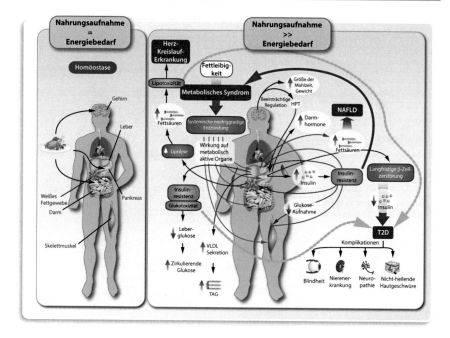

Abb. 10.7 Ganzkörperansicht des metabolischen Syndroms. Unter normalen Bedingungen ist die Aufnahme und Verwertung von energiereichen Nährstoffmolekülen perfekt auf den Energiebedarf unseres Körpers abgestimmt (links). Nach einer Mahlzeit erfassen Darm, Pankreas und Gehirn den Anstieg von Nährstoffmolekülen. Sie senden Signale an Muskeln, Leber, Fett und zurück zum Gehirn, um über die Koordination von Aufnahme und Speicherung von Nährstoffen und Energieproduktion die metabolische Homöostase aufrechtzuerhalten. Das metabolische Syndrom beginnt oft mit Fettleibigkeit und löst einen Zustand einer systemischen niedriggradigen Entzündung aus, die verschiedene Hauptorgane betrifft, die an der metabolischen Homöostase beteiligt sind (rechts). Die Fähigkeit des Gehirns, die Größe oder Häufigkeit der Mahlzeiten zu regulieren, ist beeinträchtigt, was zu Gewichtszunahme und weiteren Organfunktionsstörungen führt. Das autonome Nervensystem und die Hypothalamus-Hypophysen-Schilddrüsen-Achse sind gestört, was zu einer veränderten Ausschüttung von Hormonen aus dem Darm führt. Die Insulinresistenz ist ein weiterer wichtiger Auslöser des metabolischen Syndroms. Im Pankreas dehnen sich die Langerhans-Inseln aus, um mehr Insulin produzieren zu können. Diese Hyperinsulinämie ist ein Versuch, die Insulinresistenz von Muskel, Leber und weißem Fettgewebe zu überwinden. Im Laufe der Zeit erschöpfen sich jedoch die Inseln und es wird wenig oder kein Insulin produziert, woraufhin T2D auftritt. Insulinresistenz im Muskel führt zu einer übermäßigen Aufnahme von Glukose in der Leber, die hauptsächlich in Fettsäuren umgewandelt wird und oft Fettleber (NAFLD) verursacht. Darüber hinaus führen in der Leber Glukotoxizität und Insulinresistenz zu einer ineffizienten Herunterregulierung der Glukoseproduktion in der Leber, was zu einem weiteren Anstieg der zirkulierenden Glukosespiegel führt. Der Fettüberschuss in der Leber kann als VLDLs in den Kreislauf abgegeben werden, was zu erhöhten Triglyzerid-Spiegeln führt. Die Insulinresistenz des weißen Fettgewebes erhöht dessen lipolytische Aktivität und setzt somit auch überschüssige Fettsäuren frei. Zusammengenommen führen diese Lipidquellen zu einer Lipotoxizität, die weiter zu Dysfunktion von Organen und Krankheiten, insbesondere Herz-Kreislauf-Erkrankungen, beiträgt. Lipotoxizität und Glukotoxizität verschlimmern T2D und führen zu zahlreichen Komplikationen wie Nierenerkrankungen, Blindheit, Nervenschäden und nicht heilenden Hautgeschwüren

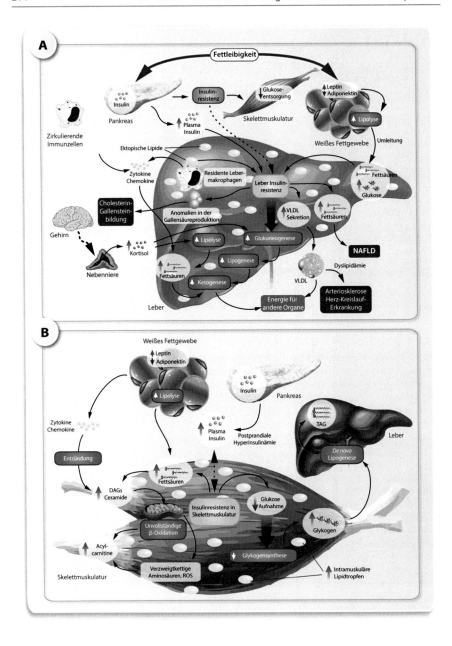

◄ **Abb. 10.8 Metabolisches Syndrom in Leber und Skelettmuskulatur.** Frühe Stadien des metabolischen Syndroms sind mit einer Insulinresistenz verbunden, die zu einer verminderten Glukoseabgabe an die Skelettmuskulatur führt. Fettleibigkeit verändert zusätzlich das Ausschüttungsmuster von Adipokinen, wie beispielsweise erhöhte Leptinspiegel und verringerte Konzentration an Adiponektin. Zusammen führt das zu einer Umleitung von Glukose und Lipiden (als Folge einer erhöhten Lipolyse aus dem weißen Fettgewebe) zur Leber (**A**). Wenn die intrazellulären Lipidspiegel in der Leber zusammen mit dem erhöhten Insulin im Plasma ansteigen, verschlechtert sich die Insulin-Signalübertragung in der Leber schnell und diese Beeinträchtigung macht das Organ zu einem „Mitverschwörer" beim weiteren Fortschreiten des metabolischen Syndroms und seinen Komplikationen. Eine Insulinresistenz der Leber führt zu einer erhöhten Glukoseproduktion in dem Organ. Weitere Hormone können zu einer verminderten Insulinsensitivität der Leber beitragen. Kortisol erhöht beispielsweise die Glukoseproduktion, fördert die Lipolyse und erhöht die Lipidablagerung. Insulinresistenz erhöht die Ausschüttung von VLDLs aus der Leber und verursacht Dyslipidämie. Übermäßige Ausschüttung von VLDLs in der Leber spielt eine wichtige Rolle bei der Förderung von Arteriosklerose und Herz-Kreislauf-Erkrankungen. Insulinresistenz erhöht auch die intrahepatische Fettansammlung, was schließlich zu einer Fettleber (NAFLD) führt. Die Aktivierung von Entzündungswegen erfolgt sowohl systemisch durch Zytokine, die von zirkulierenden Immunzellen freigesetzt werden, als auch lokal durch residente Lebermakrophagen. Das beschleunigt die Akkumulation und Speicherung von Lipiden weiter. Die Insulinresistenz der Leber verursacht auch Anomalien in der Gallensäureproduktion und erhöht das Risiko für die Bildung von Cholesterin-Gallensteinen. Insulinresistenz in der Skelettmuskulatur führt zu einer reduzierten insulinstimulierten Glukoseaufnahme und daher steht weniger Glukose für die insulinstimulierte Glykogensynthese zur Verfügung (**B**). Eine Überdosierung von Lipiden erhöht den Gehalt an intramyozellulären Lipiden in Form von DAG und Ceramiden sowie von Acyl-Carnitinen (aufgrund unvollständiger mitochondrialer β-Oxidation von Fettsäuren). Entzündungssteigernde Adipokine, verzweigtkettige Aminosäuren und ROS tragen weiter zu diesem Defekt in der Insulin-Signalübertragung bei. Insulinresistenz in der Skelettmuskulatur fördert eine postprandiale Hyperinsulinämie und die Umleitung aufgenommener Kohlenhydrate weg von der Speicherung als Glykogen in der Skelettmuskulatur in die Leber, wo sie durch eine erhöhte *de novo* Lipogenese in Triglyzeride umgewandelt werden

(Abb. 10.9A). Da Insulin unter diesen Bedingungen die Glukoseproduktion in der Leber weniger stark unterdrückt, wird die Leber insulinresistent. Wenn die Insulinresistenz fortschreitet, verlieren β-Zellen ihre Fähigkeit, eine verminderte Insulinreaktion durch eine erhöhte Insulinfreisetzung zu kompensieren. Das führt schließlich zu verringerten zirkulierenden Insulinkonzentrationen und geht oft mit erhöhten Glukagonspiegeln einher. Diese Verschiebung des Glukagon/Insulin-Verhältnisses führt zu einem weiteren Anstieg der Glukoneogenese in der Leber und die Hyperglykämie nimmt zu. Systemische Glukotoxizität und Lipotoxizität, d. h. die ständige Exposition von β-Zellen gegenüber erhöhten Glukose- und Lipidspiegeln, erhöhen beide den Glukosestoffwechsel in β-Zellen und verursachen metabolischen Stress, der zur UPR des ER in diesen Zellen führt. Als Reaktion auf ER-Stress, hypoxischen Stress und entzündungssteigernde Zytokine vermehren sich die β-Zellen nicht mehr und durchlaufen eine unkontrollierte Autophagie (Box 4.1) oder sogar Apoptose. Das führt zu einer Funktionsstörung der β-Zellen und schließlich zu ihrem Tod.

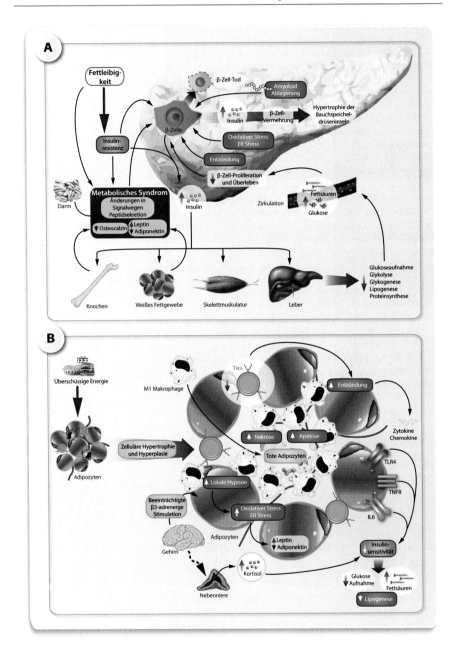

◄ **Abb. 10.9 Metabolisches Syndrom in Pankreas und weißem Fettgewebe.** Fettleibigkeit fördert die Entwicklung einer Insulinresistenz, was zu einem kompensatorischen Anstieg der Insulinfreisetzung aus β-Zellen führt (**A**). Eine chronische Überproduktion von Insulin führt zu einer Expansion der β-Zellen, d. h. einer Hypertrophie der Pankreasinseln. Mit fortschreitender Insulinresistenz nehmen die Wirkungen von Insulin auf Zielgewebe ab, was zu Beeinträchtigungen der Glukoseaufnahme, Glykolyse, Glykogenese, Lipogenese und Proteinsynthese führt. Das resultiert in Hyperglykämie und erhöhten Spiegeln an freien Fettsäuren im Kreislauf, die die Proliferation und das Überleben von β-Zellen negativ beeinflussen. Das führt zu einem Teufelskreis, der die Funktion der β-Zellen weiter reduziert. Beim metabolischen Syndrom zeigen viele Gewebe Veränderungen des Hormonspiegels, die sich direkt auf die β-Zellfunktion auswirken. Der Darm verändert die Ausschüttung von Signalpeptiden, die Knochen sondern weniger Osteocalcin ab und weißes Fettgewebe produziert mehr Leptin, aber weniger Adiponektin. Diese hormonellen Veränderungen führen zusammen mit oxidativem Stress, ER-Stress, Entzündungen und intrazellulärer Amyloidablagerung zum Tod der β-Zellen. Bei übermäßiger Energiezufuhr dehnt sich weißes Fettgewebe als Folge von zellulärer Hypertrophie und Hyperplasie aus (**B**). Die vergrößerten Fettzellen werden durch eine erhöhte Rate lokaler Nekrose, Apoptose und entzündungssteigernder Reaktionen fehlreguliert. Tote Fettzellen ziehen Makrophagen an, die den entzündungssteigernden Typ M1 annehmen. Unter fettleibigen Bedingungen kommt es auch zu einer Reduktion von T_{REG}-Zellen. Das führt zu einer Zunahme des lokalen entzündungssteigernden Milieus, das letztendlich einen systemischen Anstieg der entzündungssteigernden Zytokine erzeugen kann. Die schnelle Gewebeexpansion während der Fettleibigkeit führt zu lokaler Hypoxie und der Aktivierung der Stressantwort des ER, was zu einer verminderten Freisetzung von insulinsensibilisierenden Adipokine, wie Adiponektin, führt. Darüber hinaus reduzieren erhöhte Kortisolspiegel und die Aktivierung von TLRs und anderen entzündungssteigernden Zytokinrezeptoren, wie TNFR und IL6-Rezeptoren, die Insulinsensitivität weiter. Das führt zu einer reduzierten Triglyzeridsynthese, einem Anstieg der freien Fettsäuren und einer Abnahme der insulinvermittelten Glukoseaufnahme. Im Gegensatz dazu führt die beeinträchtigte β3-adrenerge Reaktion stromabwärts der Aktivität des sympathischen Nervensystems zu einer reduzierten metabolischen Flexibilität, da freien Fettsäuren als Reaktion auf β3-adrenerge Stimulation nicht angemessen aktiviert werden können

Bei Fettleibigkeit wird die Speicherkapazität von Fettzellen oft überschritten, was zu zellulären Dysfunktionen, wie erhöhter Ceramidbildung, ER-Stress und Hypoxie führt. Das resultiert in einer verminderten Stoffwechselkontrolle und im Zelltod. Eine Zunahme der Anzahl und Größe der Fettzellen beeinflusst auch die Ausschüttung von Adipokinen. Darüber hinaus ziehen Fettzellen Monozyten ins weiße Fettgewebe, die dann zu Makrophagen vom Typ M1 differenzieren. Letztere schütten entzündungssteigernde Zytokine aus, die zusammen mit Adipokinen zu einer geringgradigen systemischen Entzündung führen. All das trägt zur Insulinresistenz im weißen Fettgewebe bei, was zu einem reduzierten insulinstimulierten Import von Glukose über GLUT4 führt (Abb. 10.9B). Darüber hinaus wird die Lipolyse aufgrund der beeinträchtigten Hemmung des Enzyms LIPE erhöht, was zu einer erhöhten Freisetzung von freien Fettsäuren aus Fettzellen führt. Die Fähigkeit von Insulin, die Wiederveresterung von freien Fettsäuren zu stimulieren, wird ebenfalls beeinträchtigt, und es kommt zu einer systemischen Lipotoxizität.

Die metabolische und entzündliche Reaktion von metabolischen Geweben, wie weißes Fettgewebe, integriert die Aktionen des angeborenen Immunsystems, d. h. hauptsächlich der aus Monozyten entstandenen Makrophagen, mit denen von Fettzellen (Abb. 10.9B). Diese integrierte Wirkung von zwei verschiedenen Geweben hat sich während der Evolution entwickelt. Reaktionen des Immunsystems auf das Eindringen von Krankheitserregern verbrauchen erhebliche Energiemengen für die neue Proteinsynthese und das schnelle Wachstum von Immunzellen. **Daher ist es unter diesen Bedingungen sinnvoll, dass Stoffwechselorgane insulin-unempfindlich sind, d. h. dass sie während begrenzter Zeiträume weniger Energie aus zirkulierender Glukose und Lipiden entziehen.** Aus diesem Grund steuern Entzündungsmediatoren den Energiestoffwechsel so, dass Krankheits-erreger am effizientesten abgewehrt werden, wenn die Zellen in der Lage sind, schnell von der Glukoseoxidation zur Lipidoxidation zu wechseln. Aus vergleich-baren Gründen können Lipide eine Insulinresistenz auslösen, um Glukose für glukoseabhängige Organe, wie das ZNS und die Erythrozyten, zu bewahren.

GWAS-Analysen für zentrale Faktoren des metabolischen Syndroms, wie BMI, T2D und Dyslipidämie, haben für jedes dieser Merkmale statistisch hoch-signifikante Assoziationen mit 40 bis 100 genetischen Varianten identifiziert. Die Schlüsselgene dieser Listen, wie *LPL, APOE, MC4R, FTO* und *TCF7L2* (Tab. 10.2), sind auch die zentralen genetischen Loci für das Risiko des meta-bolischen Syndroms. Das Dilemma bei all diesen gängigen SNPs bleibt jedoch, dass ihre individuellen ORs deutlich unter 2 liegen, d. h. sie tragen deutlich weniger als 10 % zu einem erhöhten Erkrankungsrisiko bei. Dies impliziert, dass die üblichen SNPs nur einen kleinen Teil des genetischen Risikos des meta-bolischen Syndroms erklären können. **Das legt nahe, dass bei der Fettleibig-keit-Epidemie und den damit verbundenen Stoffwechselanomalien eher sozio-ökologische Faktoren und epigenetische Mechanismen als Varianten des Genoms eine Rolle spielen.**

Es gibt immer mehr epidemiologische und klinische Hinweise, dass eine prä-natale epigenetische Programmierung in utero, die Hauptursache für das meta-bolische Syndrom sein kann. Bisher gibt es keine umfassende Analyse des Epigenoms von Personen mit metabolischem Syndrom, d. h. es wurden keine konkreten Regionen im Genom mit erhöhten Risiken identifiziert. Es ist jedoch davon auszugehen, dass aufgrund der Komplexität der Insulin-Signalübertragung und ihrer Interferenz mit mehreren anderen Signalübertragungswegen eine große Zahl von Regionen, die spezifisch für Individuen sind, betroffen sein werden.

Tab. 10.2 Zentrale Gene bei der Entstehung des metabolischen Syndroms

Genlocus	Genfunktion	Krankheitskontext	Betroffener Parameter
LPL	Hydrolysiert Triglyzeride	Herz-Kreislauf	HDL-Konzentration
APOE	Entfernen von Lipoproteinen aus dem Kreislauf	Herz-Kreislauf	HDL-Konzentration
MC4R	Membranrezeptor auf Neuronen, die α-MSH binden	Fettleibigkeit	Taillenumfang
FTO	Funktion vermittelt durch IRX3 und IRX5	Fettleibigkeit	Taillenumfang
TCF7L2	Transkriptionsfaktor in β-Zellen	T2D	Glukosekonzentration

Da epigenetische Modifikationen jedoch dynamisch auf Umweltbedingungen reagieren, scheint es möglich, dass sie durch geeignete Interventionen korrigiert werden können.

Gesunde Ernährungsmuster, wie die „mediterrane" oder „nordische" Ernährung, senken das Risiko für das metabolischen Syndrom. **Studien zum molekularen Mechanismus der Ernährung während der epigenetischen Programmierung in der pränatalen, postnatalen und erwachsenen Lebensphase sind von großer Bedeutung, um zu verstehen, wie eine geeignete Ernährung das metabolische Syndrom verhindern kann.** Clever konzipierte Ernährungsinterventionsstudien und Beobachtungsstudien werden den Einfluss einzelner Nährstoffe, wie Vitamin D_3 oder PUFAs, auf ein gesundes Ernährungsmuster untersuchen, um das Risiko des metabolischen Syndroms zu vermindern. In die Planung dieser Studien müssen zum einen bereits vorhandene Daten zu Epigenom, Transkriptom, ProteomProteom und Metabolom integriert werden; zum anderen müssen genau solche Daten in diesen Studien in großem Maße erhoben werden.

Weiterführende Literatur

Barroso, I., & McCarthy, M. I. (2019). The genetic basis of metabolic disease. *Cell, 177*, 146–161.

Carlberg, C., Velleuer, E., & Molnar, F. (2023). *Molecular medicine: How science works.* Springer Textbook.

Drummond, G. R., Vinh, A., Guzik, T. J., & Sobey, C. G. (2019). Immune mechanisms of hypertension. *Nature Reviews Immunology, 19*, 517–532.

Jensen, M. K., Bertoia, M. L., Cahill, L. E., Agarwal, I., Rimm, E. B., & Mukamal, K. J. (2014). Novel metabolic biomarkers of cardiovascular disease. *Nature Reviews. Endocrinology, 11*, 659–672.

Tall, A. R., & Yvan-Charvet, L. (2015). Cholesterol, inflammation and innate immunity. *Nature Reviews Immunology, 15*, 104–116.

Epigenetik von Krebs

11

Zusammenfassung

In diesem Kapitel wird beschrieben, dass Krebszellen im Vergleich zu normalen Zellen epigenetische Veränderungen zeigen. Dabei handelt es sich um Epimutationen, wie Genom-weite Umgestaltungen in der DNA-Methylierung, Histonmodifikationen und der 3D-Chromatinstruktur. Darüber hinaus reaktivieren viele Tumore epigenetische Programme der Embryogenese, d. h. Tumorentstehung ist mit epigenetischer Umprogrammierung verbunden. Die mechanistischen Grundlagen der Krebsepigenetik sind spezifische genetische, umweltbedingte und metabolische Stimuli, die das homöostatische Gleichgewicht des Chromatins stören, sodass es entweder sehr restriktiv oder durchlässig wird. Darum zielen viele Projekte in der Arzneimittelforschung auf das Epigenom ab. Inhibitoren von Chromatin-modifizierenden Enzymen werden in klinischen Studien getestet und einige wurden bereits für die Therapie zugelassen.

11.1 Epimutationen bei Krebs

Krebs ist keine einheitliche Krankheit, sondern eine Sammlung von Hunderten verschiedener Arten von Hyperplasien[1]. Darüber hinaus steckt hinter jedem neu diagnostizierten Tumor eine individuelle Vorgeschichte von etwa 10–20 Jahren Tumorentstehung. Krebs wird typischerweise als eine Erkrankung des Genoms angesehen, die durch die Anhäufung von DNA-Punktmutationen sowie Translokationen und Amplifikationen[2] größerer Regionen im Genom verursacht wird.

---

[1] Eine Hyperplasie ist Vergrößerung eines Organs oder Gewebes durch abnorme Vermehrung von Zellen.

[2] Eine Amplifikation bezeichnet die Vermehrung von DNA-Abschnitten.

Die Tumorentstehung geht jedoch auch mit Anomalien in der zellulären Identität, unterschiedlicher Reaktionsfähigkeit auf innere und äußere Reize und großen Veränderungen im Transkriptom einher, die alle auf Veränderungen des Epigenoms beruhen. Tatsächlich tragen die meisten Krebsarten Mutationen sowohl in ihrem Genom als auch in ihrem Epigenom. Beispielsweise haben Krebsgenom-Projekte wie TCGA (Abschn. 1.3) gezeigt, dass mehr als 50 % der Krebserkrankungen Mutationen in wichtigen Chromatin-assoziierten Proteinen aufweisen. Es ist wichtig zu erkennen, dass **die epigenetische Signatur einer Zelle mehr Varianten zulässt als ihr primärer genetischer Status.** Die Fehlerrate bei der Vererbung der DNA-Methylierung für ein gegebenes CpG pro Zellteilung beträgt etwa 4 %, während die Mutationsrate des Genoms während der DNA-Replikation deutlich geringer ist. Somit kann die epigenetische Variabilität in viel kürzerer Zeit zu einer Veränderung der Funktion einer Zelle führen, wie der Transformation zu einer Krebszelle, als Mutationen im Genom.

Die Tumorentstehung ist ein mehrstufiger Prozess, bei dem eine Vielzahl molekularer Veränderungen zur Entstehung und Progression eines Tumors beitragen. Fehlregulierte epigenetische Prozesse können als Treiber für eine frühzeitige Störung der zellulären Homöostase in präkanzerösen und kanzerösen Zellen fungieren. Eine wichtige epigenetische Veränderung bei Krebs ist die Deregulierung von CpG-Methylierungsmustern, d. h. des DNA-Methyloms (Abschn. 3.1). Wie beim Altern (Abschn. 13.4) gibt es bei der Tumorentstehung eine Genom-weite DNA-Hypomethylierung (Abb. 11.1, oben rechts), die über die Reaktivierung von pluripotenten Transkriptionsfaktoren (die als Onkogene wirken) und Retrotransposonen innerhalb repetitiver DNA zu Genominstabilität führt. Im Gegensatz dazu werden CpG-Inseln an Promotorregionen von Tumorsuppressorgenen hypermethyliert (Abb. 11.1, oben links), was zur Inaktivierung der entsprechenden Gene und ihrer tumorprotektiven Funktion führt. Das ist ein Beispiel für einen epigenetischen Drift (Abschn. 13.2). Zum Beispiel schädigt das Abschalten des Tumorsuppressorgens *MLH1*[3] (MutL-Homolog 1) durch DNA-Hypermethylierung, d. h. eine Epimutation, den von MLH1-gesteuerten DNA-Reparaturprozess und erhöht so das Risiko einer Akkumulation von DNA-Mutationen im gesamten Genom. **Auf diese Weise kann eine Epimutation eine Vielzahl genetischer Veränderungen auslösen.**

Epigenetische Mutationen in Genen, die für Chromatin-modifizierende Enzyme kodieren, führen entweder zu einem Funktionsgewinn oder einem Funktionsverlust. Eine abnorme Histonmethylierung kann durch Mutationen in Genen verursacht werden, die für KMTs und KDMs kodieren, die die Genom-weite Methylierung von H3K27 und H3K36 reduzieren (Abb. 11.1, Mitte). Beispiele sind Funktionsgewinn und Überexpression von EZH2 (einer H3K27-spezifischen KMT) und Funktionsverlust der H3K36-spezifischen KMT SETD2[4].

---

[3] MLH1 = MutL-Homolog 1.

[4] SETD2 = „SET domain containing 2".

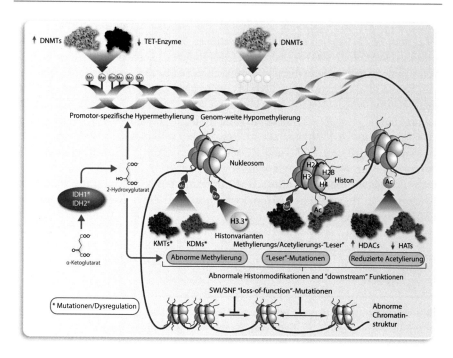

Abb. 11.1 Epimutationen bei Krebs. Es gibt vier Haupttypen von Epimutationen, die Krebs beeinflussen: DNA-Hypermethylierung an Promotoren (**oben links**), Genom-weite DNA-Hypomethylierung (**oben rechts**), abnorme Modifikation von Histonen und/oder deren Erkennung (**Mitte**) und abnorme Chromatinstrukturen verursacht durch fehlfunktionierende Chromatinremodelliern (**unten**). Weitere Einzelheiten sind im Text angegeben

Darüber hinaus gibt es Translokationen von KMT2A (H3K4-spezifisch) sowie Translokationen und Überexpression der H3K36-spezifischen KMT NSD1[5] und der H3K27-spezifischen KMT NSD2. Im Weiteren wurde die Amplifikation oder Überexpression von Genen, die für H3K4-, H3K9- und H3K36-spezifische KDMs kodieren, im Zusammenhang mit verschiedenen Krebsarten beschrieben. Zusätzlich ist bei Krebs auch die Histonacetylierung durch den Verlust der HATs EP300 (KAT3B) und CREBBP und die Überexpression von HDACs reduziert. Schließlich kann nicht nur die „Schreiber"- und „Radierer"-Funktion von Chromatin-modifizierenden Enzymen durch Mutationen beeinträchtigt werden, sondern auch ihre „Leser"-Funktion. Beispiele sind die Überexpression oder Funktionsgewinn-Translokationen von BRD4[6], das acetylierte Histone bindet, oder die Überexpression von TRIM24[7], das H3K23ac erkennt.

---

[5] NSD1 = „nuclear receptor binding SET domain protein 1".

[6] BRD = Bromodomäne enthaltend.

[7] TRIM = „tripartite-motif-containing protein".

Funktionsverlust-Mutationen in Genen, die für DNA-Demethylasen (*TET1,*
TET2 und *TET3*) kodieren, oder eine erhöhte Expression von Genen, die für
DNMTs (*DNMT1, DNMT3A* und *DNMT3B*) kodieren, können bei einigen Krebsarten Promotor-Hypermethylierung verursachen (Abb. 11.1, oben). Im Gegensatz
dazu beruht die Genom-weite Hypomethylierung häufig auf Funktionsverlust-
Mutationen im *DNMT3A*-Gen. Mutationen in den Genen, die für die Stoffwechsel-
enzyme IDH1 und IDH2 kodieren, führen dazu, dass das Zwischenprodukt
des Citratzyklus, α-Ketoglutarat, in den Onkometaboliten 2-Hydroxyglutarat
umgewandelt wird, der TETs und KDMs inhibiert (Abb. 11.1, Mitte links). Das
führt zu einer erhöhten Methylierung sowohl von DNA als auch von Histonen.
Zusammengenommen beeinflussen Epimutationen eine Vielzahl von Ver-
änderungen in der zellulären Homöostase, was zu einer Beschleunigung der
Tumorentwicklung führt.

11.2   Epigenom-weite Störungen als Kennzeichen von Krebs

Während Störungen der genetischen Prägung sehr selten sind (Abschn. 3.2),
werden in den meisten Fällen von Krebs Veränderungen im DNA-Methylom
beobachtet. Beispielsweise sind die CpG-reichen Promotoren von Tumorsuppressorgenen wie *TP53* häufig hypermethyliert, d. h. die DNA-Methylierung führt
zur Abschaltung von Genen, die normalerweise die Tumorentstehung verhindern.
Darüber hinaus ist in etwa 25 % der Fälle von akuter myeloischer Leukämie bei
Erwachsenen das *DNMT3A*-Gen mutiert. Das verändert das Methylom und macht
die regulatorische Landschaft präleukämischer Stammzellen im Blut anfälliger
für zusätzliche Mutationen. **In ähnlicher Weise können Mutationen in Genen**
anderer Chromatin-modifizierender Enzyme den Phänotyp krebsbedingter
Mutationen in Genen für Transkriptionsfaktoren oder ihren Genom-weiten
Bindungsstellen verstärken.
   Basierend auf Waddingtons Modell der epigenetischen Landschaft
(Abschn. 2.2) lässt sich der epigenetische Status einer Zelle, etwa ihr
Methylierungsgrad, durch eine in einem Tal gefangene Kugel darstellen. Bei
normal differenzierten Zellen sind die Hänge des Tals hoch und genregulatorische
Netzwerke halten die Zellen in stabiler epigenetischer Homöostase (Abb. 11.2,
oben links). Dadurch wird verhindert, dass sich der epigenetische Zustand zu
weit von seinem Gleichgewichtspunkt im normalen Gewebe entfernt. Im Gegensatz dazu flacht eine Dysregulation des Epigenoms während der Tumorentstehung, wie etwa die Überexpression eines epigenetischen Modulators oder durch
eine Entzündung, die Hänge des Tals ab (Abb. 11.2 unten links). Unter diesen
Bedingungen reduzierter Regulation ist der epigenetische Status entspannter
und von stochastischen Varianten beeinflusst. Während der Tumorentstehung
diffundieren daher die DNA-Methylierungsgrade in normalen Zellen von ihrem
Ausgangszustand weg (Abb. 11.2, rechts). Eine graphische Darstellung der CpG-
Methylierungsgrade während der Transformation normaler Zellen in Adenom- und

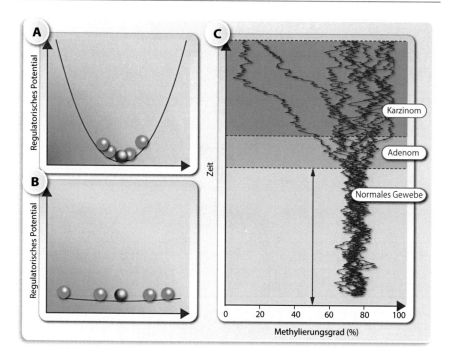

Abb. 11.2 Exemplarisches Modell epigenetischer Dysregulation. Eine epigenetische Dysregulation wird hier am Beispiel der DNA-Methylierung demonstriert. Der Methylierungsgrad einer normalen Zelle wird als Kugel am Boden eines Tals (**oben links**) dargestellt, in dem regulatorische Kräfte, wie genregulatorische Netzwerke, nur geringfügige Änderungen des epigenetischen Status zulassen. Im Gegensatz dazu flacht das Tal während der Tumorentstehung (**unten links**) ab, und die Methylierungsgrade können viel variabler sein. Wenn der Methylierungsgrad für 10 Beispiele (**rechts**) über die Zeit modelliert wird, werden die Variationen im Übergang von normalem Gewebe zu Adenom und Karzinom als breitere DNA-Methylierungsbereiche sichtbar

Karzinomzellen zeigt eine enge Verteilung in normalem Gewebe, aber eine breite Verteilung durch Progression vom Adenom zum Karzinom. Das erklärt die beträchtliche epigenetische Variation zwischen Krebszellen verschiedener Individuen oder zwischen metastatischen Zellen, die aus demselben Primärtumor stammen. **Dementsprechend gibt es keine definierte epigenetische Signatur für Krebs.**

Das Konzept der **Kennzeichen von Krebs** impliziert, dass die Prozesse „Aufrechterhaltung proliferativer Signalübertragung", „Vermeidung von Wachstumsunterdrückern", „Widerstand gegen Zelltod", „Replikative Unsterblichkeit", „Induktion von Angiogenese" und „Aktivierung von Invasion und Metastasierung" in der Tumorentstehung von praktisch allen Krebsarten vorkommen (Abb. 11.3). Später wurde das Konzept auf 14 Kennzeichen erweitert, darunter „Genom-weite DNA-Instabilität und Mutation" und **„Epigenom-weite Störung"**. Dabei fließen

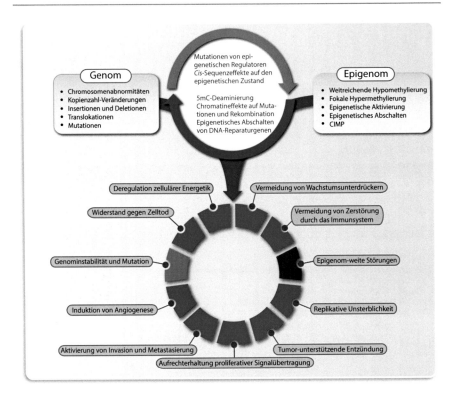

Abb. 11.3 Zusammenspiel von Genom und Epigenom bei Krebs. Veränderungen im Genom können das Epigenom beeinflussen und umgekehrt. Das bildet ein Netzwerk, das genetisch oder epigenetisch kodierte Varianten im Phänotyp hervorbringt, die der darwinistischen Selektion für Wachstumsvorteile unterliegen und so schließlich die Kennzeichen von Krebs hervorbringen

die Ergebnisse von Krebsgenom-Projekten wie TCGA zu genetischen und epigenetischen Treibern verschiedener Krebsarten ein. Beispielsweise zeigten diese Projekte eine hohe Häufigkeit von Mutationen in Genen, die für epigenetische Mediatoren kodieren.

Krebsgenom und Epigenom beeinflussen sich gegenseitig auf vielfältige Weise (Abb. 11.3). Sowohl die Genetik als auch die Epigenetik bieten komplementäre Mechanismen, um ähnliche Ergebnisse zu erzielen, wie z. B. die Inaktivierung von Tumorsuppressorgenen entweder durch Deletion essentieller Bereiche des Gen oder epigenetische Abschaltung des Promoters. Darüber hinaus kann eine Funktionsgewinn-Aktivierung des für das Erreichen des Kennzeichens „Aufrechterhaltung proliferativer Signalübertragung" wichtigen Onkogens *PDGFRA*[8] entweder auf einer genetischen Mutation innerhalb der kodierenden Region des Gens

---

[8] PDGFRA = Wachstumsfaktor aus Thrombozyten-Receptor α.

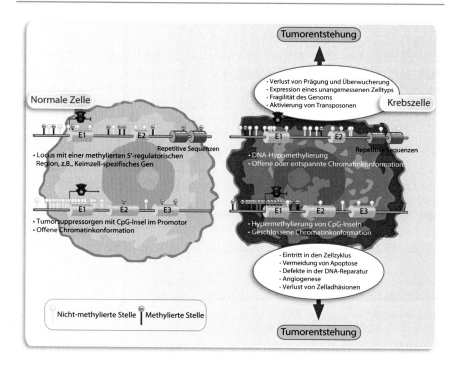

Abb. 11.4 Veränderungen von DNA-Methylierungsmustern während der Tumorentstehung. Im Vergleich zu normalen Zellen (**links**) sind Krebszellen Genom-weit hypomethyliert (**oben rechts**), insbesondere an repetitiven Sequenzen wie Transposonen. Außerdem werden oft geprägte und Gewebe-spezifische Gene demethyliert. Hypomethylierung verursacht Veränderungen in der epigenetischen Landschaft, wie den Verlust der genetischen Prägung, und erhöht die Genom-weite DNA-Instabilität, die Krebszellen charakterisiert. Eine weitere häufige Veränderung in Krebszellen ist die Hypermethylierung von CpGs innerhalb regulatorischer Regionen von Tumorsuppressorgenen (**unten rechts**). Diese Gene werden dann transkriptionell abgeschaltet, sodass Krebszellen einige Funktionen, wie die Inhibition des Zellzyklus, fehlen

beruhen oder durch eine Epimutation, die Isolatoren an den Grenzen des TAD, das das Gen trägt, unterbricht. Veränderungen in DNA-Methylierungsmustern sind wichtige epigenetische Fehlregulationen, die während der Tumorentstehung auftreten. Im Vergleich zu normalen Zellen desselben Individuums zeigt das Epigenom von Tumorzellen einen massiven Gesamtverlust an DNA-Methylierung (Hypomethylierung), während für bestimmte Gene auch eine Hypermethylierung an CpGs beobachtet wird (Abb. 11.4).

Globale DNA-Hypomethylierung während der Tumorentstehung erzeugt chromosomale Instabilität, reaktiviert Transposone und verursacht einen Verlust genetischer Prägung. Die resultierende geringe DNA-Methylierung begünstigt die eine Rekombination während der Zellteilung, was zu Deletionen führt, und fördert chromosomale Umlagerungen, wie z. B. Translokationen. Die Störung der genetischen Prägung, wie beispielsweise die des *IGF2*-Gens (Abschn. 3.2), ist ein

Risikofaktor für verschiedene Krebsarten, wie z. B. Dickdarmkrebs oder Wilms-Tumor.

Veränderte DNA-Methylierung ist nicht nur ein gut etablierter Marker für Krebs und gestörte genetische Prägung, sondern kann auch zu allgemeinen Instabilitäten des Genoms durch reduzierte Ausbildung an Heterochromatin auf repetitiven Sequenzen führen (Abb. 3.2A, rechts). Hypermethylierte Promotor-regionen von Tumorsuppressorgenen wie *TP53, RB1*[9] und *MGMT*[10] (O-6-Methyl-guanin-DNA Methyltransferase) können als Biomarker dienen, die ein erhebliches diagnostisches Potenzial bieten, insbesondere in der Früherkennung bei Menschen mit einem hohen familiären Krebsrisiko. Viele CpGs werden bereits früh in der Tumorentstehung methyliert, insbesondere bei CIMP[11] von Dickdarmkrebs, Glio-blastomen[12] und Neuroblastomen[13]. Die Promotor-Hypermethylierung beein-flusst bevorzugt die Expression von Genen, die am Karzinogenstoffwechsel, an der Zell-Zell-Wechselwirkungen und der Angiogenese beteiligt sind, und weniger klassische Tumorsuppressorgene, die den Zellzyklus, die DNA-Reparatur und die Apoptose kontrollieren. Die Profile der CpG-Hypermethylierung variieren je nach Tumortyp. Jede Krebsart kann durch ihr spezifisches DNA-Hypermethylom charakterisiert werden, d. h. epigenetische Markierungen sind mit traditionellen genetischen und zytogenetischen Markierungen vergleich-bar. Von etwa 200 Genen, die bei verschiedenen Formen von Brust- und Dick-darmkrebs regelmäßig mutiert sind, tragen durchschnittlich 11 eine Mutation in einem einzigen Tumortyp. Zum Vergleich, 100–400 CpGs in der Nähe von TSS-Regionen sind in einem gegebenen CIMP, d. h. die Epigenetik kann 10-mal mehr Informationen liefern als die Genetik. Obwohl Biomarker oft nicht die Kausali-tät einer Krankheit erklären, können sie den Krankheitszustand überwachen und eine geeignete Therapie vorschlagen. **Daher können Epigenom-weite Profile wie DNA-Methylierungsmuster in Kombination mit genetischer Prädisposition und Umweltbelastung prognostisch für das persönliche Risiko des Ausbruchs einer Krankheit wie Krebs sein.**

11.3 Epigenetische Umprogrammierung bei Krebs

Krebsgene werden in dominante Onkogene, die durch Funktionsgewinn-Mutationen, Amplifikationen oder Translokationen aktiviert werden können, und rezessive Tumorsuppressorgene, deren Expression beispielsweise durch Funktionsverlust-Mutationen oder Methylierung in Promoter-Regionen, eingeteilt.

---

[9] *RB1* = RB Transkriptioneller Korepressor 1.

[10] *MGMT* = O-6-Methylguanin-DNA Methyltransferase.

[11] CIMP = CpG-Insel-Methylator-Phänotyp.

[12] Glioblastome sind Hirntumore, die aus Gliazellen (Stützgewebe des Hirns) entstehen.

[13] Neuroblastome sind Hirntumore, die vornehmlich bei Kindern auftreten.

Eine alternative Klassifizierung unterteilt sie in „Fahrer" (d. h. eines von etwa 500 Krebsgenen), deren Mutation direkt die Tumorentstehung beeinflusst, und „Passagiere", die als Nebenprodukt mutiert werden, aber keinen funktionellen Beitrag zur Onkogenese haben. Die epigenetische Perspektive fügt eine weitere Klassifizierung von Krebsgenen hinzu: Kodierung für epigenetische Modifikatoren, Mediatoren oder Modulatoren. Gene für **epigenetische Modifikatoren** kodieren für Proteine, die das Epigenom direkt durch DNA-Methylierung, Histonmodifikation oder strukturelle Veränderungen des Chromatins modifizieren, d. h. hauptsächlich Chromatin-modifizierende Enzyme und Chromatinremodellierer. Kindliche Tumore beruhen oft nur auf wenigen genetischen Mutationen, die aber häufig in Genen vorkommen, die für Chromatin-modifizierende Enzyme kodieren (Abb. 11.1, Mitte). Darüber hinaus war der biallele Verlust des *SMARCB1*[14]-Gens bei kindlichen rhabdoiden Tumoren sowie bei Lungenkrebs und Burkitt-Lymphom ein erster Hinweis darauf, dass **die Störung der epigenetischen Kontrolle als „Fahrer" für Krebs wirken kann** (Abb. 11.1, unten).

Epigenetische Mediatoren sind Ziele epigenetischer Modifikation, d. h. sie sind epigenetischen Modifikatoren nachgeschaltet. Beispielsweise werden durch die Überaktivität eines epigenetischen Modifikators, wie etwa eines Mitglieds der HAT-Familie, Gene aktiviert, die für pluripotente Transkriptionsfaktoren wie NANOG, SOX2 oder OCT4 kodieren. Somit sind diese Transkriptionsfaktoren epigenetische Mediatoren, die eine terminal-differenzierte Zelle zurück in ein Stadium der Pluripotenz transformieren. Auf diese Weise bildet sich eine Krebsstammzelle und leitet den Prozess der Tumorentstehung ein. **Epigenetische Modulatoren** sind Genprodukte, die epigenetischen Modifikatoren und Mediatoren in Signalübertragungswegen vorgeschaltet sind. Epigenetische Modulatoren beeinflussen die Aktivität oder Lokalisierung epigenetischer Modifikatoren, um Differenzierungs-spezifische epigenetische Zustände zu destabilisieren. Sie stellen eine Brücke zwischen Umwelt und Epigenom dar. Entzündungsreaktionen, die durch den Transkriptionsfaktor NFκB vermittelt werden, sind ein Beispiel für einen epigenetischen Modulator. Sie lösen mit dem Zytokin IL6 und dem Transkriptionsfaktor STAT3 bei der Transformation von Epithelien des Brustgewebes eine epigenetische Umschaltung auf eine positive Rückkopplungsschleife aus. **Daher sind die Wirkungen epigenetischer Modulatoren oft die ersten Schritte in der Tumorentstehung, die dann zu veränderten Mustern des Epigenoms führen.**

Veränderungen in der DNA-Methylierung während der Tumorentstehung sind immer mit anderen epigenetischen Dysregulationen kombiniert, wie z. B. abweichenden Mustern von Histonmodifikationen und allgemeinen Veränderungen in der Kernarchitektur. Die gesamte epigenetische Landschaft von Krebszellen ist im Vergleich zu somatischen Stammzellen oder differenzierten Zellen signifikant verzerrt (Abb. 11.5). **Die Veränderungen in der 3D-Organisation**

---

[14] SMARCB1 = „SWI/SNF-related matrix-associated actin-dependent regulators of chromatin B1".

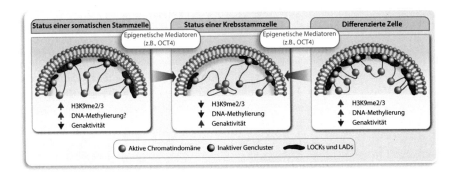

Abb. 11.5 Umprogrammierung der Kernarchitektur in Krebszellen. Epigenetische Mediatoren wie OCT4 können das Epigenom von somatischen Stammzellen (**links**) oder differenzierten Zellen (**rechts**) in Krebsstammzellen (**Mitte**) umprogrammieren. Normale Zellen sind durch ein hohes Maß an Zweifach- und Dreifachmethylierung von H3K9 sowie durch DNA-Methylierung in LOCKs (Teilbereiche von LADs) gekennzeichnet. Letztere befinden sich nahe der Kernmembran und enthalten nur wenige aktive Gene. Im Gegensatz dazu fehlen in Krebsstammzellen LOCKs und LADs weitgehend, sodass eine größere Zahl an Genen aktiv ist. Das führt zu einer phänotypischen Heterogenität

von Chromatin veranschaulichen Epigenom-weite Veränderungen während der Tumorentstehung. In differenzierten Zellen werden Gene, die in einem bestimmten Zelltyp nicht benötigt werden, oft innerhalb von LADs gefunden, die konstitutives Heterochromatin enthalten und nahe an der Kernperipherie lokalisiert sind (Abschn. 2.4). Ein erheblicher Teil dieser LADs sind LOCKs[15], d. h. Regionen im Genom, die mit unterdrückenden H3K9me2- und H3K9me3-Histonmarkierungen angereichert sind (Abb. 11.5, rechts). Das wird durch die Rekrutierung von KDMs und HDACs in die Nähe der Kernhülle und durch DNA-Hypermethylierung in diesen Regionen weiter gefördert. Die Verdichtung des Chromatins vermittelt die Genunterdrückung während der Abstammungs-spezifikation und stellt eine Form des **epigenetischen Gedächtnisses** dar. Das führt zu einem reduzierten Rauschen ("noise") der Transkription und ist eine Barriere für die Entdifferenzierung. Obwohl adulte Stammzellen in einem weniger differenzierten Zustand sind als terminal differenzierte Zellen, finden sich auch in ihnen spezifische LAD/LOCK-Strukturen (Abb. 11.5, links).

Proteine, die die Wechselwirkung von Chromatin mit der Lamina der Kernmembran regulieren und Chromatin-modifizierende Enzyme in die Kernperipherie rekrutieren, fungieren als epigenetische Mediatoren. Beispielsweise kann der reaktivierte pluripotente Transkriptionsfaktor OCT4 das Epigenom sowohl von differenzierten Zellen als auch von adulten Stammzellen zu Krebsstammzellen umprogrammieren (Abb. 11.5, Mitte). Die Aktivierung des epigenetischen Mediators löst die meisten LADs/LOCK-Strukturen auf, wodurch eine Reihe von

---

[15] LOCKs sind große organisierte Chromatin-K9-Modifikationen.

Genen reaktiviert werden. Das verleiht Krebszellen eine phänotypische Heterogenität, wie z. B. eine erhöhte Variabilität in der Genexpression, und erlaubt ihnen zwischen verschiedenen Zellzuständen innerhalb des Tumors umzuschalten. Der Verlust von LOCKs beeinflusst auch die Kommunikation zwischen Enhancer- und Promotorregionen innerhalb und zwischen TADs, sodass häufig onkogene Super-Enhancer ausgebildet werden. Ein ähnlicher Prozess findet während der EMT (Epithelial-mesenchymalen Transition) statt, die ein Schlüsselprozess bei der normalen Wundheilung ist, aber auch den ersten Schritt zur Metastasierung darstellt. Bei der EMT ist die Aktivierung einer H3K9-KDM wie KDM1A oft das auslösende epigenetische Ereignis. Wenn Krebszellen das epigenetische Gedächtnis der Zellen, aus denen sie stammen, destabilisiert haben und EMT-verwandte Chromatinstrukturen bilden, gewinnen sie phänotypische Plastizität. **Somit kann die Veränderung der Chromatinarchitektur zu einer onkogenen Transformation der Zelle führen.**

Die Umprogrammierung einer Körperzelle zu einer iPS-Zelle oder ihre Transformation zu einer Krebszelle sind verwandte Ereignisse (Abschn. 7.2). In beiden Fällen muss in einem mehrstufigen Prozess eine epigenetische Barriere überwunden werden, an der vor allem epigenetische Mediatoren, wie die Transkriptionsfaktoren SOX2, KLF4, NANOG, OCT4 und MYC, beteiligt sind. Interessanterweise werden alle fünf Transkriptionsfaktoren von Onkogenen kodiert. Darüber hinaus haben auch die KMTs SUV39H1[16], EHMT2[17], SETDB1, KMT2A, KMT2D, KMT2C, DOT1L[18], EZH2, die KDMs LSD1[19], KDM2B und KDM6A, die SWI/SNF-Komplexkomponente ARID1A[20] sowie DNMTA und DNMT3B vergleichbare Rollen sowohl bei der zellulären Umprogrammierung als auch bei der Tumorentstehung. In beiden Fällen werden Zellen mit einem unbegrenzten Selbsterneuerungspotenzial erzeugt.

11.4 Epigenetische Mechanismen von Krebs

Die Idee, dass Krebs grundsätzlich eine epigenetische Krankheit ist, spiegelt sich auch in der Beziehung zwischen Krebs und der epigenetischen Landschaft wider. Da epigenetische Modifikatoren, wie Gene, die für Chromatin-modifizierende Enzyme kodieren, bei Krebs häufig mutiert sind, beeinflussen diese Mutationen weitgehend die Stabilität der epigenetischen Landschaft. Das wird durch durchlässiges Chromatin veranschaulicht, das eine hohe Plastizitätsrate aufweist (Abschn. 7.3, Abb. 7.4). Durchlässiges Chromatin ermöglicht es

---

[16] SUV39H1 = „suppressor of variegation 3–9 homolog".

[17] EHMT2 = „euchromatic histone lysine methyltransferase 2".

[18] DOT1L = „DOT1 like histone lysine methyltransferase".

[19] LSD1 = Lysin-spezifische Demethylase 1.

[20] ARID1A = „AT-rich interaction domain 1 A".

Krebszellen, leicht eine Reihe verschiedener Transkriptionszustände zu erlangen, von denen einige proonkogen sein können. Wenn sich ein solcher adaptiver Chromatinzustand durch Zellteilung ausbreitet, entsteht ein neuer Zellklon, der aufgrund der erhöhten Fitness andere Zellen überwuchern kann. Dieses Plastizitätsmodell ist das epigenetische Gegenstück zum Modell der Genominstabilität, die durch Exposition mit Karzinogenen oder DNA-Reparaturdefekte induziert wird. Während durchlässige Chromatinzustände die Aktivierung von Onkogenen oder nichtphysiologische Zellschicksalsübergänge ermöglichen, verhindern restriktive Zustände die Induktion von Tumorsuppressoren oder blockieren die Differenzierung.

Beispielsweise kann das Kennzeichen von Krebs „Vermeidung von Wachstumsunterdrückern" entweder auf einer Funktionsverlust-Mutation des Tumorsuppressorgens *CDKN2A* oder auf einer Hypermethylierung seines Promotors beruhen. Der relative Beitrag genetischer und epigenetischer Mechanismen zu den Kennzeichen von Krebs unterscheidet sich zwischen den Krebsarten. Interessanterweise deutet das Beispiel des adulten Hirntumors Glioblastom im Vergleich zum kindlichen Hirntumor Ependymom darauf hin, dass die langfristige Tumorentstehung bei Erwachsenen eher auf genetischen Ereignissen beruht, während die kurzfristige Tumorentstehung bei Kindern hauptsächlich einen epigenetischen Ursprung hat (Abb. 11.6).

Das zunehmende Verständnis des Beitrags veränderter epigenetischer Zustände zum Krebsphänotyp **macht epigenetische Krebstherapien sinnvoll.** Das erfordert ein tiefgreifendes Wissen darüber, wie epigenetische Läsionen Krebserkrankungen antreiben, d. h. es besteht ein Bedarf an konzeptionellen und mechanistischen Modellen der Krebsepigenetik im Zusammenhang mit genetischen Modellen. Die Hauptargumente für die epigenetische Krebstherapie sind, dass Gene, die für epigenetische Modifikatoren wie KMTs und KDMs (Abb. 11.7) kodieren, häufige Treiber in einem größeren Spektrum von Krebsarten sind und dass epigenetische Modifikationen im Gegensatz zu genetischen Mutationen weitgehend reversibel sind. Alle Moleküle, die bisher für die epigenetische Krebstherapie entwickelt wurden, sind Inhibitoren von Enzymen, die von Funktionsgewinn-Mutationen betroffen sind, während es schwierig bleibt, auch Funktionsverlust-Mutationen zu korrigieren. Da Histonmethylierungs-Markierungen eine viel selektivere Funktion haben als Histonacetylierungs-Markierungen, versprechen KMT- und KDM-Inhibitoren spezifischer zu sein und können weniger toxisch sein als HDAC-Inhibitoren oder DNMT-Inhibitoren.

Bisher wurden viele KMT-Inhibitoren entwickelt (Abb. 11.7), wobei die der H3K27-KMT EZH2 und der H3K79-spezifischen KMT DOT1L sich bereits in klinischen Studien befinden. Da EZH2 der katalytische Kern des PRC2-Komplexes ist, der auch DNMTs rekrutiert, könnten EZH2-Inhibitoren beide epigenetische Unterdrückungsmechanismen verknüpfen. Die Inhibition von EZH2 führt zu reduzierten Spiegeln von H3K27me3-Markierungen, Hochregulierung abgeschalteter Gene und Wachstumsinhibition von Krebszellen mit EZH2-Funktionsgewinn-Mutationen oder Überexpression. **KDMs nutzen FAD, α-Ketoglutarat oder Fe2+ als Kofaktoren und bieten damit eine Reihe von**

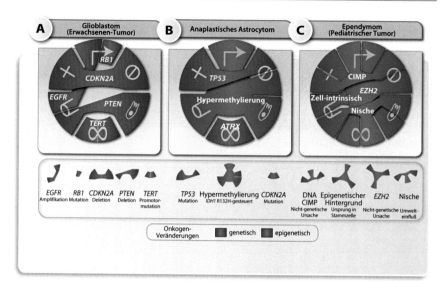

Abb. 11.6 Genetische und epigenetische Mechanismen, die den Kennzeichen von Krebs zugrunde liegen. Sowohl genetische (grün) als auch epigenetische (blau) Mechanismen sind wichtige Faktoren bei der Tumorentstehung, aber ihr relativer Beitrag zu den Kennzeichen von Krebs hängt von der Art des Krebses ab. Beim Glioblastom (**links**), einem Hirntumor bei Erwachsenen, beziehen sich die meisten Kennzeichen auf genetische Treiber, während beim Ependymom (**rechts**), einem kindlichen Tumor, hauptsächlich epigenetische Effekte dominieren. Das anaplastische Astrozytom (**Mitte**) ist ein Beispiel, bei dem sowohl genetische als auch epigenetische Faktoren zu den Kennzeichen beitragen. EGFR = „epidermal growth factor receptor", PTEN = Phosphatase und Tensin Homolog, TERT = Telomerase

Möglichkeiten zu ihrer Inhibition. Die katalytische Domäne der meisten KDMs ist jedoch strukturell hoch konserviert, was eine Herausforderung für das Design spezifischer Inhibitoren darstellt (Abb. 11.7). Daher befinden sich bisher nur Inhibitoren des FAD-abhängigen, H3K9-spezifischen KDM LSD1, wie GSK2879552, Tranylcypromin, INCB059872 und ORY-1001, in klinischen Studien.

HDAC-Inhibitoren reaktivieren die Transkription von Tumorsuppressorgenen wie *CDKN1A*, indem sie die Histonacetylierung erhöhen, aber sie vermitteln auch die Acetylierung von Nichthistonproteinen wie p53 und stabilisieren deren Aktivität. Auf diese Weise haben sie einen weitreichenden Einfluss auf Krebszellen und können Apoptose, das Anhalten des Zellzyklus und viele andere Krebs-inhibierende Wirkungen induzieren. Drei HDAC-Inhibitore, Vorinostat (SAHA), Belinostat und Romidepsin, sind für die Behandlung verschiedener Arten von Leukämie zugelassen, und viele weitere Moleküle befinden sich in klinischen Studien für Leukämien wie auch für solide Tumore. Die Selektivität und der detaillierte Wirkmechanismus von HDAC-Inhibitoren sind jedoch noch nicht vollständig verstanden. Interessanterweise werden HDAC-Inhibitoren auch für die Therapie neuronaler Erkrankungen, wie Epilepsie, in Betracht gezogen (Abschn. 12.3).

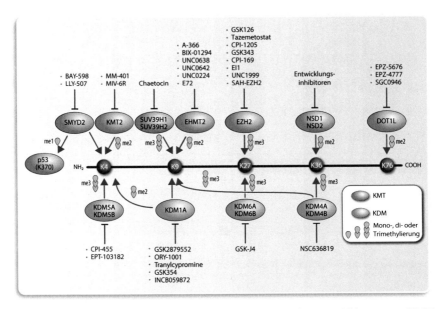

Abb. 11.7 Spezifische Behandlung KMT- und KDM-Mutationen. Inhibitoren von KMTs (rot) und KDMs (blau) sind angegeben, die die Histon 3-Lysine K4, K9, K27, K36 und K79 (dunkelblau) beeinflussen. KMT-Inhibitoren binden entweder innerhalb der Bindungstaschen für SAM oder Substraten oder an allosterischen Stellen des KMT-Proteins. Entsprechende Inhibitoren von DOT1L und EZH2 befinden sich bereits in klinischen Studien. Chaetocin ist ein nichtselektiver Inhibitor von KMTs wie SUV39H1 und SUV39H2. KDM1A ist eine FAD-abhängiges KDM, die durch Moleküle inhibiert werden kann, die ihre Kofaktorbindungsstelle blockieren. Die KDM1A-Inhibitoren Tranylcypromin, GSK2879552, INCB059872 und ORY-1001 befinden sich in klinischen Studien. Die meisten KDMs tragen eine katalytische Domäne, die durch Eisenchelat-bildende Moleküle inhibiert werden kann. SMYD2, „SET and MYND domain containing 2"

DNMT-Inhibitoren sind entweder Nukleosidanaloga, die nach ihren Ein-bau in die DNA DNMTs kovalent binden und damit inaktivieren, oder Nichtnukleosidanaloga, die direkt an die katalytische Region von DNMTs binden. Diese Moleküle verhindern die DNA-Methylierung, was zu einer reduzierten Promotor-Hypermethylierung und erneuten Expression abgeschalteter Tumorsup-pressorgene führt. Bereits zugelassen sind die beiden Nukleosidanaloga Azacitidin (5-Azacytidin) und Decitabin (Abschn. 3.1). Viele andere DNMT-Inhibitoren befinden sich in der Entwicklung. Nichtnukleosidanaloga sind weniger toxisch, da sie nicht in die DNA eingebaut werden, aber es fehlt ihnen an Potenz und Spezifi-tät.

Schließlich sind Modulatoren von Chromatin-modifizierende Enzyme nicht nur bei der Therapie verschiedener Krebsarten wirksam, sondern auch bei der Verhinderung der Tumorentstehung. Interessanterweise modulieren eine Reihe natürlicher, aus Lebensmitteln gewonnener Moleküle, wie Epikatechin aus grünem Tee, Resveratrol aus Trauben oder Kurkumin aus Kurkuma, die Aktivität von Chromatin-modifizierenden Enzymen (Abschn. 10.1, Abb. 10.3). **Somit haben Inhaltsstoffe einer gesunden Ernährung das Potenzial, Krebs zu verhindern, indem sie die Aktivität von Chromatin-modifizierenden Enzymen kontrollieren.**

Weiterführende Literatur

Bates, S. E. (2020). Epigenetic therapies for cancer. *New England Journal of Medicine, 383,* 650–663.

Carlberg, C., & Velleuer, E. (2021). *Cancer biology: How science works.* Springer Textbook ISBN: 978-3-030-75699-4.

Corces, M. R., Granja, J. M., Shams, S., Louie, B. H., Seoane, J. A., Zhou, W., Silva, T. C., Groeneveld, C., Wong, C. K., Cho, S. W., et al. (2018). The chromatin accessibility landscape of primary human cancers. *Science, 362,* eaav1898.

Filbin, M., & Monje, M. (2019). Developmental origins and emerging therapeutic opportunities for childhood cancer. *Nature Medicine, 25,* 367–376.

Mohammad, H. P., Barbash, O., & Creasy, C. L. (2019). Targeting epigenetic modifications in cancer therapy: Erasing the roadmap to cancer. *Nature Medicine, 25,* 403–418.

Zhao, S., Allis, C. D., & Wang, G. G. (2021). The language of chromatin modification in human cancers. *Nature Reviews Cancer, 21,* 413–430.

Neuroepigenetik 12

Zusammenfassung

In diesem Kapitel wird diskutiert, dass epigenetische Regulation entscheidend für die normale Entwicklung und Funktion unseres Gehirns ist. Dynamische DNA- und Histonmethylierung sowie deren Demethylierung an bestimmten Genorten spielen eine grundlegende Rolle beim Lernen, der Ausbildung des Gedächtnisses und der Plastizität unseres Verhaltens. Das Epigenom von Neuronen ermöglicht eine molekulare Erklärung für das Langzeitgedächtnis. MECP2 ist der am besten charakterisierte methylbindende Transkriptionsfaktor stark in Gehirn exprimiert und ein wichtiger Bestandteil des neuronalen Chromatins. Damit ist MECP2 sowohl an der Aktivierung wie auch an der Unterdrückung von Genen im ZNS beteiligt. Mutationen im *MECP2*-Gen sind die Grundlage für die Autismus-Spektrum-Störung Rett-Syndrom. Darüber hinaus tragen auch Histonacetylierungsgrade in Neuronen zur ordnungsgemäßen Funktion der Zelle bei. Dementsprechend bieten HDAC-Inhibitoren eine Therapieoption für einige neurodegenerative Erkrankungen.

12.1 Die Rolle der Epigenetik bei der neuronalen Entwicklung

Der frontale Kortex unseres Gehirns spielt eine Schlüsselrolle für unser Verhalten und unsere Kognition, d. h. für die Gesamtheit aller Prozesse, die mit dem Wahrnehmen und Erkennen zusammenhängen. Das erfordert ein koordiniertes Zusammenspiel von neuronalen und nichtneuronalen Zellen, wie z. B. unterstützenden Gliazellen. Der streng kontrollierte Prozess der neuronalen Entwicklung und Reifung erschafft die konkrete Struktur unseres Gehirns. Sie beginnt während der Embryogenese und dauert bis zum dritten Lebensjahrzehnt

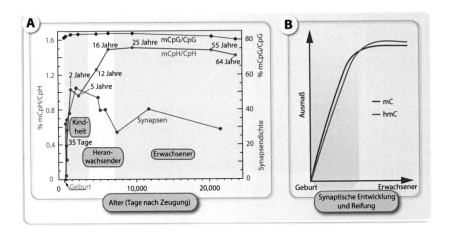

Abb. 12.1 Veränderungen des neuronalen Methyloms während der Entwicklung und Reifung des Gehirns. Die Spiegel von mCpH (**A**) und 5hmC (**B**) reichern sich in Neuronen des frontalen Kortex nach der Geburt an, was mit der aktiven Entwicklung und Reifung von Synapsen (angegeben als synaptische Dichte pro 100 mm³) zusammenfällt. Bitte beachten Sie, dass mCpH-Markierungen Genen abschalten, während 5hmC-Markierungen bei aktiven Genen gefunden werden. Die Daten basieren auf Lister *et al.* (Science 2013, 341:1.237.905)

an. Parallel dazu kommt es nach der Geburt zunächst zu einer starken Ausbildung von Synapsen und dann zu der Rückbildung ungenutzter Synapsen während der Adoleszenz. Das ist die zelluläre Grundlage für erfahrungsabhängige Plastizität und Lernen bei Kindern und jungen Erwachsenen. Die Beeinträchtigung dieses Prozesses kann zu Verhaltensänderungen und neuropsychiatrischen Störungen führen. Wie andere Entwicklungsprogramme unseres Körpers (Kap. 7) wird auch die neuronale Entwicklung von präzisen epigenetischen Mustern, wie der DNA-Methylierungen und Histonmodifikationen, gesteuert. **Die Neuroepigenetik basiert also im Prinzip auf den gleichen Mechanismen, wie in allen anderen Geweben und Zelltypen.**

Im Allgemeinen konzentrieren sich Epigenom-weite Studien auf 5mC-Markierungen bei CpGs (mCG, rot in Abb. 12.1A). Wie ES-Zellen haben Neuronen jedoch die besondere Eigenschaft, signifikante Mengen an mCpH-Markierungen (H = A, C oder T, Abschn. 3.1) zu tragen, von denen etwa 70 % mCpA-Markierungen sind. Während mCpH-Markierungen im fötalen Gehirn kaum nachweisbar sind, steigen sie während der frühen postnatalen Entwicklung auf maximal 1,5 % aller CpH-Dinukleotide am Ende der Adoleszenz an (blau in Abb. 12.1A). Die mCpH-Spiegel steigen am schnellsten während der primären Phase der Synaptogenese, d. h. innerhalb der ersten zwei Jahre nach der Geburt, und korrelieren mit der Zunahme der Synapsendichte (grün in Abb. 12.1A). Die Rekonfiguration des DNA-Methylom, wie z. B. mCpH-Markierungen, tritt in Neuronen, aber nicht in Gliazellen auf. Während der Entwicklung vom Fötus bis zum jungen Erwachsenen kommt es zu mCpH-Markierungen, die zur dominierenden Form der Methylierung im neuronalen Epigenom werden. **Daher ändern sich das Genom-weite DNA-Methylierungsmuster während der Entwicklung und Reifung des Gehirns signifikant. Das ist die Grundlage für die neuronale Plastizität.**

Der frontale Kortex entwickelt sich postnatal als Reaktion auf verschiedene Signale und Eindrücke aus der Umwelt. Abhängig vom sensorischen Input führt das zu einer spezifischen neuronalen DNA-Methylierung und verursacht Veränderungen in der Genexpression und synaptischen Entwicklung. Das Chromatin-modifizierende Enzym DNMT3A setzt diese mCpH-Markierungen insbesondere bei CpA-Dinukleotiden. Obwohl der durchschnittliche Prozentsatz an Methylierungen bei CpH deutlich niedriger ist als bei CpG, CpGs aber seltener sind, sind mCpH-Markierungen im erwachsenen Gehirn zahlenmäßig sogar häufiger als mCpG-Markierungen. **Daher ist mCpA im reifenden Gehirn eine wichtige epigenetische Markierung, die die Genexpression unterdrückt.**

Im Allgemeinen dienen mCpA-Markierungen als Andockplattform für methylbindende Proteine, beispielsweise im Bereich des *BDNF*-Gens. Der mCpG-bindende Transkriptionsfaktor MECP2 fungiert als „Leser" für DNA-Methylierungsmarker (Abb. 3.1) und erkennt auch mCpA-Markierungen. Daher rekrutieren Gene, die während der neuronalen Entwicklung mit mCpA angereichert werden, MECP2 und werden in ihrer transkriptionellen Initiation und Elongation unterdrückt. Dieser Regulationsprozess vermittelt unterschiedliche Funktionen im Gehirn von Erwachsenen gegenüber dem von Neugeborenen. Dementsprechend ist die Anzahl der mCpA-Markierungen an Genkörpern aussagekräftiger für das Ausmaß der Abschaltung von Genen als die Anzahl der mCpG-Markierungen an Promotoren oder irgendein Maß für die Zugänglichkeit von Chromatin. Darüber hinaus wird der Einfluss von mCpH-Markierungen durch die Beobachtung weiter unterstrichen, dass **mCpH-Markierungen zwischen Individuen stärker konserviert sind als mCpG-Markierungen.**

Interessanterweise zeigen verschiedene Regionen des Gehirns, wie frontaler Kortex, Hippocampus und Kleinhirn, einen signifikanten altersabhängigen Anstieg von 5hmC, der oxidierte Formen von 5mC (Abb. 12.1B) (Abschn. 3.1). Dieser Anstieg ist spezifisch für Neuronen, da sie bei Erwachsenen weitaus höhere 5hmC-Werte aufweisen als jeder andere Zelltyp. TET-Enzyme vermitteln die 5mC-Oxidation und aktive DNA-Demethylierung in Neuronen. Basierend auf „knockout"-Studien in Mausmodellen ist das *TET1*-Gen am wichtigsten für die Neurogenese und synaptische Plastizität[1]. **Somit sind die 5mC-Oxidation und möglicherweise die DNA-Demethylierung zentrale epigenetische Mechanismen der Entwicklung und Reifung des Gehirns.**

Wie mCpA-Markierungen rekrutiert auch 5hmC MECP2 und andere Methyl-bindende Proteine, aber in diesem Fall korreliert die Häufigkeit dieser Transkriptionsfaktoren meist positiv mit der Genexpression. Dazu passt die

---

[1] Synaptische Plastizität bezeichnet die aktivitätsabhängige Änderung der Stärke der synaptischen Übertragung.

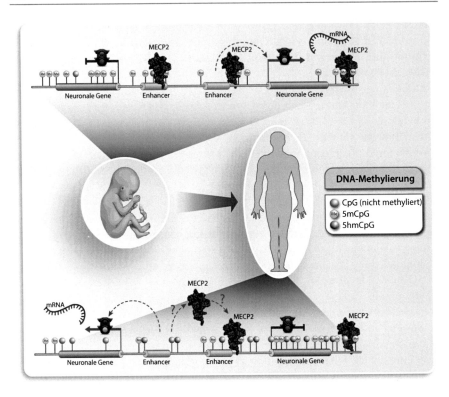

Abb. 12.2 Das neuronale Methylom während der Gehirnentwicklung. Das DNA-Bindungsmuster von Methyl-DNA-bindenden Proteinen, wie MECP2, die eine unterschiedliche Affinität
für 5hmC und 5mC haben, kann sich ändern. Das betrifft auch das neuronale Transkriptom

Beobachtung, dass die *MECP2*-Genpunktmutation R133C, die bei einigen Formen
der Autismus-Spektrum-Störung Rett-Syndrom auftritt (Abschn. 12.2), spezifisch
die Fähigkeit des Proteins behindert, an 5hmC zu binden. Somit erhöhen sowohl
die Anreicherung von 5hmC als auch die Verarmung von 5mC die Transkriptionsaktivität und die Zugänglichkeit des Chromatin (Abb. 12.2). Das deutet auch
darauf hin, dass die 5mC-Oxidation der entscheidende epigenetische Mechanismus bei der Kontrolle der Genexpression im Zusammenhang mit der synaptischen
Plastizität sein könnte, die für Lernen und Gedächtnis wichtig ist. Letzteres betrifft
Effekte auf die Langzeitpotenzierung, Erregbarkeit und aktivitätsabhängiger
synaptischer Skalierung[2] von Neuronen. Durch die Kontrolle der Aktivität von
Genen, die für Ionenkanäle, Rezeptoren und Transportmechanismen kodieren,
hat das Epigenom die Fähigkeit, sowohl extrazelluläre Signale zu erfassen, die
Neuronen erreichen, als auch ihre Signalausgabe zu kontrollieren.

---

[2] Synaptische Skalierung ist die Anpassung der Synapsenstärke infolge einer Veränderung der
durchschnittlichen Feuerungsrate des postsynaptischen Neurons.

Zusammengenommen erwerben Neuronen während der Entwicklung des Gehirns epigenetische Markierungen wie 5mC (bei CpG und CpH) und 5hmC, die den neuronalen Phänotyp über unsere Lebensspanne stabilisieren. **Obwohl allgemein angenommen wird, dass neuronale Entwicklungsstörungen irreversibel sind, suggeriert die plastische Natur des dynamischen Teils des neuralen Epigenoms, dass 5hmC-Markierungen sowie Demethylierung für mögliche epigenetische Umprogrammierung im Zusammenhang mit diesen Erkrankungen genutzt werden können.**

12.2 Epigenetische Grundlagen des Gedächtnisses

Der Erwerb neuer Informationen wird als **Lernen** definiert, während die Fähigkeit, Informationen für eine spätere Rekonstruktion zu behalten, **Gedächtnis** genannt wird. Erinnerungen bilden die Grundlage unseres Verhaltens, da sie uns ermöglichen, zuverlässig durch unser Leben zu navigieren und mit unserem (sozialen) Umfeld zu interagieren. Zur Festigung neuer Informationen im Gedächtnis werden in unseren Neuronen unterschiedliche Genexpressionsprofile aktiviert, die auf Veränderungen unseres Epigenoms beruhen. Im Gegensatz dazu können Beeinträchtigungen des Lernens und des Gedächtnisses verheerende Folgen für die Fähigkeit eines Individuums haben, unabhängig in der Gesellschaft zu funktionieren. Darüber hinaus kann das Fortbestehen unerwünschter Erinnerungen, wie z. B. von Traumata (z. B. Kriegsveteranen) oder Gewalt (z. B. Kindesmissbrauch), zu psychischen Erkrankungen beitragen, die zu sozialer Hemmung führen. **Die (soziale) Intelligenz basiert also auf unserem neuronalen Epigenom.**

Erinnerungen an unsere Kindheit beginnen ab einem Alter von ungefähr drei Jahren und halten viele Jahrzehnte. DNA ist das einzige Molekül in unserem Körper, das eine vergleichbare Halbwertszeit hat, d. h. nur unser Genom kann die molekulare Grundlage für ein Langzeitgedächtnis sein (zusätzlich gibt es eine strukturale Basis des Gedächtnisse über Synapsen, d. h. die Verknüpfung von Neuronen). **Da Erinnerungen die Sequenzen unseres Genoms nicht verändern, bleibt das neuronales Epigenom das bevorzugte Instrument für die Informationsspeicherung.**

In den vorangegangenen Kapiteln haben ich mehrfach den Begriff „epigenetisches Gedächtnis" verwendet und meinte damit die langfristige Stabilität von Zellidentitäten über konservierte Genexpressionszustände und robuste genregulatorische Netzwerke. Beispielsweise führen die Wirkungen von Chromatin-modifizierenden Enzymen und Chromatinremodellierern in Polycomb- und Trithorax-Komplexen auf Hunderten von Genomregionen zu einer langfristigen, vererbbaren Erinnerung an inaktive und aktive Genexpressionszustände. Schlüsselproteine dieser Komplexe sind KMTs und KDMs, wie EZH2, KMT2A, KDM5C und KDM6B, während HATs und HDACs fehlen. Das wiederholt das Prinzip, **dass kurzfristige „alltägliche" Reaktionen des Epigenoms hauptsächlich durch nichtvererbte Änderungen des Niveaus an**

Histonacetylierung vermittelt werden, während langfristige Entscheidungen, beispielsweise bezüglich der zellulären Differenzierung, in Form von Histonmethylierungsmarkern gespeichert werden.

DNA-Methylierung inhibiert nicht nur die Genexpression, sondern dient darüber hinaus auch als wesentlicher Mediator der Gedächtnisbildung und Informationsspeicherung. Neuronen können sich nicht vermehren und werden so alt wie wir, d. h. ihr Epigenom ist der wahrscheinlichste Ort für unser Langzeitgedächtnis. Der „knockout" der Gene *Dnmt1* und/oder *Dnmt3a* in Mäusen zeigte einen Verlust der Langzeitpotenzierung und konsekutiv Lern- und Gedächtnisdefizite. **Das weist darauf hin, dass Prozesse der Informationsspeicherung ohne aktive DNA-Methylierung nicht funktionieren können.** Allerdings ist die DNA-Methylierung nicht das primäre Ziel von extrazellulären Signalen, sondern wirkt als Festiger für den zuvor etablierten Gedächtniserwerb über Histonacetylierung und Histonmethylierung.

Zusammengenommen hat jedes der etwa 100 Mrd. (10^{11}) Neuronen in unserem Gehirn eine enorme Datenspeicherkapazität, da jedes Neuron etwa 2×640 Mio. Cytosine enthält, die methyliert werden können, und etwa 30 Mio. Nukleosomen, die aus 240 Mio. Histonproteinen bestehen, die auf mehr als 100 individuelle Arten posttranslational modifizieren können. Das bedeutet, das **jedes einzelne Neuron eine Datenspeicherkapazität hat, die in Gigabyte-Bereich liegt.** Diese Fähigkeit zur Informationsspeicherung ist nicht auf Neuronen begrenzt, sondern gilt im Prinzip auch für jede Körperzelle mit einem Zellkern (d. h. alle Zellen bis auch Erythrozyten), aber nur Neuronen, immunologische Gedächtniszellen und Stammzellen überdauern über Jahrzehnte.

12.3   Epigenetik neurodegenerativer Erkrankungen

MECP2 gehört zur Familie der intrinsisch ungeordneten Proteine, die sich durch eine geringe Sekundärstruktur auszeichnen. Dadurch eignet sich MECP2 gut für die Wechselwirkung mit einer Vielzahl unterschiedlicher Arten von Makromolekülen, wie anderen Proteinen, DNA und RNA. Zentral für die Primärstruktur des MECP2-Proteins ist seine DNA-Bindungsdomäne, die eine MBD und mehrere andere Strukturen enthält. Dementsprechend ist methylierte DNA, insbesondere CpA-Dinukleotide, ein spezifisches Ziel von MECP2. Das Protein interagiert auch mit einer Vielzahl anderer Proteine, wie HP1, dem Korepressor NCOR1 und der HAT CREBBP.

MECP2 wird schnell ubiquitiniert, was seine Halbwertszeit auf nur 4 h begrenzt. Das Protein wird in fast allen Geweben und Zelltypen exprimiert, zeigt jedoch den höchsten Spiegel im Gehirn, insbesondere in Neuronen. Dementsprechend ist MECP2 im neuronalen Chromatin ein sehr häufig vorkommendes Protein, das im Schnitt an jedem zweiten Nukleosom zu finden ist (Abb. 12.3). MECP2 und Histon H1 (Abschn. 2.3) konkurrieren um die Bindung an das Nukleosom. Darum ersetzt MECP2 Histon H1, wenn die MECP2-Spiegel während der neuronalen Entwicklung ansteigen. Dadurch verringert

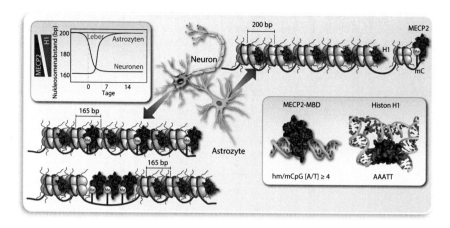

Abb. 12.3 Bindung von MECP2 an Chromatin von Neuronen und Astrozyten. Astrozyten haben niedrigere MECP2-Spiegel als Neuronen, was zu einer regulären Wiederholungslänge des Chromatins von 200 bp im Vergleich zu 165 bp für Neuronen führt. In Neuronen ist MECP2 gleichmäßig über das Chromatin verteilt, bindet an Stellen methylierter DNA und ersetzt Histon H1, wodurch die Wiederholungslänge verringert wird. Die Änderungen der Wiederholungslänge des Chromatins während der Entwicklung (in Tagen, beobachtet in einem Mausmodell) vor und nach der Geburt sind für Astrozyten, Neuronen und Lebergewebe (als Referenz) angegeben. Ein höherer Anteil von MECP2 im Verhältnis zu Histon H1 führt zu einer kürzeren Wiederholungslänge (**Einsatz oben links**)

sich die Wiederholungslänge des Chromatins, also der Abstand vom Zentrum eines Nukleosoms zum Zentrum seines Nachbarn, von 200 bp auf 165 bp. **Auf diese Weise erhöht MECP2 die Dichte der Chromatinverpackung.** In dieser Konfiguration ist MECP2 Bestandteil eng gefalteter Heterochromatinstrukturen und suggeriert, dass das Protein hauptsächlich als transkriptioneller Repressor fungiert. Dennoch gibt es eine Reihe von MECP2-Wechselwirkungspartnern, die die Genexpression stimulieren. Das weist darauf hin, dass MECP2 eher ein Transkriptionsregulator ist, der abhängig von seinen Wechselwirkungspartnern an Regionen aktivierter oder inaktiver Gene bindet. Darüber hinaus hat MECP2 bei der Bindung an Promotorregionen oder Genkörper entgegengesetzte Rollen. Methylierung der DNA in TSS-Regionen rekrutiert MECP2 zusammen mit Korepressorproteinen und HDACs und führt zur Unterdrückung der Transkription. Im Gegensatz dazu wird die DNA des Genkörpers transkribierter Gene methyliert und rekrutiert MECP2. Das verhindert die Bindung der unterdrückenden Histonvariante H2A.Z. **Daher ist der genaue Ort der MECP2-Bindung von entscheidender Bedeutung für seine Funktion.**

Chromatin-modifizierende Enzyme spielen eine zentrale Rolle bei kognitiven Störungen (Tab. 12.1). Mutationen des *MECP2*-Gens führen zu einer besonderen Form von Autismus, dem sogenannten Rett-Syndrom. Mehr als 95 % aller Fälle des Rett-Syndroms lassen sich durch Mutationen im *MECP2*-Gen erklären, d. h.

Tab. 12.1 Epigenetische Mechanismen neuropathologischer Erkrankungen. Neuronale Störungen und Funktionen, die von der Epigenetik betroffen sind, sind aufgelistet, wie z. B. Mutationen oder Überexpression von MECP2, abweichende DNA-Methylierung und/oder Histonmodifikationen

Funktion oder Erkrankung	Beteiligte Mechanismen
Rett-Syndrom	*MECP2*-Genmutationen
Autismus-Spektrum-Erkrankungen	MECP2-Überexpression / erhöhte Dosierung, abnorme DNA-Methylierung
Alzheimer	MECP2-Abnahme, Histonmodifikationen, abnorme DNA-Methylierung
Parkinson	Verlust von MECP2
Huntington	MECP2-Dysregulation
Fragile-X-Syndrom	abnorme DNA-Methylierung
Rubinstein-Taybi-Syndrom	HAT-Defizienz
Friedreich-Ataxie	Reduzierte Histonacetylierung
Angelman-Syndrom	Genetische Prägung (DNA-Methylierung)
Sucht-und Belohnungsverhalten	MECP2-Zunahme, Histonmodifikationen, anormale DNA-Methylierung, miRNAs
Posttraumatische Stress-Erkrankung	Histonmodifikationen, abnorme DNA-Methylierung
Depression und/oder Selbstmord	DNA-Methylierung
Schizophrenie	Erhöhte MECP2-Bindung,Histon-modifikationen, abnorme DNA-Methylierung
Epilepsie	MECP2-Hochregulation, Histonmodifikationen, abnorme DNA-Methylierung

diese spezielle Form des Autismus ist weitgehend eine monogenetische Krankheit. Das bedeutet, dass **das mechanistische Verständnis des Rett-Syndroms auf dysfunktionalen MECP2-Proteinen in Neuronen basiert.** Darüber hinaus beeinflussen auch funktionelle Veränderungen von MECP2 in Astrozyten und in Mikroglia den Krankheitsphänotyp, obwohl MECP2 in diesen Zelltypen viel geringer exprimiert wird.

Personen mit Rett-Syndrom sind heterozygot für eine Mutation im *MECP2*-Gen. Da das *MECP2*-Gen auf dem X Chromosom liegt, ist die Krankheit für Männer meist embryonal letal, sodass fast ausschließlich Frauen mit einer Inzidenz von etwa 1 auf 10.000 Personen betroffen sind. Das Syndrom tritt meist durch *de novo* Mutationen in der väterlichen Keimbahn auf. Betroffene Frauen haben eine scheinbar normale, frühe postnatale Entwicklung, was darauf zurückgeführt werden kann, dass während der Gehirnreifung die mCpH-Spiegel erst allmählich ansteigen (Abschn. 12.1). Im Alter zwischen 6 und 18 Monaten entwickelt sich jedoch Symptome, wobei die betroffenen Kleinkinder ihre Fähigkeit zur Kommunikation und Motorik verlieren. Zusätzlich wird das körperliche

Wachstum verzögert und es entsteht eine Mikrozephalie[3]. **Damit ist das Rett-Syndrom die erste neuronale Erkrankung, für die ein signifikanter Einfluss der Epigenetik nachgewiesen werden konnte.**

Dem Beispiel der monogenen neurologischen Entwicklungsstörung Rett-Syndrom folgend (Abschn. 9.3) stellt sich die Frage, ob die Epigenetik auch bei komplexen multigenen Erkrankungen des ZNS, wie z. B. neurodegenerativen Erkrankungen, eine Rolle spielt. MECP2 ist an der Kontrolle der Ausschüttung der Neurotransmitter GABA[4], Dopamin und Serotonin aus den jeweiligen Neuronen beteiligt und beeinflusst die Anzahl der Synapsen Glutamat-bindender Neuronen. Das wird zumindest teilweise durch die Wechselwirkung von MECP2 mit BDNF vermittelt, das als Modulator auf Glutamat- and GABA-bindende Synapsen wirkt. Daher ist die streng regulierte Expression von MECP2 entscheidend für die neuronale Homöostase. Da sowohl zu hohe als auch zu niedrige MECP2-Proteinspiegel gegensätzliche Effekte bei der synaptischen Übertragung auslösen, trägt eine Dysregulation der MECP2-Proteinexpression zu vielen neuropathologischen Erkrankungen wie Alzheimer, Huntington, Schizophrenie und Epilepsie bei (Tab. 12.1). Parallel dazu wurde eine abweichende DNA-Methylierung bei einigen Autismus-Spektrum-Störungen, Alzheimer, Epilepsie und Schizophrenie beobachtet. **Im Allgemeinen können epigenetische Mechanismen besonders relevant für komplexe Krankheiten mit geringer genetischer Penetranz sein.** Das sind z. B. Drogenabhängigkeit, posttraumatische Belastungsstörung, Epilepsie und Schizophrenie, die epigenetische Entwicklungsmechanismen und erlerntes Verhalten beinträchtigen.

Die Histonacetylierung ist die am besten verstandene epigenetische Modifikation. Mehrere neurodegenerative Erkrankungen beinhalten Störungen im HAT/HDAC-Gleichgewicht, d. h. Patienten mit diesen Erkrankungen haben abnorme Spiegel an Histonacetylierung (Abb. 12.4). Ein Paradebeispiel ist das Rubinstein-Taybi-Syndrom, das durch Kleinwuchs, geistige Behinderung, mittlere bis schwere Lernschwierigkeiten, markante Gesichtszüge sowie breite Daumen und große Zehen gekennzeichnet ist. Das Rubinstein-Taybi-Syndrom ist eine monogenetische Erkrankung, die auf Mutationen des *CREBBP*-Gens beruht, das für eine HAT kodiert. Die resultierende niedrige Histonacetylierung kann durch die Hemmung von HDACs ausgeglichen werden, d. h. **HDAC-Inhibitoren sind eine Therapieoption für Patienten mit dem Syndrom.**

Ein weiteres Beispiel für eine monogenetische neurodegenerative Erkrankung ist die Friedreich-Ataxie, die aus der Degeneration von Nervengewebe im Rückenmark resultiert, insbesondere in sensorischen Neuronen, die für die Steuerung der Muskelbewegung von Armen und Beinen unerlässlich sind. Bei dieser Erkrankung führt die Erweiterung einer Region mit Triplettwiederholungen innerhalb eines

---

[3] Mikrozephalie ist ein abnorm kleiner Kopf.
[4] GABA = γ-Aminobuttersäure.

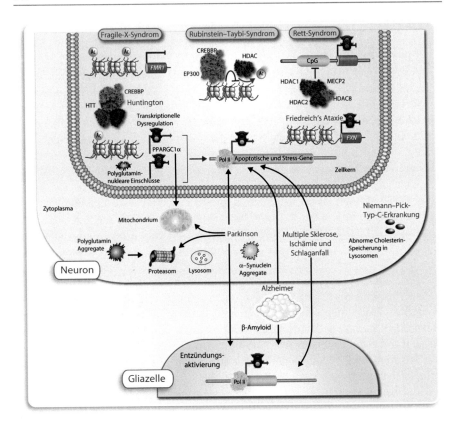

Abb. 12.4 Rolle der Histonacetylierung bei neurodegenerativen Erkrankungen. Das Niveau der Histonacetylierung hängt vom Gleichgewicht von HATs und HDACs ab und steht im Zusammenhang mit mehreren neurodegenerativen Erkrankungen. Beispielsweise ist eine verringerte Acetylierungsaktivität des HAT CREBBP mit dem Rubinstein-Taybi-Syndrom und Polyglutamin-Erkrankungen wie Huntington verbunden. Die transkriptionelle Abschaltung des *FXN*-Gens bei der Friedreich-Ataxie oder des *FMR1*-Gens beim Fragile-X-Syndrom kann durch HDAC-Inhibition aufgehoben werden. Weitere Beispiele für neuronale Erkrankungen sind schematisch dargestellt und deren mögliche Behandlung durch HDAC-Inhibitoren angezeigt

Introns des Gens *FXN*[5] (Frataxin) zum Verlust von H3ac- und H4ac-Markierungen und zur Zunahme von H3K9me3-Markierungen, Ausbildung von Heterochromatin und schließlich dem transkriptionellen Abschalten des Gens (Abb. 12.4). In einem Mausmodell dieser Krankheit erhöhten HDAC-Inhibitoren die H3- und H4-Acetylierung und korrigierten den *FXN*-Expressionsmangel. Das deutet darauf hin, **dass HDAC-Inhibitoren für die Behandlung der Friedreich-Ataxie geeignet sein könnten.**

---

[5] FXN = Frataxin.

In ähnlicher Weise wird die mit dem Fragile-X-Syndrom assoziierte mentale Retardierung durch eine Expansion von CGG-Triplettwiederholungen in der 5'-UTR des *FMR1*[6]-Gens verursacht, die zu einer umfassenden DNA-Methylierung an CpGs in der Nähe der TSS-Region führt und das Gen abschaltet (Abb. 12.4). Auch in diesem Fall führte eine Behandlung mit HDAC-Inhibitoren zu einer Reaktivierung der *FMR1*-Expression. Insbesondere SIRT1-Inhibitoren sind in der Lage, die Acetylierung zu erhöhen und die Methylierung von Histonen in der Region des *FMR1*-Gens zu verringern. Die Erkrankung Huntington beruht auf Polyglutamin-Wiederholungen in der 5'-kodierenden Region des *HTT*[7]-Gens, was zu einem fortschreitenden motorischen und kognitiven Rückgang führt. Die Krankheit beinhaltet Störungen in vielen Aspekten der neuronalen Homöostase, wie z. B. abnorme Histonacetylierung und Chromatinremodellierung sowie abweichende Wechselwirkungen des HTT-Proteins, die z. B. die Funktion des *PPARGC1A*-Gens betreffen (Abb. 12.4).

Die gezielte Histonacetylierung durch den Einsatz von HDAC-Inhibitoren wurde bereits im Rahmen der Krebstherapie besprochen (Abschn. 11.4). Diese Moleküle können jedoch auch bei der Behandlung komplexer neuronaler Erkrankungen, wie Alzheimer und der Parkinson, sowie bei Depressionen, Schizophrenie, Drogenabhängigkeit und Angststörungen von Nutzen sein. Beispielsweise zeigte der HDAC-Inhibitor Natriumbutyrat in Mausmodellen antidepressive Wirkungen. Darüber hinaus zeigen mit HDAC-Inhibitoren behandelte Tiere ein induziertes Sprießen von Dendriten, eine erhöhte Anzahl von Synapsen, ein wieder hergestelltes Lernverhalten und Zugang zu ihrem Langzeitgedächtnissen. **Das deutet auf eine mögliche breite Anwendung von HDAC-Inhibitoren in der Therapie kognitiver Störungen hin.** Der HDAC-Inhibitor Valproinsäure ist schon seit längerer Zeit als Stimmungsstabilisator und Antiepileptikum zugelassen. HDAC-Inhibitoren haben auch einen breiten Einfluss auf die Genexpression im Immunsystem (Abschn. 14.3) und erweisen sich bei der Behandlung von Entzündungen und neuronaler Apoptose als wirksam (Abb. 12.4). **Tiermodelle von Ischämie-induzierten Hirninfarkten zeigen, dass HDAC-Inhibitoren entzündungshemmende und neuroprotektive Wirkungen haben und zur Behandlung von Schlaganfällen eingesetzt werden können.**

Neurodegenerative Erkrankungen haben unterschiedliche Ursachen und Pathophysiologien, aber sie **alle führen zu beeinträchtigter Kognition, dem Absterben von Neuronen und der Fehlregulation des Transkriptionsfaktors REST**[8]. REST hat Effekte auf das Niveau der Acetylierung von Histonen als auch auf deren Methylierung. REST wird während der Embryogenese stark exprimiert aber am Ende der neuronalen Differenzierung herunterreguliert, um den neuronalen Phänotyp zu stärken. Der Transkriptionsfaktor dient als DNA-bindende Plattform

---

[6] FMR1 = „fragile X mental retardation 1".

[7] HTT = Huntingtin.

[8] REST = RE1 unterdrückender Transkriptionsfaktor, wird auch NRSF genannt.

eines großen Proteinkomplexes, der die Korepressoren RCOR1[9], HDAC1 und 2, MECP2, die KMT EHMT2 und die KDM LSD1 (KDM1A) enthält. Darüber hinaus kann der REST-Komplex auch die DNA-Methylierung induzieren. Der REST-Komplex interagiert mit Bindungsstellen, die sich in der Nähe von TSS-Regionen von REST-Zielgenen befinden. Das führt zur Deacetylierung und Methylierung lokaler Nukleosomen an Position H3K9 und Demethylierung an H3K4me2-Markierungen. Somit wird das lokale Chromatin in TSS-Regionen von REST-Zielgenen sehr effektiv zum Schweigen gebracht. Insgesamt gibt es in unserem Genom bis zu 2000 primäre REST-Zielgene. Der Satz aktiver REST-Zielgene ist jedoch Zelltyp- und Kontext-abhängig und variiert mit dem Entwicklungs- und Krankheitsstadium. Wahrscheinlich beeinflussen unterschiedliche epigenetische Landschaften in verschiedenen Hirnregionen und Krankheitszuständen weitgehend die Auswahl von REST für eine Untergruppe seiner Zielgene.

Da die meisten Fälle von Alzheimer sporadisch auftreten und sich im Laufe der Zeit entwickeln, tragen Umweltfaktoren wesentlich zum Ausbruch dieser neurodegenerativen Erkrankung bei. Während REST in Neuronen des frontalen Kortex und des Hippocampus des gesunden alternden Gehirns Gene zum Schweigen bringt, die an Apoptose und oxidativem Stress beteiligt sind, geht diese Funktion bei Patienten mit leichter oder schwerer kognitiver Beeinträchtigung und Alzheimer verloren. Mit dem Auftreten fehlgefalteter Proteine, die charakteristisch für die Entstehung von Alzheimer sind, wie Aβ und Tau, steigt die Rate der Autophagie (Box 4.1). Unter diesen Bedingungen verschlingen Autophagosomen nicht nur Aβ- und Tau-Komplexe, sondern auch REST. Der Verlust von REST führt zu einer erhöhten Expression zuvor unterdrückter Gene, die an oxidativem Stress und neuronalem Tod beteiligt sind. Somit erhöht REST-Entzug den Verlust von Neuronen in den entsprechenden Hirnregionen und fördert das Fortschreiten von Alzheimer.

Zusammengenommen liefert die Neuroepigenetik alternative und/oder zusätzliche mechanistische Erklärungen für den Beginn neurodegenerativer Erkrankungen. **Somit hat die Neuroepigenetik das Potenzial, das Design neuartiger therapeutischer Strategien zur Verbesserung der schädlichen Folgen von kognitiven Defiziten und Neurodegeneration zu steuern.**

Weiterführende Literatur

Campbell, R. R., & Wood, M. A. (2019). How the epigenome integrates information and reshapes the synapse. *Nature Reviews Neuroscience, 20*, 133–147.

Carlberg, C., Velleuer, E., & Molnar, F. (2023). *Molecular medicine: How science works.* Springer Textbook.

Hwang, J. Y., Aromolaran, K. A., & Zukin, R. S. (2017). The emerging field of epigenetics in neurodegeneration and neuroprotection. *Nature Reviews Neuroscience, 18*, 347–361.

---

[9]RCOR1 = REST Corepressor 1.

Ernährung und Altern 13

Zusammenfassung

In diesem Kapitel wird die komplexe Beziehung zwischen Umwelt, Ernährung und Altern beschrieben. Dabei beeinflussen Gene unsere Reaktion auf Ernährung, während Nährstoffe oder deren Fehlen die Genexpression beeinflussen können. Mehr als 90 % unserer Gene haben sich seit der Steinzeit, in der das Überleben an Nahrungsverfügbarkeit geknüpft war, nicht verändert. In diesem Zusammenhang werden molekulare Grundlagen für die jüngsten Anpassungen unseres Genoms an Umweltveränderungen, wie etwa eine geringere UV-B-Exposition nach der Migration in den Norden und die Etablierung neuer Ernährungsmöglichkeiten durch die Milchwirtschaft, diskutiert. Das Epigenom hat sowohl in somatischen als auch in Keimzellen eine Gedächtnisfunktion. Letzteres ist die Grundlage für die transgenerationale epigenetische Vererbung. Die evolutionäre Konservierung von ernährungssensorischen Signalübertragungswegen hat eine Beziehung zum Alterungsprozess. Letzterer verbindet komplexe Regelkreise zur Wahrnehmung von Nahrung, die das ZNS über die endokrine GH1-Achse einbeziehen. Somit wird die fortschreitende Abnahme der Funktion von Zellen, Geweben und Organen im Zusammenhang mit dem Altern sowohl von genetischen als auch von epigenetischen Faktoren beeinflusst. Das bedeutet, dass es charakteristische Epigenom-weite Veränderungen während des Alterns gibt, die über Jahre und Jahrzehnte als **epigenetische Uhren** wirken.

13.1 Evolutionäre Anpassungen des menschlichen Genoms

Veränderungen in Umwelt und Ernährung waren ein wichtiger Motor der menschlichen Evolution und möglicherweise der Hauptfaktor, der es *Homo sapiens* ermöglichte, zu überleben und Fortschritte zu machen. Der Mensch hat sich von

© Der/die Autor(en), exklusiv lizenziert an Springer-Verlag GmbH, DE, ein Teil von Springer Nature 2023
C. Carlberg, *Die molekulare Basis von Gesundheit*,
https://doi.org/10.1007/978-3-662-67986-9_13

Afrika aus auf der ganzen Welt ausgebreitet, eine Eiszeit erlebt, Hunderte von Pflanzenarten und mehr als ein Dutzend Tiere domestiziert, um Landwirtschaft und Milchwirtschaft aufzubauen (Abschn. 1.1). **Somit führten während der Migrationen der letzten 50.000 Jahre selektiver Druck in der lokalen geografischen Umgebung in Kombination mit zufälligen genetischen Drifts zu Populations-spezifischen genetischen Anpassungen.**

Ein sehr offensichtlicher phänotypischer Unterschied zwischen den heutigen Populationen ist die Pigmentierung von Haut, Haaren und Augen. Die Haut ist unser größtes Organ und vermittelt direkte Wechselwirkungen mit der Umwelt, wie Absorption von UV-Strahlung, Tastsensibilität, Schmerzerkennung und Thermoregulation. Menschen, die in Äquatornähe oder in großen Höhen leben, wie im Himalaya oder in den Anden, haben die dunkelste Haut, während auf der nördlichen Hemisphäre in höheren Breitengraden hellere Hauttypen vorherrschen. **Vor der Auswanderung aus Afrika war die Haut des *Homo sapiens* dunkel,** denn schon etwa 2 Mio. Jahre zuvor hatten ihre Vorfahren dunkle Haut, als sie den Großteil ihrer Körperbehaarung verloren hatten, um ihre Körpertemperatur durch Schwitzen bei ausdauernder körperlicher Aktivität besser regulieren zu können. Dunkle Haut schützt besser vor den schädlichen Auswirkungen der solaren UV-B-Strahlung, wie Sonnenbrand und Hautkrebs, und verhindert den Abbau des lichtempfindlichen Vitamins Folat (Abschn. 4.4).

Varianten in Genen, die die Pigmentierung beeinflussen, sind ein wichtiges Beispiel für die Anpassung an die Umwelt in Europa und Asien. Bei der Melanogenese werden die Aminosäuren Phenylalanin, Tyrosin und Cystein in Melanin umgewandelt. Varianten in Genen, wie *SLC24A5*, *SLC45A2*, *OCA2*[1], *TYR*[2], *MC1R*[3], *IRF4*[4], *DCT*[5], *CTNS*[6] und *MYO5A*[7], die für die Enzyme dieses Stoffwechselwegs sowie für Ionenkanäle in Melanozyten oder an der Reifung und dem Export von Melanosomen beteiligten Transportmoleküle kodieren, können zu hellem Haar, heller Haut und blauen Augen führen, wie es in der nordeuropäischen Bevölkerung typisch ist. Die Menge an Eumelanin (schwarz-braun) und Phäomelanin (gelblich-rötlich) in Melanosom-Granula beeinflusst die Haut- und Haarfarbe, nachdem sie von Melanozyten auf Keratinozyten bzw. Haarschäfte übertragen wurden. Im Gegensatz dazu behalten Melanozyten innerhalb der Iris ihre Melanosomen, und die Augenfarbe hängt vom Phäomelanin/Eumelanin-Verhältnis ab (14:1 für blaue Augen und 1:1 für braune Augen). Darüber hinaus ist

---

[1] OCA2 = „OCA2 melanosomal transmembrane protein".

[2] TYR = Tyrosinase.

[3] MC1R = Melanocortin 1-Rezeptor.

[4] IRF4 = „interferon regulatory factor 4".

[5] DCT = Dopachromtautomerase.

[6] CTNS = „cystinosin, lysosomal cystine transporter".

[7] MYO5A = Myosin VA.

eine Variante des *EDAR*[8]-Gens, das für die Entwicklung von Haaren, Zähnen und anderen ektodermalen Geweben benötigt wird, mit einer erhöhten Haardicke, einer höheren Anzahl von Schweißdrüsen und schaufelförmigen Schneidezähnen verbunden. Diese Variante kommt mit höherer Frequenz in asiatischen Populationen, und innerhalb Europas vornehmlich in Skandinavien, vor.

Der Mensch ist die einzige Spezies, die gelernt hat, Feuer zum Kochen von Rohkost zu nutzen, wodurch er eine sicherere und leichter verdauliche Nahrung geschaffen hat. Zusammen mit der Breite der Nahrungsauswahl des Allesfressers Mensch erhöhte der Vorteil des Kochens die Energieausbeute der Mahlzeiten und ermöglichte die Vergrößerung des glukosefordernden Gehirns. Darüber hinaus hat der Mensch, wie andere pflanzenfressende Spezies, Rezeptoren entwickelt, um süßen Geschmack und somit energiereiche Nahrung wahrzunehmen (Abschn. 4.2). **Allerdings verursacht dieser anfängliche Überlebensinstinkt heutzutage Übergewicht und Fettleibigkeit.**

Unsere Nahrung besteht zu einem großen Teil aus Stärke, die aus Getreidemehl, Reis oder Kartoffeln stammt. Das Polysaccharid Stärke wird durch Enzyme der Amylase (*AMY*)-Genfamilie zu Glukose verdaut, die bei einigen Spezies, einschließlich uns Menschen, sowohl im Speichel (*AMY1*) als auch im Pankreas (*AMY2A* und *AMY2B*) exprimiert werden. In landwirtschaftlichen Gesellschaften mit stärkereicher Ernährung neigen Individuen dazu, höhere Zahlen an Kopien der *AMY*-Gene zu haben als Jäger und Sammler mit geringem Stärkekonsum. In Japan werden beispielsweise große Mengen Reis und Stärke aus anderen Quellen konsumiert und die durchschnittliche Kopienzahl des *AMY1*-Gens ist pro Individuum deutlich höher als in der genetisch eng verwandten sibirisch-jakutischen Population, die hauptsächlich Fisch und Fleisch isst. Im Gegensatz zu archaischen Hominiden haben die heutigen Menschen im Allgemeinen bis zu 10 Kopien des *AMY1*-Gens, was zu einem höheren Amylasegehalt im Speichel und zu einer besseren Verdauung stärkehaltiger Speisen sowie zu einem süßen Geschmack im Mund führt. **Die Amplifikation des *AMY1*-Gens ist ein Beispiel für eine positive evolutionäre Selektion** (Box 1.1), die die lange und anhaltende Bedeutung dieser Grundnahrungsmittel in unserer Ernährung unterstreicht. Als Wölfe zu Hunden wurden, passten sie sich interessanterweise an eine neue Nahrungsquelle an, bei der es sich um stärkereiche Überreste der menschlichen Ernährung handelte, und erhielten auch mehrere Kopien der *AMY*-Gene.

Die Gene des Alkoholdehydrogenaseclusters kodieren für Ethanolmetabolisierende Enzyme und sind ein weiteres Beispiel für einen Genlocus, der positiv selektiert wurde, als die Landwirtschaft die Herstellung von fermentierten, alkoholhaltigen Getränken möglich machte. **Diese Beispiele legen nahe, dass der Übergang zu neuen Nahrungsquellen nach dem Aufkommen der Landwirtschaft und die Besiedlung neuer Lebensräume ein wichtiger Faktor für die Selektion menschlicher Gene war.** Weitere Beispiele für Gene, die auf-

---

[8] EDAR = „ectodysplasin A receptor."

grund von Ernährungsumstellungen positiv selektiert wurden, sind *ADAMTS19*[9], *ADAMTS20*, *APEH*[10], *PLAU*[11] und *UBR1*[12], die für Enzyme kodieren, die mit dem Proteinmetabolismus in Verbindung stehen. Darüber hinaus gibt es Populations-spezifische Beispiele für Varianten innerhalb von Genen, die an der Meta-bolisierung von Mannose beteiligt sind (*MAN2A1*[13] in Westafrika und Ostasien), von Saccharose (SI[14] in Ostasien) und von Fettsäuren (*SLC27A4* und *PPARD* in Europa, *SLC25A20* in Ostasien, *NCOA1*[15] in Westafrika und *LEPR* in Ost-asien). **Somit haben sich die verschiedenen Populationen genetisch an ihre traditionelle Ernährung angepasst, um ihre lokalen Ressourcen bestmöglich zu nutzen.**

Das wohl prominenteste Beispiel für die Anpassung unseres Genoms an Ernährungsumstellungen ist die Laktasepersistenz. Sie ist der Grund dafür, dass einem großen Teil der Bevölkerung mancher Regionen der Welt die Verwendung von Frischmilch vom Säuglings- bis zum Erwachsenenalter möglich ist. Das Disaccharid Laktose ist das Hauptkohlenhydrat in der Milch und eine wichtige Energiequelle für die meisten Säuglinge der Säugetiere. Laktose wird durch das Darmenzym Laktase hydrolytisch in Glukose und Galaktose gespalten. Laktase-Nichtpersistenz, auch **Laktoseintoleranz** genannt, ist ein autosomal-rezessives Merkmal, das durch eine Minderung der Expression des *LCT*[16]-Gens nach Ent-wöhnen gekennzeichnet ist, d. h. ältere Kinder und Erwachsene exprimieren das Enzym nicht mehr. Laktoseintoleranz war der genetische Standard des frühen Menschen (wie auch bei den meisten anderen Säugetieren), wahrscheinlich um die Konkurrenz um Muttermilch zwischen Neugeborenen und älteren Kindern oder sogar Erwachsenen zu vermeiden. Personen mit Laktoseintoleranz, die Laktose konsumieren, haben nicht nur keinen energetischen Nutzen aus Laktose, die sie nicht verdauen, sondern können darüber hinaus einen Nährstoffverlust erleiden, der durch laktoseinduzierte Darmsymptome wie Blähungen, Krämpfe, Übelkeit und Durchfall verursacht sein kann. Etwa 65 % der Weltbevölkerung hat immer noch eine Laktoseintoleranz, da die neue Variante des *LCT*-Gens erst in den letzten 5000 Jahren nach der Domestikation von Rindern, Schafen und Ziegen und dem Beginn der Milchwirtschaft in Europa entstanden ist. Laktose-toleranz findet sich auch bei Viehzüchterpopulationen aus Afrika und Westasien, fehlt aber anderswo fast vollständig. Milchtrinken erzeugte einen der stärksten derzeit bekannten Selektionsdrücke auf unser Genom, der die Allele für die

---

[9] ADAMTS = „ADAM metallopeptidase with thrombospondin".

[10] APEH = „acylaminoacyl-peptide hydrolase".

[11] PLAU = „plasminogen activator, urokinase".

[12] UBR1 = „ubiquitin protein ligase E3 component N-recognin 1".

[13] MAN2A1 = „mannosidase alpha class 2 A member 1".

[14] SI = Sucrase-Isomaltase.

[15] NCOA1 = Nuklear Rezeptor Koaktivator 1.

[16] LCT = Laktase.

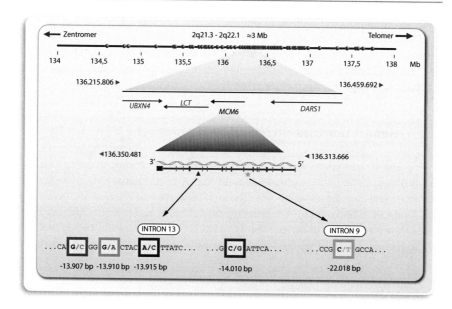

Abb. 13.1 Karte der Region der Gene *LCT* und *MCM6*. Lage der für die Laktose-toleranz verantwortlichen SNVs in den Introns 9 und 13 des *MCM6* Gens in afrikanischen und europäischen Populationen. Die Zahlenangaben unter den SNVs verweisen auf den Abstand (in bp) vom TSS des *LCT*-Gens

Laktosetoleranz zu einer hohen Häufigkeit trieb. In der Vergangenheit waren die Sterblichkeitsraten von Kindern sehr hoch, da der Verlust des Beitrags der Mutter-milch zur Immunabwehr nach dem Entwöhnen mit einer Mehrfachbelastung durch Durchfallerreger verbunden war. Milch ist eine perfekte Quelle für Kohlenhydrate, Fett und Calcium. **Darum bot in der Vergangenheit die Fähigkeit, Milch als zuverlässige Nahrungsquelle zu verwenden, einen enormen Überlebensvor-teil. Somit gehören Mutationen, die zur Persistenz von Laktase führen, zu den am stärksten selektierten genetischen Varianten des Menschen.**
Die mit der Laktasepersistenz assoziierten SNVs befinden sich etwa 14 kb und 22 kb stromaufwärts der TSS des *LCT*-Gens innerhalb der Introns 13 und 9 des *MCM6*[17]-Gens (Abb. 13.1). Das A/A-Allel an Position -13.910 relativ zum Transkriptionsstart des *LCT*-Gens (rs4988235) bindet den Transkriptions-faktor POU2F1 mit höherer Affinität als die G/A- oder die G/G-Variant. Auch die Transkriptionsfaktoren GATA6, CDX2[18], HNF3A und HNF4A sind mit dieser regulatorischen Region assoziiert. Wie erwartet, zeigten die entsprechenden SNVs im Genom des Neandertalers, dass früher menschliche Populationen laktose-

---

[17] MCM6 = „minichromosome maintenance complex component 6".
[18] CDX2 = „caudal type homeobox 2".

intolerant waren. Darüber hinaus zeigt die Region um das *LCT*-Gen herum einen signifikanten Unterschied in der Größe der jeweiligen Haplotypblöcke zwischen laktosetoleranten Europäern (mehr als 1 Mb) und Nichteuropäern. **Das spiegelt eine starke Selektion auf das Laktasepersistenzallel insbesondere in der nordeuropäischen Bevölkerung wider** (Box 1.1).

13.2 Generationsübergreifende epigenetische Vererbung

Das Epigenom ist in der Lage, die Ergebnisse zellulärer Störungen durch Umweltfaktoren in Form von Änderungen in DNA-Methylierungen, Histonmodifikationen und 3D-Organisation des Chromatins zu bewahren. Das Epigenom hat also Gedächtnisfunktionen. Veränderungen in Epigenom-weiten Mustern, wie z. B. DNA-Methylierungskarten, werden als epigenetische Drifts bezeichnet. Sie beschreiben in erster Linie die lebenslange Informationsaufnahme („Erfahrung") von somatischen Zelltypen und Geweben, können aber auch an Tochterzellen vererbt werden, wenn sich die Zellen vermehren. Bei Keimzellen können epigenetische Drifts zumindest teilweise sogar auf die nächste Generation übertragen werden. Das führt zu dem Konzept der transgenerationalen epigenetischen Vererbung, das besagt, dass **der Lebensstil der Eltern- und Großelterngeneration, wie etwa die täglichen Gewohnheiten in der Ernährung oder körperlicher Aktivität, das Epigenom ihrer Nachkommen beeinflussen kann.**

Das Paradebeispiel für das Konzept der transgenerationalen epigenetischen Vererbung ist das Agouti-Mausmodell. Diese transgene Maus trägt das Retrotransposon IAP[19] innerhalb der regulatorischen Region des *Asip*[20]-Gens (Abb. 13.2). Dadurch entsteht ein dominantes Allel des *Asip*-Gens (genannt A^{vy}), dessen Expression vom Methylierungsgrad von IAP abhängt, d. h. von seinem epigenetischen Status. Das *Asip*-Gen kodiert für ein parakrines Signalmolekül, das Haarfollikel-Melanozyten dazu anregt, gelbe Phäomelanin-Pigmente anstelle von schwarzen oder braunen Eumelanin-Pigmenten zu synthetisieren. Darüber hinaus ist das ASIP-Protein an der neuronalen Koordination des Appetits beteiligt, was dazu führt, dass A^{vy}-Mäuse mit gelbem Fell fettleibig und hyperinsulinämisch werden. Heterozygote A^{vy}/a-Mäuse variieren in ihrer Fellfarbe von gelb über gesprenkelt bis hin zu dunkler Wildtyp-Fellfarbe. Wenn IAP methyliert ist, wird die Synthese des gelben Pigments herunterreguliert und es erscheint eine dunkle Fellfarbe. Im Gegensatz dazu ermöglicht nicht-methyliertes IAP die *Asip*-Expression, was zu gelber Fellfarbe als auch zu Fettleibigkeit führt. Wenn A^{vy}/a-Mäuse das A^{vy}-Allel mütterlich erben, korrelieren *Asip*-Expression und Fellfarbe mit dem mütterlichen Phänotyp. Interessanterweise weist der gesprenkelte Phänotyp darauf hin, dass die Methylierung von IAP mosaikartig ist, d. h. das

---

[19] IAP = intrazisternales A-Partikel.

[20] ASIP = Agouti-Signalprotein.

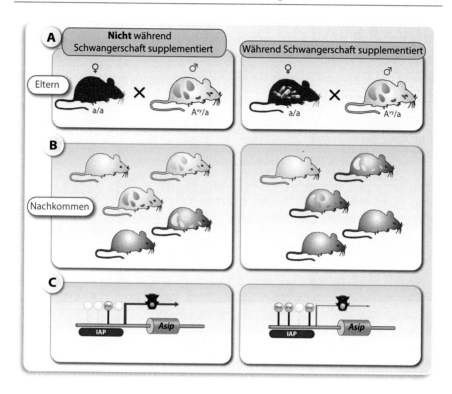

Abb. 13.2 Mütterliche Nahrungsergänzung beeinflusst den Phänotyp und das Epi-genom von A^{vy}/a-Nachkommen. Die Nahrung weiblicher Wildtyp-a/a-Mäuse wird entweder nicht ergänzt (**links**) oder für 2 Wochen vor der Paarung mit männlichen A^{vy}/a Mäusen, und während der Trächtigkeit und Stillzeit mit Methylgruppendonoren supplementiert (**rechts**), wie Folsäure, Cholin, Vitamin B12 und Betain (**A**). Die Fellfarbe von Nachkommen, die von nichtsupplementierten Müttern geboren werden, ist überwiegend gelb, während sie bei Nach-kommen von Müttern, die mit Methylgruppendonoren (**B**) supplementiert wurden, hauptsächlich braun ist. Etwa die Hälfte der Nachkommen enthält kein A^{vy}-Allel und ist daher schwarz (a/a, hier nicht gezeigt). Molekulare Erklärung der DNA-Methylierung und der *Asip*-Expression: Die mütterliche Hypermethylierung nach Nahrungsergänzung verschiebt die durchschnittliche Fell-farbenverteilung der Nachkommen zu braun, indem das IAP-Retrotransposon stromaufwärts des *Asip*-Gens im Durchschnitt stärker methyliert ist als bei den Nachkommen von Müttern, die eine nicht ergänzte Diät erhalten haben (**C**). Weiße Kreise zeigen nicht-methylierte CpGs und gelbe Kreise sind methylierte CpGs

Asip-Gen wird nicht in allen Zellen exprimiert. Das Methylierungsmuster des IAP-Retrotransposons scheint früh in der Entwicklung etabliert zu werden und die Fellfarbe erlaubt ein einfaches phänotypisches Ablesen des epigenetischen Status von IAP während des gesamten Lebens der Maus. Das macht die A^{vy} *Asip*-Maus zu einem idealen *in vivo* Modell für die Untersuchung eines mechanistischen Zusammenhangs zwischen Umwelteinflüssen, wie Ernährung, und epigenetischen Zuständen des Genoms.

Das Agouti-Mausmodell wurde für das folgende Experiment verwendet: zwei Wochen vor der Paarung mit männlichen A^{vy}/a-Mäusen wurden weibliche Wildtyp-a/a-Mäuse entweder mit oder ohne Methylgruppendonoren wie Folat, Vitamin B12 und Betain supplementiert (Abb. 13.2). Die Supplementierung wurde während der Schwangerschaft und Stillzeit fortgesetzt. Während die F1-Generation nichtsupplementierter Mütter die erwartete Anzahl gelber Farbphänotypen aufwies, veränderten sich die Nachkommen von ergänzten Müttern in Richtung eines braunen Fellfarbephänotyps. Das deutet darauf hin, dass die mütterliche Methylgruppendonor-Supplementierung zu einer erhöhten A^{vy}-Methylierung bei den Nachkommen führt. Darüber hinaus bedeutet es, dass **ein umweltbedingter epigenetischer Drift der Mütter an ihre Kinder vererbt wurde.** Die Vererbung einer epigenetischen Programmierung an die nächste Generation weist darauf hin, dass zumindest metastabile Epiallele, wie IAP, in der Lage sind, der globalen Demethylierung des Genoms vor der Präimplantation zu widerstehen (Abschn. 7.1).

Interessanterweise, wenn A^{vy}-Mäuse mit einer Soja-Polyphenol-Diät gefüttert werden, die Veränderungen in ihren DNA-Methylierungsmustern verursacht, sind ihre Nachkommen über mehrere Generationen hinweg vor Fettleibigkeit und Diabetes geschützt. Die verschiedenen Nagetiermodelle darauf hin, dass das epigenetische Gedächtnis von einer Generation zur nächsten weitergegeben werden kann, indem die gleiche Indexierung von Chromatinmarkierungen vererbt wird. **Von den verschiedenen Arten von Chromatinmarkierungen scheint die DNA-Methylierung insbesondere auf ein langfristiges epigenetisches Gedächtnis ausgelegt zu sein, während kurzfristige „Alltags"-Reaktionen des Epigenoms hauptsächlich durch nichtvererbte Veränderungen des Acetylierungsgrads von Histonen vermittelt werden.** Histonmethylierungsgrade liegen zwischen beiden Extremen.

Die Mausmodelle stellen die Frage, ob das Konzept eines epigenetischen Gedächtnisses und der Vererbung auch für den Menschen gültig ist. Es gibt keine vergleichbaren natürlichen Mutanten beim Menschen und aus ethischen Gründen sind embryonale Versuche nicht denkbar. Es gibt jedoch natürliche „Experimente", wie den Hungerwinter in den Niederlanden, bei dem Föten *in utero* einer extremen Unterernährung ihrer Mütter ausgesetzt waren, die im Winter 1944/45 auftrat. Fötale Mangelernährung führte zu einer Beeinträchtigung des fetalen Wachstums. Ein niedriges Geburtsgewicht begünstigt den Sparsamkeitsphänotyp, der epigenetisch darauf programmiert ist, Nahrungsenergie effizient zu nutzen, d. h. im Erwachsenenalter auf eine ressourcenarme Zukunft vorbereitet zu sein. Selbst viele Jahrzehnte nach der Geburt zeigten die *in utero* unterernährten Individuen subtile (<10 %) Veränderungen in der DNA-Methylierung an mehreren Genorten, z. B. an der regulatorischen Region des geprägten *IGF2*-Gens (Abschn. 3.2). Dieses epigenetische Muster ist mit einem erhöhten Risiko für Fettleibigkeit, Dyslipidämie und Insulinresistenz verbunden, wenn die entsprechenden Personen einer adipogenen Umgebung ausgesetzt sind.

Auch für den Menschen existiert also ein Zusammenhang zwischen pränataler Ernährung und epigenetischen Veränderungen wie er für Mäuse

beschrieben wurde. In ähnlicher Weise wird diskutiert, inwiefern die Hungersnot von 1959–61 in China zum überproportionalen Anstieg von T2D im Land beitrug. Diese Beispiele führten zum Konzept der „Entwicklung als Ursprung von Gesundheit und Krankheit" („Developmental Origins of Health and Disease" (DOHaD)) (Abb. 13.3), das darauf hinweist, dass frühe Entwicklungsereignisse, wie z. B. Störungen des Ernährungszustands *in utero,* signifikante Auswirkungen auf das Krankheitsrisiko im Erwachsenenalter haben. **Somit können Umweltbelastungen von Individuen, insbesondere im frühen Leben, als epigenetisches Gedächtnis gespeichert werden.** Insbesondere wenn die postnatale Umgebung, wie beispielsweise ein hohes Nahrungsangebot, sich von den Bedingungen unterscheidet, die das Epigenom in der pränatalen Phase programmiert haben, wie z. B. geringe Verfügbarkeit von Nahrung, können die Reaktionen des Körpers fehlangepasst sein. Das kann sich in der Entwicklung von Fettleibigkeit und T2D äußern.

Interessanterweise korreliert die Menge an braunem Fettgewebe, die wir in unserem Körper tragen und für Thermogenese verwenden, mit dem Monat, in dem wir gezeugt wurden. Menschen, die in kalten Monaten gezeugt wurden, weisen signifikante Unterschiede in der Menge an braunem Fett auf im Vergleich zu diejenigen, die in warmen Monaten oder in einer warmen Umgebung gezeugt wurden. Ein analoges Mausexperiment bestätigte die Beobachtung bei Nagetieren und zeigte, dass nur die Kälteexposition der Väter vor der Empfängnis die Menge an braunem Fettgewebe bei den Nachkommen beeinflusst.

Abb. 13.3 Das DOHaD-Konzept. Intrauterine Stressoren, einschließlich mütterlicher Unterernährung oder Plazentafunktionsstörung (die zu einer Durchblutungsstörung mit konsekutiver Hypoxie oder vermindertem Nährstofftransport führen) können unnormale Entwicklungsmuster, Histonmodifikationen und DNA-Methylierung auslösen. Zusätzliche postnatale Umweltfaktoren, einschließlich beschleunigten postnatalen Wachstums, Fettleibigkeit, Inaktivität und Alterung, tragen zusätzlich zum Risiko für T2D bei, möglicherweise über Veränderung der Histonmodifikationen und DNA-Methylierungsmuster von Stoffwechselgeweben. Epigenetische Veränderungen während der Embryogenese haben (aufgrund der größeren Zahl nachfolgender Zellteilungen betroffener Zellen) einen viel größeren Einfluss auf den epigenetischen Gesamtstatus eines Individuums als epigenetische Veränderungen von adulten Stammzellen oder somatischen Zellen

Epigenetische Drifts, wie die Hypermethylierung von CpG-Inseln in der Nähe der regulatorischen Regionen von Tumorsuppressorgenen, tragen zum Risiko für Krebs (Abschn. 11.1) und andere Erkrankungen bei (Abb. 13.4). Insbesondere das Risiko für Krankheiten, die mit der Exposition gegenüber Umweltfaktoren zusammenhängen, wie Mikroben, die Entzündungen verursachen oder übermäßiges Essen, das zu Fettleibigkeit und T2D führt, hat einen großen epigenetischen Beitrag. Von besonderem Interesse sind Krankheiten, die ihren Beginn lange vor der Entstehung des Phänotyps haben, d. h. bei denen Häufungen von epigenetischen Veränderungen die Krankheitsanfälligkeit schrittweise erhöhen.

Epigenetische Informationen können auch über die Keimbahn an die nächste Generation weitergegeben werden. Obwohl etwa 95 % der DNA-Methylierungsmarker während der beiden Demethylierungswellen bei der Entwicklung von Urkeimzellen (Abschn. 7.1) gelöscht werden, entkommen einige Regionen des Genoms beiden Wellen und bleiben in den Gameten methyliert. Falls das DNA-Methylierungsmuster in diesen Regionen anfällig für Umwelteinflüsse ist, wie

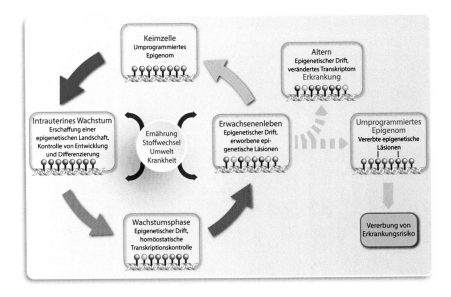

Abb. 13.4 Epigenetische Drifts und transgenerationale Vererbung. Während der Embryogenese werden epigenetische Markierungen wie DNA-Methylierung und Histonmodifikationen etabliert, um die Bindung an die Abstammungslinie aufrechtzuerhalten (Abschn. 7.1). Nach der Geburt bleibt diese epigenetische Landschaft während der gesamten Lebensspanne dynamisch und reagiert auf Ernährungs-, Stoffwechsel-, Umwelt- und schädliche Signale. Epigenetische Drifts sind Teil homöostatischer Anpassungen und sollten das Individuum bei guter Gesundheit halten. Wenn jedoch ein ungünstiger epigenetischer Drift die Fähigkeit von Stoffwechselorganen beeinträchtigt, angemessen auf Herausforderungen durch Ernährung und chronische Entzündungen zu reagieren, steigt die Anfälligkeit für Erkrankungen wie T2D oder Krebs. Einige dieser erworbenen epigenetischen Markierungen können an nachfolgende Generationen vererbt werden, wenn sie der epigenetischen Neuprogrammierung während der Gametogenese entgehen

z. B. Nahrungsmoleküle, können die Lebensstilentscheidungen eines Individuums auf nachfolgende Generationen übertragen werden und zu phänotypischen Konsequenzen führen (Abschn. 14.1).

13.3 Konservierte nährstoffassoziierte Signalwege und das Altern

Altern ist ein komplexer molekularer Prozess, der alle Spezies betrifft. Es geht mit der Anhäufung von molekularen, zellulären und Organschäden einher, die zu Funktionsverlust und erhöhtem Krankheitsrisiko bis hin zum Tod führen. Nährstoffwahrnehmungsprozesse sind für den Alterungsprozess von grundlegender Bedeutung. Ein Überfluss an Nahrung aktiviert nährstoffsensitive Signalübertragungswege, die eine Vielzahl physiologischer Prozesse stimulieren. Dazu gehören mit der Reproduktion verknüpfte Prozesse; im Gegensatz dazu wird die Fortpflanzung bei Hunger bzw. Nahrungsmangel verzögert. Gleichzeitig ist bei allen untersuchten Modellorganismen eine weitere klare Tendenz zu beobachten: Nahrungszufuhr und Lebensspanne sind negativ korreliert. Einschränkung der Kalorienzufuhr führt zu längeren, Nahrungsüberfluss zu kürzeren Lebensspannen. Dieser Effekt kann auch auf Ebene der mit der Nährstofferfassung beteiligten Signalwege imitiert werden. Unterbrechung der insulininduzierten Signalkette durch gezielte Mutationen kann so zu einer signifikanten Verlängerung der Lebensspanne führen. **Die Nahrungsaufnahme beeinflusst daher die Geschwindigkeit des Alterns.**

Das Verständnis der molekularen Grundlagen des Alterns ist ein zentrales Thema der Nutrigenomik. Dennoch ist Alternsforschung auf das Beobachten des Alterns angewiesen. Beim Menschen bräuchte dies viel Zeit, und ethische Gründe machen viele Arten von Experimenten unmöglich. Daher wurden die meisten molekularen Grundlagen des Alternsprozesses zunächst anhand einfacher Modellorganismen, wie *Saccharomyces cerevisiae* (Bäckerhefe), *Caenorhabditis elegans* (ein Fadenwurm), *Drosophila melanogaster* (Fruchtfliege) und *Mus musculus* (Maus) verstanden, die eine weitaus kürzere Lebensdauer als der Mensch haben (Box 13.1).

Box 13.1: Modellorganismen

Ein Modellorganismus ist eine nicht-menschliche Spezies, die *in vivo* untersucht wird, um biologische Prozesse, wie das Altern, zu verstehen. Diese Prozesse können aufgrund von Lebensdauer, Kosten oder ethischen Gründen nicht am Menschen untersucht werden. Die evolutionäre Konservierung biologischer Pfade erlaubt es, zumindest einen Teil der mit den Modellorganismen gewonnenen Ergebnisse und Erkenntnisse auf den Menschen zu übertragen. An der einzelligen Spezies Hefe kann nicht nur das Überleben einer Population von sich nicht teilenden Zellen (chronologische Lebensdauer) untersucht werden, sondern auch die Anzahl der Tochterzellen, die von einer einzelnen Mutterzelle erzeugt werden (replikative Lebensdauer). Der Fadenwurm *C. elegans* ist eine einfache vielzellige Spezies, die nur aus etwa 1000 Zellen besteht, aber bereits Untersuchungen verschiedener Zelltypen und Organstrukturen, wie Nerven- oder Verdauungssystem, ermöglicht. *C. elegans* ist nicht nur der erste multizelluläre Organismus, dessen Genom vollständig sequenziert wurde, sondern auch die erste Spezies, bei der lebensdauerverlängernde Mutationen gefunden wurden. Die Fruchtfliege *D. melanogaster* bestätigt die evolutionäre Erhaltung der entsprechenden Signalübertragungswege. *D. melanogaster* hat eine größere Zahl an Geweben als *C. elegans* und ermöglicht die Untersuchung von Geschlechtsunterschieden. Die Maus *M. musculus* ist der am meisten genutzte Modellorganismus in der biomedizinischen Forschung. Als Säugetier ist die Maus dem Menschen viel näher. Noch näher wären dem Menschen natürlich Primaten, aber aus ethischen Gründen ist die Forschung mit ihnen nur sehr begrenzt möglich.

Vielzellige Organismen haben ein Nährstoffsensorsystem entwickelt, das die Kommunikation zwischen verschiedenen Körperteilen ermöglicht. Sowohl Insulin als auch der Wachstumsfaktor IGF1 binden extrazellulär an ihre einander sehr ähnlichen Rezeptoren, die in der Plasmamembran der Zielzellen vorliegen. Das löst intrazellulär eine Kaskade an Signalvorgängen aus. Auf diese Weise wird die Zelle zugleich über das Vorhandensein von Glukose informiert und nach Übertragung dieses extrazellulären Signals ins Innere der Zelle zur Anpassung ihres Stoffwechsels gebracht. Der Insulin/IGF-Signalübertragungsweg ist evolutionär sehr konserviert und beginnt je nach Spezies mit einem oder mehreren spezifischen Membranrezeptoren aus der RTK-Familie (Abb. 13.5). Über zytosolische Adapterproteine, wie IRS, und Kinasen, wie PI3K und AKT, führt die Stimulation der Membranrezeptoren zur Inaktivierung eines oder mehrerer Mitglieder der Familie der FOXO-Transkriptionsfaktoren. FOXOs kontrollieren die Expression von Genen, die an einer Vielzahl physiologischer Prozesse beteiligt sind, wie z. B. zelluläre Stressreaktion, antimikrobielle Aktivität und Entgiftung von Xenobiotika und ROS. **Bei einfacheren Organismen, wie *C. elegans* und *D. melanogaster*, führt eine spezifische Unterbrechung des Insulin/IGF-Signalübertragungswegs bis zur FOXO-Inaktivierung zu einer Verlängerung der Lebensdauer.**
    Parallel zur Glukose-Sensorik gibt es eine ebenfalls evolutionär hochkonservierte Aminosäure-Sensorik (Abb. 13.5). Von zentraler Bedeutung für diesen Signalübertragungsweg sind die Proteine TOR und S6K. TOR ist ein Zellwachstumsmodulator und eine Serin/Threonin-Kinase, die auf Aminosäuren reagiert (Abschn. 4.2). Der TOR-S6K[21]-Signalübertragungsweg interferiert mit

---

[21] S6K = S. 6-Kinase.

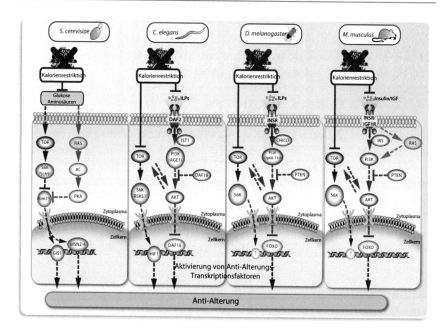

Abb. 13.5 Nährstoff-Signalübertragungswege, die an der Langlebigkeit beteiligt sind, sind evolutionär konserviert. Die Aktivität verschiedener Signalübertragungswege wird durch Kalorienrestriktion über die reduzierten Mengen an Nährstoffen oder Wachstumsfaktoren, wie IGF1, Insulin oder insulinartige Peptide (ILP), gesenkt. Die Abbildung zeigt zwei in zahlreichen Spezies konservierte Signalmodule, den TOR-Signalweg (blau unterlegt) und die Insulin/IGF-abhängige Signalkaskade (grün unterlegt). Bei Hefe, Fadenwurm, Fruchtfliege und Maus fördert die Aktivierung der Kinasen TOR (und S6K) Alterungsprozesse, d. h. sie reduziert die Lebensdauer. Auch Aktivierung des Insulin/IGF1-Signalweges hat diesen Effekt. Umgekehrt führt Kalorienrestriktion zur Hemmung der Signalwege und zur Verlängerung der Lebensspanne. Bei *C. elegans* und *D. melanogaster* wurde hierfür eine wichtige Rolle der FOXO-Transkriptionsfaktoren identifiziert, die bei Kalorienrestriktion nicht mehr durch AKT inaktiviert werden und somit im Kern lokalisiert und aktiv sind

dem Insulin/IGF-Signalübertragungsweg, und die Hemmung seiner Aktivität erhöht, zumindest bei einfacheren Spezies, die Lebensdauer. Bei Mäusen können Mutationen in den Genen für das Wachstumshormon GH1, das die Bildung von IGF1 stimuliert, und für die Mitglieder des Insulin/IGF-Signalübertragungsweges (bis AKT) die Lebensdauer um bis zu 50 % verlängern. Darüber hinaus verlängert die Hemmung des TOR-Signalübertragungsweges die Lebensdauer von Mäusen und reduziert gleichzeitig das Auftreten altersbedingter Pathologien wie Knochen-, Immun- und Bewegungsstörungen sowie Insulinresistenz.

Mausmodelle haben gezeigt, dass bei Säugetieren die Sensorik für Nahrung zusätzliche Kontrollkreise umfasst, einschließlich der Aktionen des ZNS und seiner zugehörigen Drüsen. Die somatotrope Achse umfasst beispielsweise GH1, das vom Hypophysenvorderlappen sezerniert wird, und seinen sekundären

Mediator IGF1, der hauptsächlich von der Leber produziert wird. Interessanterweise entwickeln Primaten mit GHR-Mangel selten T2D oder Krebs, haben aber aufgrund von Entwicklungsdefekten und erhöhter Sterblichkeit in jüngerem Alter keine erhöhte Lebenserwartung. Aber auch beim Menschen wurden genetische Varianten, die die Funktionen von GH1, IGF1R[22], INSR oder deren nachgeschalteten Effektoren, wie AKT und TOR (Abb. 13.5), reduzieren, mit Langlebigkeit in Verbindung gebracht. Die Untersuchung konservierter Nährstoff-Erfassungssignalwege legt nahe, dass die genetischen Veränderungen in den untersuchten Modellorganismen einen physiologischen Zustand erzeugen, der Zeiten der Nahrungsknappheit simuliert. **Auf diese Weise kann eine Kalorienrestriktion die Lebensdauer verschiedener Arten, von Hefen bis zum Rhesusaffen, verlängern** (Abschn. 6.5).

GH1 ist ein Wirbeltier-spezifisches Peptidhormon, das in der Hypophyse produziert wird. Mutationen, die zu Funktionsverlust in Transkriptionsfaktorgenen führen, die für die Entwicklung der Hypophyse wichtig sind, wie *POU1F1*[23] und *PROP1*[24], resultieren in einem Mangel an GH1-Expression. Das führt zu einer Verlängerung der Lebensspanne, was zumindest teilweise durch den Insulin/IGF-Signalübertragungsweg vermittelt wird. **Somit führt ein minimiertes Zellwachstum und ein reduzierter Stoffwechsel bei Zellschädigung oder Nahrungsmangel zu einer konstitutiv verminderten Insulin/IGF-Signalübertragung und damit zu einer längeren Lebensdauer.**

Aus dem gleichen Grund verringern physiologisch oder pathologisch gealterte Säugetiere ihre Insulin/IGF-Signalübertragung, d. h. während des normalen Alterns nehmen die Spiegel von GH1 und IGF1 ab. Zusätzlich zur Insulin/IGF-Signalübertragung, die die Verfügbarkeit von Glukose erfasst, werden auch bei Säugetieren hohe Aminosäurekonzentrationen durch TOR gemessen. Darüber hinaus werden Zustände geringer Energieverfügbarkeit durch hohe NAD^+-Spiegel und SIRTs sowie durch hohe AMP-Spiegel und AMPK wahrgenommen (Abschn. 5.2) (Abb. 13.6). Während des Alterns nimmt die Aktivität von TOR in Neuronen des Hypothalamus zu und trägt zu altersbedingter Fettleibigkeit bei, die bei Mäusen durch Infusion des TOR-Inhibitors Rapamycin in den Hypothalamus rückgängig gemacht werden kann. Allerdings führt die Hemmung von TOR zu Nebenwirkungen, wie Wundheilungsstörungen und Insulinresistenz, d. h. dieser Weg ist für eine pharmakologische Intervention für alternsassoziierte Erkrankungen nicht ohne weiteres geeignet. Die Deacetylase SIRT1 und die Kinase AMPK sind in einer positiven Rückkopplungsschleife verbunden, um niederenergetische Zustände von Zellen zu erkennen. Darum wirken SIRTs und

---

[22] IGF1R = IGF1 Rezeptor.

[23] POU = POU Homöobox.

[24] PROP1 = „PROP paired-like homeobox 1".

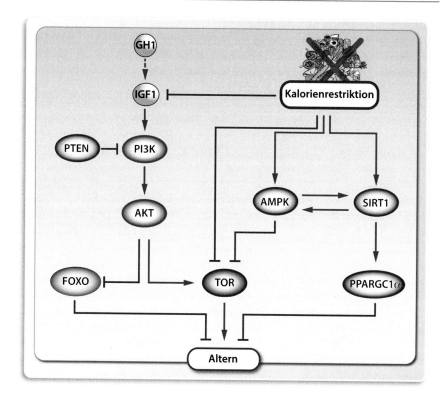

Abb. 13.6 Nährstofferfassung bei Säugetieren. Überblick über die endokrine somatotrope Achse, die das Wachstumshormon GH1 und den Insulin/IGF1-Signalübertragungsweg umfasst. Proteine und Signalübertragungswege, die das Altern begünstigen, sind in Grün und solche mit Antialterungseigenschaften in Rot dargestellt

AMPK den Signalübertragungswegen von Insulin/IGF und TOR entgegen, d. h. ihre Aktivität steht für geringe Nahrungsverfügbarkeit und Katabolismus anstelle von Nährstoffreichtum und Anabolismus.

Das Altern des Menschen ist meist mit einer fortschreitenden mitochondrialen Dysfunktion verbunden, die mit einer Abnahme des NAD$^+$-Spiegels einhergeht, was zu einer beeinträchtigten Funktion von SIRT1 führt. SIRT1 ist eines der am besten untersuchten menschlichen Signalproteine, das den Stoffwechsel von Glukose und Fett als Reaktion auf Änderungen des Energieniveaus reguliert. Daher fungiert SIRT1 als zentrale Steuerung des Energiehomöostase-Netzwerks. Darüber hinaus kontrolliert SIRT1 die Aktivität des Koaktivatorproteins PPARGC1α, das wiederum zentrale Stoffwechselwege steuert, die dem Altern entgegenwirken, wie die mitochondriale Biogenese, eine verbesserte antioxidative Abwehr und eine verbesserte β-Oxidation von Fettsäuren. **Somit beschleunigt die anabole Signalübertragung das Altern, während eine verminderte Nährstoff-induzierte Signalübertragung die Lebensdauer verlängert.**

13.4   Epigenetik des Alterns

Das Altern beginnt beim Menschen nach dem Höhepunkt seiner maximalen körperlichen Leistungsfähigkeit im Alter von 20–25 Jahren, d. h. bereits in diesem Alter beginnt ein langsam fortschreitender Rückgang der physiologischen Fähigkeiten der verschiedenen Gewebe und Zelltypen, die unseren Körper formen. Ab einem Alter von 45 Jahren treten altersbedingte komplexe Erkrankungen, wie Krebs, T2D und Herz-Kreislauf-Erkrankungen deutlich häufiger auf. Bei *Homo sapiens* betrug über viele tausend Jahre die durchschnittliche Länge einer Generation etwa 20 Jahre und nahm erst in der jüngeren Vergangenheit zu. Geht man von weiteren 25 Jahren für die Betreuung aller Nachkommen aus, **hatte die evolutionäre Anpassung nur innerhalb der ersten 45 Lebensjahre die Chance, auf ausreichende Fitness und Gesundheit zu selektieren.** Das bedeutet, dass Schäden, die Menschen in einem Alter von mehr als 45 Jahren erleiden, wie die Entwicklung von T2D oder Herz-Kreislauf-Problemen, nicht durch evolutionäre Anpassungsprinzipien, wie eine erhöhte oder verringerte Anzahl an Nachkommen, korrigiert werden. Dennoch beträgt die maximale Lebenserwartung des Menschen etwa 120 Jahre. Die nur in wenigen Fällen realisierte zusätzliche Zeit von 75 Jahren kann als Sicherheitsmarge angesehen werden, um zu gewährleisten, dass die allermeisten Menschen genügend Zeit haben, **um das primäre biologische Lebensziel zu erfüllen, d. h. sich zu reproduzieren und das Überleben ihrer Kinder zu sichern, bis diese sich selbst fortpflanzen.**

Die Gesundheitsspanne ist die Dauer der krankheitsfreien physiologischen Gesundheit innerhalb der Lebensspanne eines Individuums. Das ist die Zeit hoher kognitiver Fähigkeiten, Immunkompetenz und körperlicher Höchstform. Damit jeder von uns eine möglichst lange Gesundheitsspanne erleben kann, ist es wichtig, die Veränderungen zu verstehen, die während des Alterns auftreten, d. h. **die Kennzeichen des Alterns und die Regulatoren der Lebens- und Gesundheitsspanne zu identifizieren.**

Die persönliche Alterungsrate eines jeden Einzelnen von uns hängt vom Geschlecht (Frauen leben tendenziell länger als Männer), von Lebensstilentscheidungen, wie Rauchen oder körperlicher Inaktivität, und von vielen Umweltfaktoren ab. Langlebigkeit hat eine genetische Grundlage, aber der nichtgenetische Beitrag zum Altern wird auf mehr als 70 % geschätzt. Beispielsweise reagieren einige molekulare Biomarker des Alterns, wie die Länge der Telomere oder die Expression von Genen in Stoffwechsel- und DNA-Reparaturwegen, empfindlich auf Umweltstress. Darüber hinaus deuten verschiedene Tiermodelle des Alterns darauf hin, dass verringerte Nahrungsaufnahme, niedriger Grundumsatz, erhöhte Stressreaktion und reduzierte Fruchtbarkeit eine wichtige Rolle bei der Bestimmung der individuellen Lebenserwartung spielen. Die molekulare Grundlage aller nichtgenetischen Faktoren des Alterns sind zelluläre Störungen, die Signalübertragungswegen modulieren und so das Epigenom beeinflussen. **Das bedeutet, das epigenetische Veränderungen wesentlich zum Alterungsprozess beitragen.** So führen nicht nur Erkrankungen, sondern auch das Altern zu epigenetischen Drifts. Veränderungen im Epigenom können auch spontan (d. h. stochastisch) ohne eine zellulären Störung auftreten. Dennoch wird die Wahrscheinlichkeit für stochastische Veränderungen des Epigenoms durch Chemikalien erhöht, die DNA-Methylierung beeinflussen, oder Fehler beim Kopieren des Methylierungsstatus während der DNA-Replikation erzeugen. Beispiele solcher Chemikalien sind Metalle wie Cadmium, Arsen und Quecksilber, Peroxisom-Proliferatoren, Luftschadstoffe wie Ruß und Benzol sowie endokrine Disruptoren wie Diethylstilbestrol, Bisphenol A und Dioxin.

Veränderungen des Epigenoms, insbesondere des DNA-Methyloms, stehen im Zusammenhang mit dem chronologischen Alter eines Individuums aber auch mit altersbedingten Erkrankungen. Der DNA-Methylierungsstatus an einigen hundert wichtigen CpG-Inseln dient als Biomarker des Alterns und kann in leicht zugänglichen Geweben und Zelltypen wie Haut oder PBMCs (mononukleäre Zelle des peripheren Bluts) bestimmt werden. Der so bestimmte Epigenomzustand wird dann mit dem biologischen Alter korreliert, d. h. mit dem Alter, in dem der Bevölkerungsdurchschnitt dem Individuum am ähnlichsten ist. Die Erstellung des DNA-Methylomprofils einer großen Kohorte von Personen, die einen breiten Altersbereich repräsentieren, liefert eine gute Korrelation zwischen dem chronologischen und dem biologischen Alter. In einem gegebenen chronologischen Alter, z. B. 70 Jahren, hat das untersuchte Gewebe einiger Individuen ein weit „jüngeres" Epigenom, während das anderer Personen bereits deutlich „älter" als der Durchschnitt ist (Abb. 13.7). Dementsprechend kann erwartet werden, dass in letztgenannten Individuen altersbedingte Erkrankungen früher einsetzen und die Personen früher sterben als die erstgenannten Individuen. Das wurde z. B. bei Personen beobachtet, die an Syndromen vorzeitigen Alterns leiden. Im Gegensatz dazu haben PBMCs der Nachkommen von Superhundertjähriger, also Individuen, die ein Alter von mindestens 105 Jahren erreicht haben, ein niedrigeres epigenetisches Alter als das von gleichaltrigen Kontrollen. **Somit können Epigenomweite Signaturen als Biomarker des Alterns dienen,** anhand derer Moleküle und Therapien untersucht werden können, die altersbedingte Krankheiten verzögern oder rückgängig machen.

Das biologische Alter eines bestimmten Gewebes, z. B. das der Leber einer fettleibigen Person, kann signifikant höher sein als das anderer Gewebe, wie z. B. von PBMCs oder den Muskeln derselben Person. Das auf DNA-Methylierung basierende Alter eines Referenzgewebes, wie PBMCs, kann als epigenetische Uhr betrachtet werden. **Diese epigenetische Uhr erlaubt eine bessere Vorhersage für Sterblichkeit als andere Biomarker des Alterns,** wie z. B. die Telomerlänge. Epigenetische Uhren von Mäusen (durchschnittliche Lebensdauer etwa 2 Jahre) ticken schneller als die des Menschen (durchschnittliche Lebenserwartung etwa 80 Jahre). Darüber hinaus ist ein quantitatives Modell des alternden Methyloms in der Lage, relevante Faktoren des Alterns zu unterscheiden, wie Geschlecht und genetische Varianten.

Neben Veränderungen in der DNA-Methylierung sind andere wichtige epigenetische Kennzeichen des Alterns:

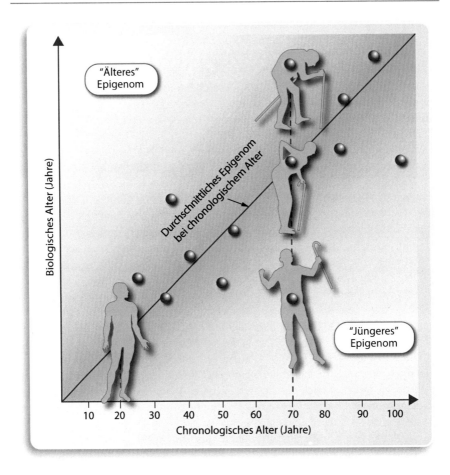

Abb. 13.7 Epigenetische Biomarker des Alters. Epigenom-weite Muster überwachen nicht nur zelluläre Identitäten, sondern auch Gesundheit und den Prozess des Alterns. Beispielsweise dienen Änderungen im DNA-Methylierungsstatus von CpG-Inseln, wie sie in PBMCs von Personen unterschiedlichen Alters gemessen werden, als Biomarker für das chronologische Alter. Es gibt signifikante Abweichungen von der postulierten linearen Anpassung (diagonale Linie), d. h. das Methylierungsmuster kann das biologische Alter darstellen

- ein allgemeiner Verlust von Histonen aufgrund von lokaler und globaler Chromatinremodellierung
- ein Ungleichgewicht von aktivierenden und unterdrückenden Histonmodi-fikationen
- Orts-spezifische Ab- oder Zunahme von Heterochromatin
- umfassende nukleare Reorganisation
- globale Veränderungen im Transkriptom.

Bei Seneszenz wird der Zellzyklus angehalten, d. h. die Zellen können sich nicht mehr teilen. Seneszenz entsteht als Reaktion auf Stress und ist mit altersbedingtem Gewebeabbau verbunden. Das Epigenom seneszenter Zellen zeigt eine Zunahme von H3K4me3- und H3K27me3-Markierungen innerhalb von LADs und einen Verlust von H3K27me3-Markierungen außerhalb von LADs. Der Verlust unterdrückender Histonmarkierungen und der Zugewinn aktivierender Markierungen während des Alterns führt zu einer Veränderung der Genexpression, bei der z. B. DNA-Reparatur und DNA-Replikation herunterreguliert werden.

Konstitutives Heterochromatin an Telomeren, Zentromeren und Perizentromeren wird während der Embryogenese ausgebildet (Abschn. 7.1) und bleibt während der gesamten Lebensspanne erhalten. Seneszente Zellen verlieren jedoch einige dieser Regionen mit konstitutivem Heterochromatin, was zur Zunahme an Euchromatin führt. Darüber hinaus führt ein Verlust der Kernlamina zum Zusammenbruch der Organisation des Heterochromatins. Laminopathien, wie der Expression von Progerin, einem verkürzten dominant-negativen Lamin A-Protein, beim Hutchinson-Gilford-Progerie-Syndrom (HGPS), sind durch Veränderungen der Organisation des Zellkerns gekennzeichnet. Zellen von HGPS-Patienten zeigen Anomalien in der Kernmorphologie und in der DNA-Reparatur, veränderte Chromosomenorganisation, erhöhte zelluläre Seneszenz und viele Veränderungen in Heterochromatinproteinen, wie z. B. niedrige Spiegel von HP1, H3K9me3 und H3K27me3 und erhöhte Spiegel von H4K20me3.

Weiterführende Literatur

Fitz-James, M. H., & Cavalli, G. (2022). Molecular mechanisms of transgenerational epigenetic inheritance. *Nature Reviews Genetics, 23*, 325–341.

Horvath, S., & Raj, K. (2018). DNA methylation-based biomarkers and the epigenetic clock theory of ageing. *Nature Reviews Genetics,19*, 371–384.

Kabacik, S., Lowe, D., Fransen, L., Leonard, M., Ang, S.-L., Whiteman, C., Corsi, S., Cohen, H., Felton, S., Bali, R., et al. (2022). The relationship between epigenetic age and the hallmarks of aging in human cells. *Nature Aging, 2*, 484–493.

McMahon, M., Forester, C., & Buffenstein, R. (2021). Aging through an epitranscriptomic lens. *Nature Aging, 1*, 335–346.

Radford, E.J. (2018). Exploring the extent and scope of epigenetic inheritance. *Nature Reviews Endocrinology, 14*, 345–355.

Seale, K., Horvath, S., Teschendorff, A., Eynon, N., & Voisin, S. (2022). Making sense of the ageing methylome. *Nature Reviews Genetics, 23*, 585–605.

Sun, W., Dong, H., Becker, A. S., Dapito, D. H., Modica, S., Grandl, G., Opitz, L., Efthymiou, V., Straub, L. G., Sarker, G., et al. (2018). Cold-induced epigenetic programming of the sperm enhances brown adipose tissue activity in the offspring. *Nature Medicine, 24*, 1372–1383.

Zimmet, P., Shi, Z., El-Osta, A., & Ji, L. (2018). Epidemic T2DM, early development and epigenetics: implications of the Chinese Famine. *Nature Reviews Endocrinology, 14*, 738–746.

Der gesunde Lebensstil

14

Zusammenfassung

In diesem Kapitel wird beschrieben, wie Krankheiten vermieden bzw. in einem frühen Stadium entdeckt werden können. Trotz der enormen Zahl von mehr als 88 Mio. Varianten unseres Genoms, die das 1000-Genom-Projekt aufgedeckt hat, können bei den meisten verbreiteten multigenen Krankheiten nur etwa 20 % des genetischen Risikos erklärt werden. Ein Teil dieser fehlenden Erblichkeit könnte durch die zukünftige Identifizierung seltener SNVs behoben werden, aber die Hauptbeiträge zu diesem Phänomen sind Umweltfaktoren und Lebensstilentscheidungen, die das Epigenom modulieren. Aus dem gleichen Grund sind Bevölkerungsgruppen, die in nur wenigen Generationen den Übergang von Hungern zu Nahrungsüberschuss vollzogen haben, einem höheren Risiko ausgesetzt, Stoffwechselkrankheiten zu entwickeln, als solche, die ihre Ernährungsbedingungen über viele Generationen hinweg verbessert haben. Das iPOP (iPOP = integrative persönliche Omik-Profilerstellung)-Projekt stellt die umfassendste Bewertung von Individuen dar und dient als Musterbeispiel für die Erkennung von Genom-Umwelt-Wechselwirkungen. Die meisten epigenetischen Veränderungen sind reversibel, was ein erhebliches therapeutisches Potenzial für Inhibitoren von Chromatin-modifizierenden Enzymen impliziert. Diese Moleküle werden in der Therapie von Immunerkrankungen und insbesondere in der Immuntherapie von Krebs eingesetzt.

14.1 Epigenom-weite Varianten

In Kap. 1 wurde bereits dargestellt, dass SNVs, die mit einer komplexen multigenen Erkrankung, wie T2D assoziiert sind, meist niedrige ORs haben, während seltene monogenetische Formen derselben Erkrankung, wie MODY hohe ORs aufweisen (Abb. 1.2). Es wird erwartet, dass die Sequenzierung des gesamten Genoms einer großen Anzahl von Individuen in Zukunft viel mehr niederfrequente SNVs mit intermediären ORs identifizieren wird, um das genetische Krankheitsrisiko einer Person besser erklären zu können. Die überwiegende Mehrheit der genetischen Varianten befindet sich jedoch in regulatorischen und nicht in kodierenden Regionen von Genen, d. h. **die phänotypischen Folgen der meisten genetischen Varianten beruhen eher auf epigenetischen und genregulatorischen Prozessen als auf einer direkten Veränderung der Proteinfunktion.**

Funktionell relevante Epigenom-weite Varianten treten an genregulatorischen Elementen auf, wie z. B. an CpGs oder Transkriptionsfaktorbindungsstellen in Promotor- und Enhancerregionen. Beispielsweise erleichtert, verstärkt oder hemmt ein SNV innerhalb der DNA-Bindungsstelle eines Transkriptionsfaktors die Bindung des entsprechenden Proteins. Die SNVs in der Enhancerregion 14 kB stromaufwärts des *LCT*-Gens sind ein Paradebeispiel dieser regulatorischen SNVs (Abschn. 13.1). Transkriptionsfaktoren, die an regulatorische SNVs binden, beeinflussen die lokale Chromatinstruktur über die Rekrutierung von Chromatin-modifizierenden Enzymen, was wiederum Markierungen in der lokalen Chromatinregion hinterlässt und schließlich zur Aktivierung von Pol II und der Transkription des entsprechenden Gens führt. Das kann sich positiv auf das Merkmal auswirken und am Beispiel des *LCT*-Gens zu Laktosetoleranz führen. Wenn der Transkriptionsfaktor dagegen nicht binden kann, bleibt die Region inaktiv und das Gen wird nicht transkribiert, was sich in der Regel negativ auf das untersuchte Merkmal auswirkt. Die überwiegende Mehrheit der epigenetischen Varianten sind in *cis* zu ihren Auswirkungen auf die Chromatinaktivität und Genexpression, d. h. sie treten innerhalb derselben Region auf, wie z. B. einem TAD (Abschn. 2.4). Im Gegensatz dazu treten *trans*-wirkende epigenetische Varianten, wie Epimutationen in pluripotenten Transkriptionsfaktoren, sehr spärlich auf, was darauf hindeutet, dass sie sehr schädlich sind. Tatsächlich sind sie Schlüsselmutationen in der Epigenetik von Krebs (Abschn. 8.1).

Im Allgemeinen haben Epigenom-weite Varianten unterschiedliche Eigenschaften, wie dass sie:

- vererbbar oder nicht vererbbar sind
- einem SNV zugeordnet oder mit keinen SNV zusammenhängen
- einen Zusammenhang mit Umweltfaktoren zeigen oder nicht
- in *trans* oder *cis* bezüglich der Genregulation sind
- eine Epimutation in Körper- oder Keimzellen haben.

Innerhalb von mehr oder weniger einer Generation hat sich die weltweite Prävalenz für Fettleibigkeit verdoppelt (Abschn. 9.1). Ganz offensichtlich sind westliche Ernährung in Kombination mit verminderter körperlicher Aktivität die wichtigsten umweltbedingten Faktoren, die zu Fettleibigkeit und der anschließenden Entwicklung des metabolischen Syndroms beitragen. Darüber hinaus sind Bevölkerungsgruppen, die innerhalb von 1–2 Generationen einen Übergang von einer häufigen Hungersnot zu einem Nahrungsüberschuss vollzogen haben, einem signifikant höheren Risiko für Fettleibigkeit, T2D und das metabolische Syndrom ausgesetzt als diejenigen, die ihre Ernährungsbedingungen über viele Generationen hinweg verbessert haben (Abschn. 9.4). Das bedeutet, dass Bevölkerungsgruppen, die in Ländern geboren wurden, die einen besonders raschen Wandel der Urbanisierung und wirtschaftlichen Entwicklung hatten, in den kommenden Jahren ein erhöhtes Risiko haben, am metabolischen Syndrom zu erkranken. **Das deutet darauf hin, dass eher epigenetische Mechanismen als genetische Varianten des Genoms eine Rolle bei der Epidemie der Fettleibigkeit und den damit verbundenen Stoffwechselanomalien spielen.**

Beispielsweise wurde gezeigt, dass die Zusammensetzung von Nahrungsfetten die DNA-Methylierung in Fettzellen beeinflusst, was einer von mehreren Hinweisen darauf ist, dass das metabolische Syndrom und verwandte Erkrankungen mit epigenetischen Veränderungen zusammenhängen (Abschn. 10.3). Im weiteren haben epidemiologische Untersuchungen den Verdacht erhärtet, dass die Lebensstilentscheidung für eine westliche Ernährung[1], die Hauptursache für T2D und mehrere Arten von Krebs ist (Abschn. 6.3). Parallel dazu verursacht die Exposition mit Nikotin und anderen Toxinen erhebliche epigenetische Veränderungen in verschiedenen Organen, was erklärt, warum Rauchen die Hauptursache für verschiedene Krebsarten ist und auch zu Atemwegs- und Autoimmunerkrankungen beiträgt. Alle diese Umwelt- und Lebensstil-bedingten epigenetischen Veränderungen sind mit einer chronischen Entzündung verbunden (Abschn. 8.2), was das Risiko für Autoimmunerkrankungen und Krebs weiter erhöht. **Daher sind die meisten altersbedingten Krankheiten das Ergebnis einer meist vermeidbaren langfristigen (Umwelt)belastung mit Nahrungsmitteln und Toxinen, die zu Veränderungen des Epigenoms in vielen Organen führen.**

Es gibt zunehmend epidemiologische und klinische Hinweise darauf, dass das Konzept des Sparsamkeits-Phänotyps, also eine pränatale epigenetische Programmierung *in utero*, eine wesentliche Ursache für Stoffwechselerkrankungen sein könnte (Abschn. 13.2). Individuen, die ein Epigenom tragen, das während ihrer anthropologischen Entwicklung durch suboptimale Ernährung *in utero* programmiert wurde, vererben trotz normaler postnataler Ernährung transgenerational eine Prädisposition für Fettleibigkeit. Bisher gibt es keine umfassende Analyse des Epigenoms von Personen, die am metabolischen Syndrom leiden. **Da epigenetische Modifikationen jedoch dynamisch auf Umweltbedingungen reagieren, besteht ein Potenzial für therapeutische Eingriffe und Reversibilität** (Abschn. 14.3).

---

[1] Englisch „Western diet".

14.2   Personalisierte Medizin und Ernährung

Der Bereich der personalisierten Medizin bzw. Ernährung schreitet aufgrund der rasanten Entwicklung der NGS-Technologien schnell voran. Für eine umfassende Betrachtung von Gesundheit und Krankheit, d. h. unter Berücksichtigung der gesamten Komplexität biologischer Prozesse, müssen diese Technologien integriert werden. Für ein grundlegendes Verständnis von Fettleibigkeit und T2D sind beispielsweise detaillierte Analysen und Profilmessung über viele Zeitpunkte notwendig. Eine „Proof-of-principle"-Untersuchung, die das Potenzial moderner Sequenzierungstechnologien aufzeigte, lieferte die iPOP-Analyse einer Person (Abb. 14.1). Die iPOP-Studie umfasste die Sequenzierung des gesamten Genoms sowie über einen Zeitraum von 14 Monaten mehr als 20-malige Messung der mRNA- und ncRNA-Expression in PBMCs, die Bestimmung des Proteomprofils in PBMCs und im Serum sowie des Metaboloms und der Antikörper im Blutplasma. Diese molekularen Datensätze wurden durch medizinische Labortests für übliche Blut-Biomarker ergänzt. Interessanterweise zeigten sowohl Transkriptom- als auch Proteomdaten des Probanden, dass die Expression der Gene, die an der Insulinantwort und -Signalübertragung beteiligt sind, während einer Virusinfektion herunterreguliert waren, was mit diabetesartig erhöhten Blutzuckerspiegeln übereinstimmte. Das integrative Profil überwachte sowohl allmähliche Trendänderungen als auch Spitzenänderungen, insbesondere zu Beginn jeder Anpassung des physiologischen Zustands. **Somit ermöglichte die iPOP-Analyse einen umfassenden Blick auf die biologischen Ereignisse, die zum Beginn der Hyperglykämie des Studienteilnehmers führten.** Wichtig ist, dass die Hyperglykämie in einem sehr frühen Stadium erkannt wurde, sodass sie durch eine Ernährungsumstellung und verstärkte körperliche Aktivität des Probanden effektiv kontrolliert und rückgängig gemacht werden konnte.

Zentrales Ziel von iPOP-ähnlichen Analysen ist die Früherkennung von Krankheiten oder deren Prävention sowie deren effiziente Intervention und Therapie. Eine nachfolgende Studie im iPOP-Stil mit 23 Personen zeigte, dass Entzündungssignaturen, die die Stoffwechselwege während der Gewichtszunahme beeinflussen, nach einer anschließenden Gewichtsabnahme nicht zum Ausgangswert zurückkehren. Darüber hinaus verband ein Längsschnittmonitoring von 108 Personen über 9 Monate auf der Ebene ihres Genoms, Proteoms und Metaboloms in Bezug auf klinische Daten molekulare Messungen mit Physiologie und Krankheit. Die *Genome Aggregation Database*[2] sammelt Genom-weite Daten gesunder Personen aus verschiedenen Sequenzierungsprojekten und stellt sie frei zur Verfügung.

Das Krankheitsrisiko basiert hauptsächlich auf genetischer Anfälligkeit, Umweltbelastungen und Lebensstilfaktoren. Der relative Beitrag der genetischen Anfälligkeit zur Krankheitsprädisposition durch die Erblichkeit, d. h. den Anteil der phänotypischen Variation, der durch genetische Variation erklärt werden

---

[2] https://gnomad.broadinstitute.org.

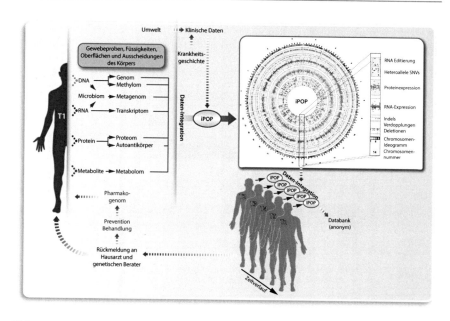

Abb. 14.1 Implementierung von iPOP für die personalisierte Medizin. Gewebeproben (z. B. PBMCs) eines iPOP-Teilnehmers werden zu den Zeitpunkten T1 bis Tn entnommen, während Ernährung, Bewegung, Krankengeschichte und aktuelle klinische Daten ebenfalls aufgezeichnet werden (links). Die Ergebnisse der iPOP-Analyse können durch „circos plots"[3] (rechts) überwacht werden, in denen DNA- (äußerer Ring), RNA- (mittlerer Ring) und Protein- (innerer Ring) Daten mit der Chromosomenposition übereinstimmen. Die Daten können an genetische Mediziner und/oder Berater zurückgemeldet werden, um rationale Entscheidungen zur Vorbeugung und/oder Behandlung zu ermöglichen, die mit pharmakogenetischen Daten abgeglichen werden können. Die Daten basieren auf Chen *et al.*, Cell 148, 1293–1307 (2012)

kann, und dem Erkrankungsrisiko in einer bestimmten Population quantifiziert (Abschn. 14.1). **Somit haben die meisten Erkrankungen eine polygene Risikobewertung, die meist als gewichtete Summe der Anzahl der Risikoallele eines Individuums berechnet wird.** Dementsprechend berücksichtigt ein „Risikogramm" Alter, Geschlecht und ethnische Zugehörigkeit sowie mehrere unabhängige krankheitsassoziierte SNVs, um die Wahrscheinlichkeit einer Erkrankung des Probanden zu bestimmen (Abb. 14.2).

Zukünftige personalisierte Gesundheitsversorgung sowie der aufstrebende Bereich der personalisierten Ernährung werden von einer Längsschnittaufzeichnung physiologischer und biochemischer Parameter, wie Blutzuckerspiegel, körperliche Aktivität und Blutdruck über tragbare Biosensoren profitieren (Box 14.1). Diese Basisdaten in Kombination mit persönlichen Genom-

---

[3] Circos plots sind eine bioinformatische Methode zur Visualisierung von Genom-weiten Daten.

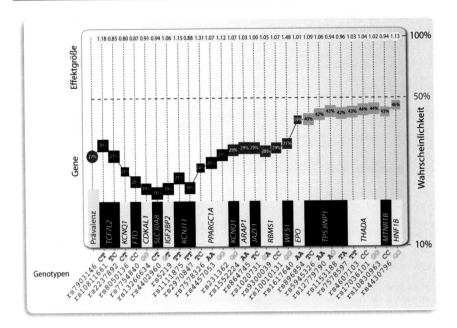

Abb. 14.2 Das Potenzial der personalisierten Medizin. Das Risikogramm veranschaulicht, wie die Wahrscheinlichkeit für die Entwicklung eines T2D des iPOP-Studienteilnehmers nach dem Test auf der Grundlage von 28 unabhängigen SNVs berechnet wurde (Abschn. 9.6). Oben ist das Wahrscheinlichkeitsverhältnis angegeben, die mittlere Grafik zeigt die Post-Test-Wahrscheinlichkeit, während die zugehörigen Gene, SNVs und die Genotypen des Probanden unten angezeigt werden. Die Daten basieren auf Chen *et al.*, Cell 148, 1293–1307 (2012)

Informationen und maßgeschneiderten iPOP-ähnlichen Studien können verwendet werden, um jede Krankheit oder jeden physiologischen Zustand zu überwachen. Das integrative Profil von Studien im iPOP-Stil ist modular aufgebaut und erlaubt die Ergänzung um weitere Genon-weite Informationen, wie Epigenom-weite Daten und das Mikrobiom von Haut, Nasen-Rachen-Bereich, Magen, Darmschleimhaut oder Urin sowie quantifizierbare Umweltfaktoren. **Daher können Analysen im iPOP-Stil zu einem zentralen Bestandteil nutrigenomischer Projekte werden.**

Box 14.1: Tragbare Biosensoren
Für eine Längsschnittbeschreibung physiologischer Informationen eines Individuums führen tragbare Biosensoren ein dynamisches, nichtinvasives Monitoring von Biomarkern durch. Die erste Generation von Biosensoren basiert auf physikalischen Messungen, d. h. sie zeigen Mobilität und

Vitalparameter wie Schritte, Herzfrequenz und Schlafqualität an. Fortschrittlichere Biosensoren verwenden optische und elektrochemische Prozesse zur Verfolgung von Metaboliten (z. B. Glukose oder Laktat), Elektrolyten (z. B. Na^+, K^+ oder Ca^{2+}), Bakterien und Hormonen in Bioflüssigkeiten wie Schweiß, Darmflüssigkeit, Speichel und Tränen. Ein Hauptaugenmerk liegt auf der Erfassung von Glukose. Die Sensoren der neuen Generation sind miniaturisiert und mit flexiblen Materialien kombiniert, um die Tragbarkeit zu verbessern. Die Sensoren bestehen aus einem Biorezeptor, beispielsweise einem Enzym, Antikörper oder DNA, und einem physikalisch-chemischen Wandler, der das Bioerkennungsereignis in ein Nutzsignal übersetzt, das drahtlos an ein mobiles Gerät, beispielsweise ein Smartphone, übertragen wird.

Für mehr als 2 Mio. Individuen sind bereits vollständige Genomsequenzinformationen verfügbar, und bald wird es für jeden Menschen üblich sein, sein Genom sequenzieren zu lassen. Das wird ein tieferes Verständnis der Prozesse der Evolution des Menschen (Kap. 1) und seiner Ernährung (Abschn. 6.1) und der Ursachen von Mustern genetischer Varianten für alle Populationen ermöglichen (Abschn. 13.1). Die schnelle Entwicklung von NGS-Technologien (Abschn. 1.3) in Kombination mit sinkenden Kosten wird es ermöglichen, Datensätze im iPOP-Stil von vielen Personen zu sammeln. Die Integration solcher Daten erlaubt es, die Beziehung zwischen genetischen Varianten eines Menschen und komplexen Krankheiten und entsprechenden Merkmalen weiter zu untersuchen. **Insbesondere die systematische Erforschung der Epigenomik wird wichtige Einblicke in die Krankheitsanfälligkeit liefern.** Die Möglichkeit, Individuen nach ihrem Genotyp zu stratifizieren, wird klinische Studien effizienter machen, indem eine geringere Anzahl von Probanden mit einer erwarteten größeren Wirkung bei der Personalisierung der Intervention aufgenommen wird. Krankheiten, wie T2D, werden basierend auf dem Genotyp und der dynamischen Reaktion des Individuums, z. B. als Reaktion auf eine personalisierte Ernährung, in Subphänotypen eingeteilt. **Das wird es ermöglichen, die Ernährung zur Erhaltung unserer Gesundheit und für eine verbesserte personalisierte Therapie im Krankheitsfall (wahrscheinlich in Kombination mit synthetischen Medikamenten) einzusetzen.**

Ernährungsrichtlinien basieren hauptsächlich auf den Bedürfnissen von Bevölkerungsgruppen und nicht von Einzelpersonen. Es besteht jedoch eine enorme Variabilität in den individuellen Reaktionen auf Ernährung und Lebensmittelkomponenten, die sich auf die allgemeine Gesundheit auswirken. Sowohl genetische als auch Umweltfaktoren beeinflussen die Reaktion des Individuums. Entdeckungen, die diese Variabilität untermauern, werden zu Fortschritten in der personalisierten Ernährung sowie zu verbesserten Gesundheits- und

Ernährungsrichtlinien führen, einschließlich diätetischer Referenzmengen für den Nährstoffbedarf und zukünftige Ernährungsempfehlungen. Eine der obersten Prioritäten für die zukünftige Ernährungsforschung ist ein besseres Verständnis der Variabilität der metabolischen Reaktionen auf die Ernährung. Die zelluläre und molekulare Charakterisierung von Krankheitsphänotypen ist daher entscheidend, um die Rolle von Lebensmittelkomponenten bei der Krankheitsprävention und -behandlung zu verstehen.

14.3   Epigenetische Therapie von Krankheiten

Während des Alterns ändert sich die Acetylierung und Methylierung der Histone vieler Regionen im Genom, wohingegen SIRTs das Abschalten von Genen und damit Langlebigkeit fördern können (Abschn. 13.3). In ähnlicher Weise wird auch das Epigenom von Krebszellen während des Transformationsprozesses von normalen Zellen umprogrammiert. Die Kartierung aktiver und inaktiver Chromatinregionen in Krebszellen ermöglicht eine genauere Prognose und kann sogar die Therapie erleichtern. Beispielsweise sind DNMT- und HDAC-Inhibitoren bereits für die Krebsbehandlung zugelassen (Abschn. 11.4). Darüber hinaus können zahlreiche psychiatrische Erkrankungen, wie Angst und Depression, mit HDAC-Inhibitoren behandelt werden (Abschn. 12.3). Interessanterweise verstärken diese niedermolekularen Inhibitoren auch die Wirksamkeit von Immuntherapeutika, wie etwa eine Blockade der Wechselwirkung zwischen dem oberflächenhemmenden Rezeptor PDCD1[4] auf zytotoxische T-Zellen und CD274 auf Krebszellen (Abb. 14.3). Gegenwärtig ist die Immuntherapie die vielversprechendste Krebstherapie, da sie sich die allgemeine Immunüberwachungsfunktion zytotoxische T-Zellen zunutze macht. In diesen Zellen würde eine PDCD1-induzierte Signalübertragungswege ihre Aktivierung inhibieren, was durch Blockierung von PDCD1 verhindert wird. Diese sogenannte Immun-Checkpunkt-Blockade kann die Anti-Tumor-Immunantwort des Wirts verstärken, wenn zytotoxische T-Zellen ihr Wachstum und ihre Effektorfunktion wieder aufnehmen. Darüber hinaus induzieren die DNMT-Inhibitoren Azacitidin und Decitabin die Expression von Genen, die für MHCs oder Tumorantigene kodieren. Das erhöht die Sichtbarkeit der Krebszelle für zytotoxische T-Zellen und deren anschließende Eliminierung. Darüber hinaus erhöht Decitabin die Empfindlichkeit von Krebszellen gegenüber einer Wachstumshemmung durch Typ-1-Interferone. Das führt zu einer „viralen Mimikry", bei der die DNA-Demethylierung die Transkription körpereigenen retroviraler Elemente in den Krebszellen aktiviert. Die Kombination mit einem epigenetischen Mediator, wie z. B. Inhibitoren von Chromatin-modifizierenden Enzymen, gibt der Immun-Checkpunkt-Blockade von T-Zellen einen breiteren Ansatz zur Behandlung von Krebs und chronischen

---

[4] PDCD1 = programmierter Zelltod 1, wird auch PD1 genannt.

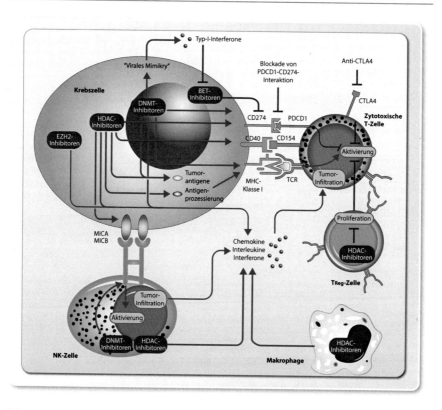

Abb. 14.3 Inhibitoren von Chromatin-modifizierenden Enzymen in der Immuntherapie.
Epigenetische Inhibitoren können auch in der Immunonkologie eine wichtige Rolle spielen.
HDAC-Inhibitoren modulieren auch die Expression von MHC-Proteinen, kostimulierenden
CD40-Molekülen und Tumorantigenen. Darüber hinaus beeinflussen sie die Antigen-ver-
arbeitende Maschinerie und verändern die Chemokin-Expression sowohl in Krebs- als auch
in Immunzellen. Darüber hinaus unterdrücken sie TH-Zellen und induzieren die Rezeptor-
liganden MICA[5] und MICB der NK-Zellen. Inhibitoren der PRC2-Komponente EZH2 erhöhen
die Expression der Chemokine CXCL9 und CXCL10, die T-Zellen anziehen und die Auflösung von Tumoren verbessert. BET, Bromodomäne und extraterminal; CTLA4, zytotoxisches
T-Lymphozyten-assoziiertes Protein 4

Infektionen. Beispielsweise zeigten Patienten mit Hodgkin-Lymphom, die vor
einer Behandlung mit Immun-Checkpunkt-Inhibitoren einen DNMT-Inhibitor
erhielten, eine höhere Rate an vollständiger Remission ihres Krebses.

Wichtig ist, dass die meisten Epigenom-weiten Modifikationen reversibel
sind, was ein erhebliches therapeutisches Potenzial impliziert. **Daher ist die
Epigenomik eines der innovativsten Forschungsgebiete in der Biomedizin,**

---

[5] MIC = MHC-Klasse-I-Polypeptid-verwandte Sequenz.

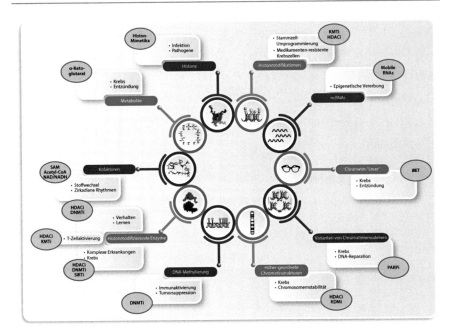

Abb. 14.4 Prognostisches und therapeutisches Potenzial der Epigenomik. Beispiele für den Einfluss der Epigenomik auf die normale Entwicklung und auf Krankheiten sind angegeben. Die Kreise repräsentieren jeweils die wichtigsten Epigenom-weite Mechanismen und die hauptsächlich damit verbundenen Kernproteine. Dysregulierte Epigenomik kann durch pharmakologische Eingriffe mit niedermolekularen Inhibitoren, wie HDAC-Inhibitoren (HDACi), DNMT-Inhibitoren (DNMTi), SIRT-Inhibitoren (SIRTi), metabolischen Kofaktoren wie SAM und α-Ketoglutarat rückgängig gemacht werden. KMT-Inhibitoren (KMTi), Bromodomänen- und extraterminale Inhibitoren (iBET), Poly(ADP-Ribose)-Polymerase-Inhibitoren (PARPi) und KDM-Inhibitoren (KDMi)

in dem die molekularen Kennzeichen der epigenetischen Kontrolle als Angriffspunkte für medizinische Interventionen und Behandlungen genutzt werden können (Abb. 14.4). Die Versprechungen von epigenetischen Medikamenten erhöhten die Zahl der Moleküle, die sich in vorklinischen oder klinischen Studien befinden. Neben „Schreiber"- und „Radierer"-Enzymen werden nun auch Chromatin-modifizierende Enzyme der „Leser"-Klasse, wie Chromatinremodellierer mit Bromodomänen oder Methyl-bindende Proteine, adressiert. Die Onkologie ist derzeit der Schwerpunkt der klinischen Epigenetik, aber die große Zahl klinischer und vorklinischer Studien in anderen medizinischen Bereichen deutet darauf hin, **dass sich die klinische Epigenetik in naher Zukunft weit über die Onkologie hinaus ausdehnen wird.**

Weiterführende Literatur

Berdasco, M., & Esteller, M. (2019). Clinical epigenetics: seizing opportunities for translation. *Nature Reviews Genetics, 20,* 109–127.

Feinberg, A. P. (2018). The key role of epigenetics in human disease prevention and mitigation. *The New England Journal of Medicine, 378,* 1323–1334.

Green, E. D., Gunter, C., Biesecker, L. G., Di Francesco, V., Easter, C. L., Feingold, E. A., Felsenfeld, A. L., Kaufman, D. J., Ostrander, E. A., Pavan, W. J., et al. (2020). Strategic vision for improving human health at The Forefront of Genomics. *Nature, 586,* 683–692.

Karczewski, K. J., & Snyder, M. P. (2018). Integrative omics for health and disease. *Nature Reviews Genetics, 19,* 299–310.

Kim, J., Campbell, A. S., de Avila, B. E., & Wang, J. (2019). Wearable biosensors for healthcare monitoring. *Nature Biotechnology, 37,* 389–406.

Prohaska, A., Racimo, F., Schork, A. J., Sikora, M., Stern, A. J., Ilardo, M., Allentoft, M. E., Folkersen, L., Buil, A., Moreno-Mayar, J. V., et al. (2019). Human disease variation in the light of population genomics. *Cell, 177,* 115–131.

Glossar

„Developmental Origins of Health and Disease" (DOHaD) ist ein Ansatz, die Rolle der pränatalen und perinatalen Exposition mit Umweltfaktoren (z.B. Unterernährung) zu verstehen, die die Entwicklung von Krankheiten im Erwachsenenalter beeinflussen.

„Unfolded protein response" (UPR) ist eine zelluläre Stressantwort des ER.

Adipogenese Prozess, bei dem Fibroblasten-ähnliche Vorläuferzellen zu Vorläuferfettzellen differenzieren, Nährstoffe ansammeln und zu mit Triglyzeriden gefüllten reifen Fettzellen werden.

Adipokine Zytokine, die vom Fettgewebe sezerniert werden.

Adiponektin ein im Fettgewebe produziertes Peptidhormon, das an der Regulierung des Glukosespiegels sowie am Fettsäureabbau beteiligt ist.

Akute Entzündung ein kurzfristiger immunologischer Prozess, der als Reaktion auf eine Gewebsverletzung oder eine Infektion mit Mikroben induziert wird, und normalerweise innerhalb von Minuten oder Stunden auftritt. Er ist gekennzeichnet durch Schmerzen, Rötungen, Schwellungen und erhöhte Temperatur.

Allel Erscheinungsform eines Gens.

Anabolismus der metabolische Aufbauprozess, bei dem eine Reihe von Stoffwechselwegen unter Verwendung von Energie größere Moleküle aus kleineren Einheiten aufbauen.

Arteriosklerose (auch Atherosklerose genannt) ist eine Krankheit, bei der sich das Innere einer Arterie durch Bildung von Plaques verengt. Je nachdem, welche Arterien betroffen sind, kann es zu einer koronaren Herzkrankheit (Herzinfarkt), einem Schlaganfall, einer peripheren Arterienerkrankung oder Nierenproblemen kommen.

Autismus-Spektrum-Störung ist eine Gruppe von neurologischen Entwicklungsstörungen, die durch Defizite in der sozialen und kommunikativen Wechselwirkung und stereotype Verhaltensweisen gekennzeichnet sind.

© Der/die Herausgeber bzw. der/die Autor(en), exklusiv lizenziert an Springer-Verlag GmbH, DE, ein Teil von Springer Nature 2023
C. Carlberg, *Die molekulare Basis von Gesundheit*,
https://doi.org/10.1007/978-3-662-67986-9

Autophagie ist ein natürlicher, regulierter Mechanismus der Zelle, der unnötige oder dysfunktionale Komponenten entfernt.

Basale Transkriptionsmaschinerie umfasst eine große Anzahl basaler Transkriptionsfaktoren (von denen viele als TFIID-Komplex zusammengefasst werden), die sich an der TSS-Region um Pol II scharen. Über einen weiteren Multiprotein-Komplex von Koaktivatoren (wird Mediator-Komplex bezeichnet) ist die basale Transkriptionsmaschinerie mit der Aktivierung und Unterdrückung von Zell- und Orts-spezifischen Transkriptionsfaktoren verbunden, die an Enhancerregionen binden.

Beckwith-Wiedemann-Syndrom ist eine vorwiegend mütterlich vererbte Erkrankung mit fötalem und postnatalem Wuchern und einer Prädisposition für embryonale Tumoren. Die genetische Ursache der Erkrankung sind mehrere geprägte Gene, darunter *IGF2*, *H19* und *KCNQ1*. Ein Verlust der Prägung des *IGF2*-Gens wird in etwa 20% der Fälle beobachtet.

Blastozysten sind Embryonen im Frühstadium, die die erste Abstammungslinienspezifikation durchlaufen haben, die zu zwei primären Zelltypen führt: Zellen der inneren Zellmasse und Trophoblasten.

Braunes Fettgewebe ein hochspezialisiertes Fettgewebe, dessen Hauptfunktion die Wärmeerzeugung (Thermogenese) ist.

Cholesterinrücktransport ein mehrstufiger Prozess, der dazu führt, dass Cholesterin aus dem peripheren Gewebe über das Lymphsystem und den Blutkreislauf zurück zur Leber transportiert wird.

Chromatin die Gesamtheit aus DNA und mit ihr assoziierten Proteinen. Bildet die molekulare Substanz der Chromosomen, die im Falle nukleärer DNA im Wesentlichen aus DNA und Histonproteinen besteht.

Chromatin-modifizierende Enzyme Proteine, die Chromatin entweder erkennen (lesen) (z.B. posttranslational modifizierte Histone oder methylierte DNA), Markierungen hinzufügen (schreiben) oder entfernen (radieren).

Chromatin ist ein Komplex aus DNA und Histonproteinen und somit die molekulare Substanz von Chromosomen.

Chromatosom ist das Ergebnis der Bindung von Histon-H1 an ein Nukleosom. Es enthält 166 bp DNA, von denen 147 um den Histonkern des Nukleosoms gewickelt sind.

Chronische Entzündung eine langfristige Entzündung, die mehrere Monate bis Jahre andauert. Chronische Entzündungen spielen bei den häufigsten nichtübertragbaren Krankheiten, wie Krebs, T2D, Asthma und Alzheimer, eine zentrale Rolle.

Citratzyklus besteht aus acht sich zyklisch wiederholenden chemischen Reaktionen, die von allen aeroben Organismen verwendet werden, um Energie durch die Oxidation von Acetyl-CoA, das aus Kohlenhydraten, Fetten und Proteinen stammt, freizusetzen und in Form von Reduktionsäquivalenten zu speichern.

CpG-Insel ist eine Region von mindestens 200 bp, die einen CG-Prozentsatz von mehr als 55% aufweist. Typische CpG-Inseln sind jedoch 300-3000 bp lang.

CpG ist ein Dinukleotid (das „p" zeigt das Phosphat an, das die beiden Nukleoside verbindet). Von 16 möglichen Dinukleotiden sind CpGs die einzigen, die symmetrisch methyliert werden können, d. h. DNA-Methylierung kann nur über CpGs an beide Tochterzellen vererbt werden.

CTCF ist ein Transkriptionsfaktor mit einer 11-Zinkfinger-DNA-Bindungsdomäne, der an vielen zellulären Prozessen beteiligt ist, wie z.B. an Transkriptionsregulation, an Isolatoraktivität und der Regulation der Chromatinarchitektur.

DNA-Methylierung ist die kovalente Anfügung einer Methylgruppe an die C5-Position eines Cytosins.

DNA-Methyltransferasen (DNMTs) Familie von Enzymen, die den Transfer einer Methylgruppe auf Cytosine in der DNA katalysieren.

Effektgröße („odds ratio" (OR)) ist der mathematische Ausdruck der Beziehung zwischen dem Vorhandensein oder Fehlen einer DNA-Variante, z.B. eines SNVs, und dem Vorhandensein oder Fehlen eines Merkmals, z.B. einer Krankheit, in einer Population.

Eingeschränkte Glukosetoleranz Zustand, der durch Blutzuckerspiegel charakterisiert ist, die über das normale Maß hinaus angehoben sind (7,8 bis 11,0 mM 2 Stunden nach einer oralen Gabe von 75 g Glukose), aber nicht hoch genug sind, um eine Diagnose von T2D zu rechtfertigen.

Einzelnukleotidpolymorphismus (SNP) eine Substitution eines einzelnen Nukleotids an einer bestimmten Position im Genom, die in einem nennenswerten Ausmaß innerhalb einer Population vorhanden ist (z.B. mehr als 1%).

Einzelnukleotidvariante (SNV) ist die Substitution eines einzelnen Nukleotids an einer bestimmten Position im Genom.

Ektoderm ist die äußerste Schicht der drei embryonalen Keimschichten, aus der die Haut, Haare und Augen und das ZNS entstehen.

Embryogenese wird auch Embryonalentwicklung genannt, d. h. der Prozess, durch den sich der Embryo formt und entwickelt. Bei Säugetieren wird der Begriff ausschließlich für die frühen Stadien der pränatalen Entwicklung verwendet, während die Begriffe Fötus und fötale Entwicklung spätere Stadien beschreiben.

Embryonale Stamm (ES)-Zelle ist eine pluripotente Stammzelle, die aus der inneren Zellmasse des frühen Embryos gewonnen wird. Pluripotente Zellen sind in der Lage, praktisch alle Zelltypen des Organismus zu erzeugen.

Endoderm ist die innerste Schicht der drei embryonalen Keimschichten, aus der die Epithelien des Verdauungs- und Atmungssystems, wie Leber, Pankreas und Lunge, hervorgehen.

Energiebilanz Ergebnis der Messung der biologischen Energiehomöostase in lebenden Systemen.

Enhancer Abschnitt einer Sequenz, der (wie ein Promotor) Cluster von Transkriptionsfaktor-Bindestellen enthält, die ein Gen innerhalb derselben Chromatindomäne regulieren.

Epigenetik ist die Untersuchung vererbbarer Veränderungen in der Genfunktion, die keine Veränderungen in der DNA-Sequenz beinhalten. Zu den epigenetischen Mechanismen gehören die kovalenten Modifikationen von DNA und Histonen.

Epigenetische Epidemiologie ist die Untersuchung der Beziehung zwischen epigenetischen Varianten und Krankheitsphänotypen in der Bevölkerung.

Epigenetische Landschaft ist eine Metapher der Zellentwicklung, in der Landschaftstäler und -kämme veranschaulichen, wie eine pluripotente Zelle in einen wohldefinierten differenzierten Zustand geführt wird, dargestellt durch einen Ball, der ein Tal hinunterrollt.

Epigenetische Mediatoren sind Gene, deren Produkte die Ziele der epigenetischen Modifikatoren sind.

Epigenetische Medikamente sind niedermolekulare Inhibitoren, die auf Chromatin-modifizierende Enzyme, wie DNMTs, HATs, HDACs, KMTs oder KDMs abzielen.

Epigenetische Programmierung ist der Prozess, der auf spezifischen kovalenten Modifikationen von DNA und Histonen basiert und zu stabilen und dauerhaften Veränderungen des Epigenoms führt.

Epigenetische Uhr ist ein Begriff, der verwendet wird, um Alter auf der Ebene von DNA-Methylierung zu messen.

Epigenetischer Drift altersabhängige Divergenz des Epigenoms aufgrund stochastischer Veränderungen der DNA-Methylierung oder stabiler Histonmodifikationen.

Epigenetischer Modifikator ist meist identisch mit einem Chromatin-modifizierenden Enzym oder den dafür kodierenden Genen.

Epigenetischer Modulatoren sind Gene, die den epigenetischen Modifikatoren und Mediatoren vorgeschaltet sind. Die Produkte dieser Gene vermitteln Verletzungen, Entzündungen und andere Formen von zellulärem Stress.

Epigenetisches Gedächtnis erbliche Veränderung der Genexpression, die durch einen früheren Entwicklungs- oder Umweltreiz induziert wird. Erfordert Veränderungen des Chromatins, wie DNA-Methylierung, Histonmodifikationen oder den Einbau von Histonvarianten.

Epigenom Gesamtheit epigenetischer Modifikationen im Genom eines Individuums.

Epigenomik Erforschung des Epigenoms.

Epimutationen sind vererbbare Veränderung des Chromatinzustands an einer bestimmten Position oder Region. Im Kontext der Cytosinmethylierung werden Epimutationen als Änderungen im Methylierungsstatus eines einzelnen Cytosins oder einer Region oder eines Clusters von Cytosinen definiert. Epimutationen implizieren nicht notwendigerweise Veränderungen in der Genexpression.

Erblichkeit Anteil der Gesamtvariation zwischen Individuen innerhalb einer Population, der auf genetische Faktoren zurückzuführen ist.

Euchromatin mikroskopisch hell erscheinende, dekondensierte und transkriptionell zugängliche Regionen des Genoms.

Evolution Veränderung vererblicher Merkmale biologischer Populationen über aufeinander folgende Generationen.

Evolutionärer Druck ist jede Ursache, die den Fortpflanzungserfolg in einem Teil einer Population verringert und die natürliche Selektion vorantreibt.

Fakultatives Heterochromatin ist eine dynamische Form von Heterochromatin, die ihre Dichte und Aktivität als Reaktion auf intra- und extrazelluläre Signale ändern kann.

Fehlende Erblichkeit Tatsache, dass genetische Varianten nicht die gesamte Erblichkeit von Krankheiten, Verhaltensweisen und anderen Phänotypen erklären können.

Fettleibigkeit (Adipositas) Erkrankung, bei der sich überschüssiges Körperfett in einem Ausmaß angesammelt hat, das sich negativ auf die Gesundheit auswirkt.

Fettstoffwechselstörung (Dyslipidämie) charakterisiert durch eine unnormale Menge an Lipiden, wie Triglyzeriden, Cholesterin und/oder Phospholipiden, im Blut.

Gen Abschnitt der DNA, der für die Synthese einer RNA kodiert. Diese RNA kann „kodierend" (also für die Bildung eines Proteins stehend) oder „nichtkodierend" sein.

Generationsübergreifende epigenetische Vererbung ist die Übertragung epigenetischer Informationen, die ohne Veränderung der DNA-Sequenz an Gameten weitergegeben werden.

Genetische Prägung („gene imprinting") ist ein epigenetisches Phänomen, bei dem die Expression eines Gens auf entweder dem väterlichen oder mütterlichen Allel basiert.

Genetischer Drift Veränderung der genetischen Varianten im Laufe der Zeit, die auf zufällige Prozesse zurückzuführen sind, d. h. sich von der natürlichen Selektion in der Evolution unterscheiden.

Genexpression Prozess, bei dem Informationen aus einem Gen bei der Synthese eines funktionellen Genprodukts verwendet werden. Diese Produkte sind oft Proteine, können aber auch ncRNAs sein.

Genexpressionsmuster ist die relative Stärke der Expression aller Gene einer Zelle oder eines Gewebes zu einem bestimmten Zeitpunkt. Die Muster ändern sich dynamisch in Abhängigkeit von den Signalen, denen eine Zelle ausgesetzt ist.

Genkörper ist die DNA-Sequenz eines Gens vom TSS bis zum Ende des mRNA-Transkripts.

Genom ist die vollständige haploide DNA-Sequenz eines Organismus, die alle kodierenden Gene und weitaus größere nichtkodierende Regionen umfasst. Das Genom aller 400 Gewebe und Zelltypen eines Individuums ist identisch und über die Zeit konstant (mit Ausnahme von Krebszellen).

Genom-weite Assoziationsstudie (GWAS) Studie, die darauf abzielt, genetische Loci (meist SNVs) zu identifizieren, die mit einem beobachtbaren Merkmal, einer Krankheit oder einem beobachtbaren Zustand assoziiert sind.

Genotyp genetische Ausstattung eines Organismus, d. h. seine vollständige vererbbare genetische Identität.

Genregulatorische Netzwerke repräsentieren Einheiten von interagierenden Proteinen, die durch definierte regulatorische Beziehungen funktionell eingeschränkt sind. Diese Wechselwirkungen liefern eine Struktur und bestimmen einen Output in Form eines Genexpressionsmusters. Netzwerke werden normalerweise durch Knoten (Proteine) und Kanten (deren Wechselwirkungen) visualisiert.

Gesundheitsspanne ist die Dauer der krankheitsfreien physiologischen Gesundheit innerhalb der Lebensspanne eines Individuums. Beim Menschen entspricht dies der Zeit hoher kognitiver Fähigkeiten, Immunkompetenz und körperlicher Höchstform.

Glukagon Peptidhormon, das von α-Zellen des Pankreas produziert wird und die Konzentration von Glukose und Fettsäuren im Blutkreislauf erhöht.

Glukoneogenese Stoffwechselweg (insbesondere der Leber) für die Synthese von Glukose aus Vorläufersubstraten wie Laktat und Aminosäuren.

Glukotoxizität toxische Wirkungen übermäßiger Glukosespiegel im Blut.

Glykämischer Index Zahl von 0 bis 100 (für reine Glukose), die den relativen Anstieg des Blutzuckerspiegels 2 Stunden nach ihrer Einnahme darstellt.

Glykogenese Prozess der Glykogensynthese, bei dem Glukosemoleküle zur Speicherung an Glykogenketten angefügt werden.

Glykogenolyse Abbau von Glykogen zu Glukose-1-Phosphat und Glukose.

Glykolyse Stoffwechselweg, der Glukose in Pyruvat umwandelt.

Hämatopoese Prozess der Bildung von zellulären Blutbestandteilen, die aus HSCs entstanden sind.

Hämatopoetische Stammzellen (HSC) sind Stammzellen im Knochenmark, die sich zu allen Arten von Blutzellen entwickeln können.

Haplotypblock Region im Genom ohne Anzeichen einer genetischen Rekombination in ihrer Vorgeschichte.

Herz-Kreislauf-Erkrankungen Klasse von Krankheiten, die das Herz oder die Blutgefäße betreffen, wie koronare Herzkrankheiten, Schlaganfall, Herzinsuffizienz und mehr.

Heterochromatin mikroskopisch dunkel gefärbte, kondensierte und dadurch unzugängliche, oft Gen-arme Regionen des Genoms.

Histonacetyltransferasen (HATs) sind Enzyme, die Lysine an Histonproteinen acetylieren, indem sie eine Acetylgruppe von Acetyl-CoA übertragen, um ε-N-Acetyl-Lysin zu bilden.

Histoncode epigenetischer Code, der auf posttranslationalen Modifikationen von Histonproteinen basiert. Die Histonmodifikationen dienen der Rekrutierung anderer Proteine durch spezifische Erkennung des modifizierten Histons über spezialisierte Proteindomänen. Der Code umfasst mehr als 130 posttranslationale Modifikationen, die als „Alphabet" für die Anweisungen dienen, mit denen das Epigenom die Transkriptionsregulation steuert und Informationen speichert.

Histondeacetylasen (HDACs) sind Enzyme, die Acetylgruppen von ε-N-Acetyl-Lysin an einem Histon entfernen.

Histonmodifikationen sind kovalente posttranslationale Modifikation von Histonproteinen, die Methylierung, Phosphorylierung, Acetylierung, Ubiquitinierung und Sumoylierung umfassen. Das kann die Genexpression beeinflussen, indem sie die Chromatinstruktur verändern oder histonmodifizierende Enzyme rekrutieren.

Histonproteine Lysin- und Arginin-reiche, positiv geladene Proteine, die Oktamerkomplexe bilden, um die die DNA gewickelt ist. Sie sind die Schlüsselproteinkomponenten von Chromatin.

Homöostase Zustand physikalischer und chemischer Bedingungen, die von lebenden Systemen aufrechterhalten werden.

Hyperglykämie dauerhaft erhöhter Blutzuckerspiegel als Folge einer unzureichenden Verwendung oder Produktion von Insulin.

Hypertonie langfristige Erkrankung, bei der der arterielle Blutdruck dauerhaft erhöht ist.

Hypertrophie Vergrößerung vorhandener Zellen.

Immun-Checkpunkt-Blockade Immun-Checkpunkte sind Regulatoren des Immunsystems und entscheidend für die Selbsttoleranz. Immun-Checkpunkt-blockierende Moleküle, wie CTLA4 und PDCD1, sind Ziele für die Krebs-Immuntherapie.

Implantation ist ein frühes Entwicklungsstadium, in dem der Embryo am Endometrium haftet.

Induzierbare pluripotente Stamm (iPS)-Zellen sind pluripotente Stammzellen, die direkt aus differenzierten adulten Zellen generiert werden können.

Inflammasom supramolekularer Komplex, der für die CASP1-abhängige Reifung von IL1β und IL18 als Reaktion auf mikrobielle Bestandteile oder andere Gefahrensignale verantwortlich ist.

Innere Zellmasse ist eine Gruppe von Zellen in einer Säugetier-Blastozyste, aus der der Embryo hervorgeht.

Insulin Peptidhormon, das von β-Zellen der Pankreasinseln produziert wird und als das wichtigste anabole Hormon des Körpers dient.

Insulinresistenz pathologischer Zustand, bei dem die systemische und zelluläre Reaktion auf die Insulinwirkung beeinträchtigt ist.

Integratives persönliches Omik-Profil (iPOP) Analysemethode, die auf der Ebene des Genoms, Transkriptoms, Proteoms, Metaboloms und von Autoantikörpern Profile von Individuen über einen Zeitraum von mehreren Monaten bis Jahren kombiniert.

Interphase ist die Ruhephase zwischen aufeinanderfolgenden Teilungen einer Zelle.

Isolator ist ein Chromatinelement, das als Barriere gegen den Einfluss positiver Signale von Enhancern oder negativer Signale von Silencern und Heterochromatin wirkt.

Kalorienrestriktion Diätform, bei der die tägliche Kalorienaufnahme reduziert wird, ohne dass es zu Unterernährung oder Reduzierung der essentiellen Nährstoffe kommt.

Katabolismus Gesamtheit der Stoffwechselwege, die Moleküle in kleinere Einheiten zerlegen, die dann entweder oxidiert werden, um Energie freizusetzen, oder in anabolen Reaktionen zur Neusynthese anderer Moleküle verwendet werden.

Kernrezeptor Transkriptionsfaktor, der durch einen kleinen lipophilen Liganden in der Größe von Cholesterin aktiviert werden kann.

Komplexe Erkrankung ist eine Erkrankung, die im Gegensatz zu einer monogenen Erkrankung durch Veränderungen mehrerer Gene verursacht wird. Weitverbreitete Krankheiten, wie T2D, Krebs, Atherosklerose und Alzheimer, gehören zu dieser Kategorie.

Konstitutives Heterochromatin ist ein Subtyp von Heterochromatin, der sich insbesondere auf sich stark wiederholenden DNA-Sequenzen ausbildet, die sich in den Zentromeren und Telomeren von Chromosomen befinden. Das verhindert die Aktivierung transponierbarer Elemente und gewährleistet dadurch die Stabilität und Integrität des Genoms.

Krebs Gruppe von Krankheiten, die ein anormales Zellwachstum mit dem Potenzial haben, in andere Teile des Körpers einzudringen oder sich auf diese auszubreiten.

Laktasepersistenz die auch im Erwachsenenalter vorhandene Aktivität des Enzyms Laktase.

Leser sind Kernproteine, die Chromatin über spezielle Domänen erkennen und binden.

Lipogenese Stoffwechselweg zur Synthese von Fettsäuren und Triglyzeriden.

Lipolyse Stoffwechselweg, durch den Triglyzeride je Molekül in Glyzerin und drei Fettsäuren hydrolysiert werden.

Lipoprotein erhöhter Dichte (HDL) ist ein hochdichtes (1,063-1,210 g/ml) Lipoprotein (Durchmesser 8-11 nm) mit 40-55% Protein (mit APOA1 als Haupt-Apolipoprotein), 25% Phospholipiden, 15% Cholesterin und 5% Triglyzeriden. HDL-Partikel transportieren Cholesterin aus peripheren Geweben zur Leber.

Lipoprotein niedriger Dichte (LDL) ein Lipoprotein (Durchmesser 20-25 nm) niedriger Dichte (1,016-1,063 g/ml) mit etwa 45% Cholesterin, 20% Phospholipiden, 10% Triglyzeriden und 2% Protein (mit APOB als Haupt-Apolipoprotein).

Lipotoxizität zelluläre Dysfunktion, die durch die Akkumulation von Lipiden in anderen Zellen als Fettzellen entsteht.

Lysinmethyltransferasen (KMTs) sind Chromatin modifizierende Enzyme, die die Übertragung von einer, zwei oder drei Methylgruppen auf Lysinen von Histonproteinen katalysieren.

Makrophagen Zellen der angeborenen Immunantwort, die Zelltrümmer, Fremd-
stoffe, Mikroben und Krebszellen in einem Prozess namens Phagozytose verschlingen und verdauen.

Metabolisches Syndrom Ansammlung von krankhaften Symptomen, wie
erhöhter Blutdruck, hoher Blutzucker, überschüssiges Körperfett um die Taille
und abnormale Cholesterin- oder Triglyzeridspiegel, die zusammen auftreten
und das Risiko für Herzerkrankungen, Schlaganfälle und T2D erhöhen.

Metaphase ist das zweite Stadium der Zellteilung zwischen Prophase und Ana-
phase, während der die Chromosomen an den Spindelfasern befestigt werden.

Metastabiles Epiallele sind Allele, die in genetisch identischen Individuen aufgrund epigenetischer Modifikationen, die während der frühen Entwicklung
festgestellt wurden, variabel exprimiert werden und besonders anfällig für
Umwelteinflüsse sind.

Monozyten Leukozyten des angeborenen Immunsystems, die in Makrophagen
und dendritische Zellen differenzieren können.

Multipotent ist die Fähigkeit einer Zelle, sich in mehrere, aber eine begrenzte
Anzahl von Zelltypen zu differenzieren. Beispielsweise sind Zellen der
embryonalen Keimblätter und adulte Stammzellen multipotent.

Mustererkennungsrezeptoren evolutionär konservierte Rezeptoren, die bei
Erkennung mikrobieller Produkte oder körpereigenen Gefahrensignale, wie
DAMPs, Entzündungen und angeborene Immunität auslösen.

Myokardinfarkt (auch bekannt als Herzinfarkt) tritt auf, wenn der Blutfluss
zu einem Teil des Herzens sich stark verringert oder stoppt, was zu einer
Schädigung des Herzmuskels führt.

Myokine kleine Proteine oder Proteoglykane, die von Muskelzellen (Myozyten)
bei der Kontraktion freigesetzt werden, um autokrine, parakrine oder endokrine
Wirkungen zu vermitteln.

Nichtalkoholische Fettlebererkrankung (NAFLD, Fettleber) eine sehr häufige
Erkrankung, bei der es auch bei Nichtalkoholikern zu einer übermäßigen
Ansammlung von Fett in der Leber (Steatose) kommt.

Nichtkodierende RNA (ncRNA) RNA-Molekül, das nicht in ein Protein übersetzt wird.

Nichtübertragbare Krankheit Krankheit, die nicht direkt von einer Person
auf eine andere übertragbar ist, wie Autoimmunkrankheiten, Herz-Kreislauf-
erkrankungen, die meisten Krebsarten, T2D und Alzheimer.

Nukleosom Grundeinheit der DNA-Verpackung in Eukaryoten, bestehend aus
147 bp DNA, die um ein Oktamer aus Histonproteinen gewickelt ist.

Nutrigenomik Disziplin, die die Beziehung zwischen dem menschlichen Genom, Ernährung und Gesundheit untersucht.

Oxidative Phosphorylierung Stoffwechselweg, bei dem die Reduktionsäquivalente, die aus der Nährstoffoxidation stammen, zur Verbrennung von Sauerstoff herangezogen werden („Zellatmung"). Die dabei freigesetzte Energie wird zur Produktion von ATP verwendet.

Pathogen-assoziierte molekulare Muster (PAMPs) kleine Moleküle (oder deren Teile), die von Mikroben stammen, wie Lipopolysaccharide. Sie werden von TLRs und anderen Mustererkennungsrezeptoren auf der Oberfläche von Zellen des angeborenen Immunsystems erkannt.

Personalisierte Ernährung konzeptionelles Analogon der personalisierten Medizin, bei dem Einzelpersonen auf der Grundlage von Nutrigenomik-Untersuchungen empfohlen wird, bestimmte Ernährungsweisen zu befolgen.

Phänotyp in erster Linie die Ansammlung physikalischer, äußerlich sichtbarer Merkmale eines Organismus, kann aber auch innere und mikroskopische oder biochemische Merkmale umfassen.

Pionierfaktoren sind Transkriptionsfaktoren, die direkt an Heterochromatin binden können. Sie können positive und negative Auswirkungen auf die Transkription haben und sind wichtig für die Rekrutierung anderer Transkriptionsfaktoren und histonmodifizierender Enzyme sowie für die Kontrolle der DNA-Methylierung.

Plastizität ist die Reversibilität epigenetischer Markierungen auf DNA und Proteinen.

Pluripotenz ist die Fähigkeit einer Zelle, sich in alle drei Keimblätter zu differenzieren und alle fötalen oder adulten Zelltypen hervorzubringen. Beispielsweise sind Zellen der inneren Zellmasse von Blastozysten pluripotent.

Polycomb-Repressionskomplexe (PRCs) sind große Proteinkomplexe, die den Zugang von Chromatin zu Transkriptionsfaktoren und damit die Genexpression einschränken.

Polygene Risikobewertung gewichtete Summe der Anzahl der Risikoallele, die von einer Person getragen werden, wobei die Risikoallele und ihre Gewichtung durch die Loci und ihre gemessenen Wirkungen definiert werden, die durch GWAS-Analysen nachgewiesen wurden.

Posttranslationale Modifikationen kovalente Modifikationen wie Phosphorylierungen, Acetylierungen oder Methylierungen, durch die die meisten Proteine ihr volles Funktionsprofil erreichen. Aufgrund posttranslationaler Modifikationen ist das Proteom weitaus komplexer als das Transkriptom und variiert auch stark in Reaktion auf extra- und intrazelluläre Signale.

Promotor Abschnitt genomischer DNA für die produktive Transkriptions-
initiation, der mindestens einen TSS umfasst.

Proteom in Analogie zum Transkriptom der vollständige Satz aller gebildeten
Proteine in einem bestimmten Gewebe oder Zelltyp. Das Proteom hängt vom
Transkriptom ab, ist aber nicht seine 1:1-Übersetzung.

Radierer sind Enzyme, die Histonmodifikationen aus Chromatin entfernen, wie
HDACs oder KDMs.

Schaden-assoziierte molekulare Muster (DAMPs) Moleküle, die häufig von
gestressten Zellen, die eine Nekrose durchlaufen, freigesetzt werden, und die
als körpereigene Gefahrensignale fungieren, um Entzündungsreaktionen zu
fördern und zu verschlimmern. Beispiele für nichtprotein-DAMPs umfassen
Cholesterinkristalle und gesättigten Fettsäuren. DAMPs werden mit vielen
entzündlichen Erkrankungen in Verbindung gebracht, darunter Arthritis,
Arteriosklerose, Morbus Crohn und Krebs.

Schlaganfall Erkrankung, bei der eine schlechte Durchblutung des Gehirns zum
Zelltod führt.

Schreiber sind Enzyme, wie DNMTs, HATs und KTMs, die Chromatin kovalente
Modifikationen hinzufügen.

Seneszenz wird auch biologische Alterung genannt und umfasst die allmähliche Verschlechterung funktioneller Eigenschaften. Es kann sich entweder
auf zelluläre Seneszenz oder auf die Seneszenz des gesamten Organismus
beziehen.

Signalübertragungswege sind der Prozess, bei dem ein chemisches oder
physikalisches Signal als eine Reihe von molekularen Ereignissen durch
eine Zellmembran übertragen wird, wie z.B. durch Proteinkinasen katalysierte Proteinphosphorylierung. Signalübertragungswege enden meist in der
Aktivierung eines Transkriptionsfaktors oder eines Chromatin-modifizierenden
Enzyms.

Sirtuine (SIRTs) Familie von sieben NAD^+-abhängigen HDACs, die sich
strukturell und mechanistisch von Zn^{2+}-abhängigen HDACs unterscheiden.
SIRTs beeinflussen eine Vielzahl von zellulären Prozessen, wie Alterung,
Transkription, Apoptose, Entzündung und Stresswiderstandfähigkeit.

Stammzellen können sich in andere Zelltypen differenzieren und sich auch
in Selbsterneuerung teilen, um mehr Stammzellen des gleichen Typs zu
produzieren. Es gibt ES-Zellen, die aus der inneren Zellmasse von Blastozysten
isoliert werden, und adulte Stammzellen, die in verschiedenen Geweben vorkommen.

Super-Enhancer ist eine Region im Genom, die mehrere Enhancer umfasst,
welche gemeinsam von mehreren Transkriptionsfaktoren gebunden werden und
die Transkription von Genen antreiben.

TET-Enzymfamilie umfasst α-Ketoglutarat-abhängige Dioxygenasen, die die Oxidation von 5mC zu 5hmC und weiteren Produkten katalysieren. Gene, die diese Enzyme kodieren, sind bei Krebserkrankungen häufig mutiert.

Topologisch assoziierte Domänen (TADs) sind große Regionen im Genom, die regulatorische Wechselwirkungen fördern, indem sie Chromatinstrukturen höherer Ordnung bilden, die durch Grenzregionen getrennt sind.

Totipotenz ist die Fähigkeit einer Zelle, differenzierte Zellen aller Gewebe, einschließlich embryonaler und extraembryonaler Gewebe, in einem Organismus hervorzubringen. Zum Beispiel ist eine Zygote totipotent.

Trainierte Immunität ist ein Gedächtnissystem der angeborenen Immunität, das auf epigenetischer Programmierung basiert.

Transkriptionsfaktorbindungsstelle ist eine kurze (4-12 bp) DNA-Sequenz, die spezifisch von einem Transkriptionsfaktor gebunden wird.

Transkriptionsfaktoren Proteine, die Sequenz-spezifisch an DNA binden. Das menschliche Genom kodiert für etwa 1600 Transkriptionsfaktoren, die als trans-wirkende Faktoren bezeichnet werden, da sie nicht von denselben Regionen kodiert werden, die sie kontrollieren. Dementsprechend wird der Prozess der Transkriptionsregulation durch Transkriptionsfaktoren oft als Transaktivierung bezeichnet.

Transkriptionsstartstellen (TSS) Nukleotide innerhalb eines Gens, die im Zuge der Transkription als erste von RNA-Polymerasen in eine RNA transkribiert werden.

Transkriptom ist der vollständige Satz aller Transkripte, also der durch Transkription entstandenen RNA-Moleküle eines Gewebes oder Zelltyps. Es unterscheidet sich signifikant zwischen Geweben und hängt von extra- und intrazellulären Signalen ab.

Transposon (auch transponierbares Element oder „springende DNA" genannt) ist eine DNA-Sequenz, die ihre Position innerhalb eines Genoms verändern kann. Wenn diese Transposition über ein RNA-Zwischenprodukt vermittelt wird, wird der Begriff Retrotransposon verwendet.

Typ-2-Diabetes (T2D) die häufigste Form von Diabetes, die durch hohe Serumglukosespiegel, Insulinresistenz und relativen Insulinmangel gekennzeichnet ist.

Urkeimzellen (PGCs) sind die gemeinsamen Ursprünge von Eizellen und Spermien, d. h. sie repräsentieren die Vorläuferzellen der Keimbahn. Sie treten im primären Ektoderm bereits in der zweiten Woche der Embryogenese auf.

Variante ist ein Unterschied zur Referenzgenomsequenz, d. h. eine polymorphe Stelle, einschließlich SNVs und Indels. Es kann auch viel größere Chromosomenumlagerungen (Translokationen, Duplikationen oder Deletionen) umfassen, die zu CNVs führen.

Weißes Fettgewebe Haupt-Fettgewebe-Typ; speichert hauptsächlich Triglyzeride in einer großen Vakuole pro Zelle.

Westliche Ernährung Ernährungsmuster, das durch eine hohe Aufnahme von rotem Fleisch, verarbeitetem Fleisch, abgepackten Lebensmitteln, Butter, frittierten Lebensmitteln, fettreichen Milchprodukten, Eiern, raffiniertem Getreide, Kartoffeln, Mais und zuckerreichen Getränken gekennzeichnet ist.

X Chromosom-Inaktivierung ist der Prozess, bei dem eines der beiden X Chromosomen in weiblichen Säugerzellen früh in der Entwicklung zufällig inaktiviert wird.

Zelluläre Umprogrammierung ist die Umwandlung einer differenzierten Zelle in einen embryonalen Zustand.

Zirkadiane Uhr biochemischer Oszillator, der mit einer stabilen Phase zyklisch läuft und mit der Sonnenzeit synchronisiert ist.

Zygote ist ein befruchtetes Ei vor der Teilung, d. h. ein Embryo im Einzellstadium.

Zytokine kleine Proteine (~5–20 kDa), die für die Signalübertragung in der Zelle wichtig sind und an der autokrinen, parakrinen und endokrinen Signalübertragung als immunmodulierende Signale beteiligt sind.

Stichwortverzeichnis

Printed in the United States
by Baker & Taylor Publisher Services